CIÊNCIA NA ALMA

RICHARD DAWKINS

Ciência na alma
Escritos de um racionalista fervoroso

Organização
Gillian Somerscales

Tradução
Laura Teixeira Motta

Copyright © 2017 by Richard Dawkins Ltd.
Todos os direitos reservados.

*Grafia atualizada segundo o Acordo Ortográfico da Língua Portuguesa de 1990,
que entrou em vigor no Brasil em 2009.*

Título original
Science in the Soul: Selected Writings of a Passionate Rationalist

Capa
Rodrigo Maroja

Preparação
Andréa Bruno

Índice remissivo
Probo Poletti

Revisão
Angela das Neves
Isabel Cury

Dados Internacionais de Catalogação na Publicação (CIP)
(Câmara Brasileira do Livro, SP, Brasil)

Dawkins, Richard
    Ciência na alma : escritos de um racionalista fervoroso / Richard
Dawkins ; organização Gillian Somerscales ; tradução Laura Teixeira
Motta. — 1ª ed. — São Paulo : Companhia das Letras, 2018.

    Título original: Science in the Soul : Selected Writings of a
Passionate Rationalist.
    Bibliografia.
    ISBN 978-85-359-3104-4

    1. Ciências — Filosofia 2. Ciências da vida 3. Evolução 4. Filosofia
5. Filosofia — Aspectos sociais I. Somerscales, Gillian II. Título.

18-14125   CDD-500

Índice para catálogo sistemático:
1. Ensaios científicos 500

[2018]
Todos os direitos desta edição reservados à
EDITORA SCHWARCZ S.A.
Rua Bandeira Paulista, 702, cj. 32
04532-002 — São Paulo — SP
Telefone: (11) 3707-3500
www.companhiadasletras.com.br
www.blogdacompanhia.com.br
facebook.com/companhiadasletras
instagram.com/companhiadasletras
twitter.com/cialetras

Em memória de Christopher Hitchens

Sumário

Introdução — Richard Dawkins 11

Apresentação — Gillian Somerscales 25

PARTE I: O(S) VALOR(ES) DA CIÊNCIA

Os valores da ciência e a ciência dos valores 34

Em defesa da ciência: carta aberta ao príncipe Charles 87

Ciência e sensibilidade. 98

Dolittle e Darwin 123

PARTE II: TODA A SUA GLÓRIA IMPIEDOSA

"Mais darwiniano do que Darwin": os papers Darwin-Wallace .. 134

Darwinismo universal 148

Uma ecologia de replicadores 185

Doze equívocos sobre a seleção de parentesco 199

PARTE III: FUTURO DO SUBJUNTIVO

Ganho líquido 226

Extraterrestres inteligentes 233

Procurando embaixo do poste de luz 251
Daqui a cinquenta anos: a morte da alma? 256

PARTE IV: CONTROLE DA MENTE, MALÍCIA E DESNORTEIO

O "Adendo do Alabama" 267
Os mísseis guiados do Onze de Setembro 283
A teologia do tsunami 289
Feliz Natal, primeiro-ministro! 297
A ciência da religião 304
A ciência é uma religião? 321
Ateus em prol de Jesus 331

PARTE V: VIVER NO MUNDO REAL

A mão morta de Platão 346
"Sem possibilidade de dúvida razoável"? 358
Mas eles podem sofrer? 363
Amo fogos de artifício, mas... 366
Quem militaria contra a razão? 372
Em louvor das legendas; ou uma bordoada na dublagem 377
Se eu governasse o mundo... 384

PARTE VI: A VERDADE SAGRADA DA NATUREZA

Sobre o tempo 393
O conto da tartaruga-gigante: ilhas dentro de ilhas 405
O conto da tartaruga marinha: lá e de volta outra vez
(e outra vez?) 411
Adeus a um *digerati* sonhador 418

PARTE VII: RIA DE DRAGÕES VIVOS

Angariando fundos para a fé 430
O grande mistério do ônibus 436
Jarvis e a árvore genealógica 445

Girelião 454
O sábio estadista veterano da febre dos dinossauros 458
Athorismo: esperemos que seja uma moda duradoura 463
Leis de Dawkins 465

PARTE VIII: NENHUM HOMEM É UMA ILHA

Memórias de um mestre 472
Ó meu pai querido: John Dawkins, 1915-2010 478
Mais do que meu tio: A. F. "Bill" Dawkins, 1916-2009 482
Homenagem a Hitch 492

Fontes e créditos 499
Referências bibliográficas. 505
Índice remissivo. 509

Introdução

Richard Dawkins

Escrevo isto dois dias depois de uma visita emocionante ao Grand Canyon, no Arizona ("emocionante" ainda não está no mesmo patamar de "deslumbrante", mas receio que isso vá acontecer). Para muitas tribos de nativos norte-americanos, o Grand Canyon é um lugar sagrado: o cenário de numerosos mitos de origem, como os das tribos havasupai e zuni, e o repouso silencioso dos hopis mortos. Se eu fosse forçado a escolher uma religião, preferiria uma desse tipo. O Grand Canyon confere estatura a uma religião e paira acima da pequenez banal das abraâmicas, os três cultos rixentos que, por acidente histórico, ainda afligem o mundo. Na noite escura, andei pela orla sul do cânion, deitei-me num muro baixo e contemplei a Via Láctea. Eu estava olhando para o passado, assistindo a uma cena de 100 mil anos atrás — pois foi naquela época que a luz partiu em sua longa jornada até mergulhar nas minhas pupilas e cintilar nas minhas retinas. Na manhã seguinte, ao raiar o dia, voltei ao local e estremeci de vertigem quando percebi onde é que eu tinha me deitado no escuro. Olhei lá para baixo, no leito do cânion. Novamente eu fitava o passado, 2 bilhões de anos neste caso, um tempo em que apenas micróbios se mexiam cegos sob a Via Láctea. Se as almas dos hopis estavam dormindo naquele silêncio majestoso, era em companhia de empedrados trilobitas e crinoides, braquiópodes e belemnitas, amonites e até de dinossauros.

Teria havido algum momento na quilométrica progressão evolucionária pelos estratos do cânion no qual alguma coisa que pudéssemos chamar de "alma" apareceu como uma luz que se acende de súbito? Ou teria "a alma" entrado sorrateiramente no mundo, um tênue milésimo de alma em um pulsátil poliqueta, um décimo de alma em um celacanto, metade de uma alma em um társio, e então uma alma humana típica, por fim uma alma na escala de um Beethoven ou um Mandela? Ou será bobagem falar em alma?

Não é bobagem se nos referirmos a algo como uma sensação imperiosa de identidade subjetiva, pessoal. Cada um de nós sabe que a possui, ainda que muitos pensadores modernos assegurem que se trata de ilusão — uma ilusão construída, como poderiam especular os darwinianos, porque uma força coerente de propósito singular nos ajuda a sobreviver.

Ilusões visuais como o cubo de Necker —

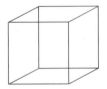

— ou o triângulo impossível de Penrose —

— ou a ilusão da máscara vazia demonstram que a "realidade" que vemos consiste em modelos restritos construídos no cérebro. O padrão bidimensional das linhas do cubo de Necker no papel é compatível com duas construções alternativas de um cubo tridimensional, e o cérebro adota os dois modelos alternadamente: a alternação é palpável e sua frequência pode até ser medida. As linhas do triângulo de Penrose no papel são incompatíveis com qualquer objeto da vida real. Essas ilusões provocam o software construtor de modelos no cérebro e, com isso, revelam sua existência.

Do mesmo modo, o cérebro constrói em software a útil ilusão da identidade pessoal, um "eu" que parece residir logo atrás dos olhos, um "agente" que toma decisões com livre-arbítrio, uma personalidade unitária que corre atrás de seus objetivos e sente emoções. A construção da individualidade acontece progressivamente no começo da infância, talvez com uma reunião de fragmentos até então separados. Alguns distúrbios psicológicos são interpretados como "múltipla personalidade" quando os fragmentos não são capazes de se unir. Não é despropositado cogitar na possibilidade de que o crescimento progressivo da consciência no bebê reflita uma progressão semelhante no decorrer da escala de tempo mais longa da evolução. Por exemplo, será que um peixe tem um sentimento rudimentar de individualidade consciente ou coisa parecida no mesmo nível de um bebê humano?

Podemos especular sobre a evolução da alma, mas só se usarmos essa palavra para denotar algo como o modelo interno construído de um "eu". Mas as coisas serão bem diferentes se com essa palavra quisermos nos referir a um espectro que sobrevive à morte do corpo. A identidade pessoal é uma consequência que emerge da atividade material do cérebro e, por fim, quando o cérebro se degrada, ela tem de desintegrar-se e reverter ao nada, como antes do nascimento. Contudo, existem usos poéticos de "alma" e palavras afins que adoto sem acanhamento. Em um ensaio publicado em *O capelão do Diabo*, minha primeira antologia, usei palavras desse teor para louvar um grande professor, F. W. Sanderson, que foi diretor de minha escola antes de eu nascer. A despeito do sempre presente risco de ser mal interpretado, escrevi sobre o "espírito" e o "fantasma" do finado Sanderson:

> Seu espírito perdurou em Oundle. Seu sucessor imediato, Kenneth Fisher, presidia uma reunião com os professores quando se ouviu uma batida tímida na porta e um garotinho entrou na sala: "Com licença, senhor, há gaivinas-pretas lá no rio". "A reunião pode esperar", disse Fisher, num tom decidido, aos professores reunidos. Ele se levantou, apanhou seus binóculos e saiu de bicicleta na companhia de seu pequeno ornitólogo, e — não consigo deixar de imaginar — com o bondoso fantasma de Sanderson, de faces coradas, irradiando atrás deles.

Prossegui fazendo referência ao "espírito" de Sanderson depois de descrever outra cena, de meus tempos de escola, quando um inspirador professor de ciência, Ioan Thomas (que fora lecionar ali porque admirava Sanderson, mesmo sendo jovem demais para tê-lo conhecido pessoalmente), nos deixou um ensinamento dramático sobre o valor de admitir a ignorância. Ele nos fez, um por um, uma pergunta para a qual todos nós demos respostas que eram puramente palpites. Por fim, depois de ele ter atiçado tanto a nossa curiosidade, todos clamávamos ("Professor! Professor!") pela resposta certa. O professor Thomas esperou teatralmente pelo silêncio e então falou devagar, com muita clareza, com pausas de efeito entre as palavras: "Eu não sei! Eu… não… sei!".

> Novamente o espírito paternal de Sanderson deu uma risadinha disfarçada no canto da sala, e nenhum de nós jamais esquecerá essa lição. O que importa não são os fatos, mas o modo como nós os

descobrimos e refletimos sobre eles: isso é educação, no verdadeiro sentido da palavra, algo muito diferente da nossa cultura de hoje, louca por avaliações e exames.

Havia por acaso o risco de que os leitores de meu primeiro ensaio interpretassem mal a ideia de que o "espírito" de Sanderson "perdurou", de que seu bondoso "fantasma" de faces coradas acompanhava o professor e o aluno, ou de que deu uma risadinha disfarçada no canto da sala? Acredito que não, embora Deus saiba (lá vamos nós outra vez) quanto apetite existe por interpretações equivocadas. Tenho de reconhecer que o mesmo risco, nascido da mesma avidez, espreita o título deste livro. *Ciência na alma*. O que isso significa?

Antes de tentar responder, farei uma digressão. Acho que já passou da hora de um Nobel de literatura ser dado a um cientista. Lamento dizer que o precedente mais próximo é um exemplo muito insatisfatório: Henri Bergson, mais um místico do que um verdadeiro cientista, cujo vitalista *élan vital* foi satirizado por Julian Huxley no trem que era movido pelo *élan locomotif*. Mas, falando sério, por que não conceder o prêmio a um verdadeiro cientista? Embora infelizmente Carl Sagan já não esteja entre nós para recebê-lo, quem negaria que suas obras têm a qualidade literária para um Nobel em comparação às dos grandes romancistas, historiadores e poetas? E quanto a Loren Eiseley? Lewis Thomas? Peter Medawar? Stephen Jay Gould? Jacob Bronowski? D'Arcy Thompson?

Sejam quais forem os méritos dos autores citados, não será a própria ciência um tema digno dos melhores escritores, mais do que capaz de inspirar obras literárias grandiosas? E sejam quais forem as qualidades que dão à ciência esse mérito — as mesmas qualidades encontradas na poesia e na ficção literária laureadas com o Nobel —, não temos aí um bom enfoque para o significado de "alma"?

"Espiritual" é outra palavra que poderia ser usada para descrever a ciência literária de Sagan. Muitos pensam que físicos são mais propensos do que biólogos a se identificarem como religiosos. Existem até evidências estatísticas disso provenientes de cientistas vinculados à Royal Society de Londres e à Academy of Sciences dos Estados Unidos. Mas a experiência mostra que, se sondarmos melhor esses cientistas de elite, descobriremos que mesmo os 10% que professam algum tipo de religiosidade em muitos casos não têm crenças sobrenaturais, um deus, um criador, uma aspiração à vida após a morte. O que eles têm — e dirão, se insistirmos — é uma "sensibilidade para o espiritual". Eles podem gostar da batida expressão "assombro e reverência", e quem pode censurá-los? Podem citar, como faço nestas páginas, o astrofísico indiano Subrahmanyan Chandrasekhar, que "estremece diante do belo", ou o físico americano John Archibald Wheeler:

> Por trás disso tudo certamente há uma ideia tão simples, tão bela que, quando a entendermos — daqui a uma década, um século ou um milênio —, diremos uns aos outros: como poderia ser de outro modo? Como pudemos ser tão cegos?

O próprio Einstein deixou bem claro que, mesmo sendo espiritual, não acreditava em nenhum tipo de deus pessoal.

> Obviamente era mentira o que você leu a respeito de minhas convicções religiosas, uma mentira que vem sendo repetida sistematicamente. Não creio em um Deus pessoal e nunca neguei isso, já o disse claramente. Se existe em mim alguma coisa que pode ser chamada de religiosa, é a admiração infinita pela estrutura do mundo até onde a nossa ciência pode revelar.

E, em outra ocasião:

Sou um incréu profundamente religioso — esse é um tipo um tanto novo de religião.

Ainda que eu não use exatamente essa expressão, é nesse sentido de um "incréu profundamente religioso" que me considero uma pessoa "espiritual", e nesse sentido que, sem o menor constrangimento, uso a palavra "alma" no título deste livro.

A ciência é fascinante e necessária. Fascinante para a alma — quando contempla, por exemplo, o espaço sideral e o tempo imemorial da orla do Grand Canyon. E necessária: para a sociedade, para o nosso bem-estar, para o nosso futuro imediato e distante. E ambos os aspectos são representados nesta antologia.

Tenho sido um educador em ciência por toda a minha vida adulta, e a maioria dos ensaios aqui reunidos deriva dos anos em que inaugurei como professor a cátedra Charles Simonyi de Divulgação Científica. Ao promover a ciência, há muito tempo defendo o que chamo de escola de pensamento Carl Sagan: o lado visionário e poético da ciência, ciência para despertar a imaginação, em contraste com a escola de pensamento "frigideira antiaderente". Esta última é como descrevo a tendência de justificar, por exemplo, os gastos com a exploração espacial louvando seus benefícios derivados, como o revestimento antiaderente para frigideiras — uma tendência que comparo com a tentativa de justificar a música como um bom exercício para o braço direito do violinista. É de mau gosto e aviltante, e suponho que minha comparação poderia ser acusada de exagerar o mau gosto. Mesmo assim, eu a uso para expressar minha preferência pelo encanto da ciência. Para justificar a exploração espacial, prefiro invocar o que Arthur C. Clarke exaltou e John Wyndham chamou de "o impulso para fora", a versão moderna do impulso que levou Magalhães,

Colombo e Vasco da Gama a explorarem o desconhecido. Mas, sim, "frigideira antiaderente" avilta de forma injusta a escola de pensamento assim rotulada em minha comparação, e é do valor sério e prático da ciência que trato agora, pois esse é o tema de muitos dos ensaios neste livro. A ciência é realmente importante para a vida — e por "ciência" quero dizer não só os fatos científicos mas também o modo científico de pensar.

Escrevo isto em novembro de 2016, um mês desolador de um ano desolador em que a expressão "os bárbaros batem à porta" nos tenta sem ironia. E do lado de dentro dessas portas as calamidades que se abateram sobre os dois países anglófonos mais populosos do mundo foram autoinfligidas em 2016: ferimentos causados não por um terremoto ou golpe de Estado militar, mas pelo próprio processo democrático. Mais do que nunca, a razão precisa vir para o centro do palco.

Longe de mim menosprezar a emoção — amo a música, a literatura e a poesia, assim como o calor, mental e físico, da afeição humana —, mas a emoção precisa conhecer o seu lugar. As decisões políticas, as decisões de Estado e as diretivas para o futuro devem decorrer do exame racional e lúcido de todas as opções, corroboradas pelas evidências, e de suas consequências prováveis. As intuições, mesmo quando não surgem das remexidas águas escuras da xenofobia, misoginia ou outros preconceitos cegos, precisam ficar fora da cabine de votação. Durante um bom tempo, e em boa medida, emoções sombrias como essas permaneceram sob a superfície. Mas em 2016 as campanhas políticas dos dois lados do Atlântico fizeram-nas aflorar, tornaram-nas, se não respeitáveis, ao menos expressas livremente. Demagogos lideraram pelo exemplo e proclamaram aberta a temporada de preconceitos que por meio século haviam ficado escondidos no cantinho da vergonha.

Quaisquer que possam ser os sentimentos íntimos de cada cientista, a ciência em si funciona mediante a rigorosa observação de valores objetivos. A verdade objetiva existe, e cabe a nós encontrá-la. A ciência mune-se de precauções disciplinadas contra a parcialidade pessoal, o viés da confirmação, o julgamento das questões antes que os fatos sejam expostos. Experimentos são repetidos, testes de duplo-cego refreiam o perdoável desejo dos cientistas de provar que estão certos — assim como o mais louvável empenho em maximizar nossas oportunidades de que provem que estamos errados. Um experimento feito em Nova York pode ser replicado em um laboratório de Nova Delhi e espera-se que a conclusão seja a mesma, independentemente da geografia ou dos vieses culturais ou históricos dos cientistas. Quem me dera outras disciplinas acadêmicas, por exemplo, a teologia, pudessem dizer o mesmo. Os filósofos falam despreocupadamente em "filosofia continental" para contrastá-la com a "filosofia analítica". Departamentos de filosofia em universidades americanas ou britânicas podem até procurar candidatos para lecionar "a tradição continental". Dá para imaginar um departamento científico anunciando a abertura de uma vaga para um professor de "química continental"? Ou de "tradição oriental em biologia"? A própria ideia é uma piada de mau gosto. Isso já diz bastante sobre os valores da ciência e não enaltece os da filosofia.

Comecei pela magia da ciência e o "impulso para fora" e passei aos valores da ciência e o modo científico de pensar. Alguns talvez estranhem que eu tenha deixado por último a utilidade prática do conhecimento científico, mas essa ordem reflete efetivamente as minhas prioridades pessoais. Sem dúvida, dádivas da medicina como as vacinas, os antibióticos e os anestésicos têm uma importância incomensurável, mas já são conhecidas demais e não necessitam de apresentação. O mesmo vale para a mudança climática (talvez seja tarde demais para alertas tenebrosos nesse campo) e para a revolução darwiniana da resistência a antibióticos. Mas escolhi para chamar a atenção aqui mais um alerta, menos imediato e menos conhecido. Ele amarra muito bem os três temas do impulso para fora, utilidade científica e modo científico de pensar.

Refiro-me ao perigo inevitável, embora não necessariamente iminente, de uma colisão catastrófica com um objeto extraterrestre grande, decerto desgarrado do cinturão de asteroides por obra da influência gravitacional de Júpiter.

Os dinossauros, com a notável exceção das aves, foram extintos por um choque colossal de um objeto vindo do espaço, do tipo que, mais cedo ou mais tarde, vai acontecer de novo. Agora são fortes as evidências circunstanciais de que um meteorito ou cometa enorme atingiu a península de Yucatán há cerca de 66 milhões de anos. No impacto, a massa desse objeto (do tamanho de uma montanha grande) e sua velocidade (talvez 65 mil quilômetros por hora) teriam, segundo estimativas plausíveis, gerado uma energia equivalente a vários bilhões de bombas de Hiroshima explodindo juntas. A temperatura causticante e o prodigioso deslocamento de ar desse impacto inicial devem ter sido seguidos por um prolongado "inverno nuclear" que talvez tenha durado uma década. Juntos, esses eventos mataram todos os dinossauros exceto as aves, e também os pterossauros, ictiossauros, plesiossauros, amonites, a maioria dos peixes e muitos outros seres. Felizmente, uns poucos mamíferos sobreviveram, talvez protegidos por estarem hibernando em seu equivalente de bunkers subterrâneos.

Uma catástrofe na mesma escala ameaçará outra vez o planeta. Ninguém sabe quando, pois elas acontecem aleatoriamente. Em nenhum sentido elas se tornam mais prováveis conforme aumenta o intervalo entre uma e outra. Poderia acontecer em nossas gerações atuais, mas isso é improvável, pois o intervalo médio entre esses megaimpactos é da ordem de 100 milhões de anos. Asteroides menores, mas ainda assim perigosos, grandes o bastante para destruir uma cidade como Hiroshima, atingem a Terra mais ou menos a cada um ou dois séculos. A razão de não nos preocuparmos com eles é que a maior parte da superfície de nosso planeta é desabitada. E também, obviamente, eles não aparecem a intervalos regulares, por isso não podemos olhar o calendário e dizer "está chegando a hora de mais um".

Agradeço pelos conselhos e informações sobre essas questões ao famoso astronauta Rusty Schweickart, que se tornou o mais destacado proponente de que levemos o risco a sério e tentemos fazer alguma coisa a respeito. O que poderíamos fazer? O que os dinossauros poderiam ter feito se contassem com telescópios, engenheiros e matemáticos?

A primeira tarefa é detectar a aproximação de um projétil. "Aproximação" dá uma impressão enganosa da natureza do problema. Não se trata de balas que disparam velozmente em nossa direção e parecem maiores quanto mais chegam perto. Tanto a Terra como o projétil estão em órbitas elípticas ao redor do Sol. Ao detectarmos um asteroide, temos de medir sua órbita — nossa acurácia aumenta conforme fazemos mais medições — e calcular se, em alguma data, talvez daqui a décadas, um ciclo futuro da órbita do asteroide coincidirá com um ciclo futuro da nossa órbita. Assim que um asteroide é detectado e sua órbita é plotada com precisão, o resto é matemática.

A face esburacada da Lua nos dá uma imagem inquietante dos estragos de que somos poupados graças à atmosfera protetora da Terra. A distribuição estatística de crateras lunares de vários diâmetros nos permite calcular o que anda lá fora e serve de referência para compararmos com nosso diminuto êxito em detectar projéteis com antecedência.

Quanto maior o asteroide, mais fácil é detectá-lo. Como os pequenos — inclusive aqueles "pequenos" que podem destruir uma cidade — são difíceis de detectar, é bem possível que não sejamos alertados em tempo hábil ou que simplesmente não sejamos alertados. Precisamos melhorar nossa capacidade de detectar asteroides e isso significa aumentar o número de telescópios de campo amplo para fazer a vigilância e procurar por eles, incluindo telescópios de infravermelho em órbita e fora do alcance da distorção causada pela atmosfera terrestre. Assim que identificarmos um asteroide perigoso cuja órbita ameace atravessar a nossa em algum momento, o que fazer? Precisamos alterar sua órbita, seja acelerando-o para que ele passe para uma órbita mais larga e, portanto, chegue ao encontro tarde demais para colidir, seja desacelerando-o para que sua órbita se contraia e ele chegue tarde demais. Surpreendentemente, uma mudança muito pequena na velocidade já seria suficiente, em qualquer dessas direções: apenas 0,04 quilômetro por hora. Sem recorrer a altos-explosivos, isso pode ser feito graças a tecnologias existentes, embora caras, não diferentes da façanha espetacular da missão Rosetta da Agência Espacial Europeia, que pousou uma sonda espacial em um cometa doze anos depois do lançamento do projeto, em 2004. Dá para perceber o que eu quis dizer quando falei em aliar o "impulso para fora" da imaginação com os objetivos práticos mais circunspectos da ciência útil e o rigor do modo científico de pensar? E esse exemplo detalhado ilustra outra característica do modo científico de pensar, outra virtude do que poderíamos chamar de alma da ciência. Quem, senão um cientista, prediria com acurácia o momento exato de uma catástrofe planetária cem anos no futuro e formularia um plano de alta precisão para impedi-la?

Apesar do tempo passado desde que estes ensaios foram escritos, não vejo muita coisa que possa ser alterada hoje. Eu poderia ter removido todas as referências às datas da publicação original, mas decidi não fazer isso. Alguns textos são pronunciamentos que fiz em ocasiões específicas, por exemplo, na inauguração de uma exposição ou em louvor a um falecido. Deixei-os intocados, como no discurso original. Eles conservam o caráter daquele momento, que se perderia caso eu removesse todas as alusões contemporâneas. Deixei as atualizações para notas de rodapé e epílogos — breves acréscimos e reflexões que talvez possam ser lidos paralelamente aos textos principais como um diálogo entre a pessoa que sou hoje e o autor do artigo original.

Gillian Somerscales e eu selecionamos 41 de meus ensaios, discursos e textos jornalísticos e os agrupamos em oito seções. Além da ciência propriamente dita, eles incluem minhas reflexões sobre os valores da ciência, a história da ciência e o papel da ciência na sociedade, algumas polêmicas, alguma divinação comedida, doses de sátira e humor e tristezas pessoais que me contive para não transformar em lamúrias. Cada seção começa com uma perceptiva introdução de Gillian. Seria supérfluo fazer acréscimos a essas introduções, portanto os adicionei em notas de rodapé e epílogos.

Quando debatemos sobre vários títulos para este livro, *Ciência na (ou para a) alma* foi o favorito, provisoriamente escolhido por Gillian e por mim entre numerosos concorrentes. Não sou de acreditar em presságios, mas tenho de admitir que o que finalmente me levou a escolhê-lo foi ter redescoberto, quando catalogava minha biblioteca em agosto de 2016, um livrinho encantador de Michael Shermer intitulado *The Soul of Science* [A alma da ciência]. Era dedicado "A Richard Dawkins, por dar alma à ciência". Foi um acaso feliz, e nem Gillian nem eu tivemos mais dúvidas sobre como este livro deveria se chamar.

Minha gratidão a Gillian é imensurável. Além disso, quero agradecer a Susanna Wadeson, da Transworld, e a Hilary Redmon, da Penguin Random House USA, por acreditarem com entusiasmo no projeto e darem sugestões proveitosas. A expertise de Miranda Hale ajudou Gillian a encontrar ensaios perdidos na internet. Em uma antologia com textos que abrangem muitos anos é natural que os agradecimentos tenham de abranger todo o período. Eles são expressos nos artigos originais. Espero que compreendam que não seria viável repeti-los aqui. O mesmo se aplica às citações bibliográficas. Os leitores interessados podem procurá-las nos artigos originais e ver os detalhes na parte final do livro.

Apresentação

Gillian Somerscales

Richard Dawkins nunca se encaixou em categorizações. Um renomado biólogo com uma queda para a matemática espantou-se, quando resenhava *O gene egoísta* e *The Extended Phenotype* [O fenótipo estendido, inédito no Brasil], por estar diante de uma obra científica aparentemente livre de erros lógicos, mesmo que não tivesse uma linha sequer de matemática. Ele só pôde concluir que, por mais incompreensível que isso lhe afigurasse, "Dawkins... parece pensar em prosa".

Ainda bem que é assim. Pois, se ele não pensasse em prosa — não ensinasse em prosa, refletisse em prosa, conjeturasse em prosa, argumentasse em prosa —, não teríamos a extraordinária variedade de obras produzidas por esse divulgador da ciência fabulosamente versátil. Não falo apenas de seus treze livros, cujas qualidades dispensam enumeração, mas do *embarras de richesses* de textos mais curtos veiculados em diferentes plataformas — jornais diários e revistas científicas, salões de conferência ou on-line, periódicos e polêmicas, resenhas e retrospectivas —, dos quais ele e eu tecemos esta antologia. Ela inclui, ao lado de trabalhos bem recentes, algumas obras antigas que exploram os ricos veios abertos antes e depois da publicação de *O capelão do Diabo*, sua primeira antologia.

Dada a sua reputação de polemista, parece-me ainda mais importante prestar a devida atenção na obra de Richard Dawkins como criadora de conexões que constrói incansavelmente pontes de palavras sobre o abismo entre o discurso científico e o conjunto maior de debates públicos. Vejo-o como um elitista igualitário, dedicado a tornar a ciência complexa não apenas acessível mas *inteligível* — e sem "nivelar por baixo" —, com uma insistência constante na clareza e exatidão, usando a linguagem como um instrumento de precisão, um instrumento cirúrgico.

Se ele também usa o idioma como um florete — e às vezes como um porrete —, é para golpear o obscurecimento e a pretensão, rechaçar a distração e o desnorteamento. Ele tem horror ao que é falso, sejam falsas crenças, falsa ciência, política ou emoção. Depois de ler e reler os textos candidatos a integrar este livro, pensei em um grupo que chamei de "dardos": textos breves e afiados, alguns cômicos, outros causticantes, comoventes ou chocantemente indelicados. Senti a tentação de apresentar uma seleção dos últimos em um grupo próprio, mas pensei bem e preferi situar alguns deles em meio a ensaios mais longos, reflexivos e embasados, tanto para transmitir melhor o escopo dos escritos como um todo quanto para oferecer ao leitor a experiência imediata das mudanças de ritmo e tom que refletem o barato de ler Dawkins.

Há extremos de deleite e sarcasmo, e também de raiva — nunca por algo dito contra ele, mas sempre pelo mal feito a outros, sobretudo a crianças, animais não humanos e pessoas oprimidas por violar ditames de autoridades. Essa raiva, assim como a tristeza que vem em sua esteira por tudo que é danificado e perdido, serve, para mim, como um lembrete — e friso que a percepção é minha, não de Richard — do aspecto trágico de sua vida de autor e orador desde *O gene egoísta*. Se "trágico" soa muito forte ao leitor, recorde que, naquele primeiro livro explosivo, ele explicou como a evolução pela seleção natural funciona mediante uma lógica que se expressa em um incansável comportamento egoísta por parte dos diminutos replicadores através dos quais os seres vivos são construídos. E então ele ressaltou que somente os seres humanos têm o poder de vencer os ditames de nossas moléculas replicadoras egoístas, de assumir o controle sobre nós mesmos e sobre o mundo, de conceber o futuro e influenciá-lo. Somos a primeira espécie capaz de não ser egoísta. É um tremendo chamado à ação. E eis a tragédia: em vez de poder, a partir de então, dedicar seus numerosos talentos a exortar a humanidade a usar o precioso atributo da consciência e as descobertas sempre crescentes da ciência e da razão para elevar-se acima dos impulsos egoístas de nossa programação evolucionária, ele teve de gastar boa parte dessa energia e habilidade para persuadir as pessoas a aceitar a verdade da evolução! Uma tarefa ingrata, talvez, mas alguém tem de fazê-la, pois, como ele diz, a natureza não pode entrar com ação na Justiça. E, como comenta em um dos textos reproduzidos aqui: "Aprendi [...] que o bom senso rigoroso não tem nada de óbvio para boa parte do mundo. De fato, às vezes o bom senso requer uma vigilância incessante em sua defesa". Richard Dawkins não é só o profeta da razão: é o nosso incansável vigilante.

É uma pena que tantos dos adjetivos associados ao rigor e à clareza — impiedoso, implacável, inclemente — sejam tão brutais, pois os princípios de Richard são permeados de compaixão, generosidade e bondade. Até suas críticas, severas no julgamento, são de uma agudeza mordaz — como quando ele se refere, em uma carta ao primeiro-ministro, à "baronesa Warsi, sua ministra sem pasta (e sem eleição)", ou arremeda um acólito de Blair promovendo a promoção da diversidade religiosa por seu chefe: "Apoiaremos a introdução de tribunais da Xaria, porém em bases estritamente voluntárias: só para aquelas cujos maridos e pais optarem livremente por eles".

Prefiro usar imagens de clareza: incisividade, atenção criteriosa à lógica e aos detalhes, lucidez penetrante. E prefiro chamar seus textos de atléticos em vez de musculosos — um instrumento não só de força e vigor, mas de flexibilidade e adaptabilidade a praticamente qualquer público, leitor ou tema. De fato, não são muitos os autores que conseguem combinar potência e sutileza, impacto e exatidão com tanta elegância e senso de humor.

Trabalhei pela primeira vez com Richard Dawkins em *Deus, um delírio* há mais de uma década. Se os leitores desta coletânea passarem a apreciar não só a clareza de pensamento e a facilidade de expressão do autor, o destemor com que ele confronta elefantes enormes em salas muito pequenas, a energia com que ele se dedica a explicar o complexo e o belo na ciência, mas também um pouco da generosidade, bondade e cortesia que sempre caracterizaram a minha convivência com Richard ao longo de todos esses anos desde aquela primeira colaboração, este livro terá cumprido um de seus objetivos.

E terá cumprido outro se incorporar uma condição descrita com grande propriedade em um dos ensaios aqui reproduzidos, na qual "partes harmoniosas florescem na presença uma da outra, e surge a ilusão de um todo harmonioso". De fato, acredito que a harmonia que reverbera desta coletânea não é uma ilusão, e sim o eco de uma das vozes mais vibrantes e vitais de nosso tempo.

PARTE I
O(S) VALOR(ES) DA CIÊNCIA

Começamos no cerne da questão: o que é ciência, o que ela faz, como se faz (da melhor forma possível). A palestra ministrada por Richard em 1997 para a Anistia Internacional, intitulada "Os valores da ciência e a ciência dos valores", é uma esplêndida obra de caráter geral, que abrange as mais diversas áreas e se relaciona a vários dos temas abordados em outros textos desta coletânea: o prioritário respeito da ciência pela verdade objetiva; a importância moral atribuída à capacidade de sofrer e os perigos do "especismo"; uma ênfase reveladora em distinções fundamentais, por exemplo, entre "usar a retórica para fazer aflorar o que você acredita que realmente está lá e usar a retórica de modo deliberado para encobrir o que realmente está lá". Essa é a voz do divulgador da ciência, do resoluto adepto de recrutar a linguagem para transmitir a verdade, e não para criar uma "verdade" artificial. O primeiro parágrafo já faz uma cuidadosa distinção: os valores que alicerçam a ciência são uma coisa, um conjunto orgulhoso e precioso de princípios a serem defendidos, pois deles depende a perpetuação de nossa civilização; outra postura, bem diferente e mais suspeita, é a tentativa de derivar valores *a partir* do conhecimento científico. Precisamos ter a coragem de admitir que começamos em um vácuo ético, que inventamos nossos próprios valores. O autor dessa palestra não é nenhum senhor Gradgrind* obcecado por fatos, nenhum processador de números. As passagens sobre o valor estético da ciência, a visão poética de Carl Sagan e o "estremecimento diante do belo" de Subrahmanyan Chandrasekhar representam a apaixonada celebração das glórias, belezas e potencialidades da ciência para trazer deleite à nossa vida e esperança ao nosso futuro.

Temos então uma mudança de ritmo e de plataforma quando o registro passa do amplo e do reflexivo ao conciso e afiado: aquilo que eu chamo de o Dardo de Dawkins. Aqui, com uma cortesia de aço, Richard elabora vários dos argumentos apresentados em sua conferência da Anistia Internacional, quando advertiu o próximo monarca da Grã-Bretanha dos perigos de seguir a "sabedoria interior" em vez da ciência baseada em evidências. Ele não costuma absolver seres humanos propensos a avaliações pessoais sobre as possibilidades oferecidas pela ciência e tecnologia: "Um aspecto preocupante da oposição histérica aos *possíveis* riscos dos transgênicos é que ela desvia a atenção dos perigos *inequívocos* que já são bem compreendidos, mas, em grande medida, desconsiderados".

O terceiro texto desta seção, "Ciência e sensibilidade", é outra palestra abrangente que combina solenidade e argúcia. Também aqui vemos o entusiasmo messiânico pela ciência, temperado por uma reflexão comedida sobre quanto *poderíamos* ter avançado na virada do milênio e as distâncias ainda não percorridas. Como de costume, são ideias concebidas não como uma receita para o desespero, e sim para um esforço redobrado.

---

* Thomas Gradgrind, personagem de *Tempos difíceis,* de Charles Dickens, "um homem de fatos e cálculos". (N. T.)

E de onde vieram essa curiosidade insaciável, essa fome de conhecimento, essa compaixão militante? A seção termina com "Dolittle e Darwin", reminiscências ternas sobre algumas das influências que contribuíram para educar uma criança nos valores da ciência — incluindo a lição de como distinguir valores essenciais de sua coloração histórica e cultural temporária.

Em todos esses textos díspares, reverbera claramente a mensagem fundamental. Não adianta matar o mensageiro, não adianta recorrer a consolos ilusórios nem confundir *é* com *deveria ser* ou com o que você *gostaria que fosse*. Em última análise, são mensagens positivas: um enfoque claro e incessante no modo como as coisas funcionam, aliado à imaginação inteligente de um curioso incurável, permitirá vislumbres que informam, desafiam e estimulam. E assim a ciência continua a desenvolver-se, a compreensão continua a crescer e o conhecimento, a se expandir. Vistos em conjunto, os textos a seguir constituem um manifesto em favor da ciência e um grito de guerra pela sua causa.

G. S.

Os valores da ciência e a ciência dos valores*

Os valores da ciência: o que isso significa? Em um sentido frágil, eu me referirei — com simpatia — aos valores que poderíamos esperar de um cientista, na medida em que são influenciados por sua profissão. Existe também um sentido sólido, no qual o conhecimento científico é usado diretamente para derivar valores, como que de um livro sagrado. Os valores nesse sentido eu repudio veementemente.** O livro da natureza pode não ser pior do

---

* A série anual de conferências Oxford Amnesty Lectures tem lugar no Sheldonian Theatre em benefício da Anistia Internacional. Todo ano as conferências são reunidas em um livro, organizado por um acadêmico de Oxford. Em 1997, quem convidou os conferencistas e organizou o livro foi Wes Williams, e o tema escolhido foi "os valores da ciência". Entre os conferencistas estavam Daniel Dennett, Nicholas Humphrey, George Monbiot e Jonathan Rée. A minha conferência foi a segunda de sete, e o texto é reproduzido aqui.

** Se Sam Harris já tivesse publicado seu instigante livro *A paisagem moral* na época desta conferência, eu teria apagado o "veementemente". Harris afirma, com bom poder de persuasão, que seria uma perversidade negarmos que certas ações, por exemplo, infligir sofrimento intenso, são imorais, e que a ciência

que um livro sagrado tradicional como fonte de valores para nortear a vida, mas isso não quer dizer grande coisa.

A ciência dos valores — a outra metade do meu título — significa o estudo científico das origens de nossos valores. Isso já deveria ser isento de valor, uma questão acadêmica, não obviamente mais polêmica do que a questão das origens de nossos ossos. A conclusão poderia ser que nossos valores não devem nada à nossa história evolucionária, mas não é a conclusão à qual chegarei.

OS VALORES DA CIÊNCIA NO SENTIDO FRÁGIL

Duvido que, na vida privada, cientistas sejam menos (ou mais) propensos do que as demais pessoas a enganar o cônjuge ou o fisco. Mas, na vida profissional, os cientistas têm razões especiais para valorizar a verdade pura e simples. Essa profissão tem por base a crença de que existe a verdade objetiva que transcende a variedade cultural e que, se dois cientistas fizerem a mesma pergunta, convergirão para a mesma verdade independentemente de suas crenças prévias, de sua formação cultural ou até, dentro de limites, de sua capacidade. Isso não é contradito pela tão apregoada crença filosófica de que cientistas não provam a verdade, mas apenas apresentam hipóteses que não conseguem *refutar*. O filósofo pode nos persuadir de que nossos fatos são apenas teorias não refutadas, mas, em se tratando de certas teorias, apostaríamos nosso pescoço que elas nunca serão refutadas, e essas são as que normalmente consideramos verda-

---

pode ter um papel crucial em identificá-las. Há mérito no argumento de que houve exagero nos louvores à distinção fato-valor. (Para os detalhes da publicação dos livros mencionados no texto e nas notas, ver as referências bibliográficas no final do livro.)

deiras.* Cientistas separados pela geografia e por suas culturas tenderão a convergir para as mesmas teorias não refutadas.

Essa visão de mundo está no extremo oposto de conversas fiadas da moda, como esta:

A verdade objetiva não existe. Nós fazemos a nossa verdade. A realidade objetiva não existe. Nós fazemos a nossa realidade. Existem modos espirituais, místicos ou interiores de conhecer que são superiores aos nossos modos de conhecer comuns.** Se uma experiência parece real, ela é real. Se uma ideia lhe parece certa, ela é certa. Somos incapazes de chegar ao conhecimento da verdadeira natureza da realidade. A própria ciência é irracional ou mística. É apenas mais uma fé ou sistema de crença ou mito, sem mais justificativas do que qualquer outra. Não importa se as crenças são verdadeiras ou não, contanto que sejam importantes para você.***

Esse caminho leva à loucura. Meu melhor exemplo para os valores de um cientista é dizer que, se chegasse um tempo em que todos

---

* Gosto do modo como Stephen Gould expressa essa ideia. "Em ciência, 'fato' só pode significar 'confirmado em um grau que seria perversidade negar-lhe uma aceitação provisória'. Suponho que maçãs poderiam até começar a voar amanhã, porém essa possibilidade não merece um tempo igual nas aulas de física" ("Evolution as Fact and Theory", em *Hen's Teeth and Horse's Toes*).

** Professores de "Estudos das Mulheres" às vezes se põem a enaltecer "os modos femininos de conhecer", como se eles fossem diferentes ou até melhores do que os modos lógicos ou científicos de conhecer. Como disse Steven Pinker, essa conversa é um insulto às mulheres.

*** Citado em Carl Sagan, *The Demon-Haunted World*, p. 234. Ver também Paul R. Gross e Norman Levitt, *Higher Superstition*, para uma arrepiante coletânea e uma crítica justificadamente feroz a baboseiras semelhantes, incluindo "Construtivismo Cultural", "Ciência Afrocêntrica", "Álgebra Feminista" e "Estudos da Ciência", sem esquecer a "instigante afirmação" de Sandra Harding de que os *Principia Mathematica Philosophae Naturalis* de Newton são um "manual de estupro".

pensassem desse modo, eu não iria mais querer viver. Teríamos então entrado em uma nova Idade das Trevas, embora não "tornada mais sinistra e mais prolongada pelas luzes da ciência pervertida"* — porque não haveria nenhuma ciência a ser pervertida.

Sim, a lei da gravidade de Newton é apenas uma aproximação, e talvez a teoria geral de Einstein algum dia venha a ser suplantada. Mas isso não as rebaixa ao nível da bruxaria medieval ou da superstição tribal. As leis de Newton são aproximações nas quais você pode apostar a sua vida, e é isso o que fazemos regularmente. Quando viaja de avião, o nosso relativista cultural deixa sua vida a cargo da levitação ou da física, do tapete mágico ou da fabricante de aeronaves McDonnell Douglas? Independentemente da cultura em que você foi criado, o princípio de Bernoulli não deixa de funcionar de repente assim que você entra no espaço aéreo não ocidental. Ou: em que você aposta seu dinheiro quando se trata de predizer uma observação? Como um herói de Rider Haggard moderno, você pode, como lembrou Sagan, confundir os selvagens do relativismo e da *new age* predizendo, com precisão de segundos, um eclipse total do Sol daqui a mil anos.

Carl Sagan morreu faz um mês. Só o vi pessoalmente uma vez, mas amo seus livros e sentirei a falta dele como de uma "vela no escuro".** Dedico esta conferência à sua memória e usarei citações de suas obras. O comentário sobre predizer eclipses provém do último livro que ele publicou, *O mundo assombrado pelos demônios*, e ele prossegue:

> Você pode procurar o curandeiro para desfazer o feitiço que causa a sua anemia perniciosa, ou pode tomar vitamina B12. Se quiser

---

* Winston Churchill, obviamente.

** Escolhi essa frase, junto com as célebres palavras de Shakespeare em *Macbeth*, para o título da segunda parte da minha autobiografia, *Brief Candle in the Dark* [Breve vela no escuro, ainda não traduzido no Brasil].

poupar seu filho da pólio, pode rezar ou vaciná-lo. Se quiser saber o sexo de seu bebê antes de ele nascer, você pode consultar pêndulos à vontade... só que eles vão acertar, em média, apenas uma a cada duas vezes. Se desejar a verdadeira precisão... tente a amniocentese e o ultrassom. Tente a ciência.

Obviamente, cientistas discordam uns dos outros com frequência, mas também se orgulham de concordar a respeito de quais evidências seriam necessárias para que mudassem de ideia. A rota de qualquer descoberta será publicada, e qualquer um que seguir a mesma rota deverá chegar à mesma conclusão. Se você mentir — manipular dados, publicar só aquela parte das evidências que corrobora sua conclusão preferida —, provavelmente será flagrado. Seja como for, você não vai ficar rico fazendo ciência, portanto por que fazer se você põe a perder a única finalidade do esforço porque mente? É muito mais provável um cientista mentir a um cônjuge ou ao fisco do que a uma revista especializada.

É bem verdade que acontecem fraudes na ciência, e provavelmente mais do que os casos que vêm a público. Só estou dizendo aqui que, na comunidade científica, manipular dados é o pecado capital, imperdoável de um modo difícil de traduzir nos termos de qualquer outra profissão. Uma infeliz consequência desse juízo de valor extremo é que os cientistas relutam ao máximo em levantar a lebre quando têm razão para suspeitar que algum colega andou adulterando dados. Equivaleria mais ou menos a acusar alguém de canibalismo ou pedofilia. Uma desconfiança tão tenebrosa como essa pode ser suprimida até que as evidências se tornem avassaladoras demais para ser ignoradas, e a essa altura o estrago já pode ter sido muito grande. Se você manipular sua contabilidade de gastos, seus pares provavelmente deixarão passar. Se você pagar um jardineiro em dinheiro vivo e, com isso, acabar propiciando um mercado negro sonegador de impostos, você não vai virar um pária social. Mas um cientista que for flagrado manipulando dados vai — e será evitado pelos colegas e fragorosamente expulso da profissão para sempre.

Um advogado que usar a eloquência para defender um cliente da melhor maneira possível mesmo que não acredite em sua inocência, mesmo que selecione fatos favoráveis e omita evidências, será admirado e recompensado por seu êxito.* O cientista que fizer a mesma coisa, recorrendo a todos os expedientes da retórica, virando e revirando de todos os modos para conquistar apoio para uma teoria favorita, é no mínimo visto com leve desconfiança.

Geralmente, os valores dos cientistas são tais que a acusação de defender — ou, pior, de ser um advogado *hábil* — exige uma resposta.** No entanto, existe uma diferença importante entre usar a retórica para fazer aflorar o que você acredita que realmente está lá e usar a retórica de modo deliberado para encobrir o que realmente está lá. Certa vez, participei de um debate sobre

---

* A experiência a seguir é bem comum. Certa vez conversei com uma advogada, uma jovem de ideais elevados, especializada em defesa penal. Ela comentou que estava contente porque um investigador particular contratado por ela tinha encontrado evidências que levariam à absolvição de seu cliente, acusado de assassinato. Dei-lhe os parabéns e fiz a pergunta óbvia: o que ela teria feito se o investigador encontrasse evidências provando inequivocamente que seu cliente era culpado? Ela respondeu, sem hesitar, que teria suprimido discretamente as evidências. A promotoria que tratasse de encontrar suas próprias evidências. Se falhassem, azar deles. Minha indignação com essa história é uma reação que ela decerto já encontrou muitas vezes ao conversar com quem não é advogado, e não a censuro por mudar de assunto em vez de argumentar.

** Julguei necessário começar *The Extended Phenotype* admitindo que se tratava de uma obra de "defesa despudorada". O fato de eu precisar recorrer a uma palavra como "despudorada" corrobora meu argumento sobre os valores da ciência. Que advogado pediria desculpas ao júri por sua "defesa despudorada"? A defesa, defesa parcial, é precisamente aquilo para que os advogados são preparados — e regiamente pagos. O mesmo podemos dizer de políticos, publicitários e marqueteiros. A ciência talvez seja a mais rigorosamente honesta de todas as profissões.

evolução na universidade. O discurso criacionista mais eficaz foi feito por uma jovem que depois, no jantar, se sentou ao meu lado.

Quando a elogiei, ela me disse na mesma hora que não acreditava em uma única palavra daquilo, mas estivera simplesmente exercitando suas habilidades como debatedora, argumentando com veemência em favor do oposto daquilo que ela considerava verdadeiro. Sem dúvida, ela daria uma boa advogada. O fato de que precisei me segurar para me manter educado com aquela companheira de mesa pode testemunhar em favor dos valores que adquiri como cientista.

Suponho estar dizendo que os cientistas têm uma escala de valores segundo a qual existe algo quase sagrado na verdade da natureza. Pode ser por isso que alguns de nós ficamos tão irritados com astrólogos, entortadores de colher e charlatães semelhantes, que outros toleram como recreadores inofensivos. A lei pune quem difama um indivíduo conscientemente, mas deixa livre e solto quem ganha dinheiro mentindo sobre a natureza — que não pode entrar com ação na Justiça. Podem dizer que meus valores não são normais, mas eu gostaria muito que a natureza fosse representada no tribunal como uma criança que sofreu abuso.*

A desvantagem do amor pela verdade é que ele pode levar cientistas a buscá-la independentemente de consequências prejudiciais.** De fato, os cientistas têm a grave responsabilidade de

---

* Ouvi um físico londrino dizer que chegou ao ponto de se recusar a pagar imposto ao governo enquanto o colégio de ensino para adultos de sua região continuasse a anunciar um curso de astrologia. Um professor de geologia australiano está processando um criacionista por ganhar dinheiro dizendo que encontrou a Arca de Noé. Ver o comentário de Peter Pockley na edição de 23 de abril de 1997 do *Daily Telegraph*.

** Acho difícil justificar a concessão de verba para pesquisas sobre supostas correlações entre raça e QI. Não estou entre os que pensam que a inteligência não é mensurável ou que a raça é "não biológica", uma "construção social" (veja como

advertir a sociedade dessas consequências. Einstein reconheceu o perigo quando disse: "Se eu soubesse, teria preferido ser um serralheiro". Mas é claro que não preferiria de verdade. E, quando a oportunidade chegou, ele assinou a famosa carta alertando Roosevelt sobre as possibilidades e perigos da bomba atômica. Parte da hostilidade contra os cientistas é um equivalente de matar o mensageiro. Se os astrônomos chamarem a atenção para um grande asteroide em rota de colisão com a Terra, o derradeiro pensamento de muita gente antes do impacto será culpar "os cientistas". Existe algo da reação de matar o mensageiro no modo como lidamos com a ESB.* Ao contrário do caso do asteroide, neste a culpa é mesmo da humanidade. Os cientistas têm de reconhecer sua parte dela, assim como a gananciosa indústria agrícola alimentícia.

Carl Sagan dizia que frequentemente lhe perguntavam se ele acreditava que existe vida inteligente em outras partes do universo. Ele se inclinava para um cauteloso sim, porém disse isso com humildade e incerteza.

Muitos, então, me perguntam: "O que você acha, de verdade?".

E eu respondo: "Acabei de lhe dizer o que acho de verdade".

"Sim, mas o que sua intuição lhe diz?"

---

o renomado geneticista A. W. F. Edwards desanca esplendidamente essa afirmação em "Human Genetic Diversity: Lewontin's Fallacy"). Mas qual poderia ser o objetivo de investigar supostas correlações entre inteligência e raça? Decerto nenhuma decisão sobre políticas deve tomar por base pesquisas desse teor. Desconfio que esse era o argumento que Lewontin queria de fato defender, e aí concordo sem ressalvas. Contudo, como tantas vezes acontece com cientistas motivados por ideologia, ele escolheu interpretar erroneamente sua ideia como um (falso) argumento científico em vez de como um (louvável) argumento político.

* Encefalopatia espongiforme bovina, comumente conhecida como "doença da vaca louca". Uma epidemia que começou na Grã-Bretanha em 1986 e causou pânico generalizado, em parte devido à sua afinidade com a perigosa doença humana DCJ ou Doença de Creutzfeldt-Jakob.

Eu, porém, tento não me basear em intuições. Se quero realmente compreender o universo, recorrer a qualquer outra coisa além do meu cérebro, por mais tentador que possa ser, provavelmente me meterá em encrenca. Garanto que não há problema algum em não querer dar opinião antes de ter evidências.

Desconfiar das revelações íntimas, privadas, parece, a meu ver, ser outro dos valores favorecidos pela experiência de fazer ciência. Revelações privadas não combinam com os ideais clássicos do método científico: testabilidade, apoio em evidências, precisão, possibilidade de quantificar, coerência, intersubjetividade, capacidade de repetir, universalidade e independência do meio cultural. Existem também valores da ciência que provavelmente será melhor considerarmos semelhantes a valores estéticos. Sobre esse assunto Einstein já foi suficientemente citado, por isso vejamos o que disse o grande astrofísico indiano Subrahmanyan Chandrasekhar em uma conferência que fez em 1975, aos 65 anos de idade:

> Em toda a minha vida de cientista [...] a experiência mais atordoante foi perceber que uma solução exata das equações da relatividade geral de Einstein, descoberta pelo matemático neozelandês Roy Kerr, fornece a representação absolutamente exata de incontáveis buracos negros imensos que povoam o universo. Esse "estremecimento diante do belo", esse fato incrível de que uma descoberta motivada pela busca do belo na matemática encontra sua réplica exata na natureza, persuade-me a dizer que a beleza é aquilo a que a mente humana responde nas profundezas de seu íntimo.

Acho isso comovente em um sentido que está ausente no caprichoso diletantismo dos famosos versos de Keats:

"Beauty is truth, truth beauty"... that is all
Ye know on earth, and all ye need to know.*

Os cientistas vão um pouco além da estética e tendem a valorizar o longo prazo em detrimento do curto; extraem inspiração dos vastos espaços abertos do cosmo e da ponderosa lentidão do tempo geológico, não das tacanhas preocupações da humanidade.

São especialmente propensos a ver as coisas *sub specie aeternitatis* [da perspectiva do eterno], mesmo que isso lhes traga o risco de serem acusados de ter uma concepção desalentadora, fria e insensível da humanidade. O penúltimo livro de Carl Sagan, *Pálido ponto azul*, é construído em torno da imagem poética do nosso mundo visto do espaço distante.

Olhe de novo para aquele pontinho. Aquilo é aqui. Aquilo é o nosso lar [...]. A Terra é um palco minúsculo em uma imensa arena cósmica. Pense nos rios de sangue derramados por todos aqueles generais e imperadores para que, na glória e no triunfo, eles pudessem tornar-se os senhores momentâneos de uma fração de um pontinho. Pense nas intermináveis crueldades infligidas pelos habitantes de um canto desse pixel aos quase indistinguíveis habitantes de algum outro canto, no quanto se desentendem frequentemente, no quanto são ávidos por matarem uns aos outros, no quanto é abrasador o seu ódio.

Nossa pose, a importância que imaginamos ter, a ilusão de que ocupamos uma posição privilegiada no Universo, são contestadas por esse pálido ponto de luz. Nosso planeta é um grão solitário envolto por uma grande escuridão cósmica. Em nossa obscuridade,

---

* "'Beleza é verdade, verdade beleza'... isso é tudo/ O que sabes na Terra, e tudo o que precisas saber." (N. T.)

em toda essa imensidão, não há nenhum sinal de que virá ajuda de alguma outra parte para nos salvar de nós mesmos.

Para mim, o único aspecto desolador da passagem que acabo de ler é a percepção humana de que seu autor agora foi silenciado. É questão de atitude considerar ou não desolador o modo como ele pôs a humanidade em seu devido lugar. Talvez seja um aspecto dos valores científicos o fato de que muitos de nós achamos que as visões grandiosas são edificantes e empolgantes, em vez de frias e vazias. Também simpatizamos com a natureza porque ela segue leis e não é volúvel. Existe mistério, porém nunca mágica, e os mistérios são ainda mais belos porque um dia vêm a ser explicados. As coisas são explicáveis e é um privilégio para nós explicá-las. Os princípios que atuam aqui prevalecem lá — e "lá" significa até em galáxias longínquas. Charles Darwin, na célebre passagem da "ribanceira luxuriante" que encerra *A origem das espécies*, observa que toda a complexidade da vida "foi produzida por leis que atuam ao nosso redor" e prossegue:

Assim, da guerra da natureza, da fome e da morte surge diretamente o mais excelso objeto que somos capazes de conceber, a produção dos animais superiores. Há grandeza nessa visão de que a vida, com seus vários poderes, foi originalmente insuflada em algumas formas ou em uma, e no fato de que, enquanto este planeta prossegue em seu giro de conformidade com a imutável lei da gravidade, de um começo tão simples evoluíram e continuam a evoluir infindáveis formas belíssimas e fascinantes.

O próprio tempo que as espécies levam para evoluir já constitui um argumento em favor de sua conservação. Isso por si só envolve um juízo de valor, presumivelmente compatível com aqueles imersos nas profundezas do tempo geológico. Em uma obra anterior, citei a angustiante descrição feita por Oria Douglas-Hamilton de uma matança de elefantes no Zimbábue:

> Olhei para uma das trombas descartadas e me perguntei quantos milhões de anos devem ter sido necessários para criar aquele milagre da evolução. Equipada com 50 mil músculos e controlada por um cérebro à altura de tal complexidade, ela é capaz de arrancar e empurrar com toneladas de força [...] ao mesmo tempo, consegue executar operações delicadíssimas [...]. E, no entanto, jazia ali, amputada como tantas trombas de elefante que eu vira por toda a África.

É comovente, sim, mas minha citação tem por objetivo ilustrar os valores científicos que levaram a sra. Douglas-Hamilton a ressaltar os milhões de anos que tinham sido necessários para que evoluísse a complexidade de uma tromba de elefante e não, digamos, os direitos dos elefantes ou sua capacidade de sofrer, ou o valor dos animais para enriquecer nossa experiência humana ou para aumentar as receitas de um país com o turismo.

Não que a noção evolucionária seja irrelevante para as questões de direito e sofrimento. Defenderei brevemente a ideia de que não podemos derivar valores morais do conhecimento científico. No entanto, filósofos utilitaristas que não acreditam que *existem* valores morais absolutos ainda assim, justificadamente, ajudam a desmascarar contradições e incoerências em determinados sistemas de valores.* Os cientistas evolucionários estão bem preparados

---

* Meu filósofo moral favorito, e um excelente exemplo de quanto os filósofos podem ser valiosos quando se empenham pela clareza sem linguajar pernóstico, é Jonathan Glover. Ver, por exemplo, seu livro *Causing Death and Saving Lives* [Causando a morte e salvando vidas], um livro tão presciente que permitiram que se esgotasse sem novas reimpressões antes que avanços científicos começassem a fazê-lo parecer um livro sobre atualidades; ou *Humanity* [Humanidade], que vem a ser uma crítica causticante do oposto. Em *Choosing Children* [Escolhendo os fi-

para observar incoerências na elevação absolutista dos direitos humanos acima dos direitos de todas as outras espécies.

Os ativistas contra o aborto afirmam categoricamente que a "vida" é preciosa enquanto devoram um bife gordo sem a menor preocupação. Está muito claro o tipo de "vida" que essas pessoas dizem "defender": a vida *humana*. Ora, isso não é necessariamente errado, mas o cientista evolucionário no mínimo nos alertará para a incoerência. Não é nada evidente que o aborto de um feto de um mês seja assassinato e abater um elefante adulto ou um gorila-das-montanhas plenamente senciente não o seja.

Há cerca de 6 ou 7 milhões de anos viveu um grande primata africano que foi o ancestral comum de todos os humanos modernos e gorilas modernos. Por acaso, as formas intermediárias que nos ligam a esse ancestral — *Homo erectus*, *Homo habilis*, vários membros do gênero *Australopithecus* e outros — estão todas extintas. Também estão extintos os intermediários que ligam esse mesmo ancestral comum aos gorilas modernos. Se os intermediários não estivessem extintos, se populações relictas aparecessem nas selvas e savanas da África, as consequências seriam perturbadoras. Você seria capaz de se acasalar e ter um filho com alguém que seria capaz de se acasalar e ter um filho com algum outro indivíduo que... depois de um punhado de outros elos da cadeia, seria capaz de se acasalar e ter um filho com um gorila. É puro azar que alguns dos intermediários importantes nessa cadeia de interfertilidade estejam mortos.

Esse não é um experimento mental frívolo. A única margem para discussão é sobre quantos estágios intermediários precisamos postular na cadeia. E não importa quantos estágios intermediários existem para justificar a conclusão a seguir: sua elevação absolutista

---

lhos], que se aventura pelo tema quase tabu da eugenia, Glover demonstra a coragem intelectual que deve morar no território da filosofia moral honesta.

do *Homo sapiens* acima de todas as outras espécies, sua preferência não debatida por um feto humano ou um humano com morte cerebral em estado vegetativo a um chimpanzé adulto no auge de suas forças, seu apartheid de espécies, desabaria como um castelo de cartas. Ou, se não desabasse, a comparação com o apartheid não seria descabida. Pois se em face de um continuum de intermediários sobreviventes você insistisse em separar humanos de não humanos, só conseguiria manter a separação apelando a tribunais baseados no apartheid para decidir se determinado indivíduo intermediário poderia "passar por humano". Essa lógica evolucionária não destrói todas as doutrinas de direitos especificamente humanos. Mas sem dúvida destrói versões absolutistas, pois mostra que a separação de nossa espécie depende de acidentes de extinção. Se a moral e os direitos fossem absolutos em princípio, não poderiam ser postos em risco por novas descobertas geológicas na floresta de Budongo.

VALORES DA CIÊNCIA NO SENTIDO SÓLIDO

Agora vamos passar do sentido frágil dos valores da ciência para o sentido sólido e ver as descobertas científicas como a fonte direta de um sistema de valores. O versátil biólogo inglês Sir Julian Huxley — aliás, meu professor e tutor em zoologia no New College — tentou fazer da evolução a base de uma ética, quase de uma religião. Para ele, O Bem é aquilo que promove o processo evolucionário. Seu avô mais ilustre, mas não nomeado cavaleiro, Thomas Henry Huxley, tinha uma visão quase oposta. Eu me afino mais com Huxley sênior.*

---

* Julian Huxley organizou uma compilação de suas ideias e das de seu avô sobre o tema, com o título *Touchstone for Ethics* [Pedra de toque da ética].

Parte do embevecimento ideológico de Julian Huxley pela evolução nasceu de sua visão otimista de *progresso*.* Agora está na moda duvidar que a evolução seja progressiva. Esse argumento é interessante, e tenho minha posição,** porém ele é suplantado por uma questão prévia: devemos ou não basear nossos valores nessa ou em qualquer outra conclusão sobre a natureza? Um argumento semelhante surgiu em torno do marxismo. Você pode defender uma teoria acadêmica da história que prediz a ditadura do proletariado. E pode seguir um credo político que valoriza a ditadura do proletariado como uma coisa boa que você deve incentivar. De fato, muitos marxistas trabalham nessas duas frentes, e um número desconcertante, talvez até o próprio

---

* O primeiro de seus textos em *Essays of a Biologist* [Ensaios de um biólogo], intitulado "Progress, Biological and Other" [Progresso: o biológico e outro], contém passagens que parecem quase um grito de guerra sob a bandeira da evolução: "A face [do homem] está voltada na mesma direção da principal corrente da vida que evolui, e seu mais elevado destino, o fim na direção do qual ele há muito tempo percebeu que deve se empenhar, é estender a novas possibilidades o processo do qual a natureza já tem se ocupado durante todos esses milhões de anos, introduzir métodos cada vez menos perdulários, acelerar por meio de sua consciência aquilo que no passado foi obra de forças inconscientes e cegas" (p. 41). Essa passagem exemplifica o que eu critico como "ciência poética" nas páginas 183-4: poética no mau sentido, não no bom sentido implícito em meu título *Ciência na alma*. O livro de ensaios de Huxley influenciou-me profundamente quando o li durante a graduação. Hoje não me impressiona tanto, e concordo com a ideia que ouvi Peter Medawar expressar em um momento de audácia descomedida: "O problema com Julian é que ele não entende a evolução!".
** Stephen J. Gould, em *Full House* [Casa cheia], contestou corretamente a ideia do "progresso" quando interpretado como um progresso na direção do exaltado auge da humanidade. Mas, em minha resenha de seu livro, publicada em *Evolution* (1997), defendi "progresso" quando essa noção denota um movimento evolucionário consistentemente na mesma direção da construção da complexidade adaptativa, com frequência impulsionada por "corridas armamentistas evolucionárias".

Marx, desconhece a diferença. No entanto, está claro que a crença política naquilo que é desejável não decorre da teoria acadêmica da história. Você poderia, coerentemente, ser um marxista acadêmico que acredita que as forças da história impelem na inevitável direção da revolução dos trabalhadores, mas ao mesmo tempo votar nos candidatos mais conservadores e tradicionalistas e se esforçar para adiar o inadiável. Ou poderia ser politicamente um marxista ardoroso, que se esforça ainda mais pela revolução justamente porque duvida da teoria marxista da história e acha que a revolução tão esperada precisa de toda ajuda que lhe possam fornecer.

Da mesma forma, a evolução pode ter ou não a qualidade de progressividade suposta por Julian Huxley como biólogo acadêmico. Porém, esteja ele certo ou errado no que diz respeito à biologia, claramente não é necessário que imitemos esse tipo de progressividade quando construímos nossos sistemas de valores.

A questão fica ainda mais nítida quando passamos da evolução propriamente dita, com seu suposto ímpeto progressivo, ao mecanismo da evolução proposto por Darwin, a sobrevivência dos mais aptos. Em sua conferência de 1893 na série Romanes Lectures, intitulada "Evolução e ética", T. H. Huxley não se mostrou iludido, e com razão. Precisar usar o darwinismo como um auto de edificação é um alerta medonho. A natureza tem mesmo os dentes e as garras vermelhos de sangue. Os mais fracos sucumbem, e a seleção natural realmente favorece os genes egoístas. A elegância veloz dos guepardos e das gazelas foi comprada a um custo colossal em sangue e sofrimento de incontáveis predecessores de ambos os lados. Antílopes do passado foram abatidos e carnívoros morreram de fome durante a moldagem de seus congêneres modernos de linhas aerodinâmicas. O produto da seleção natural, a vida em todas as suas formas, é belo e refinado. Mas o processo é cruel, brutal e míope.

O fato acadêmico é que somos criaturas darwinianas e nossas formas e cérebros foram esculpidos pela seleção natural, uma relojoeira insensível e cruelmente cega. Mas isso não significa que temos de gostar. Ao contrário, uma sociedade darwiniana não é o tipo de sociedade no qual qualquer um de meus amigos gostaria de viver. "Darwiniana" não é uma definição ruim para o tipo de política que me faria correr cem quilômetros para não ter de ser governado por ela, uma espécie de thatcherismo exagerado e abrutalhado.

Permitam que eu faça um comentário pessoal aqui, pois estou farto de ser identificado com uma política perversa de competitividade implacável, acusado de defender o egoísmo como um modo de vida. Pouco depois da vitória de Thatcher na eleição de 1979, o professor Steven Rose escreveu na revista *New Scientist*:

> Não estou insinuando que a Saatchi & Saatchi* contratou uma equipe de sociobiólogos para escrever os roteiros de Thatcher, nem mesmo que certas sumidades de Oxford e Sussex estão começando a comemorar essa expressão prática das verdades simples do egoísmo dos genes que esses acadêmicos andam se esforçando para nos fazer entender. A coincidência entre a teoria da moda e os acontecimentos políticos é mais emaranhada do que isso. Acredito, porém, que quando for escrita a história da guinada para a direita de fins dos anos 1970, desde a lei e ordem até o monetarismo e o (mais contraditório) ataque ao estatismo, a mudança na moda científica, mesmo se apenas dos modelos de seleção de grupo para os de seleção de parentesco na teoria evolucionária, será vista como parte da onda que carregou para o poder os thatcheristas e seu conceito de uma natureza humana fixa, competitiva e xenófoba como a suposta no século xix.

---

* Agência global de publicidade e comunicações. (N. T.)

A "sumidade de Sussex" é uma alusão a John Maynard Smith, que escreveu uma réplica apropriada em uma carta publicada na edição seguinte da *New Scientist*: "Deveríamos, então, ter manipulado as equações?".

Rose era um líder do ataque de inspiração marxista de seu grupo à sociobiologia. É bem típico que, assim como aqueles marxistas eram incapazes de separar sua teoria acadêmica da história de suas crenças políticas normativas, eles também supunham que éramos incapazes de separar nossa biologia de nossa política. Eles simplesmente não conseguiam entender que uma pessoa podia ter convicções acadêmicas sobre o modo como a evolução acontece na natureza e ao mesmo tempo repudiar a conveniência de traduzir essas crenças acadêmicas em política. Isso os levou à conclusão indefensável de que, como o darwinismo genético tinha conotações políticas indesejáveis quando aplicado aos seres humanos, não se deveria *permitir* que ele fosse cientificamente correto.*

Ele e muitos outros cometem o mesmo tipo de erro no que diz respeito à eugenia positiva. A premissa é que fazer a reprodução seletiva de seres humanos tendo em vista habilidades como velocidade na corrida, talento musical ou aptidão para a matemática seria política e moralmente indefensável. Portanto, isso não é (*não deve* ser) possível e tem de ser negado pela ciência. Ora, qualquer um pode ver o *non sequitur* dessa premissa e conclusão, e lamento ter de dizer a vocês que a eugenia positiva não é negada pela ciência. Não há razão para duvidar de que os seres humanos, se submetidos à reprodução seletiva, mostrariam os mesmos resultados que vacas, cães, cereais e galinhas. Espero ser desnecessário explicar que isso não significa que sou a favor dela.

---

* Defendi esse mesmo argumento com referência ao coautor de Rose, o marxista Richard Lewontin, em uma nota anterior deste ensaio (ver p. 41).

Alguns acreditam na viabilidade da eugenia física, mas não admitem a eugenia mental. Talvez seja possível produzir uma raça de campeões olímpicos de natação, eles reconhecem, mas nunca será possível produzir uma raça com inteligência superior, seja porque não existe um método consensual para medir a inteligência, seja porque a inteligência não é uma quantidade única que varia em uma dimensão ou porque a inteligência não varia geneticamente, ou ainda alguma combinação desses três argumentos. Se você busca refúgio em qualquer uma dessas linhas de pensamento, mais uma vez é meu penoso dever desiludi-lo. Não importa se não somos capazes de concordar em como medir a inteligência, se podemos promover a reprodução seletiva com base em qualquer uma das medidas disputadas como critério ou uma combinação delas. Pode ser difícil chegar a uma definição de docilidade em cães, mas isso não nos impede de promover a reprodução seletiva desses animais buscando essa qualidade. Não importa que a inteligência não seja uma variável única; o mesmo provavelmente é verdade no caso da produtividade leiteira nas vacas e na velocidade de corrida nos cavalos. Ainda assim podemos promover a reprodução seletiva desses animais tendo em vista essas qualidades, mesmo se houver discordância sobre como devemos medi-las ou se cada uma constitui uma única dimensão de variação.

Quanto à ideia de que a inteligência, medida de qualquer uma das maneiras ou combinação de maneiras, não varia geneticamente, ela mais ou menos não pode ser verdadeira pela razão exposta a seguir, cuja lógica requer apenas a premissa de que somos mais inteligentes — segundo qualquer definição que você escolher — do que os chimpanzés e todos os outros grandes primatas. Se somos mais inteligentes do que o grande primata que viveu há 6 milhões de anos e foi o ancestral que temos em comum com os chimpanzés, houve uma tendência evolucionária de aumento da inteligência em nossa linhagem. Com certeza houve uma tendência evolucionária de aumento do tamanho do cérebro: essa é uma das mais notáveis tendências evolucionárias no registro fóssil dos vertebrados. Tendências evolucionárias não podem acontecer a menos que ocorra variação genética nas características em questão — neste caso, o tamanho do cérebro e presumivelmente a inteligência. Portanto, houve variação genética na inteligência de nossos ancestrais. Existe a possibilidade de que essa tendência já não ocorra, porém uma circunstância tão excepcional seria algo muito estranho. Mesmo se as evidências de estudos de gêmeos* não corroborassem essa noção — e elas corroboram —, poderíamos concluir com segurança, somente com base na lógica evolucionária, que temos variação genética na inteligência, definindo-se inteligência por quaisquer critérios que nos separem de nossos ancestrais primatas. Usando a mesma definição, poderíamos, caso quiséssemos, usar a reprodução seletiva artificial para dar continuidade à mesma tendência evolucionária.

Seria bem fácil nos persuadirmos de que uma política eugenista nesses moldes é política e moralmente errada,** mas é pre-

---

* Os estudos de gêmeos são uma técnica poderosa e de fácil compreensão para estimar a contribuição dos genes para a variação. Meça alguma coisa (o que você quiser) em pares de gêmeos monozigóticos (que são geneticamente idênticos). Compare as semelhanças de cada par com a semelhança encontrada em gêmeos dizigóticos (cuja probabilidade de terem genes em comum não é maior do que a encontrada para irmãos não gêmeos). Se os pares de gêmeos monozigóticos tiverem significativamente mais semelhanças do que as encontradas em pares de gêmeos dizigóticos, por exemplo, na inteligência, podemos concluir que os genes são responsáveis. A técnica do estudo de gêmeos é especialmente persuasiva naqueles casos raros e muito estudados em que gêmeos monozigóticos foram separados ao nascer e criados isolados um do outro.

** Qualquer tipo de política eugenista imposta pelo governo, com reprodução seletiva tendo em vista alguma característica desejada para os nascidos no país, como velocidade na corrida ou inteligência, seria muito mais difícil de justificar do que uma versão voluntária. Técnicas de fertilização in vitro (FIV) estimulam com hor-

ciso deixar bem claro que a razão correta para nos abstermos dela é esse *juízo de valor*. Não deixemos que nossos juízos de valor nos empurrem para a falsa crença científica de que a eugenia humana não é *possível*. A natureza, feliz ou infelizmente, é indiferente a algo tão pouco abrangente como os valores humanos.

Posteriormente, Rose uniu forças com Leon Kamin, um dos principais oponentes da mensuração de QI nos Estados Unidos, e com o renomado geneticista marxista Richard Lewontin para escrever um livro no qual repetiram esses e muitos outros erros.* Eles também reconheceram que os sociobiólogos queriam ser menos fascistas do que, em sua visão (equivocada), a nossa ciência devia nos fazer ser, porém tentaram (mais um equívoco) nos pegar em contradição com a interpretação mecanicista da mente que nós adotamos — e, ao que parece, eles também.

---

mônios uma superovulação na mulher, que produz até doze óvulos. Entre aqueles que são fecundados com êxito na placa de Petri, apenas dois, ou talvez três, são reinseridos na mulher, na esperança de que um deles "vingue". Normalmente a escolha é aleatória. No entanto, é possível extrair uma célula de um concepto de oito células sem causar danos e avaliar os genes. Isso significa que a escolha de quais serão reinseridos e quais serão descartados pode ser não aleatória quanto aos genes. Poucas pessoas fariam objeção ao uso dessa técnica para selecionar de modo a prevenir a hemofilia ou a doença de Huntington — a "eugenia negativa". Mas muitos sentem repulsa pela ideia de usar a mesma técnica na "eugenia positiva": selecionar, na placa de Petri, a habilidade musical, digamos, se um dia isso se tornasse possível. Contudo, as mesmas pessoas não fariam objeção a pais ambiciosos que impusessem aulas de música e prática de piano aos filhos. Pode haver boas razões para esse duplo critério, mas elas precisam ser discutidas. No mínimo, é importante distinguir a eugenia voluntária praticada por pais, individualmente, da eugenia imposta pelo Estado, como a que os nazistas implementaram brutalmente.

* S. Rose, L. J. Kamin e R. C. Lewontin, *Not in Our Genes*. A ordem dos autores, curiosamente, é diferente da registrada na edição americana, na qual Rose e Lewontin trocam de lugar. Minha resenha desse livro na *New Scientist*, v. 105, 1985, pp. 59-60, faz uma crítica completa e logo me rendeu a ameaça de uma ação judicial. Reitero cada palavra do que escrevi.

Essa posição é, ou deveria ser, totalmente condizente com os princípios da sociobiologia apresentados por Wilson* e Dawkins.

Contudo, adotá-la iria envolvê-los no dilema de primeiro supor o caráter inato de grande parte dos comportamentos humanos que eles, sendo homens liberais, claramente julgam desagradáveis (malícia, doutrinação etc.) [...]. Para evitar esse problema, Wilson e Dawkins invocam um livre-arbítrio que nos permite contrariar os ditames de nossos genes se assim o desejarmos.

Eles protestam que isso é um retorno despudorado ao dualismo cartesiano. Não se pode, dizem Rose e seus colegas, acreditar que somos máquinas de sobrevivência programadas pelos nossos genes e ao mesmo tempo incitar a rebelião contra eles. Qual é o problema? Sem entrar na difícil filosofia do determinismo e livre-arbítrio,** é fácil observar que, de fato, nós contrariamos os ditames de nossos genes. Nós nos rebelamos toda vez que usamos um método contraceptivo quando seríamos economicamente capazes de criar um filho. Nós nos rebelamos quando fazemos conferências, escrevemos livros ou compomos sonatas em vez de dedicar nosso tempo e energia obsessivamente à disseminação de nossos genes.

---

* Edward O. Wilson, autor de *Sociobiology.*

** Para uma noção sobre esse tema que agrada a muitos cientistas, ver Daniel C. Dennett, *Elbow Room.* Dennett voltou a essa questão em livros posteriores, por exemplo, *Freedom Evolves* e *From Bacteria to Bach and Back.* No entanto, nem todos os cientistas e filósofos concordam com a versão do "compatibilismo" de Dennett. Jerry Coyne e Sam Harris estão entre eles. Depois de meus pronunciamentos em público, acabei por temer a quase inevitável pergunta "Você acredita no livre-arbítrio?" e às vezes apelo para a citação da resposta caracteristicamente espirituosa de Christopher Hitchens: "Não tenho escolha". O que digo com mais confiança em resposta a Rose e Lewontin é que adicionar a palavra "genético" antes de "determinismo" não torna o termo mais "determinista".

Isso é fácil; não há dificuldade filosófica alguma. A seleção natural de genes egoístas nos deu um cérebro grande que, em sua origem, era útil para a sobrevivência em um sentido puramente utilitário. Podemos dizer, sem contradição alguma, que assim que esse cérebro grande, com suas capacidades linguísticas e de outros tipos, estava formado, ele partiu em novas direções "emergentes", inclusive direções opostas aos interesses de genes egoístas. Não há nada de contraditório nas propriedades emergentes. Os computadores eletrônicos, concebidos como máquinas calculadoras, emergem como processadores de texto, jogadores de xadrez, enciclopédias, centrais telefônicas e até, sinto dizer, horóscopos eletrônicos. Não há nisso contradições fundamentais que façam soar o alarme filosófico — como tampouco há na afirmação de que nosso cérebro ultrapassou, e até extrapolou bastante, sua proveniência darwiniana. Assim como desafiamos nossos genes egoístas quando, por lascívia, separamos o prazer do sexo de sua função darwiniana, também podemos nos sentar juntos e, usando a linguagem, elaborar políticas, valores e ética que sejam vigorosamente antidarwinianos em seus objetivos. Voltarei a esse assunto na conclusão.

Uma das ciências pervertidas de Hitler era um darwinismo deturpado e, é claro, eugênico. Porém, ainda que seja incômodo admitir, as ideias de Hitler não eram incomuns na primeira parte do século. Vejamos uma citação de um capítulo sobre "a Nova República", uma utopia supostamente darwiniana, escrita em 1902:

E como a Nova República tratará as raças inferiores? Como lidará com os negros? Como lidará com o homem amarelo? [...] Esses enxames de pessoas negras, marrons, morenas e amarelas que não atendem às novas necessidades de eficiência? Ora, o mundo é o mundo, e não uma instituição de caridade, e creio que elas terão de ir-se [...]. E o sistema ético desses homens da Nova República, o sistema ético que dominará o mundo, será moldado principalmente para favorecer a procriação do que é bom e eficiente e belo na humanidade — corpos fortes e formosos, mentes lúcidas e poderosas.

O autor dessas linhas não é Adolf Hitler, e sim H. G. Wells,* que se considerava socialista. São pronunciamentos desse tipo (e há muitos mais vindos de darwinistas sociais) que trouxeram má fama ao darwinismo nas ciências sociais. E que má fama! No entanto, repito, não devemos tentar usar os fatos da natureza para derivar nossa política ou nossa moralidade em alguma direção. David Hume é preferível a qualquer um dos dois Huxleys: diretrizes morais não podem ser derivadas de premissas descritivas ou, mais coloquialmente, "não se pode obter um 'convém que seja assim' de um 'é assim'". Então de onde vêm, na visão evolucionária, os nossos "convém que seja assim"? Onde buscamos nossos valores, morais e estéticos, éticos e políticos? Chegou a hora de passarmos dos valores da ciência para a ciência dos valores.

A CIÊNCIA DOS VALORES

Herdamos nossos valores de ancestrais remotos? O ônus da prova fica para aqueles que negam isso. A árvore filogenética, a árvore de Darwin, é um enorme bosque cerrado com 30 milhões de ramos.** Somos um broto minúsculo, entranhado em

---

* Em *Anticipations of the Reaction of Mechanical and Scientific Progress upon Human Life and Thought* [Anseios da reação do progresso mecânico e científico sobre a vida e o pensamento humano]. Minha conferência inclui uma citação mais longa do livro de Wells.
** Essa é a maior estimativa que já encontrei para as espécies vivas. O número real é desconhecido e pode ser substancialmente menor; porém, se incluirmos as espécies extintas, com certeza será maior. Para traçar um diagrama de árvore da

alguma parte das camadas superficiais. Nosso broto nasce de um raminho ao lado de nossos parentes grandes primatas, não muito longe do ramo maior de nossos parentes macacos, à vista de nossos parentes mais distantes, o primo canguru, o primo polvo, o primo estafilococo. Ninguém duvida de que todo o resto dos 30 milhões de ramos herda seus atributos de seus ancestrais e que, por quaisquer critérios, nós, humanos, devemos aos nossos ancestrais grande parte do que somos e da nossa aparência. Herdamos de nossos antepassados — com maiores ou menores modificações — nossos ossos e olhos, orelhas e coxas e até, é difícil duvidar, nossos desejos e medos. Parece não haver razão, a priori, para que o mesmo não se aplique às nossas faculdades mentais superiores, nossas artes e nossa moral, nosso senso de justiça natural, nossos valores. Será que podemos excluir essas manifestações de nobre humanidade daquilo que Darwin chamou de a marca indelével de nossas origens humildes? Ou será que Darwin tinha razão quando observou em um de seus cadernos de anotação, mais ou menos informalmente, "aquele que entender o babuíno fará mais para a metafísica do que Locke"? Não tentarei analisar a literatura, porém a questão da evolução darwiniana dos valores e da moral já foi discutida frequentemente e com abrangência.

---

linhagem completa de todos os seres vivos precisaríamos de uma folha de papel cuja área cobriria a ilha de Manhattan seis vezes. Por isso, James Rosindell inspirou-se e criou o brilhante software OneZoom, que representa toda a árvore filogenética como um fractal. Você pode sobrevoá-la na tela do computador como uma espécie de Google Earth taxonômico e fazer um "drill down" enfocando a espécie que desejar. O OneZoom agora está sendo complementado em colaboração com Yan Wong, meu coautor em *A grande história da evolução*, cuja segunda edição utiliza amplamente o recurso. Rosindell e Wong convidam os entusiastas (sou um deles) a patrocinar espécies favoritas para custear as despesas da adição de seus detalhes à árvore.

Eis a lógica fundamental do darwinismo. Todo mundo tem ancestrais, mas nem todo mundo tem descendentes. Todos nós herdamos os genes para ser um ancestral, à custa dos genes para não conseguir ser um ancestral. Ser ancestral é o supremo valor darwiniano. Em um mundo puramente darwiniano, todos os outros valores são secundários. Da mesma forma, a sobrevivência dos genes é o supremo valor darwiniano. A primeira pressuposição é que todos os animais e plantas se empenharão sem cessar pela sobrevivência no longo prazo dos genes que eles carregam. O mundo se divide entre aqueles para quem a lógica simples dessa noção é absolutamente clara e aqueles que, não importa quantas vezes lhes seja explicado, não entendem. Alfred Wallace escreveu sobre esse problema* em uma carta a seu codescobridor da seleção natural: "Meu caro Darwin, espanto-me vezes sem conta com a total incapacidade de várias pessoas inteligentes para ver claramente, ou mesmo para ver de qualquer modo que seja, os efeitos automáticos e necessários da seleção natural...".

Aqueles que não entendem supõem que tem de existir algum tipo de agente pessoal ao fundo, fazendo a escolha, ou se perguntam por que os indivíduos deveriam valorizar a sobrevivência de seus próprios genes em vez, por exemplo, da sobrevivência de sua espécie ou da sobrevivência do ecossistema do qual fazem parte. Afinal de contas, diz esse segundo grupo, se as espécies e o ecossistema não sobreviverem, o indivíduo também não sobreviverá, portanto é do interesse dele valorizar a espécie e o ecossistema. E indagam: quem decide que a sobrevivência dos genes é o valor supremo? Ninguém decide. Isso é uma decorrência automática do fato de que os genes residem nos corpos que eles constroem e são o único elemento (em forma de cópias codificadas) que pode per-

---

* Em bases oitocentistas sem referência a genes, obviamente.

sistir de uma geração de corpos à seguinte. Essa é a versão moderna do argumento que Wallace defendeu com sua expressão muito apropriada "automático". Os indivíduos não são milagrosa ou cognitivamente inspirados com valores e objetivos que os guiarão pelos caminhos da sobrevivência dos genes. Apenas o passado pode ter influência, o futuro não. Os animais comportam-se como se eles se empenhassem pelos valores futuros do gene egoísta apenas porque carregam (e são influenciados por) genes que sobreviveram através de gerações ancestrais no passado. Aqueles ancestrais que, em sua época, se comportaram como se valorizassem qualquer coisa que propiciasse a sobrevivência futura de seus genes legaram esses mesmos genes a seus descendentes. Por isso, seus descendentes se comportam como se eles, por sua vez, valorizassem a sobrevivência futura de seus genes.

É um processo de todo impremeditado, automático, que funciona contanto que as condições no futuro sejam toleravelmente semelhantes às do passado. Se não forem, ele não funciona, e o resultado costuma ser a extinção. Quem entende isso entende o darwinismo. A propósito, a palavra "darwinismo" foi cunhada pelo sempre generoso Wallace. Continuarei minha análise darwiniana dos valores usando como exemplo os ossos, porque provavelmente não farão os humanos eriçarem a crista e, portanto, não causam distração.

Ossos não são perfeitos; às vezes, quebram-se. Um animal selvagem que fraturar a perna provavelmente não sobreviverá no mundo competitivo e implacável da natureza. Ele será vulnerável a predadores ou incapaz de capturar presas. Então por que a seleção natural não torna os ossos mais grossos para que nunca se quebrem? Nós, humanos, poderíamos obter por seleção artificial uma raça de cães, por exemplo, cujos ossos das pernas fossem tão fortes que nunca se quebrassem. Por que a natureza não faz o mesmo? Por causa dos custos, e isso implica um sistema de valores.

Engenheiros e arquitetos nunca são incumbidos de construir estruturas inquebráveis, paredes inexpugnáveis. Em vez disso, eles recebem um orçamento monetário e o pedido de fazerem o melhor que puderem, de acordo com certos critérios, dentro dessa limitação. Ou, então, lhes dizem: a ponte precisa suportar dez toneladas e ventos três vezes mais fortes do que o pior já registrado nesse desfiladeiro. Agora projete a ponte mais econômica que puder, seguindo essas especificações. Os fatores de segurança na engenharia implicam a avaliação monetária da vida humana. Os projetistas de aviões civis são mais avessos ao risco do que os de aviões militares. Todos os aviões e as instalações do controle de solo poderiam ser mais seguros se o gasto de dinheiro fosse maior. Seria possível inserir mais redundância nos sistemas de controle, aumentar o número de horas de voo exigidas para que um piloto pudesse transportar passageiros vivos. A inspeção de bagagem poderia ser mais rigorosa e demorada.

A razão de não adotarmos essas medidas para tornar a vida mais segura é, em grande medida, o custo. Estamos dispostos a despender muito dinheiro, tempo e esforço em prol da segurança humana, mas não quantias ilimitadas. Gostemos ou não, somos forçados a atribuir um valor monetário à vida humana. Na escala de valores da maioria das pessoas, a vida humana vale mais que a vida de um animal não humano, porém a vida deste não tem valor zero. Lamentavelmente, evidências de reportagens em jornais mostram que as pessoas valorizam a vida dos indivíduos de sua própria raça mais do que valorizam a vida humana de modo geral. Em tempo de guerra, as avaliações absolutas e relativas da vida humana mudam de maneira drástica. Quem pensa que é perversidade falar nessa avaliação monetária da vida humana — quem declara emotivamente que uma única vida humana tem valor infinito — está vivendo no reino da fantasia.

A seleção darwiniana também otimiza dentro de limites econômicos, e podemos dizer que ela tem valores nesse mesmo sentido. John Maynard Smith disse: "Se não houvesse restrições ao que é possível, o melhor fenótipo viveria para sempre, seria incapturável por predadores, poria ovos a um ritmo infinito etc.". Nicholas Humphrey continua o argumento com outra analogia da engenharia.

Dizem* que Henry Ford encomendou um levantamento nos ferros-velhos dos Estados Unidos para descobrir se havia peças do Modelo T que nunca se quebravam. Seus inspetores voltaram com relatos sobre quase todo tipo de avarias: em eixos, freios, pistões — tudo estava sujeito a apresentar defeito. Mas eles chamaram a atenção para uma exceção notável: os *pinos mestres* dos carros descartados invariavelmente ainda tinham anos de vida útil pela frente. Com uma lógica implacável, Ford concluiu que os pinos mestres do Modelo T eram bons demais para sua função e ordenou que dali para a frente fossem produzidos com especificações inferiores [...]. A natureza certamente é uma economista tão meticulosa quanto Henry Ford.

Humphrey aplicou sua lição à evolução da inteligência, mas ela pode ser igualmente aplicada aos ossos ou a qualquer outra coisa. Encomendemos um levantamento das carcaças de gibões para saber se existem ossos que nunca se quebram. Constataremos que todos os ossos sofrem fratura em algum momento, com uma no-

---

* Quem disse? Ao que parece, ninguém sabe. A suspeita de que pode ter sido o próprio Nicholas Humphrey não ameaça a pertinência dessa parábola. E Ford provavelmente não se importaria. Já citei a história de Humphrey tantas vezes que um amigo enigmaticamente gracejador, o ictiologista David Noakes, se deu ao trabalho de procurar e me enviar, sem mais nem menos, um pino mestre de um Modelo T, o qual, devo dizer, está como novo e é tão pesado que parece ter sido feito com capricho excessivo.

tável exceção: digamos (é implausível) que o fêmur (o osso da coxa) nunca se quebra. Henry Ford não teria dúvida: no futuro, o fêmur teria de ser construído segundo especificações inferiores. A seleção natural concordaria. Os indivíduos com fêmur ligeiramente mais delgado que desviassem o material economizado para algum outro propósito, por exemplo, fortalecer outros ossos e torná-los mais difíceis de quebrar-se, sobreviveriam melhor. Ou as fêmeas poderiam desviar para seu leite o cálcio não usado para adensar o fêmur e, assim, melhorar as chances de sobrevivência de seus descendentes — assim como os genes responsáveis por essa economia.

Em uma máquina ou animal, o ideal (simplificado) é que todas as partes se desgastem ao mesmo tempo. Se houver uma parte que sempre tem anos de vida sobrando depois que as demais se desgastaram, sua construção é exagerada. Os materiais usados em sua formação deveriam ser desviados para outras partes. Se houver uma parte que sempre se desgasta antes de todo o resto, sua construção é deficiente. Ela deveria ser reforçada com materiais retirados de outras partes. A seleção natural tenderia a seguir uma regra de equilíbrio: "Roubar dos ossos fortes para dar aos fracos, até que todos tenham a mesma resistência".

A razão de isso ser uma simplificação excessiva é que nem todas as partes de um animal ou máquina têm igual importância. É por isso que, felizmente, os sistemas de entretenimento nos aviões falham com maior frequência do que os lemes de direção ou os motores a jato. Para um gibão, seria mais fácil sobreviver com um fêmur quebrado do que com um úmero. Seu modo de vida depende da "braquiação" (locomover-se de árvore em árvore pendurado pelos braços). Um gibão com uma perna quebrada poderia sobreviver e ter um filho. Com um braço quebrado, provavelmente não. Assim, a regra de equilíbrio que mencionei precisa ser ponderada: "Roubar de ossos fortes para dar aos fracos, até igualar os riscos para a sobrevivência provenientes de fraturas em todas as partes do esqueleto".

Mas quem é que está sendo alertado para a regra de equilíbrio? Decerto não é um gibão específico, que, supomos, não tem capacidade de fazer ajustes compensatórios em seus ossos. É uma abstração. Você pode imaginá-la como uma linhagem de gibões em uma relação de ancestrais/descendentes uns com os outros, representados pelos genes que eles têm em comum. À medida que a linhagem avança, os ancestrais cujos genes fazem os ajustes certos sobrevivem e deixam descendentes que herdam os genes corretamente equilibrados. Os genes que vemos no mundo tendem a ser aqueles que acertaram no equilíbrio, pois sobreviveram através de uma longa linhagem de ancestrais bem-sucedidos que não sofreram fratura em ossos insuficientemente fortes ou o desperdício de ossos fortes em demasia.

Já basta de ossos. Agora precisamos estabelecer, em termos darwinianos, o que os *valores* fazem para os animais e plantas. Se os ossos firmam os membros, o que os valores fazem para quem os possui? Refiro-me a valores, neste caso, como os critérios, no cérebro, segundo os quais os animais escolhem como se comportar.

A maioria das coisas no universo não se empenha ativamente em nada. Elas apenas existem. Estou interessado na minoria que se empenha para algo, entidades que parecem trabalhar por algum objetivo e param quando o atingem. Chamo essa minoria de impelida por valores. Algumas são animais e plantas, outras são máquinas feitas pelo homem.

Termostatos, mísseis Sidewinder que buscam o calor e numerosos sistemas fisiológicos em animais e plantas são controlados por feedback negativo. Existe um valor alvo que é definido no sistema. As discrepâncias em relação ao valor alvo são sentidas e informadas ao sistema, e isso o faz mudar seu estado de modo a reduzir a discrepância.

Outros sistemas impelidos por valor melhoram com a experiência. Do ponto de vista da definição de valores em sistemas de aprendizado, o conceito fundamental é o *reforço*. Os reforçadores podem ser positivos ("recompensas") ou negativos ("punições"). Recompensas são estados do mundo que, quando encontrados, levam um animal a repetir o que quer que ele tenha feito recentemente. Punições são estados do mundo que, quando encontrados, levam um animal a evitar repetir o que quer que ele tenha feito recentemente. Os estímulos que os animais tratam como recompensas ou punições podem ser considerados valores. Os psicólogos fazem uma distinção adicional entre reforçadores primários e secundários (tanto recompensas como punições). Chimpanzés aprendem a trabalhar por comida como uma recompensa primária, mas também aprendem a trabalhar pelo equivalente do dinheiro — recompensas secundárias: fichas de plástico que eles aprenderam previamente a introduzir em uma máquina para que ela lhes forneça alimento.

Alguns psicólogos teóricos afirmam que só existe uma recompensa primária intrínseca (a "redução de impulso" ou "redução de necessidade") com base na qual todas as outras são construídas. Outros, como Konrad Lorenz, o grande patriarca da etologia,* supunham que a seleção natural darwiniana possui complexos mecanismos de recompensa intrínsecos, especificados de maneira diferente e detalhada para cada espécie a fim de que ela se adapte ao seu modo de vida único.

Talvez os exemplos mais detalhados de valores primários provenham do canto das aves. Cada espécie adquire o canto a seu modo. O pardal-americano *Melospiza melodia* é uma mistura fasci-

---

* Com sua bela cabeleira aristocrática e barbas igualmente brancas, dizem (lá vamos nós de novo; ver nota da p. 62) que ele aproveitava sua semelhança com Deus quando solicitava doações de caridade a senhoras idosas ricas.

nante. As aves jovens que são criadas totalmente sozinhas acabam por emitir o canto normal de sua espécie. Portanto, em contraste com os pisco-chilreiros (*Pyrrhula pyrrhula*), por exemplo, elas não aprendem por imitação. Mas aprendem. Os pardais-americanos jovens ensinam o canto a si mesmos, balbuciando a esmo e repetindo os fragmentos que se encaixam em um esquema inato. O esquema é uma preconcepção geneticamente especificada de como deve soar o canto de um pardal-americano. Poderíamos dizer que essa informação é construída por genes, na parte sensorial do cérebro, e precisa ser transferida à parte motora também por aprendizado. E a sensação especificada pelo esquema é, por definição, uma recompensa: a ave repete ações que a fornecem. Porém, como toda recompensa, ela é muito elaborada e especificada em detalhes precisos.

São exemplos como esse que estimularam Lorenz a usar a pitoresca expressão "professora inata" (ou "mecanismo de ensino inato") em suas prolixas tentativas de resolver a antiga disputa entre nativismo e ambientalismo. Ele argumentava que, por mais importante que seja o aprendizado, tem de haver uma orientação inata sobre o que aprenderemos. Em particular, cada espécie precisa ser dotada de suas próprias especificações para o que tratar como recompensa e o que tratar como punição. Em outras palavras, para Lorenz, os valores *primários* têm de provir de seleção darwiniana.

Se dispusermos de tempo suficiente, devemos ser capazes de obter, por seleção artificial, uma raça de animais que gostam de dor e detestam prazer. Obviamente, pelas definições recém-evoluídas desses animais, essa frase é um oximoro. Direi então com outras palavras: pela seleção artificial, poderíamos reverter as definições prévias de prazer e dor.*

---

* Marian Stamp Dawkins, autora de *Animal Suffering* [Sofrimento animal] e nossa principal estudiosa do assunto, discutiu comigo a possibilidade de que uma reprodução seletiva desse tipo pudesse, em teoria, fornecer a solução para

Os animais assim modificados seriam menos bem equipados para sobreviver do que seus ancestrais selvagens. Os ancestrais selvagens foram selecionados naturalmente para gostar dos estímulos que têm maior probabilidade de aumentar sua sobrevivência e para tratar como dolorosos os estímulos que, segundo as estatísticas, têm maior probabilidade de matá-los. Lesões no corpo, pele rompida, ossos fraturados: todos são percebidos como dolorosos, por boas razões darwinianas. Nossos animais selecionados artificialmente gostariam de ter a pele rompida, se esforçariam para fraturar os próprios ossos e se exporiam com prazer a uma temperatura tão alta ou tão baixa que poriam em risco sua sobrevivência. Uma seleção artificial semelhante funcionaria para seres humanos. Poderíamos promover não só uma reprodução seletiva para obter determinadas preferências mas também insensibilidade, simpatia, lealdade, indolência, devoção, mesquinhez e a ética de trabalho protestante. Essa é uma afirmação menos radical do que parece, pois os genes não fixam o comportamento de modo determinista, mas apenas contribuem quantitativamente para tendências estatísticas. E isso também não implica, como vimos quando discutimos os valores da ciência, que exista um único gene para

---

alguns dos problemas éticos da criação intensiva de animais. Por exemplo, se hoje as galinhas são infelizes nas condições de confinamento das gaiolas, por que não produzir uma raça de galinhas que gostem dessas condições? Ela salienta que as pessoas tendem a receber sugestões assim com repugnância (ou com humor, como no caso do brilhante livro de Douglas Adams *O restaurante no fim do universo*, no qual um grande quadrúpede bovino vai até a mesa, anuncia-se como "o seu prato do dia" e explica que sua variedade foi gerada para querer ser comida). Talvez a ideia conflite com algum valor humano muito arraigado, possivelmente alguma versão do que se poderia chamar de "fator cruz-credo". É difícil ver que isso não condiz com o raciocínio utilitarista frio, mas teríamos de ter certeza de que a reprodução seletiva de fato mudou a percepção da dor nos animais, em vez de — pensamento apavorante — mudar seu modo de responder à dor enquanto deixa a percepção da dor intacta.

cada uma dessas coisas complexas, do mesmo modo que a viabilidade de criar cavalos de corrida não implica um único gene para velocidade. Na ausência da reprodução por seleção artificial, nossos valores presumivelmente são influenciados pela seleção natural em condições que prevaleciam na África na época plistocênica.

O ser humano é único em muitos aspectos. Talvez nossa característica única mais indiscutível seja a linguagem. Enquanto olhos evoluíram independentemente entre quarenta e sessenta vezes no reino animal,* a linguagem evoluiu apenas uma vez.** Ela parece ser aprendida, mas o processo de aprendizado se dá

---

* Foi com isso em mente que escolhi "Quarenta caminhos rumo à iluminação" para título do meu capítulo sobre a evolução do olho em *A escalada do monte Improvável*. Foi necessário um capítulo inteiro porque, de William Paley em diante, o olho tem sido um exemplo favorito dos criacionistas empenhados no que chamei de "argumento da incredulidade pessoal". Até Darwin confessou que, de início, a evolução do olho pareceu-lhe improvável. Só que essa confissão foi um truque retórico temporário, pois ele prosseguiu mostrando como é fácil explicar sua evolução gradual. É quase como se a vida ansiasse por fazer evoluir olhos, baseada em vários princípios da óptica. Ao contrário da linguagem, que é o que estou tentando mostrar neste ensaio.

** Essa afirmação pode ser contestada, dependendo da definição de linguagem adotada. As abelhas dizem umas às outras, com precisão quantitativa, a que distância e em que direção relativamente ao Sol o alimento se encontra. Os macacos-vervet (*Chlorocebus pygerythrus*) têm três "palavras" diferentes para indicar perigo, dependendo de a ameaça ser uma cobra, uma ave ou um leopardo. Eu não chamaria isso de linguagem, pois não possui o recurso de encaixe recursivo e hierárquico que dá à linguagem humana sua flexibilidade ilimitada. Só humanos podem dizer algo como: "O leopardo que tem filhotes, e que de hábito se senta na árvore à beira do rio na direção da montanha, agora está agachado no capim alto atrás da choça que pertence ao pai do chefe". Teoricamente não há limite para a profundidade do encaixe de orações relativas e prepositivas, embora acompanhar os encaixes profundos e numerosos exija bastante da máquina computacional do cérebro. O livro *O instinto da linguagem*, de Steven Pinker, é uma introdução primorosa e com pendor evolucionário para essas questões.

sob acentuada supervisão genética. A linguagem específica que falamos é aprendida, porém a tendência a aprender *linguagem* em vez de qualquer outra coisa é hereditária e evoluiu especificamente em nossa linhagem humana. Também herdamos regras gramaticais pela evolução. A apresentação exata dessas regras varia conforme a língua, mas sua estrutura profunda é estipulada pelos genes e presume-se que evoluiu por seleção natural tão seguramente quanto nossos desejos e nossos ossos. Há boas evidências de que o cérebro contém um "módulo de linguagem", um mecanismo computacional que busca ativamente aprender linguagem e usa ativamente regras gramaticais para estruturá-la.

Segundo a jovem e florescente disciplina da psicologia evolucionária, o módulo de aprendizado de linguagem é um exemplo de todo um conjunto de módulos computacionais hereditários que têm propósitos especiais. Poderíamos prever que há módulos para sexo e reprodução, para analisar parentesco (importante para a prática do altruísmo e para evitar o incesto disgênico), para contabilizar dívidas e policiar as obrigações, para julgar a equidade e a justiça natural, para acertar projéteis contra um alvo distante e para classificar animais e plantas úteis. Esses módulos presumivelmente serão mediados por valores intrínsecos específicos.*

---

* O livro revolucionário sobre a psicologia evolucionária, com capítulos escritos por muitos de seus próceres, foi organizado por J. H. Barkow, L. Cosmides e J. Tooby e intitula-se *The Adapted Mind* [A mente adaptada]. Pouco depois desta conferência, Steven Pinker publicou seu magistral livro *Como a mente funciona*. A psicologia evolucionária, por razões que não entendo, desperta em certos círculos uma hostilidade incandescente que eu não esperava ver neles. As queixas parecem girar em torno de estudos específicos que foram mal concebidos ou executados. Mas a existência de maus exemplos particulares não justifica menosprezar toda uma disciplina científica. Os melhores praticantes da psicologia evolucionária, Leda Cosmides, John Tooby, Steven Pinker, David Buss, Martin Daly, a falecida Margot Wilson e outros, são bons cientistas conforme quaisquer critérios que adotemos.

Se enfocarmos com olhos darwinianos as pessoas modernas e civilizadas — nossos valores estéticos, nossa capacidade de sentir prazer —, será importante usar óculos refinados. Não pergunte como as ambições de um gerente de escalão intermediário por uma mesa maior e um tapete mais macio em sua sala beneficiam seus genes egoístas. Pergunte como essas predileções urbanas poderiam nascer de um módulo mental que foi selecionado para fazer alguma outra coisa, em outro tempo e em outro lugar. No lugar do tapete do escritório, talvez (e estou dizendo *talvez*) pudéssemos ver peles de animais, macias e quentinhas, cuja posse anuncia o êxito do caçador. Toda a arte de aplicar o pensamento darwiniano ao ser humano moderno e domesticado está em discernir as regras corretas para reescrever. Pegue a sua questão sobre as peculiaridades do ser humano urbano e civilizado e reescreva-a para meio milhão de anos atrás e para as planícies africanas.

Os psicólogos evolucionários cunharam o termo *ambiente da adaptação evolucionária*, ou AAE, para estudar o conjunto das condições nas quais os nossos ancestrais evoluíram na natureza. Há muitas coisas que desconhecemos a respeito do AAE; o registro fóssil é limitado. Parte do que supomos provém, por meio de uma espécie de engenharia reversa, de examinar a nós mesmos e tentar imaginar a que tipo de ambiente os nossos atributos teriam sido bem-adaptados.

Sabemos que o AAE se localizava na África; provavelmente, mas não com certeza, na vegetação emaranhada e baixa das savanas. É plausível que nossos ancestrais tenham vivido nessas condições como caçadores-coletores, talvez de algum modo semelhante àquele em que vivem as atuais tribos caçadoras-coletoras do Kalahari, mas, ao menos em períodos mais remotos, com uma tecnologia menos desenvolvida. Sabemos que o fogo foi domesticado há mais de 1 milhão de anos pelo *Homo erectus*, a espécie que provavelmente foi nossa predecessora imediata na evolução.

A época em que nossos ancestrais se dispersaram para fora da África é controversa. Sabemos que existiam *Homo erectus* na Ásia 1 milhão de anos atrás, mas muitos acreditam que hoje ninguém descende desses primeiros migrantes e que todos os humanos sobreviventes descendem de um segundo êxodo da África, mais recente, pelo *Homo sapiens*.*

Independentemente de qual tenha sido a época do êxodo, é evidente que houve tempo para que os humanos se adaptassem a condições não africanas. Os humanos do Ártico são diferentes dos que vivem nos trópicos. Nós, do norte, perdemos a pigmentação preta que nossos ancestrais africanos presumivelmente tinham. Houve tempo para que as bioquímicas divergissem em resposta à dieta. Alguns povos — talvez aqueles com tradições pastoris — conservam na idade adulta a capacidade de digerir leite. Em outros povos, só as crianças podem digeri-lo; os adultos sofrem de uma condição conhecida como intolerância à lactose. Presume-se que as diferenças evoluíram por seleção natural em diferentes ambientes determinados culturalmente. Se a seleção natural teve tempo para moldar nossos corpos e nossa bioquími-

---

* O pensamento atual favorece várias saídas da África, e evidências genéticas sugerem um gargalo, ou seja, uma drástica redução temporária na população da qual todos os não africanos descendem, em alguma época anterior a 100 mil anos atrás. Yan Wong, na segunda edição de *A grande história da evolução*, que ele escreveu comigo, conseguiu usar o meu genoma (que por acaso já estava totalmente sequenciado para um propósito diferente relacionado a um documentário para a televisão) para estimar o tamanho da população em vários momentos do passado. Para isso, ele comparou meus genes maternos e meus genes paternos, estimando, para cada par, o tempo decorrido desde que eles "coalesceram", isto é, desde que se separaram de um gene ancestral comum. Uma maioria significativa de meus pares de genes coalesceu há cerca de 60 mil anos. Isso sugere que a população foi brevemente muito pequena por volta de 60 mil anos atrás — daí o "gargalo". É provável que esse gargalo represente um evento específico de migração da África.

ca desde que alguns de nós deixaram a África, também deve ter tido tempo para moldar nosso cérebro e nossos valores. Por isso, não precisamos nos ater a aspectos especificamente africanos. No entanto, o gênero *Homo* passou no mínimo nove décimos de seu tempo na África, e nesse continente os hominíneos passaram 99% de sua existência; portanto, na medida em que nossos valores são herdados de nossos ancestrais, ainda podemos esperar uma influência africana substancial.

Vários estudiosos, com destaque para Gordon Orians, da Universidade de Washington, examinaram preferências estéticas para vários tipos de paisagem. Que tipos de ambiente procuramos recriar em nossos jardins? Esses pesquisadores tentam relacionar os tipos de lugares que achamos atrativos aos tipos de lugares que nossos ancestrais teriam encontrado na natureza quando eram nômades que mudavam seus acampamentos de lugar no AAE. Por exemplo, poderíamos prever nosso gosto por árvores do gênero *Acacia* ou outras árvores semelhantes. E preferir paisagens nas quais as árvores fossem baixas ou esparsas em vez de paisagens com mata cerrada, ou desertos, ambas com potencial para nos transmitir mensagens de ameaça.

Parece haver alguma razão para desconfiar desse tipo de trabalho. Mas seria menos justificado mostrar um ceticismo generalizado do que qualquer coisa tão complexa ou pouco prática como a preferência por uma paisagem possa ser programada nos genes. Ao contrário: não há nada de intrinsecamente implausível na possibilidade de esses valores serem hereditários. Mais uma vez, vem à mente um paralelo sexual. Refletindo friamente, a relação sexual é algo muito esquisito. A ideia de que possam existir genes "para" gostar desse ato incrivelmente inusitado de inserção e remoção ritmadas poderia parecer algo bem implausível. Mas é uma ideia inescapável se aceitarmos que o desejo sexual evoluiu por seleção darwiniana. A seleção darwiniana não pode funcionar se não houver genes para selecionar. E, se podemos herdar genes para gostar da inserção peniana, não há nada inerentemente implausível na ideia de que poderíamos herdar genes para admirar certas paisagens, gostar de certos tipos de música, detestar o gosto de manga ou de qualquer outra coisa.

O medo de altura, manifestado em vertigens e nos sonhos comuns de que se está caindo, poderia muito bem ser natural em espécies que passam grande parte do tempo no alto das árvores, como faziam nossos ancestrais. O medo de aranha, cobra e escorpião poderia ser integrado proveitosamente em qualquer espécie africana. Se você tiver um pesadelo com serpentes, é bem possível que esteja sonhando não com falos simbólicos, e sim com *serpentes* mesmo. Muitos biólogos observaram que reações fóbicas costumam se manifestar na presença de aranhas e cobras, e quase nunca diante de soquetes de lâmpada elétrica e automóveis. E, no entanto, neste nosso mundo temperado e urbano, cobras e aranhas não representam mais uma fonte de perigo, ao contrário dos soquetes de lâmpada e dos carros, que podem ser letais.

É bem conhecida a dificuldade de persuadir motoristas a desacelerar na neblina ou não andar colados no carro da frente em altas velocidades. O economista Armen Alchian sugeriu, engenhosamente, que sejam removidos os cintos de segurança e instalada uma lança afiada em todos os carros, espetada no centro do volante com a ponta virada para o coração do motorista. Acho que para mim isso seria persuasivo, embora não saiba se o seria por razões atávicas. Também é persuasivo o seguinte cálculo: quando um carro rodando a 130 quilômetros por hora freia abruptamente, isso equivale a atingir o solo quando se cai de um prédio alto. Em outras palavras, quando você está dirigindo em alta velocidade, é como se estivesse suspenso do topo de um arranha-céu por uma corda muito fina, cuja probabilidade de se romper é igual à probabilidade de que o motorista à sua frente faça alguma bobagem. Não conheço quase ninguém que fosse capaz de sentar-se no parapeito de um arranha-céu, e poucos que poderiam de fato gostar de uma sessão de bungee-jump. No entanto, quase todo mundo viaja tranquilo em alta velocidade nas estradas, apesar de intelectualmente entender o perigo que está correndo. A meu ver, é bem plausível que sejamos geneticamente programados para ter medo de altura e de pontas afiadas, mas que tenhamos de aprender (e que não sejamos bons aprendizes) a ter medo de viajar em altas velocidades.

Hábitos sociais que são universais em todos os povos, como o riso, o sorriso, o choro, a religião e uma tendência estatística a evitar o incesto, provavelmente estiveram presentes também em nossos ancestrais. Hans Hass e Irenäus Eibl-Eibesfeldt viajaram pelo mundo filmando clandestinamente expressões faciais de pessoas e concluíram que existem universais comuns a todas as culturas nos estilos de flertar e ameaçar e em um repertório bastante complexo de expressões faciais. Eles filmaram uma criança que nasceu cega cujo sorriso e outras expressões de emoção eram normais, apesar de ela nunca ter visto outro rosto.

As crianças são célebres por seu senso de justiça aguçado, e "não é justo" é uma das primeiras expressões a sair da boca de uma criança descontente. É óbvio que isso não demonstra que o senso de justiça está embutido nos genes de toda a humanidade, mas há quem possa considerar o fato sugestivo, nas mesmas linhas do sorriso da criança que nasceu cega. Seria bom se as diferentes culturas do mundo tivessem as mesmas ideias sobre justiça natural. Mas há diferenças desconcertantes. A maioria das pessoas presentes nesta conferência acharia injusto punir um indivíduo pelos crimes de seu avô. No entanto, existem culturas em que essa vingança transgeracional é considerada normal e, presume-se, vista como naturalmente justa.* Isso talvez seja indício de que, ao menos nos detalhes, nosso senso de justiça natural é bem flexível e variável.

Continuando as conjecturas sobre o mundo de nossos ancestrais, o AAE, há razões para supor que eles viviam em grupos estáveis que vagueavam e procuravam alimento como os babuínos modernos ou, talvez, que tivessem uma vida mais sedentária em povoações dos atuais caçadores-coletores, por exemplo, os ianomâmis da selva amazônica. Seja como for, a estabilidade do grupo significa que os indivíduos tendiam a encontrar os mesmos indivíduos repetidamente ao longo de toda a vida. Da perspectiva darwiniana, isso pode ter tido consequências importantes para a evolução de nossos valores. Em especial, poderia nos ajudar a entender por que, do ponto de vista de nossos genes egoístas, somos tão absurdamente gentis uns com os outros.

Isso não é tão absurdo como se poderia ingenuamente pensar. Genes podem ser egoístas, mas isso está longe de dizer que os organismos individuais têm de ser impiedosos e egoístas. Um propósito importante da doutrina do gene egoísta é explicar como o egoísmo no nível dos genes pode levar ao altruísmo no nível dos organismos individuais. Mas isso só encobre o altruísmo como uma espécie de egoísmo disfarçado: primeiro, altruísmo em benefício dos parentes (nepotismo) e, segundo, favores prestados com a expectativa matemática de retribuição (você me ajuda e eu lhe pagarei mais tarde).

É aqui que nossa suposição sobre a vida em povoações ou grupos tribais pode ajudar, de dois modos. Primeiro, provavelmente havia algum grau de endogamia, como argumentou meu

---

* É sancionada pelo exemplo supremo: "[...] porque eu, Iahweh teu Deus, sou um Deus ciumento, que puno a iniquidade dos pais sobre os filhos até a terceira e quarta geração dos que me odeiam" (Êxodo 20,5).

colega W. D. Hamilton. Embora os humanos, como muitos outros mamíferos, se desdobrem para combater os extremos da endogamia, ainda assim é bem comum que tribos vizinhas falem línguas mutuamente ininteligíveis e pratiquem religiões incompatíveis, o que decerto limita a miscigenação. Supondo várias taxas reduzidas de migração entre os povoados, Hamilton calculou os níveis esperados de semelhança genética dentro de cada tribo com os níveis esperados entre as tribos. Sua conclusão foi que, sob suposições plausíveis, os integrantes de um mesmo povoado poderiam muito bem ser irmãos quando comparados com forasteiros de outros povoados.

Condições como essas no AAE tenderiam a favorecer a xenofobia: "Seja rude com os estranhos que não são de seu povoado, pois é estatisticamente improvável que estranhos tenham genes em comum com você". É demasiado simples concluir que, inversamente, a seleção natural em povoados tribais com certeza teria favorecido o altruísmo generalizado: "Seja gentil com qualquer um que encontrar, pois é estatisticamente provável que qualquer um que você encontrar tenha em comum com você os genes para o altruísmo generalizado".* Mas poderia haver condi-

---

* Na conferência, não tive tempo para explicar em detalhes por que é demasiado simples. A razão é que os membros de um povoado provavelmente não só são parentes próximos entre si mas também são os rivais mais próximos pela comida, parceiros sexuais e outros recursos. Para fins de cálculo da seleção de parentesco, este é computado não como um número absoluto, e sim como um incremento acima de uma linha de base de parentesco com membros aleatórios da população. Em um povoado fechado onde há endocruzamento, todo mundo que um indivíduo encontra decerto é seu parente. A teoria da seleção de parentesco prediz o altruísmo com indivíduos que são mais proximamente aparentados do que a média, mesmo quando a média seja próxima. Nessas circunstâncias, quando um povoado é composto de parentes, a teoria da seleção de parentesco prediz a xenofobia contra estranhos não pertencentes ao povoado. Meu colega Alan Grafen, em *Oxford Surveys in Evolutionary Biology* (1985), ela-

ções adicionais nas quais de fato seria assim, e essa foi a conclusão de Hamilton.

A outra consequência do padrão do pequeno povoado decorre da teoria do altruísmo recíproco, que ganhou ímpeto em 1984 graças à publicação do livro *The Evolution of Cooperation*, de Robert Axelrod. O autor usou a teoria dos jogos, em específico o dilema do prisioneiro, e, auxiliado por Hamilton,* analisou-a de uma perspectiva evolucionária, usando modelos de computador simples, mas engenhosos. Seu trabalho tornou-se bem conhecido, e não o descreverei em detalhes, mas apenas resumirei algumas conclusões importantes.

Em um mundo evolucionário de entidades que, em essência, são egoístas, é surpreendentemente provável prosperarem os indivíduos que cooperam. A cooperação baseia-se não em uma confiança indiscriminada, e sim na rápida identificação e punição dos que não cooperam. Axelrod cunhou uma medida, a "sombra do futuro", para denotar até quando, no futuro, os indivíduos podem esperar que continuem a se encontrar, em média. Se a sombra do futuro for curta, ou se for difícil identificar o indivíduo ou seu equivalente, não é provável que a confiança mútua se desenvolva,

---

borou um belo modelo geométrico, na minha opinião incomparavelmente o melhor modo de explicar o verdadeiro significado de r, o coeficiente de parentesco que é a base da teoria da seleção de parentesco. Muitos que se baseiam em interpretações populares da teoria de Hamilton ficam confusos com o aparente descompasso entre os valores de r (0,5 para irmãos, 0,125 para primos de primeiro grau) e com o fato de que todos nós temos em comum mais de 90% de nossos genes. Dou um exemplo desse fato mais adiante, no artigo "Doze equívocos sobre a seleção de parentesco" (pp. 199-220). O modelo geométrico de Grafen demonstra, de um modo intuitivamente vívido, que r é o parentesco adicional acima da linha de base comum a toda a população.

* Em meu prefácio à edição de 2006 da Penguin de *The Evolution of Cooperation*, contei como apresentei Axelrod a Hamilton. Orgulho-me de ter instigado a profícua colaboração dos dois, que combina a teoria evolucionária com a ciência social.

e a não cooperação universal torna-se a regra. Se a sombra do futuro for longa, é provável que se desenvolvam relações de confiança iniciais, entremeadas de desconfiança ou traição. Assim teria ocorrido no AAE se forem corretas as nossas suposições sobre as povoações tribais ou os grupos itinerantes. Portanto, poderíamos prever que encontraríamos, em nós mesmos, tendências arraigadas ao que se poderia chamar de "confiança desconfiada".

Também poderíamos prever encontrar em nós mesmos módulos cerebrais específicos para calcular dívidas e pagamentos, para estimar quem deve quanto a quem, para ficar contentes quando ganhamos (mas talvez ainda mais descontentes quando perdemos), para satisfazer o senso de justiça natural que já mencionei.

Axelrod aplicou sua versão da teoria dos jogos ao caso especial em que indivíduos têm rótulos bem visíveis. Suponha que a população contenha dois tipos, arbitrariamente chamados de vermelhos e verdes. Axelrod concluiu que, em condições plausíveis, uma estratégia da seguinte forma seria evolucionariamente estável: "Se você for vermelho, seja gentil com vermelhos, mas rude com verdes; se for verde, seja gentil com verdes, mas rude com vermelhos". Assim ocorre, independentemente da verdadeira natureza do vermelho e do verde, e de os dois tipos diferirem ou não em outros aspectos. Com isso, não deveríamos nos surpreender se encontrássemos discriminação desse tipo sobreposta à "confiança desconfiada" que mencionei.

A que poderiam corresponder o "vermelho" e o "verde" na vida real? Plausivelmente, a uma tribo versus outra tribo. Chegamos, por uma teoria diferente, à mesma conclusão de Hamilton com seus cálculos sobre o endocruzamento. Assim, o "povoado modelo" nos leva, por duas linhas teóricas bem distintas, a prever o altruísmo intragrupo competindo com tendências à xenofobia.

Ora, os genes egoístas não são agentezinhos conscientes que tomam decisões visando ao seu próprio bem no futuro. Os genes que sobrevivem são aqueles que programaram cérebros ancestrais com regras práticas adequadas, ações que, nos ambientes ancestrais, tiveram a consequência de contribuir para a sobrevivência e a reprodução. Nosso ambiente urbano moderno é muito diferente, mas não poderíamos esperar que os genes tivessem se ajustado — não houve tempo para que o lento processo da seleção natural pusesse as coisas em dia. Por isso, as mesmas regras práticas serão aplicadas, como se nada tivesse acontecido. Do ponto de vista dos genes egoístas isso é um erro, que vemos, por exemplo, em nosso amor pelo açúcar em um mundo moderno onde o açúcar não é mais escasso e estraga os dentes. É totalmente previsível que haveria erros desse tipo. Quando você se compadece e ajuda um mendigo na rua, talvez esteja sendo o instrumento falho de uma regra prática darwiniana estabelecida em um passado tribal quando as coisas eram muito diferentes. Apresso-me a acrescentar que uso o termo "falho" em um sentido estritamente darwiniano, e não como expressão de meus valores pessoais.

Até aqui, tudo bem, mas provavelmente há mais do que isso na bondade. Muitos de nós parecem generosos além do que compensaria em termos do "egoísmo disfarçado", mesmo supondo que um dia já vivemos em grupos que podiam esperar toda uma vida de oportunidades de retribuição mútua. Se eu vivo em um mundo assim, acabarei por ser beneficiado se construir uma reputação de confiabilidade, de ser o tipo de pessoa com quem se pode fazer um trato sem medo de traição. Como disse meu colega Matt Ridley em seu admirável livro *As origens da virtude*, "agora, subitamente, existe uma nova e poderosa razão para ser gentil: persuadir as pessoas a jogar com você". Ele cita as evidências experimentais do economista Robert Frank de que as pessoas são hábeis em avaliar rapidamente, em uma sala cheia de estranhos, em quem elas podem confiar e quem provavelmente não vai colaborar. No entanto, até isso, em certo sentido, é um egoísmo disfarçado. A sugestão a seguir talvez não seja.

Acredito que, no reino animal, só nós fazemos bom uso da inestimável dádiva da antevisão. Contrariamente a mal-entendidos comuns, a seleção natural não tem presciência. Não poderia ter, pois o DNA é apenas uma molécula, e moléculas não pensam. Se pensassem, teriam visto o perigo presente na contracepção e se livrado dele há muito tempo. Mas os cérebros são outra questão. Os cérebros, se forem grandes o bastante, podem manter todo tipo de cenário hipotético na imaginação e calcular as consequências de linhas de ação alternativas. Se eu fizer determinada coisa, ganharei no curto prazo. Mas se fizer aquela outra coisa, embora tenha de esperar pela recompensa, ela será maior quando vier. A evolução regular pela seleção natural, ainda que seja uma força imensamente poderosa para o aperfeiçoamento técnico, não é capaz de antever dessa maneira.*

Nosso cérebro é dotado da capacidade de estabelecer objetivos e propósitos. No começo, esses intentos devem ter estado a serviço exclusivo da sobrevivência dos genes, com objetivos mais diretos, como matar um búfalo, encontrar nova fonte de água, fazer uma fogueira etc. Ainda no interesse da sobrevivência dos genes, era vantajoso tornar esses objetivos o mais flexíveis possível. Começou, então, a evoluir um novo maquinário cerebral, capaz de mobilizar, dentro dos objetivos, uma hierarquia de subobjetivos reprogramáveis.

Esse tipo de antevisão imaginativa originalmente foi útil, mas saiu de controle (do ponto de vista dos genes). Um cérebro

---

* Gosto de citar o eminente geneticista molecular Sydney Brenner quando discuto essa questão. Ele imaginou, satiricamente, um biólogo ingênuo especulando sobre um determinado gene que teria sido favorecido na era Cambriana porque "quem sabe poderá ser útil no Cretáceo" (ouça isso em um sotaque sul-africano sardônico, acompanhado de uma piscadela maliciosa).

grande feito o nosso, como já mencionei, pode rebelar-se contra os ditames dos genes selecionados naturalmente que o construíram. Por meio da linguagem — esse outro dom único do cérebro humano em expansão —, podemos trabalhar em conjunto e elaborar instituições políticas, sistemas de leis e justiça, tributação, policiamento, previdência social, caridade, assistência aos desvalidos. Podemos inventar nossos valores. A seleção natural só ensejou tudo isso indiretamente, fazendo o tamanho do cérebro aumentar. Do ponto de vista dos genes egoístas, nosso cérebro disparou na frente com suas propriedades emergentes, e meu sistema de valores pessoal encara esse fato com um aceno distintivamente positivo.

A TIRANIA DOS TEXTOS

Já tratei de uma fonte de ceticismo quanto à minha noção de rebelião contra os genes egoístas. Cientistas radicais de esquerda apontaram, equivocadamente, um dualismo cartesiano encoberto. Outro tipo de ceticismo vem de fontes religiosas. Regularmente, críticos religiosos vêm me dizer algo mais ou menos assim: tudo bem clamar contra a tirania dos genes egoístas, mas como você vai decidir o que pôr no lugar? Tudo bem nos sentarmos à mesa com nosso cérebro grande e nosso dom da antevisão, mas como vamos chegar a um acordo a respeito de um conjunto de valores, como decidiremos o que é bom e o que é ruim? E se alguém, ali na mesa, defender o canibalismo como a resposta para a escassez de proteínas no mundo, a que autoridade suprema podemos apelar para dissuadi-lo? Não nos veríamos sentados em um vácuo ético, onde tudo vale na ausência de uma forte autoridade textual? Mesmo que você não acredite nas noções existenciais da religião, não precisamos da religião como fonte de valores supremos?

Esse é um problema genuinamente difícil. A meu ver, em grande medida nós *estamos* em um vácuo ético — e me refiro a todos nós. Se o hipotético defensor do canibalismo tivesse o cuidado de especificar mortos por atropelamento, que já estão mortos mesmo, poderíamos até nos arrogar uma superioridade moral em comparação com os que matam animais para comer. É claro que ainda haveria bons contra-argumentos; por exemplo, o argumento do "sofrimento da família" aplica-se mais acentuadamente aos humanos do que às demais espécies; ou o argumento da ladeira escorregadia ("se nos acostumarmos a comer pessoas mortas por atropelamento, será apenas questão de tempo para...", e assim por diante).

Portanto, não estou minimizando as dificuldades. Mas o que direi agora — e poderia dizer com muito mais ênfase — é que não estamos em condição *pior* do que quando nos baseávamos em textos antigos. O vácuo moral em que hoje nos sentimos sempre existiu, ainda que não o reconhecêssemos. As pessoas religiosas já estão mais do que acostumadas a escolher a *quais* textos do livro sagrado devem obedecer e quais devem rejeitar. Na Bíblia judaico-cristã há passagens que nenhum cristão ou judeu moderno desejaria seguir. Hoje nos chocamos com a história de Isaac, que escapou por um triz de ser sacrificado por seu pai, Abraão, porque a vemos como um caso chocante de abuso infantil, independentemente de lhe darmos uma interpretação literal ou simbólica.

O apetite de Jeová pelo cheiro de carne queimada não agrada ao gosto moderno. Em Juízes 11, Jefté faz um voto a Jeová: se este lhe der a vitória sobre os amonitas, Jefté promete entregar-lhe, em holocausto, "aquele que sair primeiro da porta da minha casa para vir ao meu encontro quando eu voltar são e salvo". Aconteceu que essa primeira pessoa foi a filha de Jefté, sua única filha. Compreensivelmente, ele rasgou suas vestes, mas nada podia fazer, e a filha, muito respeitosa, concordou em ser sacrificada e pediu apenas dois meses para ir lamentar sua virgindade pelos montes. Ao fim desse prazo, Jefté matou a filha e a entregou, incinerada, em oferenda, como Abraão quase fizera com Isaac. Deus não se sentiu impelido a intervir nessa ocasião.

Grande parte do que lemos sobre Jeová dificulta vê-lo como um modelo, independentemente de pensarmos nele como um personagem real ou fictício. Os textos mostram-no ciumento, vingativo, rancoroso, volúvel, mal-humorado e cruel.* Além disso, em termos modernos, ele é machista e incita à violência racial. Quando você lê que Josué destruiu "tudo o que havia na cidade: homens e mulheres, crianças e velhos, assim como os bois, ovelhas e jumentos, passando-os ao fio da espada", talvez se pergunte o que os moradores de Jericó fizeram para merecer um destino tão terrível. A resposta é de uma franqueza constrangedora: pertenciam à tribo errada. Deus tinha prometido algum *Lebensraum*** aos Filhos de Israel, e a população local estava no caminho.

> Todavia, quanto às cidades dessas nações que Iahweh teu Deus te dará como herança, não deixarás sobreviver nenhum ser vivo.
>
> Sim, sacrificarás como anátema os heteus, os amorreus, os cana-

---

* Uma versão expandida dessa lista de adjetivos desagradáveis compôs o primeiro parágrafo do capítulo 2 de *Deus, um delírio* e se tornou um tanto famigerada por "ofender". Cada um desses adjetivos pode ser justificado com base nas escrituras, como demonstrou meu colega Dan Barker. Seu esplêndido livro *God: The Most Unpleasant Character in All Fiction* [Deus: o personagem mais desagradável de toda a ficção] examina cada um de meus adjetivos negativos na ordem em que os apresentei e os documenta meticulosamente com citações da Bíblia — a qual ele conhece muito bem, pois foi pregador religioso e agora viu a luz.

** Ideia de um espaço vital que um povo mais desenvolvido teria direito de tomar de um povo menos desenvolvido; foi incorporada depois ao nazismo, que arrogou esse direito à "raça superior". (N. T.)

neus, os ferezeus, os eveus, os jebuseus, conforme Iahweh teu Deus te ordenou.*

Ora, obviamente estou sendo muito injusto. Uma coisa que um historiador nunca deve fazer é julgar uma época pelos padrões de uma época posterior. Mas é justamente aí que quero chegar: não dá para defender as duas coisas. Se você se acha no direito de escolher trechos bonitos da Bíblia e varrer os trechos horrorosos para baixo do tapete, você está traindo a causa. Está admitindo que, de fato, não obtém seus valores de um livro sagrado antigo e inquestionável, mas está obtendo seus valores de alguma fonte moderna, algum consenso liberal contemporâneo ou seja lá o que for. Do contrário, por qual critério você escolhe os pedaços bons da Bíblia enquanto rejeita, por exemplo, a clara injunção do Deuteronômio de matar por apedrejamento as noivas não virgens?

De onde quer que venha esse consenso liberal contemporâneo, tenho o direito de apelar para ele quando rejeito explicitamente a autoridade de meu texto antigo — o DNA —, assim como você tem o direito de apelar para esse direito quando, implicitamente, rejeita os seus textos (muitíssimo menos antigos) das escrituras humanas. Podemos todos nos sentar e definir os valores que desejamos seguir. Quer falemos de pergaminhos de 4 mil anos atrás, quer do DNA de 4 bilhões de anos, todos temos o direito de nos livrarmos da tirania dos textos.

---

* Deuteronômio 20,16-17. Disseram-me que meu uso da palavra alemã *Lebensraum* é, nessas circunstâncias, ofensivo ou "inapropriado" (usando aqui o termo convencionalista). Mas não consigo pensar em nenhuma outra palavra que seja tão certeira, tão apropriada.

EPÍLOGO

Embora eu não tenha a obrigação de dizer onde as pessoas religiosas encontram o consenso moderno pelo qual decidem quais são os versos bons da Bíblia e quais são os horríveis, ainda assim existe um interesse genuíno na questão que espreita aqui. De onde vêm os nossos valores no século XXI, em contraste com os valores relativamente perversos de séculos anteriores? O que mudou para que nos anos 1920 o "voto feminino" fosse uma proposta audaciosa e radical que provocava tumultos nas ruas, enquanto hoje proibir mulheres de votar é visto como uma evidente abominação? Os livros *Os anjos bons da nossa natureza*, de Steven Pinker, e *The Moral Arc*, de Michael Shermer, fazem um levantamento do passado e documentam melhoras inexoráveis em nossos valores. Melhoras por quais critérios? Pelos critérios da época moderna, é claro — uma linha de raciocínio que, embora circular, não é viciosa.

Pense no tráfico de escravos, na matança como um esporte de plateias no Coliseu de Roma, nos espetáculos em que se lançavam cães ferozes contra um urso acorrentado, nas execuções na fogueira, no tratamento dado a prisioneiros, inclusive de guerra, antes da Convenção de Genebra. Pense na própria guerra e no bombardeio em grande escala e deliberado nos anos 1940, em contraste com o fato de que hoje as forças aéreas precisam pedir desculpas quando atingem civis por acidente. O arco moral mostra alguns zigue-zagues erráticos, mas a tendência é, inquestionavelmente, em uma direção. Seja o que for que tenha causado a mudança, não foi a religião. Então o que foi?

"Alguma coisa no ar"? Parece místico, mas podemos traduzir para termos sensatos. Faço uma analogia desse processo com a lei de Moore, segundo a qual a capacidade dos computadores aumenta ao longo das décadas a uma taxa que segue uma lei, embora ninguém saiba por quê. Ora, compreendemos isso de um modo geral, mas não sabemos por que segue tão à risca uma dada lei (uma linha reta, quando representada em escala logarítmica). Por alguma razão que desconhecemos, as melhoras no hardware e no software, que são, elas próprias, os efeitos somados de muitos tipos de melhoras detalhadas, em diferentes companhias e em diferentes partes do mundo, conjugam-se para gerar a lei de Moore. Quais são as tendências equivalentes que se conjugam para produzir o *Zeitgeist* da Moral Mutável, com sua linha geral unidirecional (embora ligeiramente mais errática)? Mais uma vez, não me compete apontá-las, mas suponho que seja alguma combinação dos seguintes fatores:

decisões legais em tribunais;
discursos e votações em parlamentos e congressos;
conferências, artigos e livros de filósofos morais e legais;
reportagens e editoriais jornalísticos;
conversas cotidianas em festas e bares, no rádio e na televisão.

Tudo isso leva a uma questão óbvia: para onde irá o arco moral nas décadas e séculos futuros? Você consegue pensar em algo que aceitamos tranquilamente em 2017, mas os séculos futuros verão com a mesma repulsa que vemos, hoje, o tráfico de escravos ou os vagões de trem com destino aos campos de concentração de Belsen e Buchenwald? Creio que não é preciso muita imaginação para pensar em no mínimo um candidato. Aqueles vagões de trem com destino a Belsen não nos vêm à mente, perturbadores, quando nosso carro está logo atrás de um daqueles caminhões fechados em que olhos desnorteados e temerosos espiam pelas fendas de ventilação?

Em defesa da ciência: carta aberta ao príncipe Charles

Vossa alteza,

Sua Conferência Reith* entristeceu-me. Tenho imensa simpatia por seus objetivos e admiração por sua sinceridade. Mas sua hostilidade à ciência não contribuirá para esses objetivos, e sua defesa de uma desastrada mixórdia de alternativas contraditórias entre si fará com que vossa alteza perca o respeito que, a meu ver, merece. Não me lembro quem comentou:** "É claro que devemos ter a mente aberta. Mas não tão aberta que o cérebro caia para fora".

---

* As Conferências Reith, originalmente transmitidas pelo rádio e agora pela televisão, são patrocinadas anualmente pela BBC em homenagem ao seu fundador e diretor-geral, lorde Reith, um escocês austero cujos ideais elevados a BBC em grande medida descartou. Ainda é considerado uma grande honra na Grã-Bretanha ser convidado para fazer a Conferência Reith. A série do ano 2000, intitulada "Respeito pela Terra", foi incomumente dividida entre cinco conferencistas, e um deles foi o príncipe Charles. Esta carta aberta em resposta ao seu pronunciamento foi publicada pela primeira vez no jornal *Observer* em 21 de maio de 2000.
** Muitos dizem que fui eu; bem que gostaria que tivesse sido, mas tenho certeza de que vem de outra pessoa.

Examinemos algumas das filosofias alternativas que aparentemente acha preferíveis à razão científica. Primeiro, a intuição, a sabedoria do coração "que perpassa a folhagem como brisa". Infelizmente, depende de quem é a intuição que se escolhe. Quando se trata de objetivos (embora não de métodos), suas intuições coincidem com as minhas. Compartilho com entusiasmo seu objetivo do manejo de longo prazo de nosso planeta, com sua biosfera diversificada e complexa.*

Mas o que dizer da sabedoria instintiva no coração cruento de Saddam Hussein?** E qual o preço do vento wagneriano que

---

* As preocupações do príncipe tornaram-se mais urgentes nos anos seguintes ao de sua conferência. Os sinais de mudança climática drástica estão mais inconfundíveis, e agora já se diz seriamente que ultrapassamos um limiar sem volta. Enquanto isso, o presidente norte-americano que agora toma posse do cargo anunciou publicamente sua opinião de que a mudança climática é um "embuste dos chineses". É ainda (minimamente) possível cogitar em um argumento (cada vez menos plausível) de que os seres humanos não são responsáveis por tendências como o desaparecimento da calota polar. Mas a realidade da perigosa e cada vez mais grave mudança climática propriamente dita agora está clara para todos, exceto os iludidos. Diante dessa catástrofe que se avulta no horizonte, incluindo a inundação de áreas baixas em todo o mundo, é ainda mais importante não dar alarmes falsos sobre problemas menores do modo como, infelizmente, vem fazendo o príncipe Charles.

** Virei notícia quando, na época, lamentei a execução de Saddam Hussein, não apenas em razão de uma oposição geral à pena de morte, mas por motivos científicos. Eu também teria poupado a vida de Hitler se ele próprio não a tivesse tirado. Precisamos de toda informação que pudermos obter para entender a mentalidade de monstros como eles; e — porque os sociopatas não são nada raros — para entender como exemplos excepcionais da laia de Hitler conseguem adquirir e conservar poder sobre outras pessoas e até vencer eleições. Será que Hitler foi mesmo um orador magnetizante com olhos hipnóticos e imperiosos, como alegaram alguns que o conheceram? Ou terá sido uma ilusão favorecida, em retrospectiva, pela aura do poder? Como um Hitler encarcerado teria respondido a tentativas alternativas de fazê-lo ver a razão — por exemplo, a argumentos serenos e comedidos que questionassem seu ódio patológico aos judeus? Pode-

perpassava as folhas retorcidas de Hitler? O Estripador de Yorkshire ouvia vozes religiosas em sua cabeça que o instavam a matar. Como devemos decidir *quais* vozes intuitivas ouvir? É importante dizer que esse não é um dilema que a ciência pode resolver. Minha intensa preocupação com o manejo do mundo é tão ardorosa quanto a sua. Porém, embora eu permita que sentimentos influenciem meus objetivos, quando se trata de decidir quais os melhores métodos para atingi-los prefiro pensar a sentir. E pensar, neste caso, significa pensar cientificamente. Não existe método mais eficaz do que esse. Se existisse, a ciência o incorporaria.

Em seguida, meu senhor, acredito que tem uma ideia exagerada sobre o caráter natural da agricultura "tradicional" ou "orgânica". A agricultura nunca foi natural. Nossa espécie começou a afastar-se do estilo de vida natural dos caçadores-coletores muito recentemente, há apenas 10 mil anos — um período curto demais quando medido na escala evolucionária.

O trigo, por mais integral e processado em moinho de pedra que seja, não é um alimento natural para o *Homo sapiens*. O leite também não, exceto para crianças. Quase toda a nossa comida é geneticamente modificada — sobretudo por seleção artificial e não por mutação artificial, devo admitir, porém o resultado final é o mesmo. Um grão de trigo é uma semente de gramínea modificada, assim como um pequinês é um lobo geneticamente modificado. Brincar de Deus? Nós já brincamos de Deus há séculos!

---

ríamos ter chegado a uma compreensão da poderosa psicopatia, que nos teria sido útil no futuro? Teria havido na infância ou na educação inicial de Hitler, ou de Saddam Hussein, algo que os impeliu para o caminho que seguiram quando adultos? Algum tipo de reforma educacional seria capaz de prevenir horrores semelhantes no futuro? Matar esses espécimes odiosos pode satisfazer a vingança primal, porém fecha caminhos de estudo que poderiam evitar recorrências.

As imensas multidões anônimas nas quais hoje proliferamos começaram com a revolução agrícola, e sem a agricultura só poderíamos sobreviver em uma fração minúscula de nossos números atuais. Nossa população numerosa é um produto da agricultura (e da tecnologia e da medicina). Ela é *muito* mais desnatural do que os métodos de controle populacional condenados como desnaturais pelo papa. Gostemos ou não, dependemos da agricultura, e a agricultura — *toda* agricultura — é desnatural. Traímos essa causa 10 mil anos atrás.

Isso significa que não temos nada para escolher entre os diferentes tipos de agricultura quando buscamos condições sustentáveis para o planeta como um todo? Claro que não. Alguns tipos são muito mais danosos do que outros, mas não adianta apelar para a "natureza" ou para o "instinto" na hora de decidir. Temos de analisar as evidências de modo ponderado e racional, ou seja, cientificamente. As queimadas (aliás, nenhum sistema agrícola é mais próximo do "tradicional" do que esse) destroem nossas florestas antigas. O sobrepastoreio (também praticado por culturas "tradicionais") causa erosão do solo e transforma pastagens férteis em desertos. Já em nossa tribo moderna, a monocultura, alimentada por fertilizantes e agrotóxicos em pó, é danosa para o futuro; o uso indiscriminado de antibióticos para promover o crescimento dos animais de criação é pior.

A propósito, um aspecto preocupante da oposição histérica aos *possíveis* riscos dos transgênicos é que ela desvia a atenção dos perigos *inequívocos* que já são bem compreendidos, mas, em grande medida, desconsiderados. A evolução de cepas bacterianas resistentes a antibióticos é algo que um darwiniano poderia ter previsto desde o dia da descoberta dos antibióticos. Infelizmente, as vozes de alerta andaram muito caladas e agora são abafadas pela cacofonia ululante: "Trans-gê-ni-cos, trans-gê-ni-cos, trans-gê-ni-cos!".

Além disso, se, como prevejo, as medonhas profecias da danação pelos transgênicos não se materializarem, o sentimento de decepção pode extravasar-se para uma negligência dos riscos reais. Já lhe ocorreu que o atual alarido sobre os transgênicos talvez seja um exemplo terrível de alarme falso?

Mesmo se a agricultura pudesse ser natural, e mesmo se pudéssemos criar algum tipo de harmonia com os processos da natureza, a natureza seria um bom modelo? Temos de analisar com cuidado. Existe realmente um sentido no qual ecossistemas são equilibrados e harmoniosos, em que algumas das espécies que os constituem se tornam mutuamente dependentes. Essa é uma razão de o banditismo empresarial que está destruindo a floresta tropical ser tão criminoso.

Por outro lado, temos de prestar atenção em um equívoco muito comum sobre o darwinismo. Tennyson escreveu antes de Darwin, mas acertou: a natureza tem mesmo os dentes e as garras vermelhos de sangue. Por mais que preferíssemos pensar que não, a seleção natural, atuando em cada espécie, não favorece o manejo de longo prazo. Ela favorece o ganho de curto prazo. Madeireiros, baleeiros e outros aproveitadores que dilapidam o futuro para saciar a cobiça do presente só estão fazendo o que seres selvagens têm feito por 3 bilhões de anos.

Não é de admirar que T. H. Huxley, "o buldogue de Darwin", tenha alicerçado sua ética em um repúdio ao darwinismo. Não um repúdio ao darwinismo como ciência, é claro, pois não se pode repudiar a verdade. Mas o próprio fato de o darwinismo ser verdadeiro torna ainda mais importante lutarmos contra as tendências egoístas e exploradoras da natureza. Podemos fazer isso. Provavelmente nenhuma outra espécie de animal ou planta pode. Podemos porque nosso cérebro (que nos foi dado pela seleção natural, devo admitir, porque trazia ganhos darwinianos de curto prazo) é grande o suficiente para antever o futuro e prever consequências no longo prazo. A seleção natural é como um robô capaz apenas de subir por uma encosta, mesmo se isso o fizer empacar no alto de um montículo. Não há mecanismo para descer a encosta, para atravessar o vale até as vertentes mais baixas do outro lado da montanha. Não existe uma antevisão natural, nenhum mecanismo para alertar que os ganhos egoístas do presente estão levando à extinção da espécie — e, de fato, 99% de todas as espécies que já viveram estão extintas.

O cérebro humano, provavelmente em um caso único na história evolucionária, consegue enxergar do outro lado do vale e planejar um curso que passe longe da extinção e o leve para as terras altas distantes. O planejamento de longo prazo — e, portanto, a própria possibilidade do manejo — é algo totalmente novo, alienígena até, no planeta. Existe apenas em cérebros humanos. O futuro é uma invenção nova na evolução. Ele é precioso. E frágil. Devemos usar todos os nossos estratagemas científicos para protegê-lo.

Pode parecer paradoxal, mas, se quisermos sustentar o planeta até o futuro, a primeira coisa que devemos fazer é parar de extrair conselhos da natureza. A natureza é uma aproveitadora darwiniana de curto prazo. O próprio Darwin admirou-se: "Que livro um capelão do Diabo* não escreveria sobre as obras desajeitadas, perdulárias, desastradas, inferiores e horrivelmente cruéis da natureza!".

Isso é deprimente, claro, mas não há lei determinando que a verdade tem de ser animadora; não adianta matar o mensageiro — a ciência — e não tem sentido preferir uma visão de mundo alternativa só porque ela faz com que nos sintamos mais tranquilos. Seja como for, a ciência não é totalmente desoladora. Aliás, tampouco a ciência é uma sabe-tudo arrogante. Qualquer cientista digno do

---

* Peguei emprestada a frase de Darwin para intitular minha antologia anterior, publicada em 2003.

nome aplaudirá quem citar Sócrates: "Sabedoria é saber que não sabemos". Que outra coisa nos impele a procurar descobrir? O que mais me entristece, meu senhor, é quanto estará perdendo se virar as costas para a ciência. Tentei escrever sobre o fascínio poético da ciência,* mas será que posso tomar a liberdade de presenteá-lo com um livro de outro autor? É *O mundo assombrado pelos demônios*, do saudoso Carl Sagan. Chamo-lhe a atenção especialmente para o subtítulo: *A ciência vista como uma vela no escuro*.

EPÍLOGO

Um princípio importante que eu devia ter mencionado em minha carta ao príncipe Charles é o da precaução. O príncipe de fato está certo quando diz que devemos ser conservadores diante de tecnologias novas e não testadas. Se algo não foi testado e desconhecemos suas consequências, cumpre sermos cautelosos até demais, sobretudo quando futuros de longo prazo estiverem em jogo. É o princípio da precaução que requer que novas drogas aparentemente promissoras contra o câncer enfrentem e vençam um sem-número de obstáculos antes de serem aprovadas para uso geral. Esses obstáculos avessos ao risco podem ter alturas ridículas, por exemplo, quando pacientes já às portas da morte têm acesso negado a drogas experimentais que talvez lhes salvassem a vida, mas ainda precisam ser certificadas como "seguras". Pacientes terminais têm uma concepção diferente sobre "segurança". Contudo, de modo geral é difícil negar a sabedoria do princípio da precaução, sensatamente equilibrado com os tremendos avanços que a inovação científica pode trazer.

---

* Em *Desvendando o arco-íris*.

Enquanto trato do princípio da precaução, perdoem-me uma digressão sobre política contemporânea. Costumo evitar exemplos que sejam muito específicos do momento em que escrevo, com receio de tornar anacrônicas as futuras edições de um livro. Os textos que J. B. S. Haldane e Lancelot Hogben escreveram nos anos 1930, em tudo o mais admiráveis, são maculados por espirituosos comentários políticos que hoje são incompreensíveis e atrapalham. Infelizmente, as repercussões de pelo menos dois eventos políticos de 2016 — a votação na Grã-Bretanha em favor da saída da União Europeia e o repúdio dos Estados Unidos a acordos internacionais sobre a mudança climática — têm pouca chance de permanecerem limitados ao curto prazo. Por isso, sem desculpas, falo da política de 2016.

Em 2016, nosso então primeiro-ministro, David Cameron, cedeu à pressão de parlamentares de menor coturno de seu partido e determinou um plebiscito sobre a participação britânica na União Europeia. Era uma questão de complexidade colossal, que envolvia elaboradas ramificações econômicas — cuja extensão ficou evidente ainda naquele ano, quando copiosos regimentos de advogados e funcionários públicos precisaram ser empregados para lidar com o ônus administrativo e jurídico. Se uma questão merecia prolongados debates parlamentares e discussões de gabinete fortemente baseados em consultoria de especialistas bem qualificados, essa questão era a da participação britânica na União Europeia. Poderia haver um tema *menos* apropriado para uma decisão por plebiscito único? No entanto, políticos que presumivelmente exigiriam um cirurgião especializado para operar seu apêndice ou um piloto experiente para conduzir seu avião nos disseram que não devíamos confiar em especialistas ("Você, o eleitor, é que é o especialista"). E assim a decisão foi posta nas mãos de não especialistas como eu, e até de pessoas cujos motivos declarados para votar incluíam "Ah, mudança sempre é bom" e "Ah, eu prefiro o antigo passaporte azul ao roxo da União Europeia". Para beneficiar suas próprias manobras políticas de curto prazo em seu partido, David Cameron brincou de roleta-russa com o futuro de longo prazo de seu país, da Europa e até do mundo.

Aí entra o princípio da precaução. O plebiscito era sobre uma mudança fundamental, uma revolução política cujos efeitos disseminados persistiriam por décadas ou até por mais tempo. Uma enorme mudança constitucional, o tipo de mudança no qual o princípio da precaução deveria, sem dúvida, ter sido soberano. Quando se trata de emendas constitucionais, os Estados Unidos exigem maioria de dois terços em ambas as casas do Congresso, seguida pela retificação por três quartos das legislaturas estaduais. Trata-se de um exagero, mas o princípio é sensato. Em contraste, o plebiscito de David Cameron pediu apenas maioria simples em uma pergunta do tipo sim ou não. Não ocorreu a ele que uma medida constitucional tão radical poderia merecer que se estipulasse uma maioria de dois terços? Ou ao menos de 60%? Talvez um comparecimento mínimo às urnas para assegurar que uma decisão tão importante não fosse tomada por uma minoria do eleitorado? Talvez uma segunda votação, uma quinzena mais tarde, para garantir que as massas estavam falando sério? Ou um segundo turno um ano depois, quando os termos e as consequências do desmembramento já tivessem se tornado minimamente perceptíveis? Mas não: tudo o que Cameron exigiu foi qualquer número acima de 50% em uma votação entre sim e não, em uma época na qual as pesquisas de opinião oscilavam e o resultado provável mudava de um dia para o outro. Dizem que uma lei que acabou não entrando para o direito comum britânico estipulava: "Nenhum idiota deve ser admitido no Parlamento". Pelo menos essa restrição deveria aplicar-se a primeiros-ministros.

Assim como no caso da hostilidade do príncipe Charles a aspectos da produção científica de alimentos, o princípio da precaução devia ser aplicado criteriosamente. Ele pode ir longe demais, e pode-se argumentar, como já mencionei, que, no caso das emendas constitucionais nos Estados Unidos, a exigência é exagerada. Muitos concordam que o colégio eleitoral é um anacronismo ademocrático, mas também muitos aceitam que é quase impossível abolir essa instituição devido ao obstáculo elevado da emenda constitucional. Ao que parece, quando se trata de decisões fundamentais com implicações muito abrangentes, como no caso das emendas constitucionais, a observação do princípio da precaução na política precisa ser estabelecida em algum ponto intermediário entre suas atuais posições nos Estados Unidos, com sua aversão ao risco, em que a Constituição escrita se fossilizou em um objeto de veneração quase sagrada, e a Grã-Bretanha, cuja Constituição não escrita deixa a porta aberta para o tipo de irresponsabilidade inconsequente do plebiscito de Cameron sobre a União Europeia.

Por fim, já que esta dissertação sobre o princípio da precaução vem arrematar uma carta ao herdeiro do trono, que dizer desse esteio histórico de nossa Constituição não escrita da Grã-Bretanha, a monarquia hereditária? A monarca também é, obviamente, a chefe da Igreja anglicana. Entre seus muitos títulos está o de "defensora da fé", que, não se engane, significa especificamente defensora de uma religião contra uma religião ou denominação rival. Quando o título foi inventado, a possibilidade de que um herdeiro do trono pudesse tornar-se ateu (o que parece mais do que provável, preservadas as tendências atuais) ou pudesse ter um padrasto muçulmano (como muita gente hoje viva se recorda de quase ter acontecido) nunca tinha passado pela cabeça de ninguém.

Embora destituída da maior parte dos poderes ditatoriais de seus predecessores mais remotos, a monarca ainda possui poderes consultivos (e Elizabeth II tem uma rica experiência em seu uso, pois já coexistiu com nada menos do que catorze primeiros-ministros). Em casos extremos, a monarca é constitucionalmente capaz de dissolver o Parlamento por iniciativa própria, embora uma medida desse teor possa precipitar uma crise de resultado incerto e perigoso. Mesmo se deixarmos de lado essa possibilidade pouco provável, muitos acham difícil justificar a ideia de uma monarquia hereditária, e alguns propõem um término respeitoso da instituição por ocasião da morte da atual rainha — que, espero, se dê em um futuro bem distante.

Toda vez que converso com britânicos ávidos pela república, não consigo evitar de fazer pelo menos uma alusão de passagem ao princípio da precaução. Sob várias formas, a monarquia tem resistido bem por mais de mil anos. O que seria posto em seu lugar? Uma votação pelo Facebook para chefe de Estado? O rei Becks e a rainha Posh a bordo do iate real *Boaty McBoatface*?* Sem dúvida existem alternativas melhores do que a minha sátira descaradamente elitista. Houve um tempo em que eu teria apontado para os Estados Unidos como um modelo. Mas isso foi antes que 2016 nos mostrasse o que o nobre ideal democrático é capaz de produzir quando azeda.

---

* Alusão ao jogador de futebol David Beckham e sua mulher, Victoria, a Spice Girl conhecida como Posh Spice, e a um navio de pesquisas britânico cuja escolha do nome foi submetida a uma votação pela internet e teve, como nome mais votado, *Boaty McBoatface* (mas acabou sendo batizado como *Sir David Attenborough*). (N. T.)

Ciência e sensibilidade

Vejo, com ansiedade e humildade, que sou o único cientista neste rol de conferencistas.* Será que realmente cabe apenas a mim "sondar o século" para a ciência, refletir sobre a ciência que legaremos aos nossos herdeiros? O século xx poderia ser o século de ouro da ciência: a era de Einstein, Hawking e a relatividade; de Planck, Heisenberg e a teoria quântica; de Watson, Crick, Sanger e a biologia molecular; de Turing, Von Neumann e o computador; de Wiener, Shannon e a cibernética; da tectônica de placas e da datação radioativa das rochas; do desvio para o vermelho de Hubble e do Telescópio Hubble; de Fleming, Florey e a penicilina;

---

* No final do século xx, a bbc organizou uma série de conferências, transmitidas pela Radio 3, sobre o tema "Sondagem do século: O que o século xx deixará aos seus herdeiros?". Minha contribuição foi dada em 24 de março de 1998; os outros conferencistas foram Gore Vidal, Camille Paglia e George Steiner. Inquietou-me saber que eu era o único cientista, daí minhas sentenças iniciais. Partes da conferência foram usadas em *Desvendando o arco-íris*, que eu estava escrevendo à época.

dos pousos na Lua; e — não fujamos da questão — da bomba de hidrogênio. Como George Steiner observou, mais cientistas estão em atividade hoje do que em todos os outros séculos combinados. Por outro lado — só para pôr essa comparação em uma perspectiva assustadora —, hoje há mais pessoas vivas do que todas que já morreram desde o início dos registros históricos.

Entre os significados de "sensibilidade" nos dicionários, refiro-me a "discernimento, entendimento" e "capacidade de responder a estímulos estéticos". Seria de esperar que, ao final do século, a ciência já tivesse sido incorporada à nossa cultura, e que nosso senso estético estivesse elevado ao nível da poesia da ciência. Sem reviver o pessimismo de C. P. Snow em meados do século, vejo, contrafeito, que faltando apenas dois anos para a virada essas esperanças ainda não se realizaram. A ciência provoca mais hostilidade do que nunca, às vezes com boas razões, frequentemente de pessoas que não sabem nada a respeito dela e usam sua hostilidade como desculpa para não aprender. Deploravelmente, muitos ainda se deixam levar pelo desacreditado lugar-comum de que a explicação científica corrói a sensibilidade poética. Livros de astrologia vendem mais que os de astronomia. A televisão pavimenta o caminho para mágicos de segunda classe disfarçados de médiuns e videntes. Líderes de culto sondam o milênio e encontram ricos veios de credulidade: Heaven's Gate, Waco, gás venenoso no metrô de Tóquio. A maior diferença em relação ao milênio passado é que ao cristianismo vulgar se juntou a ficção científica vulgar.

Devia ter sido muito diferente. No milênio anterior havia alguma desculpa. Em 1066, ainda que só analisemos com o conhecimento que temos hoje, o cometa Halley poderia ter pressagiado a batalha de Hastings, selado o destino de Harold e a vitória de Guilherme, o Conquistador. Com o cometa Hale-Bopp, em 1997, devia ter sido diferente. Por que sentir gratidão quando um astrólogo assegura a seus leitores no jornal que o Hale-Bopp não foi *di-*

retamente responsável pela morte da princesa Diana? E o que está acontecendo quando 39 pessoas, guiadas por uma teologia que é uma mistura de *Star Trek* com o Livro do Apocalipse, embarcam em um suicídio coletivo, vestidas com apuro e com uma bagagem para uma noite ao seu lado, porque todas acreditavam que o Hale-Bopp viria acompanhado de uma nave espacial destinada a "elevá-los a um novo plano de existência"? A propósito, essa mesma comunidade de Heaven's Gate havia encomendado um telescópio astronômico para observar o Hale-Bopp. Ele chegou, mas foi devolvido porque obviamente tinha defeito: não mostrava a nave espacial acompanhante.

O sequestro pela pseudociência e ficção científica ruim é uma ameaça ao nosso sentimento de fascinação legítimo. A hostilidade por parte de acadêmicos versados em disciplinas da moda é outra, e voltarei a esse assunto. A terceira ameaça é o "nivelamento por baixo" de cunho populista. O movimento de "divulgação científica", provocado nos Estados Unidos pelo Sputnik e impelido na Grã-Bretanha pelo alarme com o declínio das matrículas em cursos científicos nas universidades, quer atingir as massas. Uma enxurrada de "Quinzenas da Ciência" e eventos do gênero trai uma ansiedade desesperada dos cientistas por serem amados. "Personalidades" amalucadas de chapéu engraçado e voz travessa apresentam explosões e truques bonitinhos para mostrar que ciência é diversão, diversão, diversão.

Recentemente participei de uma reunião que exortou cientistas a organizar "eventos" em shoppings com o objetivo de atrair o povo para os deleites da ciência. Fomos aconselhados a não fazer algo que pudesse de algum modo "esfriar" o interesse. Sempre mostre a sua ciência como "relevante" para as pessoas comuns — para aquilo que acontece na cozinha ou no banheiro delas. Se possível, escolha materiais experimentais que o público possa comer no final. No mais recente evento organizado pelo próprio palestrante, a proeza científica que mais chamou a atenção foi o vaso sanitário que dava descarga automaticamente quando o usuário se afastava. Aliás, é melhor evitar a palavra "ciência", pois as "pessoas comuns" se intimidam com ela.*

Quando protesto, sou tachado de "elitista". Uma palavra terrível, mas quem sabe não seja uma coisa tão terrível? Há uma grande diferença entre um esnobismo exclusivista, algo que ninguém deve tolerar, e um esforço para ajudar as pessoas a galgar níveis e aumentar a elite. Propositalmente nivelar por baixo, assumir-se superior e simular condescendência é a pior coisa. Quando declarei isso em uma conferência recente nos Estados Unidos, um dos espectadores, no final, sem dúvida com calor em seu coração de homem branco, teve a notável desfaçatez de sugerir que nivelar por baixo talvez fosse especialmente necessário para possibilitar o acesso à ciência para as "minorias e as mulheres".

Receio que promover a ciência como uma diversão fácil seja arrumar encrenca para o futuro, pela mesma razão que um anúncio de recrutamento para o Exército não promete um piquenique. A verdadeira ciência pode ser difícil, mas, assim como desfrutar a literatura clássica ou tocar violino, compensa todo o esforço. Se crianças forem atraídas para a ciência ou para qualquer outra ocupação que valha a pena com a promessa de uma brincadeira tranquila, o que acontecerá quando elas finalmente confrontarem a realidade? A ideia de divertimento manda o sinal errado e pode atrair recrutas pelas razões erradas.

Os estudos de literatura correm o risco de ser solapados des-

---

* Sou cético quanto à noção de "pessoa comum". O grande Francis Crick foi persuadido por um editor a escrever um livro para "pessoas comuns". Compreensivelmente desnorteado pelo pedido, ouviram-no perguntar ao seu colega, o eminente neurologista V. S. Ramachandran: "Ei, Rama, você conhece alguma pessoa comum?".

sa mesma maneira. Estudantes preguiçosos são seduzidos por formas abastardadas de "estudos culturais" nas quais passarão seu tempo "desconstruindo" novelas, princesas de revistas de celebridades, teletubbies. A ciência, assim como os estudos literários dignos do nome, pode ser difícil e instigante, mas — também como os estudos literários dignos do nome — fascinante. Além disso, a ciência é útil, mas não só isso. Ela pode gerar dinheiro, porém, bem como a grande arte, não deveria ser obrigada a isso. E não devíamos deixar que personalidades amalucadas e explosões nos persuadissem do valor de uma vida dedicada a descobrir por que, afinal de contas, temos vida.

Talvez eu esteja sendo negativo em excesso, mas às vezes, quando uma balança pende demais para um lado, ela precisa de um contrapeso. Sem dúvida, demonstrações práticas podem dar vividez às ideias e preservá-las na mente. Em iniciativas como as Christmas Lectures, instituídas por Michael Faraday na Royal Institution, e o museu Bristol Exploratory, fundado por Richard Gregory, crianças empolgam-se com a experiência em primeira mão da verdadeira ciência. Tive a honra de ser o palestrante de uma Christmas Lectures, em sua forma moderna, com muitas demonstrações práticas, transmitida pela televisão. Faraday nunca nivelou por baixo. Estou criticando apenas o tipo de prostituição populista que conspurca o fascínio da ciência.

Anualmente acontece em Londres um grande jantar no qual são entregues prêmios para os melhores livros de ciência do ano. Um dos prêmios destina-se a livros de ciência para crianças, e recentemente foi concedido a uma obra sobre insetos e outros chamados "bichos feios". Esse tipo de linguagem não é uma boa opção para despertar uma fascinação poética, mas vamos deixar passar. Mais difíceis de perdoar foram as momices da líder dos jurados, uma conhecida personalidade da televisão (que possuía credenciais para apresentar ciência de verdade antes de ter se vendido à televisão "paranormal"). Com frivolidade e estridência de apresentadora de concurso de televisão, ela incitava a plateia a repetir com ela coros e caretas ante a contemplação dos horrorosos "bichos feios". "Aaaaargh! Ecaaaaa! Uiiiii! Blééééé!" Esse tipo de vulgaridade degrada o fascínio da ciência e traz o risco de "esfriar" justamente as pessoas mais bem qualificadas para melhor apreciá-la e inspirar outras: os verdadeiros poetas e estudiosos da literatura.

A verdadeira poesia da ciência, sobretudo a ciência do século XX, levou o saudoso Carl Sagan a fazer a perspicaz pergunta:

> Como é que praticamente nenhuma das principais religiões, ao contemplar a ciência, concluiu "É melhor do que pensávamos! O Universo é muito maior do que os nossos profetas nos disseram, muito mais grandioso, sutil e elegante"? Em vez disso, dizem "Não, não, não! O meu deus é um deus pequeno, e quero que continue assim". Uma religião, nova ou velha, que salientasse a magnificência do Universo como ele é revelado pela ciência moderna poderia ser capaz de fazer aflorar reservas de reverência e deslumbramento não despertadas pelas fés convencionais.

Se tivéssemos cem clones de Carl Sagan, talvez pudéssemos ter alguma esperança para o próximo século. Enquanto isso, em seus anos finais, o vigésimo só pode ser classificado como uma decepção no que diz respeito à compreensão da ciência pelo grande público, apesar de ter sido um sucesso espetacular e sem precedentes em realizações científicas propriamente ditas.[*]

---

[*] Talvez eu estivesse sendo indevidamente pessimista. Sempre me animo, e no século XX também me animava, com as plateias numerosas e entusiasmadas dos escritores de ciências em festivais como os de Hay e Cheltenham; colegas como Steve Jones e Steven Pinker dizem o mesmo.

E se deixássemos nossa sensibilidade sondar toda a ciência do século xx? Será que é possível escolher um tema, um leitmotiv científico? Meu melhor candidato nem chega perto de fazer justiça à riqueza de escolhas. O século xx é o Século Digital. A descontinuidade digital permeia toda a engenharia da nossa época, mas existe um sentido em que ela extravasa para a biologia e talvez até para a física do nosso século.

O oposto de digital é analógico. Quando a Armada espanhola estava sendo esperada, foi criado um sistema de sinalização para espalhar a notícia por todo o sul da Inglaterra. Pilhas de lenha foram montadas em uma cadeia de topos de colina. Se algum vigia na costa avistasse a Armada, deveria acender sua fogueira. Ela seria vista pelos vigias vizinhos, cada qual acenderia sua fogueira, e uma onda de fachos transmitiria a notícia velozmente ao longo de todos os condados litorâneos.

Como poderíamos adaptar o telégrafo de fogueiras para transmitir mais informações? Não apenas "Os espanhóis chegaram", mas, por exemplo, o tamanho de sua frota? Um modo seria fazer o tamanho da fogueira ser proporcional ao tamanho da frota. Esse é um código analógico. Claramente, as imprecisões seriam cumulativas. Assim, quando a mensagem chegasse ao outro lado do reino, a informação sobre o tamanho da frota estaria degradada e nula. Esse é um problema geral dos códigos analógicos.

Mas vejamos um código digital simples. Não importa o tamanho do fogo: apenas acenda uma labareda visível e ponha em volta dela uma tela grande. Levante e abaixe a tela para enviar à colina seguinte um lampejo discreto. Repita o lampejo determinado número de vezes, depois baixe a tela para ter um período de escuridão. Repita. O número de lampejos por rodada deverá ser proporcional ao tamanho da frota.

Esse código digital tem virtudes imensas em comparação com o código analógico anterior. Se um vigia na colina vir oito lampejos, transmitirá oito lampejos para a colina seguinte na cadeia. A mensagem tem boas chances de espalhar-se de Plymouth até Dover sem uma degradação grave. O poder superior dos códigos digitais só veio a ser compreendido com clareza no século xx. As células nervosas são como fachos da Armada. Elas "acendem". O que viaja ao longo de uma fibra nervosa não é uma corrente elétrica. É mais como um rastilho de pólvora no chão. Você acende uma ponta com uma fagulha, e o fogo se alastra pelo rastilho até a outra ponta.

Há bastante tempo sabemos que as fibras nervosas não usam códigos puramente analógicos. Cálculos teóricos mostram que elas não poderiam trabalhar assim. Em vez disso, elas fazem uma coisa mais parecida com os meus fachos lampejantes da Armada. Os impulsos nervosos são encadeamentos de picos voltaicos, repetidos como em uma metralhadora. A diferença entre uma mensagem forte e uma fraca não é comunicada pela altura dos picos — isso seria um código analógico, e a mensagem se distorceria até desaparecer. Ela é transmitida pelo padrão dos picos, especialmente pela taxa de disparo da metralhadora. Quando você vê amarelo ou ouve um dó médio, quando sente cheiro de aguarrás ou um toque de cetim, quando sente frio ou calor, as diferenças estão sendo transmitidas, em alguma parte do seu sistema nervoso, por diferentes taxas de pulsos metralhadores. O cérebro, se pudéssemos ouvir lá dentro, soaria como uma batalha da Primeira Guerra Mundial. Nesse nosso sentido, ele é digital. Em um sentido mais completo, ele ainda é parcialmente analógico: a taxa de disparo é uma quantidade que varia constantemente. Códigos 100% digitais, como o Morse ou códigos de computador, cujos padrões de pulsos formam um alfabeto distinto, são ainda mais confiáveis.

Enquanto os nervos transmitem informações sobre o mundo como ele é agora, os genes são uma descrição codificada do passado distante. Essa noção decorre da visão da evolução baseada no "gene egoísta".

Os organismos vivos são primorosamente construídos para sobreviver e reproduzir-se em seus ambientes. Ou assim dizem os darwinianos. Na verdade, isso não está totalmente correto. Eles são primorosamente construídos para sobreviver nos ambientes de seus ancestrais. É porque seus ancestrais sobreviveram — por tempo suficiente para transmitirem seu DNA — que os nossos animais modernos são bem construídos. Pois eles herdam o mesmo DNA bem-sucedido. Os genes que sobrevivem ao longo das gerações fornecem uma descrição do que era preciso para sobreviver naquela época. E isso equivale a dizer que o DNA moderno é uma descrição codificada dos ambientes nos quais nossos ancestrais sobreviveram. Um manual de sobrevivência é passado de geração em geração. Um "livro genético dos mortos".*

Assim como a mais longa das cadeias de fogueiras sinalizadoras, as gerações são incontavelmente numerosas. Por isso, não é de surpreender que os genes sejam digitais. Teoricamente, o velho livro do DNA poderia ter sido analógico. Mas, pela mesma razão das fogueiras analógicas sinalizadoras da Armada, qualquer livro antigo copiado e recopiado em linguagem analógica se degradaria até perder todo o significado em poucas gerações de escribas. Felizmente, a escrita humana é digital, pelo menos no sentido que nos interessa aqui. E o mesmo se aplica aos livros de DNA

---

* Essa frase tornou-se o título de um capítulo de *Desvendando o arco-íris*, no qual o tema foi exposto com mais detalhe. Procurei mostrar que um biólogo do futuro bem informado, quando se vir diante de um animal — ou de seu DNA —, deverá ser capaz de "ler" o animal e reconstituir o ambiente no qual seus ancestrais sobreviveram e se reproduziram. Não apenas o ambiente físico — clima, química do solo etc. — mas também o ambiente biológico, os predadores ou presas, parasitas ou hospedeiros, com os quais sua linhagem ancestral competiu em "corridas armamentistas" evolucionárias.

da sabedoria ancestral que trazemos dentro de nós. Os genes são digitais, e no sentido pleno não aplicado aos nervos.

A genética digital foi descoberta no século xix, mas Gregor Mendel estava à frente de seu tempo, e não lhe deram atenção. O único erro grave na visão de mundo de Darwin derivou da sabedoria convencional de sua época: a ideia de que a hereditariedade era baseada em "fusão" — genética analógica. Percebia-se vagamente, na época de Darwin, que a genética analógica era incompatível com sua teoria da seleção natural. E se percebia ainda com menos clareza que ela também era incompatível com fatos óbvios da hereditariedade.* A solução teve que esperar pelo século xx, em especial pela síntese neodarwiniana de Ronald Fisher e outros, nos anos 1930. A diferença essencial entre o darwinismo clássico (que, hoje compreendemos, não poderia funcionar) e o neodarwinismo (que funciona) é que a genética digital substituiu a analógica.

Mas, de genética digital, Fisher e seus colegas da síntese não sabiam nem a metade. Watson e Crick abriram as comportas daquilo que foi, por quaisquer critérios, uma revolução intelectual espetacular — apesar de Peter Medawar ter exagerado quando escreveu, em sua resenha de 1968 de *A dupla hélice*, de Watson:

---

* Em 1867, o engenheiro escocês Fleeming Jenkin observou que a hereditariedade baseada na fusão removeria a variação da população a cada geração. Por analogia, se você misturar tinta preta com branca, obtém cinza, e por mais que misture cinza com cinza não conseguirá restaurar o preto e o branco originais. Assim, a seleção natural descobriria depressa que não há variação a selecionar, portanto, Darwin tinha de estar errado. O que Jenkin não levou em conta é que é manifestamente *falso* que cada geração é mais cinza que seus pais. Ele pensou que estava argumentando contra Darwin, mas estava argumentando contra um fato manifesto. A variação claramente não vai minguando com o passar das gerações. Jenkin não sabia, mas, longe de refutar Darwin, ele estava refutando a hereditariedade baseada na fusão. Ele poderia ter deduzido intuitivamente as leis de Mendel sentado em sua poltrona, sem se dar ao trabalho de cultivar ervilhas no jardim de um mosteiro.

"Nem vale a pena discutir com qualquer pessoa que seja obtusa a ponto de não perceber que esse complexo de descobertas é a maior realização da ciência no século xx". Só tenho dúvida quanto a essa afirmação cativantemente calculada porque eu teria grande dificuldade em defendê-la contra uma afirmação rival em favor, digamos, da teoria quântica ou da teoria da relatividade. A revolução de Watson e Crick foi digital e se tornou exponencial a partir de 1953. Hoje é possível ler um gene, representá-lo por escrito com precisão numa folha de papel, colocá-lo em uma biblioteca e depois, em qualquer momento no futuro, reconstituir aquele gene com exatidão e pô-lo de volta em um animal ou planta. Quando o projeto genoma humano for concluído, provavelmente por volta de 2003,* será possível escrever todo o genoma humano em dois cds comuns, sobrando espaço suficiente para um grande livro de comentários. Se esses dois cds forem embalados e mandados para o espaço sideral, a raça humana poderá extinguir-se sossegada, sabendo que agora pelo menos existe uma ínfima chance de uma civilização extraterrestre reconstituir um ser humano vivo. Em um aspecto (porém não em outro), pelo menos essa minha conjectura é mais plausível que o enredo de *Jurassic Park*. E ambas as conjecturas baseiam-se na exatidão digital do dna.

Obviamente, quem explorou a teoria digital de modo mais completo não foram os neurobiologistas ou os geneticistas, e sim os engenheiros eletrônicos. Os telefones, televisores, reprodutores de música e fornos de micro-ondas digitais de fins do século xx são incomparavelmente mais rápidos e mais acurados do que seus precursores analógicos, e isso ocorre, em essência, porque são digitais. Os computadores digitais são a suprema realização desta era eletrônica, fundamentais na comutação te-

---

* Ele foi mesmo formalmente declarado completo em 2003, embora ainda haja alguns acertos a fazer.

lefônica, comunicações via satélite e todo tipo de transmissão de dados, inclusive no fenômeno desta década, a internet. O falecido Christopher Evans resumiu a velocidade da revolução digital do século xx fazendo uma surpreendente analogia com a indústria automobilística.

O carro de hoje difere daqueles do pós-guerra em vários aspectos [...]. Mas suponhamos, por um momento, que a indústria automobilística houvesse se desenvolvido no mesmo ritmo que os computadores e ao longo do mesmo período: quão mais baratos e mais eficientes seriam os modelos atuais? Se você ainda não tiver ouvido essa analogia, a resposta é estarrecedora. Hoje você poderia comprar um Rolls-Royce por 1,35 libra, ele faria mais de 1 milhão de quilômetros por litro, e sua potência seria suficiente para mover o transatlântico *Queen Elizabeth II*. E, caso você se interesse por miniaturização, poderia colocar meia dúzia deles em uma cabeça de alfinete.

São os computadores que nos fazem notar que o século xx é o século digital e que nos levam a perceber o digital na genética, na neurobiologia e — embora neste caso eu careça da confiança de conhecer — na física.

Poderíamos dizer que a teoria quântica — a parte da física mais distintamente do século xx — também é fundamentalmente digital. O químico escocês Graham Cairns-Smith conta como foi exposto pela primeira vez a essa aparente granulosidade:

Deve ter sido lá pelos meus oito anos que meu pai me disse que ninguém sabia o que era a eletricidade. Eu me lembro de que fui para a escola no dia seguinte e tratei de espalhar essa informação para todos os meus amigos. Isso não criou o tipo de sensação que eu previra, mas chamou a atenção de um deles, cujo pai trabalhava na central elétrica local. O pai dele produzia eletricidade, portanto obviamente saberia o que ela era. Meu amigo prometeu perguntar e dar o retorno. Bem, por fim ele deu, e não posso dizer que fiquei lá muito impressionado com o resultado. "Uma coisinha arenosa", ele disse, esfregando o indicador e o polegar para enfatizar o quanto eram pequeninos os grãos. Ele pareceu incapaz de se aprofundar na explicação.

As predições experimentais da teoria quântica sustentam-se até a décima casa decimal. Qualquer teoria com uma compreensão tão espetacular da realidade merece o nosso respeito. Porém, se concluímos ou não que o próprio universo é granuloso — ou que a descontinuidade só se impõe a uma continuidade profunda subjacente quando tentamos medi-la — eu não sei dizer; e os físicos perceberão que meus conhecimentos não estão à altura desse assunto.

Não deveria ser necessário acrescentar que isso não me traz satisfação. Porém, infelizmente existem círculos literários e jornalísticos que se vangloriam e até se orgulham de sua ignorância ou incompreensão da ciência. Já falei tanto sobre isso que não quero parecer lamuriento. Por isso, prefiro citar um dos comentaristas da cultura atual mais justificadamente respeitados, Melvyn Bragg:

> Ainda existem aqueles que são suficientemente presunçosos para declarar que não sabem nada de ciência, como se isso, sabe-se lá por quê, os tornasse superiores. Torna-os, isso sim, bem tolos, e os situa na rabeira daquela antiquada tradição britânica de esnobismo intelectual que considera todo conhecimento, especialmente a ciência, um "ofício".

Sir Peter Medawar, o impetuoso ganhador do prêmio Nobel que já citei, disse algo semelhante a respeito de "ofício":

Dizem que na antiga China os mandarins permitiam que suas unhas das mãos — ou uma delas — crescessem tanto que os tornavam visivelmente incapacitados para qualquer atividade manual, e com isso deixavam bem claro a todos que eles eram seres refinados e superiores demais para se dedicarem a tais afazeres. Esse é um gesto que não pode deixar de agradar aos ingleses, que suplantam todas as demais nações em esnobismo; nossa desdenhosa aversão às ciências aplicadas e aos ofícios é uma grande responsável por levar a Inglaterra à posição que ocupa hoje.

Portanto, se tenho dificuldade com a teoria quântica, não é por falta de tentar, e com certeza não me orgulho disso. Como evolucionista, endosso a noção de Steven Pinker de que a seleção natural darwiniana moldou nosso cérebro para compreender a lenta dinâmica de objetos grandes nas savanas da África. Talvez alguém devesse inventar um jogo de computador no qual bolas e bastões se comportem, na tela, segundo uma ilusão da dinâmica quântica. As crianças que crescessem praticando esse jogo talvez achassem a física moderna não mais impenetrável do que achamos a ideia de caçar um gnu.

A incerteza pessoal quanto ao princípio da incerteza me faz pensar em outro marco do século xx que será lembrado. Este, dirão, é o século no qual a confiança determinista do século anterior foi demolida. Em parte pela teoria quântica. Em parte pelo caos (no sentido da moda, não no da linguagem comum). E em parte pelo relativismo (relativismo cultural, não o sensato sentido einsteiniano).

A incerteza quântica e a teoria do caos tiveram efeitos deploráveis sobre a cultura popular, para grande irritação dos verdadeiros aficionados. Ambas são regularmente exploradas por obscurantistas que vão de charlatães profissionais até aparvalhados *"new agers"*. Nos Estados Unidos, a indústria da "cura" pela autoajuda fatura milhões e não demorou a lucrar com o formidável talento da teoria quântica para desnortear. Isso foi documentado pelo físico americano Victor Stenger. Um abonado curandeiro escreveu uma fieira de livros sobre o que ele chama de "cura quântica". Outro livro que tenho possui seções sobre psicologia quântica, responsabilidade quântica, moralidade quântica, estética quântica, imortalidade quântica e teologia quântica.

A teoria do caos, uma invenção mais recente, é um terreno igualmente fértil para os que têm pendor para insultar o bom senso. "Caos" é um nome mal escolhido, pois implica aleatoriedade. O caos, no sentido técnico, não é aleatório, de modo algum. É totalmente determinado, porém depende, em altíssimo grau, de modos curiosamente difíceis de predizer, de minúsculas diferenças nas condições iniciais. Sem dúvida ele é matematicamente interessante. Se afetar o mundo real, excluirá a previsão definitiva. Se o clima fosse caótico no sentido técnico, a previsão do tempo em detalhes se tornaria impossível. Eventos importantes como furacões poderiam ser determinados por ínfimas causas no passado — por exemplo, o agora proverbial bater das asas de uma borboleta. Isso não significa que você pode bater o equivalente de uma asa e achar que provocará um furacão. Como disse o físico Robert Park, essa é "uma noção totalmente errada do que é o caos [...] embora seja concebível que o bater das asas de uma borboleta possa desencadear um furacão, não é provável que matar borboletas reduza a incidência de furacões".

A teoria quântica e a teoria do caos, cada uma ao seu modo singular, podem questionar a previsibilidade do universo, em um sentido profundo. Isso poderia ser visto como um recuo em relação à confiança oitocentista. Mas, de qualquer modo, ninguém realmente pensava que detalhes assim tão sutis algum dia seriam previstos na prática. O mais confiante determinista sempre admitiria que, na prática, a imensa complexidade das causas interagentes poderia derrotar uma previsão exata do tempo ou de turbulências. Portanto, na prática o caos não faz muita diferença. Inversamente, eventos quânticos são estatisticamente disseminados, e muito, na maioria das esferas que nos afetam. Assim, fica restaurada a possibilidade de predição.

Na prática, a predição de eventos nunca foi mais confiante nem mais acurada do que em fins do século xx. Isso é gritante nas proezas dos engenheiros espaciais. Séculos passados foram capazes de predizer o retorno do cometa Halley. A ciência do século xx pode lançar um projétil na trajetória certa para interceptá-lo, computando e explorando com precisão as assistências gravitacionais do sistema solar.* A própria teoria quântica, independentemente de sua indeterminação intrínseca, é espetacular na acurácia experimental de suas predições. O saudoso Richard Feynman avaliou essa exatidão como equivalente a saber a distância entre Nova York e Los Angeles com uma margem de erro da espessura de um fio de cabelo humano. Aqui não há licença para o vale-tudo de impostores intelectuais com sua teologia quântica e qualquer coisa quântica.

O relativismo cultural é o mais pernicioso desses mitos do afastamento do século xx em relação à certeza vitoriana. A moda agora é ver a ciência como um entre muitos mitos culturais, não mais verdadeiro ou válido do que os mitos de qualquer outra cultura. Muitos na comunidade acadêmica descobriram uma nova

---

* E, menos de uma década mais tarde, a ciência do século xxi fez exatamente isso, embora para outro cometa. Em 2004, a Agência Espacial Europeia lançou a sonda espacial Rosetta. Dez anos e 6,4 bilhões de quilômetros mais tarde, depois de usar o efeito da assistência gravitacional em Marte e em seguida na Terra (duas vezes), e depois de quase colidir com dois asteroides grandes, a Rosetta finalmente passou a orbitar seu alvo, o cometa 67P/Churyumov-Gerasimenko. A Rosetta lançou então o robô Philae, que pousou no cometa com êxito, usando arpões que se agarraram para impedir sacolejos, já que o campo gravitacional do cometa era muito fraco.

forma de retórica anticientífica, às vezes chamada de "crítica pós-moderna" da ciência. O mais abrangente alerta sobre essa tendência é o esplêndido livro de Paul Gross e Norman Levitt *Higher Superstition: The Academic Left and its Quarrels with Science*. O antropólogo americano Matt Cartmill resume o credo básico:

> Qualquer um que afirme ter conhecimento objetivo a respeito de qualquer coisa está tentando controlar e dominar o resto de nós [...]. Não existem fatos objetivos. Todos os supostos "fatos" são contaminados por teorias, e todas as teorias estão infestadas de doutrinas morais e políticas [...]. Portanto, quando um sujeito de jaleco branco lhe disser que determinada coisa é um fato objetivo [...] ele com certeza tem um objetivo político em sua alva manga engomada.

Nos círculos científicos existem até uns poucos, mas muito barulhentos, quintas-colunas que defendem exatamente essas ideias e as usam para desperdiçar o tempo do resto de nós.

A tese de Cartmill é que existe uma aliança inesperada e perniciosa entre a direita religiosa fundamentalista ignorante e a esquerda acadêmica refinada. Uma manifestação grotesca dessa aliança é a oposição conjunta à teoria da evolução. A oposição dos fundamentalistas é óbvia. A da esquerda é um misto de hostilidade à ciência em geral, de "respeito" por mitos tribais de criação e de vários objetivos políticos. Esses estranhos aliados compartilham uma preocupação com a "dignidade humana" e se ofendem quando humanos são tratados como "animais". Além disso, nas palavras de Cartmill,

> ambos os campos acreditam que as grandes verdades sobre o mundo são verdades morais. Veem o universo em termos de bem ou mal, não de verdade e falsidade. A primeira pergunta que fazem a respeito de qualquer suposto fato é se ele serve à causa da virtude.

E há um ângulo feminista, que me entristece porque simpatizo com o verdadeiro feminismo.

> Em vez de as jovens serem incentivadas a preparar-se para as várias áreas técnicas estudando ciência, lógica e matemática, agora os cursos de estudos femininos ensinam que a lógica é uma ferramenta de dominação [...] que as normas e métodos clássicos da investigação científica são machistas porque são incompatíveis com "os modos de conhecer das mulheres".* As autoras do premiado livro que leva esse título [*Women's Ways of Knowing*] relatam que a maioria das mulheres que elas entrevistaram encaixa-se na categoria de "conhecedora subjetiva", caracterizada por uma "rejeição veemente à ciência e aos cientistas". Essas mulheres "subjetivistas" veem os métodos da lógica, análise e abstração como um "território estranho pertencente aos homens" e "valorizam a intuição como um modo mais seguro e profícuo de chegar à verdade".

Essa citação é da historiadora e filósofa da ciência Noretta Koertge, que com razão está preocupada com uma subversão do feminismo que poderia ter uma influência maligna sobre a educação das mulheres. De fato, há perversidade e prepotência nesse tipo de pensamento. Barbara Ehrenreich e Janet McIntosh assistiram à palestra de uma psicóloga em uma conferência interdisciplinar. Várias pessoas da plateia criticaram seu uso do "método científico opressivo, machista, imperialista e capitalista. A psicóloga tentou defender a ciência citando suas grandes descobertas, por exemplo, o DNA. Ouviu em resposta: 'E você acredita em DNA?'".

---

* Comentei sobre esse tipo de lorota condescendente no primeiro texto desta coletânea; ver a nota de rodapé da p. 36.

Felizmente ainda existem muitas jovens inteligentes preparando-se para ingressar em uma carreira científica, e eu gostaria de prestar homenagem à sua coragem diante desse tipo de intimidação opressora.*

Até aqui, pouco falei sobre Charles Darwin. Sua vida transcorreu durante a maior parte do século XIX, e ele morreu com todo o direito de sentir-se satisfeito por ter curado a humanidade de sua maior e mais pretensiosa ilusão. Darwin trouxe a própria vida para a esfera do explicável. Não mais um desnorteante mistério que exigia explicação sobrenatural, a vida, com a complexidade e a elegância que a definem, cresce e emerge gradualmente, segundo regras de fácil compreensão, de começos simples. O legado de Darwin para o século XX foi desmistificar o maior de todos os mistérios.

Será que Darwin teria gostado do modo como estamos gerindo esse legado e do que hoje estamos em condições de passar ao século XXI? Acredito que ele sentiria uma estranha mistura de júbilo e exasperação. Júbilo com o conhecimento detalhado, com a abrangência da compreensão que a ciência agora pode oferecer e com o refinamento dos modos como sua teoria vem sendo usada na prática. Exasperação com a ignorante desconfiança contra a ciência e com a superstição desmiolada que ainda persistem.

---

* Não só mulheres são vítimas desse tipo de intimidação. Na nota de rodapé da p. 113 descrevi a interceptação bem-sucedida de um cometa pela Agência Espacial Europeia em 2014. Um dos heróis dessa fabulosa façanha do engenho humano foi o dr. Matt Taylor, um inglês (estávamos no tempo mais feliz em que a Grã-Bretanha ainda era uma parceira entusiástica das iniciativas europeias). Quando anunciou o feito à imprensa, o dr. Taylor usava uma camisa de cores vivas, presente de sua namorada, e isso foi considerado machismo. Esse alardeado escândalo de "ofensa às mulheres" eclipsou a notícia de uma das maiores proezas de engenharia de todos os tempos, levou Matt Taylor às lágrimas e a um degradante pedido de desculpas. Eu não seria capaz de imaginar uma ilustração mais tocante para a parte das lamúrias desta conferência.

Exasperação é uma palavra muito fraca. Darwin poderia, justificadamente, sentir tristeza, considerando as vantagens colossais que temos em relação a ele e seus contemporâneos e o pouco que parece termos feito para empregar nossos conhecimentos superiores em nossa cultura. Darwin notaria, consternado, que a civilização de fins do século xx, embora permeada e rodeada de produtos e vantagens da ciência, ainda não a trouxe para o reino da sensibilidade. Será que, em certo sentido, não teríamos retrocedido desde que o codescobridor da teoria da evolução, Alfred Russel Wallace, escreveu *The Wonderful Century*, uma apaixonada retrospectiva de sua época?

Talvez na ciência de fins do século xix houvesse uma satisfação indevida com o quanto fora alcançado e com o pequeno avanço adicional que se poderia esperar. William Thomson, o primeiro lorde Kelvin e presidente da Royal Society, foi o pioneiro da telegrafia por cabo submarino no Atlântico — símbolo do progresso vitoriano — e também da segunda lei da termodinâmica, que para C. P. Snow era o identificador da alfabetização científica. Atribuem-se a Kelvin estas três predições confiantes: "o rádio não tem futuro"; "máquinas voadoras mais pesadas do que o ar são impossíveis"; "veremos que os raios X são um embuste".

Kelvin também causou grande consternação a Darwin ao "provar", usando todo o prestígio da senioridade científica da física, que o Sol era jovem demais para que a evolução pudesse ter tido tempo para acontecer. E chegou a afirmar: "A física fala contra a evolução, portanto sua biologia só pode estar errada". Darwin poderia ter retrucado: "A biologia mostra que a evolução é um fato, portanto sua física só pode estar errada". Em vez disso, ele se curvou à suposição prevalente de que a física sempre suplanta a biologia e se afligiu. Obviamente, a física do século xx mostrou que o erro estrondoso era de Kelvin. Mas Darwin não viveu para ver suas ideias comprovadas* e não se sentiu confiante para mandar o físico mais graduado de seu tempo plantar batatas. Em minhas críticas à superstição milenarista, preciso guardar-me contra o excesso de confiança kelviniano. Sem dúvida há muitas coisas que ainda desconhecemos. Parte de nosso legado ao século XXI terá de ser perguntas não respondidas, e algumas delas são grandes. A ciência de qualquer época tem de estar preparada para ser desbancada. Seria arrogância e temeridade afirmar que o que sabemos hoje é tudo o que há para saber. Coisas agora triviais, como o telefone celular, teriam parecido mágica em épocas passadas. E isso deve ser um alerta para nós. Arthur C. Clarke, renomado escritor e evangelizador do poder ilimitado da ciência, declarou: "Qualquer tecnologia suficientemente avançada é indistinguível da magia". Essa é a Terceira Lei de Clarke.

Quem sabe, no futuro, os físicos compreenderão totalmente a gravidade e construirão uma máquina antigravitacional. Levitar talvez se torne algo tão comum para os nossos descendentes quanto hoje é para nós voar de avião. Então, se alguém disser que viu um tapete mágico rodeando os minaretes, devemos acreditar porque, afinal de contas, os nossos ancestrais que duvidaram da possibilidade do rádio estavam enganados? Não, é claro que não. Mas por quê?

A Terceira Lei de Clarke não funciona ao contrário. Dado que "qualquer tecnologia suficientemente avançada é indistinguível de magia", não podemos depreender disso que "qualquer alegação de magia que alguém possa fazer em qualquer época é indistinguível de um avanço tecnológico que virá em algum momento no futuro".

---

* Entre outros, prazerosamente, por seu filho, o matemático e geofísico Sir George Darwin. Três dos filhos de Charles Darwin foram nomeados cavaleiros, embora seu pai não tenha sido.

Sim, houve ocasiões em que céticos respeitados tiveram que baixar sua peremptória cabeça. Mas houve muito mais alegações de magia que nunca foram confirmadas. Umas poucas coisas que hoje nos surpreenderiam se tornarão realidade no futuro. Mas um sem-número de coisas não se tornará realidade. A história sugere que as coisas de fato surpreendentes que se tornam realidade são minoria. O segredo é encontrá-las no meio do lixo — das alegações que permanecerão para sempre no reino da ficção e da magia.

Neste fim de século, é certo que devemos ter a humildade que Kelvin não demonstrou no fim do século dele, mas também é certo reconhecermos tudo o que aprendemos nestes últimos cem anos. O século digital foi o melhor que me ocorreu como tema único, mas ele representa apenas uma fração do que a ciência do século xx vai legar. Agora sabemos, mas Darwin e Kelvin não sabiam, qual é a idade do planeta. Aproximadamente 4,6 bilhões de anos. Compreendemos a ideia de Alfred Wegener, que em sua época foi ridicularizada: a forma da geografia nem sempre foi a mesma. A América do Sul não só parece capaz de encaixar-se como uma peça de quebra-cabeça na parte côncava da África: no passado era exatamente isso que acontecia, antes de se separarem em dois pedaços por volta de 125 milhões de anos atrás. Madagascar já foi contígua à África de um lado e à Índia do outro. Isso foi antes de a Índia afastar-se no oceano e colidir com a Ásia, elevando os Himalaias. O mapa dos continentes do mundo tem uma dimensão temporal, e nós, que somos privilegiados por viver na era da tectônica de placas, sabemos exatamente como, quando e por que ele mudou.

Sabemos a idade aproximada do universo; aliás, sabemos que ele tem uma idade, que é a mesma do próprio tempo e inferior a 20 bilhões de anos. O universo começou como uma singularidade de massa e temperatura colossais e um volume extremamente diminuto e tem se expandido desde então. O século xxi provavelmente descobrirá se a expansão acontecerá para sempre ou se reverterá seu rumo. A matéria do cosmo não é homogênea, e sim aglomerada em centenas de bilhões de galáxias, cada uma contendo, em média, 100 bilhões de estrelas. Podemos ler a composição de qualquer estrela com algum grau de detalhamento, distribuindo sua luz em um belo arco-íris. Entre as estrelas, o nosso Sol não tem nada de especial. E também não tem nada de especial por ser orbitado por planetas, como hoje sabemos graças à detecção de alterações rítmicas nos espectros de outras estrelas.* Não há evidências diretas de que exista vida em outros planetas. Se existir, essas ilhas habitadas talvez sejam tão raras a ponto de não ser provável que uma encontre outra.

Conhecemos com alguns detalhes os princípios que governam a evolução desta nossa ilha de vida. Podemos apostar que o princípio mais fundamental — a seleção natural darwiniana — vigora, sob alguma forma, em outras ilhas de vida, se existirem. Sabemos que o nosso tipo de vida é construído por células, seja a célula uma bactéria, seja uma colônia de bactérias. A mecânica pormenorizada de nosso tipo de vida depende da quase infinita variedade de formas assumidas por uma classe especial de moléculas chamadas proteínas. Sabemos que essas formas tridimensionais importantíssimas são especificadas com exatidão por um código unidimensional, o código genético, contido em moléculas de DNA que se replicam no decorrer do tempo geológico. Compreendemos por que existem tantas espécies distintas, embora não saibamos quantas elas são. Não podemos predizer em detalhes como a evolução se comportará no futuro, mas podemos predizer os padrões gerais esperados.

---

* Hoje existem outros métodos de detectar planetas, entre eles a tênue diminuição do brilho de uma estrela por ocasião dos trânsitos planetários. A contagem de "exoplanetas" aumenta constantemente, e agora já contamos mais de 3 mil.

Entre os problemas não resolvidos que legaremos aos nossos sucessores, físicos como Steven Weinberg citam seus "sonhos de uma teoria definitiva", também conhecida como teoria da grande unificação (GUT, na sigla em inglês) ou teoria de tudo. Não há consenso entre os teóricos quanto a se um dia ela se concretizará. Aqueles que creem que sim provavelmente calculam que essa epifania científica se dará no século XXI. Os físicos são célebres por recorrerem à linguagem religiosa quando discutem essas questões profundas. Alguns deles falam a sério. Os outros correm o risco de ser interpretados ao pé da letra, quando na verdade não tinham em mente nada mais do que eu tenho quando digo "só Deus sabe" para indicar que eu não sei.

Os biólogos encontrarão seu graal da escrita do genoma humano no começo do século vindouro. E então descobrirão que isso não é tão definitivo quanto alguns esperavam. O projeto embrião humano — descobrir como os genes interagem com seus ambientes, e até uns com os outros, para produzir um corpo — pode demorar no mínimo o mesmo tempo para ser concluído. Mas também provavelmente estará completo ainda no século XXI, e serão construídos úteros artificiais, caso sejam considerados desejáveis.

Não me sinto tão confiante quanto ao problema científico que, para mim, assim como para a maioria dos biólogos, é o mais destacado dentre os não resolvidos: a questão de como o cérebro humano funciona, especialmente a natureza da consciência subjetiva. Na última década deste século, vimos uma porção de gente graúda em busca da solução, incluindo, quem diria, Francis Crick, além de Daniel Dennett, Steven Pinker e Sir Roger Penrose. É um problema grande e profundo, digno de mentes como essas. Eu, obviamente, não tenho a solução. Se tivesse, mereceria um prêmio Nobel. Não está claro nem sequer de que tipo de problema se trata, portanto não se sabe que tipo de ideia brilhante constituiria uma solução. Alguns pensam que o problema da consciência é uma ilusão: não tem ninguém em casa, e nenhum problema a ser resolvido. Contudo, antes que Darwin solucionasse o enigma da origem da vida, no século passado, não creio que alguém tivesse enunciado claramente qual era o tipo do problema. Foi só depois que Darwin o resolveu que a maioria das pessoas percebeu a natureza do problema. Não sei se a consciência se revelará um grande problema, resolvido por um gênio, ou se acabará por pulverizar-se, insatisfatoriamente, em uma série de pequenos problemas e não problemas.

Longe de mim estar confiante de que o século XXI decifrará a mente humana. Porém, se o fizer, poderá haver um subproduto. Nossos sucessores poderão, então, estar em condições de entender o paradoxo da ciência do século XX. De um lado, nosso século possivelmente adicionou tantos conhecimentos novos ao estoque humano quanto todos os séculos anteriores somados; de outro, o século XX terminou com quase o mesmo nível de credulidade no sobrenatural quanto o do XIX, e muito mais hostilidade declarada contra a ciência. Com esperança, mas não segurança, aguardo ansiosamente o século XXI e o que ele poderá nos ensinar.

Dolittle e Darwin*

Gostaria de poder dizer que o começo da minha infância no leste da África encaminhou-me para a história natural em geral e para a evolução humana em particular. Mas não foi assim. Passei a me interessar pela ciência mais tarde. Através de livros.

Minha infância foi quase tão idílica quanto se poderia esperar, considerando que me mandaram para o colégio interno aos sete anos. Sobrevivi à experiência tão bem quanto qualquer garoto, ou seja, razoavelmente bem (algumas exceções trágicas perderam-se na extremidade da curva dos que sofreram bullying), e minha excelente formação por fim abriu-me as portas de Oxford,

---

* Em 2004, o agente literário e empresário da ciência John Brockman convidou seu incomparável círculo de correspondentes intelectuais a contribuir para uma coletânea de ensaios intitulada *When We Were Kids* [Quando éramos crianças], cujo tema era "Como uma criança se torna cientista". Como eu planejava um dia escrever uma autobiografia completa (que acabou sendo publicada em duas partes, *Fome de saber* e *Brief Candle in the Dark* [inédito no Brasil]), meu ensaio para a coletânea de Brockman consistiu em um texto diferente. Preferi enaltecer um autor de livros para crianças que acredito ter me influenciado.

"essa Atenas dos meus anos mais maduros".* A vida no lar foi genuinamente idílica, primeiro no Quênia, depois em Niassalândia (agora Malaui), e por fim na Inglaterra, na fazenda da família em Oxfordshire. Ricos nós não éramos, mas pobres também não. Não tínhamos televisão, mas só porque meus pais achavam, com certa razão, que havia modos melhores de gastar o tempo. E tínhamos livros.

Talvez ler obsessivamente inculque o amor pelas palavras em uma criança, e talvez, mais tarde, ajude na arte de escrever. Em particular, eu me pergunto se a influência formativa que por fim me fez enveredar para a zoologia não teria sido um livro infantil de Hugh Lofting, *The Adventures of Doctor Dolittle*, que eu li vezes sem conta, assim como suas numerosas sequências. Essa série de livros não me despertou para a ciência no sentido direto, mas o dr. Dolittle era um cientista, o maior naturalista do mundo, e um pensador de curiosidade insaciável. Muito antes de serem cunhadas ambas as expressões, ele foi um modelo que me conscientizou.

John Dolittle era um afável médico rural que mudou dos pacientes humanos para os animais. Polinésia, seu papagaio, ensinou-o a falar as línguas dos animais, e essa habilidade singular forneceu o enredo para mais de uma dezena de livros. Enquanto outros livros para crianças (incluindo a atual série Harry Potter) invocam prodigamente o sobrenatural como panaceia para todas as dificuldades, Hugh Lofting limitou-se a uma única alteração da realidade, como na ficção científica. O dr. Dolittle podia falar com animais: disso decorria todo o resto. Quando ele foi designado para chefiar o correio no reino de Fantippo, na África Ocidental, recrutou aves migratórias para o primeiro serviço postal aéreo do mundo; passarinhos carregavam uma carta cada um; cego-

---

* Dryden, apesar de sua educação em Cambridge.

nhas levavam pacotes maiores. Quando seu navio precisou mudar de velocidade para alcançar o malvado traficante de escravos Davy Bones, milhares de gaivotas fizeram o reboque — e a imaginação de uma criança alçou voo.* Quando ele se pôs ao alcance do navio do traficante, a visão aguçada de uma andorinha emprestou precisão super-humana à mira de seu canhão. Quando um homem foi falsamente incriminado por assassinato, o dr. Dolittle persuadiu o juiz a permitir que o buldogue do acusado depusesse como a única testemunha de sua inocência, depois de o doutor ter estabelecido suas credenciais como intérprete conversando com o cachorro do juiz, que divulgou segredos embaraçosos que somente ele, o cão, poderia conhecer.

As façanhas que o dr. Dolittle realizava graças a essa única facilidade — falar com animais — frequentemente eram vistas como sobrenaturais pelos inimigos dele. Jogado numa masmorra africana para que a fome o subjugasse, o dr. Dolittle engordava, animadíssimo. Milhares de camundongos traziam-lhe comida, uma migalha por vez, com água em cascas de noz e até lasquinhas de sabão para que ele pudesse lavar-se e fazer a barba. Seus captores, apavorados, naturalmente atribuíam tudo à feitiçaria, mas nós, seus pequenos leitores, conhecíamos a explicação simples e racional. A mesma lição salutar era incutida incansavelmente nesses livros. Podia parecer mágica, e os bandidos pensavam que fosse, mas havia uma explicação racional.

Muitas crianças têm sonhos de poder nos quais um passe de mágica, uma fada madrinha ou o próprio Deus vêm em seu socorro. Eu sonhava em falar com animais e mobilizá-los contra as in-

---

* Lembro-me de ter plagiado descaradamente essa imagem em um ensaio na escola quando tinha uns nove anos. Meu professor de inglês elogiou minha imaginação e predisse que eu me tornaria um escritor famoso. Mal sabia ele que eu havia roubado a ideia de Hugh Lofting.

justiças que a humanidade lhes infligia (como eu pensava, influenciado por minha mãe, que amava os animais, e pelo dr. Dolittle). O que o dr. Dolittle produziu em mim foi a noção daquilo que hoje chamamos de "especismo": a suposição automática de que os seres humanos merecem tratamento especial em detrimento de todos os outros animais só porque somos humanos. Os doutrinadores antiaborto que explodem clínicas e assassinam bons médicos, se analisarmos bem, são uns tremendos "especistas". Um bebê que não nasceu é, por quaisquer critérios razoáveis, menos merecedor de compaixão moral do que uma vaca adulta. O militante antiaborto brada "Assassino!" contra o médico que faz aborto e vai para casa comer um bife no jantar. Nenhuma criança que cresceu lendo dr. Dolittle poderia deixar de perceber esse duplo critério. Uma criança que cresceu lendo a Bíblia certamente poderia.

Filosofia moral à parte, o dr. Dolittle não me ensinou a evolução propriamente dita, mas um precursor para entendê-la: a não singularidade da espécie humana na sucessão de animais. O próprio Darwin trabalhou muito por esse mesmo objetivo. Partes de *A origem do homem* e de *A expressão das emoções no homem e nos animais* são dedicadas a diminuir o abismo entre nós e os nossos parentes animais. O que Darwin fez para seus leitores vitorianos adultos, o dr. Dolittle fez para no mínimo um menino nos anos 1940 e 1950. Mais tarde, quando li *A viagem do Beagle*, imaginei semelhanças entre Darwin e Dolittle. A cartola e a sobrecasaca de Dolittle, bem como o estilo do navio que ele pilotava sem competência e frequentemente destroçava, mostravam que ele era mais ou menos contemporâneo de Darwin. Mas isso era só o começo. O amor pela natureza, a delicada solicitude com todos os seres, o prodigioso conhecimento de história natural, as anotações em caderno após caderno sobre descobertas fenomenais em rincões exóticos: decerto o dr. Dolittle e o "filósofo" do *Beagle* poderiam ter se encontrado na América do Sul ou na ilha flutuante de Popsipetel (faz lembrar a tectônica de placas) e teriam sido almas irmãs. O Pushmi-Pullyu do dr. Dolittle, um antílope com uma cabeça chifruda em cada extremidade do corpo, não era muito mais inacreditável do que alguns dos fósseis e outros espécimes descobertos pelo jovem Darwin.* Quando Dolittle precisou atravessar um abismo na África, enxames de macacos deram-se as mãos e as pernas para formar uma ponte viva. Darwin teria reconhecido a cena de imediato: as formigas guerreiras que ele observou no Brasil faziam exatamente a mesma coisa. Darwin mais tarde investigou o notável hábito das formigas de fazer escravos, e, como Dolittle, ele esteve à frente de seu tempo em seu intenso ódio à escravidão humana. Essa era a única coisa que tirava do sério esses naturalistas em geral afáveis, e, no caso de Darwin, levou a um desentendimento com o capitão FitzRoy.

Uma das cenas mais tocantes de toda a literatura infantil aparece no livro *Doctor Dolittle's Post Office*: Zuzanna, uma mulher da África Ocidental cujo marido foi capturado pelo malvado traficante de escravos Davy Bones, é descoberta sozinha em alto-mar numa canoa minúscula, exausta, aos prantos, curvada sobre o remo depois de ter desistido de perseguir o navio do traficante. De início ela não quer falar com o bondoso doutor, supondo que qualquer homem branco só pode ser mau como Davy Bones. Mas ele conquista sua confiança e então mobiliza toda a fúria engenhosa do reino animal, em uma campanha bem-sucedida para vencer o escravista e salvar o marido de Zuzanna. Que ironia os livros de Hugh Lofting agora estarem proibidos como racistas por bibliotecários santarrões! A acusação, porém, tem certo fundamento. Os desenhos de africanos em seus livros são caricaturas esteatopígicas. O príncipe Bumpo, herdeiro do reino de Jolliginki e ávido lei-

---

* Mas não devo ter sido a única criança a se perguntar como o Pushmi-Pullyu fazia para eliminar os resíduos da comida que entrava pelas suas duas bocas.

tor de contos de fadas, vê a si mesmo como um príncipe encantado, mas tem certeza de que seu rosto negro assustaria a Bela Adormecida se ele a acordasse com um beijo. Por isso, convence o dr. Dolittle a fazer uma poção especial que torne seu rosto branco. Não é uma boa conscientização para os padrões atuais, e dizer que a história é antiga não é desculpa. Acontece que os anos 1920 de Hugh Lofting eram mesmo racistas pelos padrões atuais,* e evidentemente Darwin também era, como todos os vitorianos, apesar de detestar a escravidão. Em vez de agirmos como censores presunçosos, deveríamos analisar os nossos próprios costumes aceitos. Quais de nossos "ismos" despercebidos serão condenados pelas gerações futuras? O candidato óbvio é o "especismo", e nisto a influência positiva de Hugh Lofting suplanta com enorme vantagem o pecadilho da insensibilidade racial.

O dr. Dolittle também se parece com Darwin em sua iconoclastia. Os dois cientistas questionam continuamente a sabedoria aceita e o conhecimento convencional, devido ao seu temperamento e porque foram instruídos por seus informantes animais. O hábito de questionar a autoridade é uma das dádivas mais valiosas que um livro, ou um professor, pode dar a um jovem aspirante a cientista. Não aceite simplesmente o que lhe dizem — pense por si mesmo. Acredito que minhas leituras na infância me prepararam para gostar de Charles Darwin quando, adulto, minhas leituras por fim o trouxeram para minha vida.

---

* Alguns dos primeiros livros de Agatha Christie eram piores, mas, pelo que eu saiba, não estão proibidos. No filme *Amante de emoções*, o equivalente de James Bond nos anos 1920, o protagonista disfarça-se de africano. Ele por fim revela dramaticamente sua identidade ao vilão dizendo: "Nem toda barba é falsa, mas todo negro fede. Esta barba não é falsa, meu caro, e este negro não fede. Por isso, acho que tem alguma coisa errada por aqui". As ambições do príncipe Bumpo de ser um príncipe encantado branco parecem coisa pouca em comparação.

PARTE II
TODA A SUA GLÓRIA IMPIEDOSA

Enquanto a primeira parte deste livro tratou do que a ciência *é*, a segunda enfoca a ciência como ela é *feita* — especificamente, o desenvolvimento e refinamento da grande teoria de Darwin sobre a evolução por seleção natural "em toda a sua glória impiedosa", como Richard disse em outro texto,* agora estabelecida como um fato científico. Os textos sucessivos ilustram como a teoria foi apresentada em um insólito dueto de cavalheirismo científico, como ela funciona e até onde podem ir seu poder e validade, como ela está avançando e como ela é mal interpretada. Em todos vemos o ímpeto constante de refinar, esclarecer e estender a aplicação dessa que é a mais poderosa das ideias científicas.

O primeiro texto, um discurso proferido na Linnean Society para celebrar a leitura dos trabalhos de Charles Darwin e Alfred Russel Wallace em 1858 anunciando suas descobertas revolucio-

---

* No prefácio de *Host Manipulation by Parasites* [Manipulação de hospedeiros por parasitas], de David P. Hughes, Jacques Brodeur e Frédéric Thomas.

nárias, dá um feitio específico e incisivo aos valores que a ciência — e os cientistas — enumerou e defendeu na primeira parte. Depois de descrever o trabalho conjunto dos dois grandes cientistas vitorianos, o texto termina com a ousada suposição de que a seleção natural de Darwin é a única explicação adequada não só para como a vida *evoluiu* mas também como *poderia* evoluir. Predecessores homenageados, sucessores desafiados: essas são as marcas registradas do discurso científico de Dawkins.

Ele desafia os sucessores e desafia também a si mesmo. "Darwinismo universal", escrito quase vinte anos antes, submete essa suposição audaciosa a um questionamento rigoroso por meio de um exame sistemático de seis teorias alternativas da evolução identificadas pelo grande biólogo evolucionário germano-americano Ernst Mayr. Em seguida, o texto vai além e prepara o palco para uma nova disciplina, a "exobiologia evolucionária". Uma ambição incansável em nome de uma convicção ardorosa não é coisa assim tão rara, e o rigor crítico tampouco é algo tão difícil de se ver. Sem dúvida, mais rara é a capacidade de aplicar esse rigor crítico aos seus próprios esforços em prol de sua convicção; e o evidente entusiasmo pela tarefa que aqui se evidencia talvez seja ainda mais raro. Sua recompensa? A inequívoca assertividade de um advogado confiante de que fez uma defesa impecável:

> O darwinismo [...] é a única força que conheço capaz, em princípio, de guiar a evolução na direção da complexidade adaptativa. Funciona neste planeta. Não apresenta nenhuma das desvantagens que enleiam as outras cinco classes de teoria, e não há razão para duvidar de que seja eficaz em todo o universo.

Quando Darwin estava elaborando sua teoria, o gene ainda não tinha sido identificado, obviamente, muito menos apontado como o sujeito da seleção natural. "Uma ecologia de replicadores", publicado pela primeira vez em uma coletânea em homenagem a Mayr, aborda o discurso da evolução no contexto dos debates do século xx sobre o nível no qual a seleção natural ocorre e argumenta com clareza exemplar em favor do gene por ser o único *replicador* no sistema. Significativamente, o cerne do artigo é a análise de uma aparente discordância (com o próprio Mayr) para identificar onde ela é real e onde é ilusória; o objetivo, como tantas vezes, é fazer uma *distinção* fundamental que aumente e refine a compreensão e revelar uma *base comum* fundamental sob uma disparidade de terminologia ou expressão.

Um motivo recorrente nesta seção é a insistência na inadmissibilidade da seleção de grupo, da noção de que o princípio darwiniano pode atuar no nível de uma família, tribo ou espécie. "Doze equívocos sobre a seleção de parentesco" é um tour de force nessa campanha, uma espécie de trabalho de cão pastor acadêmico, tangendo com paciência e eficiência as ovelhas — os afastamentos do caminho certo — até que todas retornem devidamente ao redil. Seria de esperar que esse texto, por ter sido escrito para uma revista especializada e com muito terreno a cobrir, fosse árido, insosso e impessoal. Nada disso. Sentenças como esta revelam o espírito irmão de Douglas Adams: "E assim hoje o etólogo sensível, de orelha no chão, detecta murmúrios de rosnados céticos, que ocasionalmente alteiam para ladridos presunçosos quando um dos triunfos iniciais da teoria depara com novos problemas". Quantos autores da banda esotérica da estante científica ousariam um voo desses? Igualmente característico é o comentário final, "Retratação", destinado a deixar claro que a explicação crítica precedente é motivada não por algum impulso de mostrar-se superior a outros, e sim pelo desejo de aumentar a compreensão geral. O progresso da ciência suplanta o triunfo do indivíduo, sempre.

G. S.

"Mais darwiniano do que Darwin": os papers Darwin-Wallace[*]

É da natureza das verdades científicas estar à espera de serem descobertas por quem quer que tenha capacidade para fazê-lo. Em ciência, se duas pessoas descobrirem algo independen-

[*] Em 1858, Charles Darwin surpreendeu-se ao receber um manuscrito, remetido dos então Estados Federados Malaios, escrito por um naturalista e colecionador sem renome, Alfred Russel Wallace. O texto de Wallace expunha, em todos os detalhes, a teoria da evolução pela seleção natural, a teoria que Darwin elaborara pela primeira vez vinte anos antes. Darwin não havia publicado sua teoria, por motivos debatidos, embora a tivesse redigido minuciosamente em 1844. A carta de Wallace mergulhou Darwin em um turbilhão de ansiedade. De início, ele pensou que deveria ceder a prioridade a Wallace. Mas seus amigos, o geólogo Charles Lyell e o botânico Joseph Hooker, dois políticos seniores da ciência britânica, convenceram-no a preferir um meio-termo. O paper de Wallace escrito em 1858 e dois papers anteriores de Darwin seriam lidos perante a Linnean Society em Londres e assim receberiam conjuntamente o crédito. Em 2001, a Linnean Society decidiu instalar uma placa nesse mesmo local para comemorar o evento histórico. Fui convidado a inaugurá-la, e esta é uma versão ligeiramente abreviada do discurso que fiz então. A ocasião teve um sabor de celebração. Foi um prazer conhecer vários membros das famílias Darwin e Wallace e, em alguns casos, apresentá-los uns aos outros.

temente, a verdade será a mesma. Ao contrário das obras de arte, as verdades científicas não mudam de natureza conforme os indivíduos que as descobrem. Isso é, ao mesmo tempo, uma glória e uma limitação. Se Shakespeare não tivesse existido, ninguém mais teria escrito *Macbeth*. Se Darwin não tivesse existido, outra pessoa teria descoberto a seleção natural. De fato, alguém a descobriu: Alfred Russel Wallace. E é por isso que estamos aqui hoje.

Em 1º de julho de 1858 foi apresentada ao mundo a teoria da evolução por seleção natural, certamente uma das ideias mais poderosas e abrangentes que já ocorreram a uma mente humana. Ela ocorreu não a uma, mas a duas mentes. Quero salientar que tanto Darwin como Wallace se distinguiram não só pela descoberta que fizeram independentemente mas também pela generosidade e compreensão com que resolveram a questão da prioridade na descoberta. Darwin e Wallace, a meu ver, simbolizam tanto o brilhantismo excepcional em ciência como o espírito da cooperação amigável que a ciência, no que ela tem de melhor, promove.

O filósofo Daniel Dennett escreveu: "Vou pôr as cartas na mesa. Se eu tivesse que dar um prêmio à melhor ideia que um ser humano já teve, eu o entregaria a Darwin, antes de Newton e Einstein e todos os demais". Já afirmei coisa parecida, embora não ousasse fazer a comparação explícita com Newton e Einstein. A ideia de que estamos falando é, obviamente, a evolução por seleção natural. Não só ela é a explicação quase universalmente aceita para a complexidade e elegância da vida mas também, desconfio, a única ideia que, em princípio, *poderia* permitir essa explicação.

No entanto, Darwin não foi a única pessoa a ter essa ideia. Quando o professor Dennett e eu fizemos esses comentários — com certeza no meu caso, e acho que Dennett concordaria —, estávamos usando o nome Darwin para representar "Darwin e Wallace". Isso, lamento, acontece com muita frequência com

Wallace. Em geral ele recebe pouco reconhecimento da posteridade, em parte devido à sua índole generosa. Foi o próprio Wallace quem cunhou a palavra "darwinismo", e ele costumava se referir à ideia como "a teoria de Darwin". A razão de hoje conhecermos mais o nome de Darwin que o de Wallace é que, um ano mais tarde, Darwin publicou *A origem das espécies*. Seu livro não só explicou e defendeu a teoria da seleção natural concebida por Darwin/ Wallace como o mecanismo da evolução mas também — e para isso foi preciso todo um livro — apresentou as variadas evidências do *fato* da evolução propriamente dita.

O drama da chegada da carta de Wallace à Down House em 17 de junho de 1858, com a agonia da indecisão e receio que provocou em Darwin, é por demais conhecido para que eu o reconte aqui. Na minha opinião, todo esse episódio é um dos mais louváveis e deleitosos da história das disputas por prioridade em ciência, até porque não foi uma disputa, embora pudesse muito bem ter sido. O caso foi resolvido amigavelmente, e com comovente generosidade de ambas as partes, sobretudo de Wallace. Como Darwin escreveu mais tarde em sua *Autobiografia*,

> No começo de 1856, Lyell aconselhou-me a redigir as minhas ideias com algum grau de detalhamento, e eu comecei a fazê-lo em uma escala três ou quatro vezes maior que a seguida depois em *A origem das espécies*; no entanto, tratava-se apenas de um resumo dos materiais que eu havia coletado, e concluí cerca de metade do trabalho naquela escala. Mas os meus planos foram lançados por terra, pois no começo do verão de 1858 o sr. Wallace, que na época se encontrava no arquipélago malaio, enviou-me um ensaio sobre a tendência das variedades a se afastarem indefinidamente do tipo original; e esse ensaio continha uma teoria idêntica à minha. O sr. Wallace pediu que, se eu tivesse uma boa opinião sobre seu ensaio, o mandasse a Lyell para exame.

As circunstâncias em que consenti, a pedido de Lyell e Hooker, que um excerto do meu manuscrito, assim como uma carta a Asa Gray datada de 5 de setembro de 1857, fosse publicado ao mesmo tempo que o ensaio de Wallace são descritas no *Journal of the Proceedings of the Linnean Society*, 1958, p. 45. De início relutei muito em consentir, pois achava que o sr. Wallace poderia considerar isso injustificável; na época eu desconhecia quão generosa e nobre era sua índole. O excerto de meu manuscrito e a carta a Asa Gray [...] não tinham sido redigidos tendo em vista a publicação e estavam mal escritos. Já o ensaio do sr. Wallace era enunciado admiravelmente, e muito claro. Não obstante, nossas produções conjuntas despertaram pouquíssima atenção, e a única nota publicada a respeito delas, pelo que eu me lembro, foi do professor Haughton, de Dublin, cujo veredicto foi que tudo o que era novo ali era falso, e tudo o que era verdadeiro era velho. Isso mostra o quanto é necessário que qualquer nova ideia seja explicada com considerável detalhamento para despertar a atenção do público.

Darwin foi modesto demais em relação aos seus dois textos. Ambos são modelos da arte de explicar. O paper de Wallace também é exposto com grande clareza. De fato, suas ideias eram notavelmente semelhantes às de Darwin, e não há dúvida de que Wallace chegou a elas por conta própria. Na minha opinião, é preciso ler o paper de Wallace junto com seu artigo anterior, publicado em 1855 nos *Annals and Magazine of Natural History*. Darwin leu esse texto por ocasião da publicação. Aliás, isso acarretou a entrada de Wallace no grande círculo de correspondentes de Darwin e o convite para ser coletor de espécimes. Porém, curiosamente, Darwin não viu no paper de 1855 nenhum alerta de que Wallace fosse, na época, um evolucionista convicto, de jaez acentuadamente darwiniano, isto é, cujas ideias contrastavam com a visão lamarckiana da evolução, segundo a qual todas as espécies modernas situavam-se em uma escada e se transformavam umas nas outras à medida que subiam degraus. Em contraste, em 1855 Wallace tinha uma visão clara da evolução como uma árvore que se ramifica, exatamente como no famoso diagrama de Darwin, que veio a ser a única ilustração em *A origem das espécies*. Contudo, o paper de 1855 não faz menção à seleção natural nem à luta pela existência.

Isso foi deixado para o paper que Wallace divulgou em 1858, aquele que atingiu Darwin como um raio. Nesse texto, Wallace chegou até a usar a expressão "luta pela existência". Ele dá atenção considerável ao aumento exponencial em números (outro argumento darwiniano fundamental). Wallace escreveu:

> A maior ou menor fecundidade de um animal frequentemente é considerada uma das principais causas de sua abundância ou escassez; no entanto, um exame dos fatos mostrará que ela tem pouca ou nenhuma influência na questão. Até o menos prolífico dos animais se multiplicaria rapidamente na ausência de obstáculos, enquanto é evidente que a população animal do mundo tem de estar estável ou até [...] em declínio.

Wallace deduziu então:

> Os números anuais dos que morrem devem ser imensos; e, como a existência individual de cada animal depende dele mesmo, os que morrem devem ser os mais fracos.

A dissertação de Wallace poderia ter saído do punho de Darwin:

> As poderosas garras das tribos do falcão e dos felinos não foram produzidas nem aumentadas por vontade desses animais; mas, entre as diferentes variedades que ocorreram nas formas mais antigas

e menos superiormente organizadas desses grupos, sempre sobreviveram por mais tempo aquelas que tinham mais facilidade para apanhar presas [...]. Até as cores peculiares de muitos animais, em especial insetos, que lembram tão bem o solo, as folhas ou os troncos onde de hábito residem, são explicadas pelo mesmo princípio; pois, embora no decorrer das eras possam ter ocorrido variedades de muitos matizes, as raças dotadas de cores mais bem-adaptadas para se esconder dos inimigos inevitavelmente sobreviveram por mais tempo. Também aqui temos uma causa atuante para explicar o equilíbrio tão frequentemente observado na natureza — uma deficiência em um conjunto de órgãos sempre é compensada por um desenvolvimento maior de alguns outros; asas potentes acompanham pés fracos, ou uma grande velocidade compensa a ausência de armas defensivas; pois já se mostrou que todas as variedades nas quais uma deficiência não compensada ocorreu não foram capazes de continuar a existir. A ação desse princípio é exatamente igual à do regulador centrífugo da máquina a vapor, que controla e corrige irregularidades quase antes de elas se evidenciarem.

A imagem do regulador da máquina a vapor é tão eloquente que, só posso imaginar, Darwin deve tê-la invejado.

Historiadores da ciência aventaram que a versão da seleção natural descrita por Wallace não era tão darwiniana quanto o próprio Darwin acreditava. Wallace usou a palavra "variedade" ou "raça" como o nível de entidade no qual a seleção natural atua. E alguns supuseram que Wallace, em contraste com Darwin, para quem claramente a seleção natural escolhia entre *indivíduos*, propôs o que os teóricos modernos menosprezam, com razão, como "seleção de grupo". Isso seria verdade se com o termo "variedades" Wallace quisesse dizer grupos ou raças de indivíduos separados geograficamente. De início, também fiquei em dúvida. Mas creio que uma leitura atenta dos textos de Wallace exclui essa possibilidade. Acredito que "variedade", para Wallace, era o que hoje chamaríamos de "tipo genético", e até o que um autor moderno poderia mencionar como um gene. Creio que, para Wallace, em seu paper, "variedade" significava não uma raça local de águias, por exemplo, e sim "aquele conjunto de águias individuais cujas garras eram hereditariamente mais afiadas que o usual".

Se eu estiver certo, esse mal-entendido é semelhante ao que houve no caso de Darwin, cujo uso da palavra "raça" no subtítulo de *A origem das espécies* às vezes é interpretado erroneamente como um raciocínio racialista. O subtítulo, ou melhor, título alternativo, é *A preservação de raças favorecidas na luta pela vida*. Mais uma vez, Darwin usou "raça" para designar "o conjunto de indivíduos que têm em comum uma determinada característica hereditária", por exemplo, garras afiadas, e *não* uma raça geograficamente distinta, como a gralha-cinzenta. Se Darwin tivesse em mente esta última acepção, também estaria incorrendo na falácia da seleção de grupo. A meu ver, isso não se aplica nem a ele nem a Wallace. E, da mesma forma, não creio que a concepção de Wallace da seleção natural fosse diferente da de Darwin.

Quanto à calúnia de que Darwin plagiou Wallace, é bobagem. São inequívocas as evidências de que Darwin pensou na seleção natural antes de Wallace, apesar de não ter logo de início publicado sua ideia. Temos seu resumo de 1842 e seu ensaio mais longo de 1844, que estabelecem claramente sua prioridade, junto com sua carta de 1857 a Asa Gray, que foi lida neste local no dia que estamos comemorando. O porquê de ele ter demorado tanto para publicar é um dos grandes mistérios da história da ciência. Alguns historiadores supõem que ele temia as implicações religiosas; outros, as políticas. Talvez ele fosse apenas um perfeccionista.

Quando chegou a carta de Wallace, Darwin ficou mais surpreso do que nós, modernos, poderíamos pensar que ele tinha o direito de ficar. Ele escreveu a Lyell: "Nunca vi uma coincidência mais espantosa; se Wallace tivesse visto o esboço do meu manuscrito, escrito em 1842, não poderia tê-lo resumido melhor. Até os termos dele poderiam ser títulos dos meus capítulos".

A coincidência estendia-se inclusive ao fato de Darwin e Wallace terem se inspirado em Robert Malthus na questão da população. Darwin relatou ter se inspirado de imediato na ênfase de Malthus na superpopulação e competição. Ele escreveu em sua autobiografia:

> Em outubro de 1838, ou seja, quinze meses depois de eu ter iniciado meu estudo sistemático, aconteceu-me de, para passar o tempo, ler Malthus sobre população e, estando bem preparado para compreender a luta pela existência que acontece em toda parte graças a contínuas observações dos hábitos de animais e plantas, ocorreu-me de pronto que, nessas circunstâncias, as variações favoráveis tenderiam a ser preservadas e as desfavoráveis, a ser destruídas. O resultado disso seria a formação de novas espécies. Eis que, finalmente, eu tinha uma teoria com a qual trabalhar.

A epifania de Wallace demorou mais depois de ele ter lido Malthus, porém, de certo modo, foi mais espetacular quando aconteceu... em seu cérebro superaquecido pela febre palustre na ilha de Ternate, no arquipélago das Molucas:

> Eu estava sofrendo um ataque agudo de febre intermitente, e todo dia, durante os acessos alternados de calor e frio, precisava ficar deitado por várias horas, durante as quais nada tinha para fazer exceto refletir sobre quaisquer assuntos que particularmente me interessassem [...].
>
> Um dia, algo me trouxe à lembrança o "Princípio da população" de Malthus. Pensei em sua clara exposição sobre os "obstáculos positivos ao aumento" — doenças, acidentes, guerra e fome —

que mantêm a população de raças selvagens tão menos numerosa em média que a de povos mais civilizados. Ocorreu-me então [...].

E Wallace prosseguiu em sua exposição admiravelmente clara sobre a seleção natural.

Há outros candidatos à prioridade, além de Darwin e Wallace. Não me refiro à ideia da evolução propriamente dita, é claro; ela tem numerosos precedentes, incluindo Erasmus Darwin. Mas, para a seleção natural, têm sido propostos dois outros vitorianos — defendidos com o mesmo ardor que os baconianos demonstram quando disputam a autoria de Shakespeare. São eles Patrick Matthew e Edward Blyth; e o próprio Darwin menciona outro, ainda mais antigo, W. C. Wells. Matthew reclamou que Darwin o desconsiderou, e Darwin, depois disso, mencionou-o em edições posteriores de *A origem das espécies*. A citação a seguir é da introdução à quinta edição:

> Em 1831 o sr. Patrick Matthew publicou seu trabalho sobre "Madeirame naval e arboricultura", no qual apresenta precisamente a mesma concepção sobre a origem das espécies que a [...] proposta pelo sr. Wallace e por mim no *Linnean Journal* e ampliada na presente edição. Infelizmente, a concepção foi exposta pelo sr. Matthew de maneira muito concisa, em passagens dispersas no apêndice de um texto sobre um assunto distinto e por isso permaneceu despercebida até que o próprio sr. Matthew chamasse a atenção para ela no *Gardener's Chronicle*.

Como no caso de Edward Blyth, defendido por Loren Eiseley, acho que não está nada claro que Matthew de fato tivesse entendido a importância da seleção natural. As evidências são compatíveis com a ideia de que esses supostos predecessores de Darwin e Wallace viam a seleção natural como uma força puramente negativa, que eliminava os inaptos em vez de fundamentar toda a evolução da vida (de fato, esse é um equívoco que tem pautado os esforços dos criacionistas modernos). Só posso supor que, se alguém realmente compreendesse que estava em posse de uma das ideias mais fabulosas que já ocorreram a uma mente humana, *não* a deixaria escondida em passagens esparsas no apêndice de uma monografia sobre madeirame naval. Tampouco escolheria depois o *Gardener's Chronicle* como o órgão no qual se encontraria sua prioridade. Quanto a Wallace, não há dúvida de que ele entendeu a enorme importância do que havia descoberto.

Darwin e Wallace não concordaram em tudo. Na velhice, Wallace foi um diletante do espiritualismo (Darwin, apesar de sua aparência venerável, não chegou a uma idade muito avançada) e, mesmo antes, duvidava que a seleção natural pudesse explicar as habilidades especiais da mente humana. No entanto, o conflito mais importante entre os dois dizia respeito à seleção sexual; até hoje ele tem ramificações, como Helena Cronin documentou em seu primoroso livro *A formiga e o pavão*. Wallace comentou numa ocasião: "Sou mais darwiniano que o próprio Darwin". Ele via a seleção natural como implacavelmente utilitária e não conseguia digerir a interpretação de Darwin sobre a influência da seleção sexual na cauda da ave-do-paraíso e outras colorações vivas semelhantes. Nem a digestão do próprio Darwin era invulnerável. Em suas palavras: "A visão de uma pena de cauda de pavão dá-me engulhos". Ainda assim, Darwin acabou por aceitar a seleção sexual e até adquiriu um verdadeiro entusiasmo por ela. O capricho estético de fêmeas ao escolherem machos bastava para explicar a cauda do pavão e extravagâncias afins. Wallace detestava isso. Não só ele mas também quase todo mundo na época exceto Darwin, às vezes por razões francamente misóginas. Citando Helena Cronin:

Várias autoridades foram além e salientaram a famigerada volubilidade das fêmeas. Segundo Mivart, "tamanha é a instabilidade de um perverso capricho feminino que nenhuma constância de coloração poderia ser produzida por sua ação seletiva". Geddes e Thomson tinham a sombria opinião misógina de que a permanência do gosto feminino "dificilmente seria comprovável na experiência humana".

Para Wallace, não por misoginia, o capricho feminino não podia ser uma explicação apropriada para a mudança evolucionária. E Cronin usa o nome de Wallace para toda uma vertente de pensamento que perdura até hoje. Os "wallaceanos" têm uma queda para explicações utilitaristas para a coloração viva, enquanto os "darwinianos" aceitam o capricho feminino como explicação. Os wallaceanos modernos aceitam que a cauda do pavão e órgãos vistosos semelhantes são anúncios para as fêmeas, mas querem que os machos anunciem qualidades genuínas. Um macho com penas de cores vivas na cauda está mostrando que é um macho de alta qualidade. Na visão darwiniana da seleção sexual, em contraste, a cauda vistosa é valorizada pelas fêmeas unicamente pela coloração viva e por mais nenhuma qualidade adicional. Elas gostam porque gostam, e ponto final. Fêmeas que escolhem machos atraentes têm filhos atraentes que agradam às fêmeas da geração seguinte. Os wallaceanos, mais austeramente, asseveram que a coloração tem de significar algo útil.

W. D. Hamilton, meu colega já falecido da Universidade de Oxford, foi um bom exemplo de wallaceano nesse sentido. Para ele, os ornamentos surgidos por seleção sexual eram distintivos de boa saúde, selecionados por sua capacidade de anunciar a saúde de um macho — tanto a boa como a má.

Um modo de expressar a ideia wallaceana de Hamilton é dizer que a seleção favorece as fêmeas que se tornam hábeis em diagnóstico veterinário. Ao mesmo tempo, a seleção favorece os machos que facilitam a tarefa delas, na prática, adquirindo o equivalente a termômetros e medidores de pressão arterial. A cauda longa de uma ave-do-paraíso, segundo Hamilton, é uma adaptação que facilita às fêmeas diagnosticar a saúde do macho, boa ou má. Um exemplo de bom diagnóstico geral é uma suscetibilidade à diarreia. Uma cauda longa suja trai uma saúde ruim. Uma cauda longa limpa, o oposto. Quanto mais comprida a cauda, mais inconfundível será o distintivo de saúde, seja ela boa ou ruim. Obviamente, essa honestidade beneficia o macho específico apenas quando sua saúde é boa. Mas Hamilton e outros neo-wallaceanos têm argumentos engenhosos* para mostrar que a seleção natural favorece distintivos honestos em geral, mesmo que, em casos específicos, a honestidade tenha consequências dolorosas. Os neo-wallaceanos acreditam que a seleção natural favorece caudas longas precisamente porque elas são um distintivo de saúde eficaz, tanto de boa saúde como (mais paradoxalmente, mas os modelos matemáticos da teoria se sustentam) de saúde ruim.

Os defensores da seleção sexual da escola darwiniana também têm seus campeões modernos. Alinhados com base nas ideias de R. A. Fisher da primeira metade do século XX, os selecionistas sexuais darwinianos modernos criaram modelos matemáticos mostrando que, também paradoxalmente, a seleção sexual governada pelo capricho feminino arbitrário pode desencadear um processo desenfreado no qual a cauda — ou outra característica sexualmente selecionada — se afasta com perigo de seu ótimo utilitarista. O essencial nessa família de teorias é aquilo que os geneti-

---

* Refiro-me aqui especialmente ao inteligente trabalho de Alan Grafen, que converteu para termos matemáticos argumentos qualitativos como os de Amotz Zahavi. Minha tentativa de explicar essas questões está na segunda edição de O gene egoísta, escrita para me redimir da zombaria injustificada com que tratei as ideias de Zahavi na primeira edição.

cistas modernos denominam "desequilíbrio de ligação". Quando as fêmeas escolhem por capricho machos de cauda longa, por exemplo, as crias de ambos os sexos herdam os genes caprichosos da mãe e os genes da cauda do pai. Não importa quanto o capricho seja arbitrário, a seleção conjunta sobre ambos os sexos pode levar (pelo menos se a teoria matemática for formulada de certa maneira) à evolução desenfreada de caudas mais longas e da preferência feminina por caudas mais longas. Por isso, o comprimento das caudas pode tornar-se absurdamente longo.

A elegante análise histórica de Cronin mostra que a oposição Darwin/Wallace no campo da seleção sexual persistiu até muito depois da morte dos protagonistas originais, adentrou o século xx e existe até hoje. É de especial interesse — e talvez tenha sido divertido para os dois cientistas — ver que as duas vertentes da teoria da seleção sexual, a darwiniana e a wallaceana, sobretudo em suas formas modernas, contêm um acentuado paradoxo. Ambas são capazes de predizer anúncios sexuais surpreendentes e até cômicos — que, de fato, vemos na natureza. O leque do pavão é apenas o exemplo mais famoso.

Afirmei que a ideia que ocorreu a Darwin e Wallace independentemente foi uma das mais monumentais, ou até a mais monumental já ocorrida a uma mente humana. Quero encerrar enfocando essa noção de um ângulo universal. As palavras iniciais do meu primeiro livro foram:

> A vida inteligente de um planeta atinge a maioridade no momento em que compreende pela primeira vez a razão de sua própria existência. Se criaturas superiores vindas do espaço um dia visitarem a Terra, a primeira pergunta que farão, de modo a avaliar o nível da nossa civilização, será: "Eles já descobriram a evolução?". Os seres vivos já existiam na Terra há mais de 3 bilhões de anos, sem ter a menor ideia do porquê, antes que finalmente a verdade ocorresse a um deles. O seu nome era Charles Darwin.

Teria sido mais justo, embora menos impressionante, dizer "por dois deles" e juntar o nome de Wallace ao de Darwin. Mas continuemos, mesmo assim, com a perspectiva universal.

Acredito que a teoria da evolução por seleção natural exposta por Darwin/Wallace é a explicação não só para a vida neste planeta, mas para a vida em geral. Predigo que, se for encontrada vida em outra parte do universo, por mais diferente que ela seja nos detalhes, terá um princípio importante em comum com a nossa forma de vida. Ela terá evoluído e sido guiada por um mecanismo em grande medida equivalente ao mecanismo da seleção natural revelado por Darwin/Wallace.

Sempre fico em dúvida quanto ao grau em que devo frisar a ideia a seguir.* A versão fraca, da qual tenho certeza absoluta, é que nunca foi proposta outra teoria viável além da seleção natural. A versão forte diz que nunca *poderia* ser proposta alguma outra teoria viável. Hoje eu me ateria à forma mais fraca. Ela ainda assim tem implicações impressionantes.

A seleção natural não só explica tudo o que sabemos sobre a vida mas o faz com poder, elegância e economia. É uma teoria com evidente *envergadura*, uma envergadura condizente com a magnitude do problema que se propõe a resolver.

Darwin e Wallace podem não ter sido os primeiros a vislumbrar a ideia, mas foram os primeiros a compreender toda a magnitude do problema e a correspondente magnitude da solução que ocorreu a ambos de maneira independente. Essa é a medida de sua envergadura como cientistas. A generosidade mútua com que eles decidiram a questão da prioridade é a medida de sua envergadura como seres humanos.

---

* Veja o próximo ensaio desta antologia, "Darwinismo universal".

Darwinismo universal*

Muitos acreditam, baseados em estatísticas, que a vida surgiu muitas vezes em todo o universo. Por mais que as formas de vida extraterrestres possam variar nos detalhes, provavelmente haverá certos princípios que são fundamentais a toda vida em todas as partes. Suponho que, entre eles, se destacam os princípios do darwinismo. A teoria da evolução por seleção natural proposta por Darwin é mais do que uma teoria local para explicar a existência e a forma da vida na Terra. Ela é decerto a única teoria que *pode* explicar adequadamente os fenômenos que associamos à vida.

Não vou me ocupar com detalhes de outros planetas. Nem especular sobre bioquímicas extraterrestres baseadas em cadeias de silício, ou sobre neurofisiologias alienígenas baseadas em chips de silício. A perspectiva universal é o meu modo de frisar a im-

---

* Em 1982, a Universidade de Cambridge, onde Charles Darwin estudou, organizou uma conferência para celebrar o centenário de sua morte. O texto a seguir é uma versão ligeiramente modificada do discurso que fiz na conferência, publicada como um capítulo no livro de atas, *Evolution from Molecules to Men*.

portância do darwinismo para a nossa biologia aqui da Terra, e meus exemplos serão extraídos principalmente da biologia terrestre. No entanto, também penso que os "exobiólogos" que especulam sobre a vida em outros planetas deveriam fazer mais uso do raciocínio evolucionário. Seus textos são ricos em conjecturas sobre como a vida extraterrestre poderia funcionar, mas pobres na discussão acerca de como ela poderia *evoluir*. Assim, este ensaio deve ser visto primeiro como um argumento em favor da importância geral da teoria da seleção natural proposta por Darwin e, segundo, como uma contribuição preliminar para uma nova disciplina, a "exobiologia evolucionária".

O que Ernst Mayr chamou de "crescimento do pensamento biológico" é, em grande medida, a história do triunfo do darwinismo sobre explicações alternativas da existência. Costuma-se dizer que a principal arma desse triunfo são as *evidências*. O que se aponta como um erro na teoria de Lamarck é que suas suposições são incorretas quando confrontadas com fatos. Nas palavras de Mayr, "aceitando-se as premissas, a teoria de Lamarck é uma teoria da adaptação tão legítima quanto a de Darwin. Infelizmente, suas premissas são inválidas". Creio, porém, que podemos afirmar algo mais contundente: *mesmo se aceitássemos as premissas*, a teoria de Lamarck *não* é uma teoria da adaptação tão legítima quanto a de Darwin, pois, diferentemente desta, ela é *em princípio* incapaz de fazer o trabalho que exigimos: explicar a evolução da complexidade organizada e adaptativa. A meu ver, isso vale para todas as teorias que já foram propostas para o mecanismo da evolução, exceto a seleção natural darwiniana, e neste caso o darwinismo se assenta sobre um pedestal mais seguro que o fornecido apenas pelos fatos.

Falei em teorias da evolução "fazerem o trabalho que exigimos" delas. A questão toda consiste em qual é esse trabalho. A resposta pode ser diferente para pessoas diferentes. Alguns biólogos, por exemplo, empolgam-se com o "problema das espécies", enquanto eu nunca me entusiasmei a ponto de achar que esse é o "mistério dos mistérios". Para alguns, o principal ponto que qualquer teoria da evolução precisa explicar é a diversidade da vida: a cladogênese. Outros podem demandar de sua teoria uma explicação sobre as mudanças observadas na constituição molecular do genoma.

Concordo com John Maynard Smith quando diz que "a principal tarefa de qualquer teoria da evolução é explicar a complexidade adaptativa, ou seja, explicar o mesmo conjunto de fatos que o teólogo setecentista William Paley usava como evidências de um Criador". Acho que pessoas como eu poderiam ser chamadas de neopaleyistas, ou, talvez, "paleyistas transformados". Concordamos com Paley quando ele diz que a complexidade adaptativa exige um tipo de explicação muito especial: ou um Criador, como Paley ensinava, ou algo tão natural quanto a seleção natural que faz o trabalho de criadora.* De fato, a complexi-

---

* Surpreendo-me quando às vezes encontro biólogos que parecem não enxergar a força dessa ideia. Por exemplo, o grande geneticista japonês Motoo Kimura foi o principal arquiteto da teoria neutra da evolução. Ele provavelmente acertou quando disse que a maioria das mudanças na frequência de genes em populações (ou seja, mudanças evolucionárias) não é causada por seleção natural, e sim é neutra: novas mutações acabam por dominar a população não por serem vantajosas, mas devido a uma deriva aleatória. A introdução de seu grande livro *The Neutral Theory of Molecular Evolution* [A teoria neutra da evolução molecular] faz a concessão de que "a teoria não nega o papel da seleção natural na determinação do curso da evolução adaptativa". Porém, segundo John Maynard Smith, Kimura relutou emocionalmente em fazer até mesmo essa pequena concessão — tanto que não suportou escrevê-la pessoalmente e pediu a seu colega americano James Crow que redigisse essa única sentença para ele! Kimura, e alguns outros entusiastas da teoria neutra, parece não entender a importância da quase perfeição funcional da adaptação biológica. É como se nunca tivessem visto um bicho-pau, um albatroz voando ou uma teia de aranha. Para eles, a ilusão do design é um acréscimo trivial e bastante dúbio, enquanto para mim e para os naturalistas com quem aprendi (incluindo o próprio Darwin) a perfeição complexa do design biológico é justamente o cerne e a base das ciências da vida. Para nós, as mudanças evolucionárias

dade adaptativa provavelmente é o melhor diagnóstico para a presença da própria vida.

A COMPLEXIDADE ADAPTATIVA COMO CARACTERÍSTICA DIAGNOSTICADORA DE VIDA

Se você encontrar alguma coisa, em qualquer parte do universo, cuja estrutura é complexa e dá uma forte impressão de ter sido projetada para um propósito, então ou essa coisa está viva, ou já foi viva, ou é um artefato criado por alguma coisa viva. É justo incluir fósseis e artefatos, pois sua descoberta em qualquer planeta certamente seria aceita como evidência de vida.

A complexidade é um conceito estatístico. Uma coisa complexa é estatisticamente improvável, algo com uma probabilidade a priori de surgir muito baixa. O número de possíveis modos de arranjar 10^{27} átomos de um corpo humano é inconcebivelmente grande, sem dúvida. Desses modos possíveis, apenas alguns seriam reconhecidos como um corpo humano. Mas isso, em si, não prova nada. Qualquer configuração existente de átomos é única a posteriori, tão improvável, quando analisada depois de pronta, quanto qualquer outra. Acontece que, de todos os modos possíveis de arranjar aqueles 10^{27} átomos, apenas uma ínfima minoria constituiria qualquer coisa remotamente parecida com uma máquina que funciona para manter-se em existência e para reproduzir seu tipo. Seres vivos não são apenas estatisticamente improváveis no sentido trivial do exame

---

que interessavam a Kimura equivalem a reescrever um texto usando uma fonte diferente. Para nós, o que importa não é se o texto está escrito em Times New Roman ou Helvetica. O que importa é o que as palavras significam. Kimura provavelmente está certo quando diz que apenas uma minoria de mudanças evolucionárias é adaptativa. Mas, façam-me um favor, é a minoria que *importa*!

a posteriori; sua improbabilidade estatística é limitada pelas restrições a priori de sua estrutura. Eles são *adaptativamente* complexos. O termo "adaptacionista" foi cunhado como uma designação pejorativa para referir-se a quem supõe, nas palavras de Richard Lewontin, "sem prova adicional, que todos os aspectos da morfologia, fisiologia e comportamento de organismos são soluções adaptativas ótimas para problemas". Respondi em outro texto a essa caracterização; aqui serei um adaptacionista no sentido muito mais fraco de que apenas me *ocuparei* daqueles aspectos da morfologia, fisiologia e comportamento de organismos que são sem dúvida soluções adaptativas para problemas. Do mesmo modo, um zoólogo pode especializar-se em vertebrados sem negar a existência de invertebrados. Eu me ocuparei de adaptações inquestionáveis porque as defini como minha característica de trabalho para diagnosticar toda vida, em qualquer parte do universo, do mesmo modo como o zoólogo especialista em vertebrados poderia ocupar-se de colunas vertebrais como a característica diagnosticadora de todos os vertebrados. De quando em quando, precisarei de um exemplo de adaptação inquestionável, e o tão citado olho servirá a esse propósito tão bem quanto sempre — como, de fato, serviu ao próprio Darwin e também a Paley: "No que diz respeito ao exame do instrumento, a prova de que o olho foi feito para a visão é precisamente a mesma prova de que o telescópio foi feito para auxiliá-la. Ambos são feitos segundo o mesmo princípio; ambos são ajustados às leis pelas quais a transmissão e refração de raios luminosos são regulados".

Se um instrumento semelhante fosse encontrado em outro planeta, caberia alguma explicação. Ou existe um Deus, ou, se vamos explicar o universo em termos de forças físicas cegas, essas forças físicas cegas terão de ser mobilizadas de um modo muito singular. O mesmo não vale para objetos não vivos, como o próprio Paley admitiu.

Um pedregulho transparente, polido pelo mar, poderia funcionar como uma lente que enfoca uma imagem real. O fato de ele ser um dispositivo óptico ótimo não é particularmente interessante porque, diferentemente de um olho ou um telescópio, ele é demasiado simples. Não sentimos a necessidade de invocar nada remotamente parecido com o conceito de design.* O olho e o telescópio possuem muitas partes, todas coadaptadas e funcionando juntas para promover o mesmo fim funcional. O pedregulho polido possui muito menos características coadaptadas: a coincidência da transparência, alto índice de refração e forças mecânicas que poliram a superfície em um formato curvo. As probabilidades contra a ocorrência dessa tripla coincidência não são particularmente grandes. Não se faz necessária nenhuma explicação especial.

Compare como um estatístico decide qual valor P** ele aceitará como evidência de um efeito em um experimento. Saber exa-

---

* Nesse contexto, o termo "design" está sendo usado no sentido de projeto concebido em função de sua forma física e funcionalidade. (N. T.)

** Experimentos científicos, especialmente em ciências biológicas, combatem continuamente a suspeita de que o resultado obtido possa ter sido apenas sorte. Digamos que cem pacientes recebem um medicamento experimental e são comparados com outros cem pacientes para quem foi dado um comprimido simulado, para efeito de "controle", que tem a mesma aparência, mas não possui o ingrediente ativo. Se noventa dos pacientes experimentais apresentam melhora mas isso ocorre com apenas vinte dos pacientes de controle, como saber se foi o medicamento o responsável por isso? Poderia ter sido apenas sorte? Existem testes estatísticos para computar a probabilidade de que, se a droga de fato não tivesse produzido efeito nenhum, seria possível ter obtido o resultado que se obteve (ou outro ainda "melhor") por sorte. O "valor P" é essa probabilidade, e, quanto mais baixo ele for, menor é a probabilidade de que o resultado tenha sido fruto da sorte. Resultados com valor P de 1% ou menos costumam ser aceitos como evidência, mas esse ponto de corte é arbitrário. Valores P de 5% podem ser aceitos como sugestivos. Para resultados que parecem muito surpreendentes, por exemplo, uma aparente demonstração de comunicação telepática, seria exigido um valor P muito mais baixo do que 1%.

tamente quando uma coincidência se torna grande demais para digerir é uma questão de julgamento e debate, e quase de gosto. Porém, não importa se você é um estatístico cauteloso ou ousado, existem algumas adaptações complexas cujo "valor P", cuja classificação como coincidência, é tão impressionante que ninguém hesitaria em diagnosticar que se trata de vida (ou de um artefato projetado por um ser vivo). Assim, minha definição de complexidade viva é: "A complexidade que é grande demais para ter surgido por coincidência". Para os propósitos deste ensaio, o problema que qualquer teoria da evolução tem de resolver é como surgiu a complexidade adaptativa viva.

Em seu livro *O desenvolvimento do pensamento biológico*, de 1982, Ernst Mayr faz uma lista útil do que ele considera as seis teorias claramente distintas da evolução que já foram propostas na história da biologia. Usarei essa lista nos principais cabeçalhos deste ensaio. Para cada uma das seis, em vez de perguntar quais são as evidências, a favor ou contra, perguntarei se a teoria é capaz, *em princípio*, de fazer o trabalho de explicar a existência da complexidade adaptativa. Abordarei cada teoria na ordem e concluirei que apenas a teoria 6, a da seleção darwiniana, está à altura da tarefa.

Teoria 1. Capacidade intrínseca, ou impulso, para uma perfeição crescente

Para a mente moderna, essa não é de fato uma teoria, e nem vou me dar ao trabalho de discuti-la. Ela é obviamente mística e não explica coisa alguma que já não pressuponha.

Teoria 2. Uso e desuso mais herança de características adquiridas

Essa é a teoria lamarckiana. Convém examiná-la em duas partes.

USO E DESUSO

É um fato observado que, neste planeta, corpos vivos às vezes se tornam mais bem-adaptados em consequência do uso. Músculos que são exercitados tendem a crescer. Pescoços que se esticam com avidez na direção da copa das árvores podem alongar-se em todas as suas partes. Pode-se então conceber que, se em algum planeta essas melhoras adquiridas puderem ser incorporadas às informações hereditárias, a evolução adaptativa é um resultado possível. Essa é a teoria que se costuma associar a Lamarck, apesar de ele ter dito mais do que isso. Francis Crick afirmou em 1982: "Pelo que eu saiba, ninguém apresentou razões teóricas *gerais* para que um mecanismo como esse tenha de ser menos eficiente do que a seleção natural". Nesta seção e na próxima mencionarei duas objeções teóricas gerais ao lamarckismo exatamente do tipo que eu gosto de supor que Crick esteja procurando. Primeiro, as deficiências do princípio do uso e desuso.

O problema é que a adaptação possível de se obter mediante o princípio do uso e desuso é rudimentar e imprecisa. Considere as melhoras evolucionárias que devem ter ocorrido durante a evolução de um órgão como um olho e pergunte qual delas poderia, concebivelmente, ter surgido graças ao uso e desuso. Será que o "uso" aumenta a transparência de um cristalino? Não, fótons não limpam o cristalino quando passam por ele. O cristalino e outras partes ópticas têm de ter reduzido, ao longo do tempo evolucionário, sua aberração esférica e cromática; isso poderia ter ocorrido graças a um uso mais intenso? Decerto que não. Exercícios podem ter fortalecido os músculos da íris, mas não seriam capazes de construir o refinado sistema de controle por feedback que governa esses músculos. O mero bombardeio de uma retina com luz colorida não pode fazer surgir cones sensíveis a cor nem conectar os dados que eles enviam de modo a permitir a visão em cores.

Os tipos de teoria darwiniana obviamente não têm problemas para explicar todos esses aperfeiçoamentos. Qualquer aperfeiçoamento na acuidade visual poderia afetar significativamente a sobrevivência. Qualquer redução minúscula na aberração esférica pode salvar uma ave veloz de avaliar mal a posição de um obstáculo durante o voo. Qualquer melhora minúscula na resolução de detalhes sutis de cor em um olho poderia melhorar em um grau crucial a sua detecção de presas camufladas. A base genética de qualquer aperfeiçoamento, por menor que seja, acabará por predominar no reservatório gênico. A relação entre seleção e adaptação é direta e estreita. Por outro lado, a teoria lamarckiana baseia-se em um tipo de associação muito menos rudimentar: a regra de que, quanto mais um animal usa determinada parte de si mesmo, maior essa parte tem de ser. Essa regra poderia ter alguma validade, mas não como uma regra geral, e, como escultora da adaptação, é um cinzel rombudo em comparação com os cinzéis refinados da seleção natural. Esse argumento é universal. Não depende de fatos detalhados sobre a vida neste planeta específico. O mesmo vale para as concepções equivocadas a respeito da herança de características adquiridas.

HERANÇA DE CARACTERÍSTICAS ADQUIRIDAS

O primeiro problema aqui é que características adquiridas nem sempre são aperfeiçoamentos. Não há razão para que tenham de ser, e, na verdade, a maioria delas é de lesões. Esse não é apenas um fato da vida na Terra. Ele tem um fundamento lógico universal. Se tivermos um sistema complexo e razoavelmente bem-adaptado, o número de coisas possíveis de serem feitas para piorar seu desempenho é muito maior do que o número de coisas possíveis de serem feitas para aperfeiçoá-lo. A evolução lamarckiana somente seguirá direções adaptativas se existir algum mecanismo — presumivelmente a seleção — para distinguir as características adquiridas que são aperfeiçoamentos das que não o são. Apenas os aperfeiçoamentos devem ser impressos na linha germinal.

Embora não se referisse ao lamarckismo, Konrad Lorenz ressaltou um argumento afim para o caso do comportamento aprendido, que talvez seja o tipo mais importante de adaptação adquirida. Um animal aprende a ser um animal melhor no decorrer de sua vida. Aprende a comer alimentos doces, por exemplo, e com isso aumenta suas chances de sobrevivência.* No entanto, não existe nada inerentemente nutritivo em um gosto por doces. Alguma coisa, digamos a seleção natural, há de ter inserido no sistema nervoso a seguinte regra arbitrária: "Trate o gosto doce como uma recompensa", e isso funciona porque, diferentemente do açúcar, a sacarina não ocorre na natureza.

Esse princípio também vale para características morfológicas. Pés que são sujeitos a desgaste tornam-se mais rijos, e sua pele engrossa. O espessamento da pele é uma adaptação adquirida, porém a razão de a mudança seguir nessa direção não é óbvia. Em máquinas feitas pelo homem, as partes suscetíveis de desgaste tornam-se mais finas em vez de engrossar, por motivos óbvios. Por que a pele dos pés faz o oposto? Porque a seleção natural atuou no passado para assegurar uma resposta adaptativa ao desgaste, e não o contrário.

A importância dessa noção para a suposta evolução lamarckiana está no fato de que tem de existir um alicerce darwiniano profundo, mesmo que haja uma estrutura lamarckiana superficial:

---

* Na vida selvagem, é claro, onde não existe açúcar refinado — exceto no raro e custoso caso em que se consegue acesso ao mel. Na verdade, o gosto por doces foi uma escolha de exemplo infeliz porque, em nosso mundo domesticado, o gosto por açúcar não aumenta nossas chances de sobrevivência.

uma escolha darwiniana de quais características potencialmente adquiríveis serão de fato adquiridas e herdadas. Os mecanismos lamarckianos não podem ser fundamentalmente responsáveis pela evolução adaptativa. Mesmo que características adquiridas sejam herdadas em algum planeta, a evolução por lá ainda depende de um guia darwiniano para sua direção adaptativa.

Teoria 3. Indução direta pelo ambiente

A adaptação, como vimos, é um ajustamento entre organismo e ambiente. O conjunto de organismos concebíveis é maior do que o conjunto real. E existe um conjunto de ambientes concebíveis maior do que o conjunto real. Esses dois subconjuntos correspondem um ao outro em algum grau, e a correspondência é adaptação. Podemos reformular esse argumento dizendo que informações do ambiente estão presentes no organismo. Em alguns casos, isso é vividamente literal: uma rã leva a imagem de seu ambiente nas costas. Essas informações costumam estar contidas em um animal no sentido menos literal de que um observador treinado, ao dissecar um novo espécime, pode reconstituir muitos detalhes de seu ambiente natural.*

Como, então, as informações podem passar do ambiente para o animal? Lorenz afirma que há dois modos, a seleção natural e o aprendizado por reforço, mas que ambos são processos *seletivos* no sentido amplo.** Teoricamente, existe um método alternativo para o ambiente imprimir suas informações no organismo: por "instrução" direta. Algumas teorias sobre o funcionamento do sistema imune são "instrutivas": moléculas de anticorpos su-

---

* Tentei, mais tarde, tornar essa ideia mais vívida usando a frase "livro genético dos mortos", mencionada em vários outros ensaios desta antologia.

** O psicólogo B. F. Skinner fez questão de ressaltar esse mesmo argumento.

postamente adquirem sua forma de maneira direta, moldando a si mesmas ao redor de moléculas de antígeno. A teoria preferida hoje em dia, em contraste, é seletiva. Considero "instrução" sinônimo da "indução direta pelo ambiente" da teoria 3 de Mayr. Nem sempre ela é muito distinta da teoria 2.

Instrução é o processo pelo qual informações passam diretamente do ambiente para um animal. Seria possível tratar como instrutivos o aprendizado por imitação, o aprendizado latente e a impressão, mas, tendo em vista a clareza, é mais seguro usar um exemplo hipotético. Pense em um animal, em algum planeta, que seja capaz de camuflar-se graças a listras semelhantes às do tigre. Ele vive no meio do "capim" longo e seco, e suas listras correspondem acentuadamente, em espessura e espaçamento, às folhas de capim típicas. Em nosso planeta, essa adaptação surgiria graças à seleção de variação genética aleatória; no planeta imaginário, ela surge graças à instrução direta. Os animais tornam-se marrons, exceto nas partes em que sua pele é protegida do "sol" pela sombra de folhas de capim. Portanto, suas listras são adaptadas com grande precisão, não apenas a um habitat qualquer, mas àquele habitat exato no qual eles tomaram sol, o qual é o mesmo habitat onde eles terão de sobreviver. As populações locais são automaticamente camufladas em meio ao capim local. Informações sobre o habitat, neste caso sobre os padrões de espaçamento das folhas de capim, passaram para os animais e são incorporadas ao padrão de espaçamento da pigmentação de sua pele.

A adaptação instrutiva requer a herança de características adquiridas para ensejar mudança evolucionária permanente ou progressiva. "Instruções" recebidas em uma geração precisam ser "lembradas" nas informações genéticas (ou equivalentes). Esse processo é, em princípio, cumulativo e progressivo. No entanto, para que o depósito genético não fique superlotado pelos acúmulos de gerações, tem de existir algum mecanismo para descartar "instruções" indesejáveis e conservar as desejáveis. Desconfio que isso tem de nos levar, mais uma vez, à necessidade de algum tipo de processo seletivo.

Imagine, por exemplo, uma forma de vida semelhante aos mamíferos dotada de um forte "nervo umbilical" que permita que a mãe "despeje" todo o conteúdo de sua memória no cérebro do feto. Essa tecnologia está disponível até para o nosso sistema nervoso: o corpo caloso pode passar grandes quantidades de informação do hemisfério direito para o esquerdo. Um nervo umbilical poderia tornar a experiência e os conhecimentos de cada geração automaticamente disponíveis para a geração seguinte, e isso poderia parecer muito desejável. Contudo, sem um filtro seletivo, poucas gerações bastariam para que a carga de informações assumisse um volume inviável. Mais uma vez, deparamos com a necessidade de uma base seletiva. Deixarei isso de lado agora e mencionarei mais uma noção sobre a adaptação instrutiva (que se aplica igualmente a todos os tipos de teoria lamarckiana).

Refiro-me à noção de que existe uma ligação lógica entre as duas principais teorias da adaptação evolutiva — seleção e instrução — e as duas principais teorias do desenvolvimento embriônico — epigênese e pré-formacionismo.* A evolução instrutiva só

---

* Durante minha conferência em Cambridge, não houve tempo para definir essas duas concepções históricas sobre como a embriologia poderia funcionar; além do mais, o público que estava em Cambridge celebrando Darwin não necessitaria da definição. Os pré-formacionistas supõem que cada geração contém a forma da geração seguinte, seja literalmente (um corpo em miniatura enrolado no espermatozoide ou óvulo), seja em forma codificada, como uma espécie de planta de edificação. Epigênese significa que cada geração contém instruções para construir a geração seguinte, não como uma planta de edificação, mas como algo semelhante a uma receita ou um programa de computador. Poderíamos imaginar um planeta onde a embriologia fosse pré-formacionista, como descrito a seguir. O corpo de um genitor é escaneado, fatia por fatia, para coligir instruções transferidas para algum tipo de impressora 3-D, que então "imprime"

pode funcionar se a embriologia for pré-formacionista. Se a embriologia for epigenética, como em nosso planeta, a evolução instrutiva não pode funcionar.

Em poucas palavras, se as características adquiridas tiverem de ser herdadas, os processos embriônicos têm de ser reversíveis: a mudança fenotípica tem de ser lida retroativamente até chegar aos genes (ou equivalente). Se a embriologia for pré-formacionista — se os genes forem como uma planta de edificação —, então ela pode de fato ser reversível. Podemos traduzir uma casa novamente para a planta a partir da qual ela foi construída. Porém, se o desenvolvimento embriônico for epigenético e se, como neste planeta, as informações genéticas forem mais como uma receita de bolo do que como a planta de edificação de uma casa, ele é irreversível. Não existe um mapeamento biunívoco entre pedacinhos do genoma e pedacinhos do fenótipo, assim como não existe mapeamento entre as migalhas do bolo e as palavras da receita. A receita não é uma planta de edificação que pode ser reconstituí-

---

a cria, uma cópia do corpo do genitor; essa cópia, então, se necessário, "infla" até o tamanho completo. Não é assim que a embriologia funciona em nosso planeta, mas é como a embriologia teria de funcionar para o hipotético ser extraterrestre de listras tigradas. Nosso tipo de embriologia, neste planeta, é epigenética; o DNA não é uma planta de edificação, ao contrário do que diz a maioria dos livros didáticos de biologia. Ele é uma série de instruções, como um programa de computador, ou uma receita ou uma sequência de dobras como as dos origamis, que, quando seguida, produz um corpo. Embriologias baseadas em plantas de edificação, se existissem, seriam reversíveis, do mesmo modo como é possível reconstituir as plantas de edificação originais tirando as medidas de uma casa. Em nenhum senso o corpo do genitor é copiado para produzir a cria. Em vez disso, os genes que produziram o corpo do genitor são copiados (metade deles, junto com metade vinda do outro genitor) e transmitidos como instruções para produzir o corpo da geração seguinte, e como instruções não adulteradas a serem transmitidas para a geração de netos. Corpos não geram corpos. DNA gera corpos, e DNA gera DNA.

161

da a partir do bolo. A transformação de receita em bolo não pode ser submetida a um processo reverso, e o processo de construir um corpo também não. Portanto, adaptações adquiridas não podem ser lidas de modo reverso até chegarmos aos "genes" em nenhum planeta onde a embriologia for epigenética.

Isso não quer dizer que não poderia existir, em outro planeta, uma forma de vida cuja embriologia fosse pré-formacionista. Essa é uma questão à parte. Qual é a probabilidade de que isso seja verdade? A forma de vida teria de ser muito diferente da nossa, a tal ponto que é difícil visualizar como ela poderia funcionar. Quanto à embriologia reversa em si, ela é ainda mais difícil de visualizar. Algum mecanismo teria de escanear a fundo a forma do corpo adulto, anotando em pormenores, por exemplo, a localização exata de pigmentos marrons em uma pele listrada pelo sol, talvez convertendo as informações em uma série linear de números codificados, como em uma câmera de televisão. O desenvolvimento embriônico leria mais uma vez os dados escaneados, como um receptor de televisão. Tenho um pressentimento intuitivo de que existe uma objeção a esse tipo de biologia, mas não consigo, no momento, formulá-la com clareza.* Só estou dizendo aqui que, se os planetas fossem divididos entre aqueles onde a embriologia é pré-formacionista e aqueles, como a Terra, onde a embriologia é epigenética, a evolução darwiniana poderia sustentar-se nos dois tipos de planeta, ao passo que a evolução lamarckiana, mesmo se não houvesse outras razões para duvidar de sua exis-

---

* Hoje eu faria uma tentativa de formular essa objeção. Para começar, esse tipo de biologia seria vulnerável ao já mencionado problema do desgaste. Uma "varredura" do corpo do genitor reproduziria fielmente cada cicatriz, membro fraturado e pele lacerada, juntamente com aquisições "boas" como solas dos pés engrossadas e sabedoria aprendida. Haveria mais uma vez a necessidade de uma escolha seletiva de "boas" aquisições de preferência a cicatrizes e afins. E o que poderia atuar como "seletor" a não ser alguma versão do que Darwin propôs?

tência, só poderia se sustentar nos planetas pré-formacionistas — se existir algum.

Teoria 4. *Saltacionismo*

A grande virtude da ideia da evolução está no fato de ela explicar, com base em forças físicas cegas, sem precisar recorrer ao sobrenatural ou ao misticismo, a existência de adaptações inquestionáveis cuja improbabilidade estatística funcionalmente dirigida é enorme. Uma vez que *definimos* uma adaptação inquestionável como uma adaptação que é complexa demais para ter surgido por acaso, como é possível uma teoria invocar apenas forças cegas como explicação? A resposta — a resposta de Darwin — é de uma simplicidade espantosa quando consideramos o quanto o Relojoeiro Divino de Paley deve ter parecido óbvio para os contemporâneos dele. A resposta é que as partes coadaptadas não precisam ser montadas todas *simultaneamente*, e sim reunidas em pequenas etapas. É preciso, porém, que sejam etapas realmente *pequenas*. Do contrário, voltaremos ao problema inicial: a criação fortuita de uma complexidade tão grande que não pode ter sido criada por acaso!

Tomemos novamente o olho como exemplo de um órgão que contém um número grande — N, digamos — de partes independentes coadaptadas. A probabilidade a priori de qualquer uma dessas N características surgir por acaso é baixa, mas não inacreditavelmente baixa. Ela é comparável à chance de um pedregulho cristalino ser desgastado pelo mar até poder servir como uma lente curva. Qualquer adaptação, sozinha, poderia plausivelmente ter surgido graças a forças físicas cegas. Se cada uma das N características coadaptadas conferir por si mesma alguma ligeira vantagem, será possível que todo órgão formado de muitas partes seja montado no decorrer de um longo período de tempo. Isso é particularmente plausível para o olho — uma ironia, considerando o nicho de honra desse órgão no panteão criacionista. O olho é, por excelência, um caso no qual uma fração de órgão é melhor do que órgão nenhum; um olho sem cristalino e até sem pupila, por exemplo, ainda assim poderia detectar a sombra de um predador que se aproxima.

Repetindo: a chave da explicação darwiniana para a complexidade adaptativa é a substituição de um golpe de sorte instantâneo, coincidente e multidimensional por golpes de sorte graduais, esparsos e ocorridos em minúsculas etapas. A sorte está envolvida, sem dúvida, mas uma teoria que reúne a sorte em grandes etapas é mais inacreditável do que uma teoria que dispersa a sorte em etapas pequenas. Isso leva ao seguinte princípio geral da biologia universal: onde quer que seja encontrada complexidade adaptativa no universo, ela terá surgido gradualmente graças a uma série de pequenas alterações, e nunca por meio de incrementos grandes e súbitos na complexidade adaptativa.* Temos de rejeitar a quarta teoria de Mayr, o saltacionismo, como candidata a explicar a evolução da complexidade.

É quase impossível contestar essa rejeição. Na definição de complexidade adaptativa está implícito que a única alternativa à evolução gradualista é a magia sobrenatural. Isso não quer dizer que o argumento em favor do gradualismo seja uma tautologia sem valor, um dogma irrefutável do tipo que costuma alvoroçar criacionistas e filósofos. Não é *logicamente* impossível que um

---

* Usei mais tarde a metáfora da "escalada do monte Improvável" no livro com esse título. Uma peça complexa de uma máquina bem projetada, como um olho, situa-se em um pico do monte Improvável. De um lado da montanha está um precipício abrupto, impossível de ser escalado com apenas um salto — saltação. Mas do outro lado da montanha a encosta é suave, fácil de escalar simplesmente pondo-se um pé diante de outro.

olho completamente formado surja do zero em pura pele virgem. Só que essa possibilidade é estatisticamente ínfima.

No entanto, recentemente tem sido muito divulgada a afirmação de que alguns evolucionistas modernos rejeitam o "gradualismo" e defendem o que John Turner chamou irreverentemente de "teorias da evolução aos trancos". Como se trata de pessoas razoáveis sem propensões para o misticismo, eles devem ser gradualistas no sentido em que estou usando esse termo aqui: o "gradualismo" a que eles se opõem deve ser definido de modo diferente. Na verdade, temos aqui duas confusões de linguagem, e pretendo esclarecê-las uma por vez. A primeira é a confusão comum entre o "equilíbrio pontuado" e o verdadeiro saltacionismo.*

---

* O equilíbrio pontuado, que por algum tempo foi tão familiar que ganhou uma abreviatura carinhosa, "*punk eek*", foi uma teoria proposta pelos renomados paleontólogos Niles Eldredge e Stephen Jay Gould para explicar os aparentes saltos no registro fóssil. Infelizmente, em parte favorecida pela retórica persuasiva mas desnorteadora de Gould, a frase acabou, mais tarde, por confundir três tipos totalmente distintos de salto: primeiro, macromutações ou saltações (mutações de grande efeito, produzindo, em casos extremos, "monstruosidades" ou "monstros promissores"); segundo, extinções em massa (como o desaparecimento súbito dos dinossauros, que deixaram o palco livre para os mamíferos); e terceiro (o sentido pretendido por Eldredge e Gould como sua contribuição original), o *gradualismo rápido*. Eldredge e Gould, junto com outros paleontólogos, supuseram, plausivelmente, que a evolução permanece parada (estase) por longos períodos pontuados por arrancos rápidos chamados "eventos de especiação". Com base nessa ideia, eles apresentaram a teoria da "especiação alopátrica".

Especiação alopátrica significa a divisão de uma espécie em duas devido a uma separação geográfica inicial — por exemplo, em ilhas ou em lados opostos de um rio ou de uma cordilheira. Enquanto ficam separadas, as duas populações têm a oportunidade de evoluir diferenciando-se uma da outra; quando tornam a encontrar-se depois de um período de tempo muito prolongado, não podem mais cruzar entre si e produzir descendentes férteis, sendo, portanto, definidas como espécies distintas. Quando uma subpopulação é separada da população do continente em uma ilha próxima da costa, a mudança evolucionária sob as condições na ilha pode ser tão rápida que uma nova espécie surge quase instanta-

A segunda é uma confusão entre dois tipos teoricamente distintos de saltação.

Equilíbrio pontuado não é macromutação, tampouco saltação no sentido tradicional do termo. No entanto, é necessário falarmos sobre essa noção aqui, pois é popularmente vista como uma teoria da saltação, e seus defensores citam a crítica de Huxley a Darwin por crer no princípio *Natura non facit saltum*.* A teoria

---

neamente pelos padrões pachorrentos do tempo geológico. Uma "ilha" como a mencionada em "O conto da tartaruga-gigante" (pp. 405-10) não precisa ser terra cercada por água. Para um peixe, um lago é uma ilha. Para uma marmota alpina, um pico alto é uma ilha. Mas, tendo em vista facilitar a ilustração, continuarei a supor terra cercada por água.

Quando membros da espécie insular migram de volta para o continente, onde a espécie original não mudou, eles parecerão, a um paleontólogo que fizer escavações nas rochas do continente, ter surgido a partir da espécie original em um único salto. Mas o salto é uma ilusão. A evolução gradual de fato aconteceu, embora rapidamente e fora do continente, onde o paleontólogo não está escavando. É fácil ver que esse "gradualismo rápido" está a quilômetros da saltação. Contudo, a retórica de Gould contribuiu para desorientar uma geração de estudiosos e leigos, gerando a confusão ante o verdadeiro saltacionismo — e até confusão com a extinção em massa e o consequente surgimento "súbito" de novos florescimentos evolucionários como o dos mamíferos depois do desaparecimento dos dinossauros. Esse é um exemplo daquilo que chamo de "ciência poética" — uma frase que retomarei no epílogo deste ensaio.

* "A natureza não dá saltos." Na época de Huxley, seus leitores (incluindo Darwin, a quem ele se dirigiu diretamente em uma carta quando usou essa frase) decerto tinham sido educados em latim, mesmo que com relutância (em especial no caso de Darwin).

Stephen Gould esteve presente em minha conferência em Cambridge. No final, ele se adiantou e mencionou o saltacionismo como uma das várias alternativas históricas à seleção darwiniana. Será que ele realmente não entendeu a impossibilidade de explicar a complexa ilusão do design por saltação — passar da base para o topo do monte Improvável em um único pulo? Parece difícil de acreditar. Gould tinha interesse e conhecimentos profundos em história. E estava historicamente correto quando disse que alguns cientistas no começo do século xx haviam defendido o saltacionismo como (o que supunham ser) uma alterna-

166

pontuacionista é retratada como radical, revolucionária e contrária às suposições "gradualistas" de Darwin e da síntese neodarwiniana. No entanto, o equilíbrio pontuado foi concebido a princípio como aquilo que a sintética teoria neodarwiniana ortodoxa deveria de fato predizer, em uma escala temporal paleontológica, se levarmos a sério suas ideias intrínsecas de especiação alopátrica. Ela deriva seus "trancos" inserindo no "desenrolar circunspecto" da síntese neodarwiniana longos períodos de estase que separam breves surtos de evolução gradual mas rápida.

A plausibilidade desse "gradualismo rápido" é vividamente ilustrada por um experimento mental de Ledyard Stebbins.* Ele imagina uma espécie de camundongo que adquire pela evolução um corpo cada vez maior, a uma taxa tão imperceptivelmente lenta que as diferenças entre as médias das gerações sucessivas seriam de todo engolfadas por erros de amostragem. No entanto, mesmo a essa taxa baixa, a linhagem dos camundongos de Stebbins chegaria a ter o corpo do tamanho do de um elefante em cerca de 60 mil anos, um período tão curto que seria considerado instantâneo pelos paleontólogos. A mudança evolucionária demasiado *lenta* para ser detectada pelos microevolucionistas pode, ainda assim, ser demasiado *rápida* para ser detectada pelos macroevolucionistas.** O que um paleontólogo vê como uma "salta-

---

tiva ao gradualismo. Porém, ele estava cientificamente — e até logicamente — errado quando disse que o saltacionismo poderia ser uma alternativa viável ao gradualismo como explicação para a adaptação complexa. Em outras palavras, as figuras históricas que ele citou com acerto estavam cientificamente erradas; sempre foi óbvio. Deve ter sido óbvio, mesmo na época deles, que eles estavam errados; e Gould devia ter dito isso.

* Stebbins foi um botânico americano reverenciado como um dos pais fundadores da síntese neodarwiniana dos anos 1930 e 1940.

** Hoje eu hesitaria em usar esses dois termos, pois foram cooptados por criacionistas, como sempre ávidos por fazer mau uso de termos científicos com o

ção" pode ser, na verdade, uma mudança suave e gradual tão lenta que não é detectável por um microevolucionista. Esse tipo de "saltação" paleontológica não tem nenhuma relação com as macromutações de uma geração, as quais, desconfio, Huxley e Darwin tinham em mente quando debateram a questão da *Natura non facit saltum*. É possível que a confusão tenha surgido nesse caso porque alguns defensores individuais do equilíbrio pontuado também defendiam, secundariamente, a macromutação. Outros "pontuacionistas" confundiram sua teoria com o macromutacionismo ou invocaram explicitamente a macromutação como um dos mecanismos da pontuação.

Quanto à macromutação, ou verdadeira saltação, a segunda confusão que quero esclarecer é entre dois tipos de macromutação que poderíamos conceber. Eu poderia chamá-las pelas designações sem graça de saltação 1 e saltação 2, mas prefiro recorrer a uma antiga queda por metáforas aeronáuticas e me referirei a elas como saltação "Boeing 747" e saltação "Stretched DC-8". A saltação 747 é o tipo inconcebível. Seu nome provém da muito citada metáfora de Sir Fred Hoyle sobre sua incompreensão cósmica do darwinismo. Hoyle comparou a seleção darwiniana com um tornado que se abatesse sobre um ferro-velho e ali montasse um

---

objetivo de enganar. Os geneticistas que estudam populações em campo estão vendo a microevolução. Os paleontólogos que estudam fósseis ao longo das eras estão vendo a macroevolução. A macroevolução, na verdade, nada mais é do que aquilo que se obtém quando a microevolução aconteceu por um período muito longo. Os criacionistas, com alguma ajuda inadvertida de uns poucos biólogos que deviam prestar atenção no que fazem, elevam essa distinção a alturas qualitativas. Eles aceitam a microevolução, por exemplo, a substituição de mariposas de asas pintalgadas e claras por mutantes de asas escuras na população. Mas pensam que a macroevolução difere qualitativamente e de modo radical. Para um exame mais completo das distinções, verdadeiras e supostas, ver "O 'Adendo do Alabama'" na parte IV desta antologia.

Boeing 747 (obviamente, o que ele desconsiderou foi a noção de que a sorte é "esparsa" e ocorre em pequenas etapas — ver acima). A saltação Stretched DC-8 é bem diferente. Em princípio, não é difícil acreditar nela. Refere-se a mudanças grandes e súbitas em *magnitude* de alguma medida biológica, sem serem acompanhadas de um grande aumento de informações adaptativas. Seu nome é inspirado no de um avião que foi projetado com a fuselagem alongada ["stretched"] de um modelo já existente, sem que se adicionassem novas complexidades significativas.* A mudança de DC-8 para Stretched DC-8 é uma mudança grande em magnitude — uma saltação, e não uma série de pequeninas mudanças graduais. Porém, ao contrário da mudança de ferro-velho para 747, não é uma mudança grande no conteúdo de informações nem na complexidade, e essa é a noção que quero ressaltar com a analogia.

Vejamos um exemplo de saltação DC-8. Suponhamos que o pescoço da girafa tenha esticado enormemente em um salto mutacional espetacular. Dois genitores com pescoço do comprimento normal dos antílopes tiveram uma cria aberrante com um pescoço do comprimento do das girafas modernas, e todas as girafas descendem desse indivíduo aberrante. Não é provável que isso ocorra na Terra,** mas algo parecido poderia acontecer em

---

* A complexidade que foi inserida — assentos, anteparos, botões de chamada, apoios de bandeja etc. — simplesmente foi uma duplicação da versão pré-esticamento. O paralelo biológico seria um aumento no número de vértebras, com as respectivas costelas, nervos, vasos sanguíneos etc., em uma serpente mutante que possui mais segmentos do que seus genitores. Essas mudanças evolucionárias "Stretched DC-8" devem acontecer com frequência, porque, por exemplo, diferentes espécies de cobras variam bastante no número de segmentos que possuem. Devem ter nascido crias com número de segmentos diferentes dos de seus genitores, pois não é possível haver uma cobra com uma fração de vértebra.

** Na verdade, temos um intermediário, o belo ocapi, um parente das girafas que tem o pescoço de comprimento intermediário. Mas deixemos o ocapi de lado e sigamos com nosso exemplo.

outra parte do universo. Não há objeção, em princípio, a que isso ocorra no mesmo sentido em que há profunda objeção à ideia (747) de que um órgão complexo como um olho possa surgir de uma simples pele por uma única mutação. A diferença crucial é de complexidade.

Estou supondo que a mudança de pescoço curto de antílope para pescoço longo de girafa *não* é um aumento de complexidade. É claro que ambos os pescoços são estruturas excepcionalmente complexas. Não se pode passar de pescoço *nenhum* para qualquer dos dois tipos de pescoço em uma única etapa: isso seria uma saltação 747. Porém, uma vez que já exista a organização complexa do pescoço do antílope, o passo para chegar ao pescoço da girafa consiste apenas no alongamento: várias coisas precisam crescer mais depressa em alguma etapa do desenvolvimento embriônico; a complexidade existente é preservada. Na prática, é claro, uma mudança de magnitude assim drástica teria repercussões acentuadamente deletérias que tornariam improvável a sobrevivência do macromutante. O coração de antílope existente não seria capaz de bombear sangue para cima até a cabeça recém-elevada da girafa. Objeções práticas como essas à evolução por saltação DC-8 só podem ajudar o meu argumento em favor do gradualismo, mas ainda assim quero expor um argumento separado, e mais universal, contra a saltação 747.

Alguém poderia dizer que, na prática, é impossível estabelecer uma distinção entre a saltação 747 e a DC-8. Afinal de contas, saltações DC-8, como a suposta macromutação que alongou o pescoço da girafa, podem parecer muito complexas: conjuntos de músculos, vértebras, nervos, vasos sanguíneos, tudo tem de alongar-se junto. Por que isso não constitui uma saltação 747 e, portanto, é descartado?

Sabemos que mutações únicas podem orquestrar mudanças em taxas de crescimento de muitas partes de órgãos, e, quando pensamos em processos de desenvolvimento, não surpreende que seja assim. Quando uma única mutação faz crescer uma perna em uma *Drosophila* no lugar onde deveria haver uma antena, a perna cresce em toda a sua formidável complexidade. Mas isso não é misterioso nem surpreendente, não é uma saltação 747, pois a organização de uma perna já está presente no corpo antes da mutação. Sempre que, como na embriogênese, tivermos uma árvore de relações causais hierarquicamente ramificada, uma pequena alteração em um nodo mais antigo da árvore pode ter efeitos ramificados grandes e complexos nas extremidades dos ramos. Porém, embora a mudança possa ser grande em magnitude, não podem ocorrer incrementos grandes e súbitos nas informações adaptativas. Se você pensar que encontrou um exemplo específico de um incremento grande e súbito em informações adaptativamente complexas na prática, pode ter certeza de que as informações adaptativas já estavam presentes, mesmo que se trate de um atavismo que remonta a algum ancestral.

Portanto, não existe, em princípio, nenhuma objeção a teorias da evolução aos trancos, inclusive à teoria dos monstros promissores, desde que se tenha em mente a saltação DC-8, e não a 747. Nenhum biólogo de boa formação realmente acredita na saltação 747, mas nem todos são suficientemente explícitos com respeito à distinção entre as saltações DC-8 e 747. Uma consequência lamentável é que os criacionistas e seus simpatizantes jornalísticos conseguem explorar afirmações de biólogos respeitados que têm conotações saltacionistas. Talvez o que o biólogo tivesse em mente fosse o que eu chamo de saltação DC-8, ou até a pontuação não saltatória, mas o criacionista *pressupõe* a saltação no sentido que apelidei de 747, e uma saltação 747 seria mesmo um milagre abençoado.

Também penso que pode estar sendo feita uma injustiça a Darwin com essa omissão dos críticos a levar em conta a distinção entre as saltações DC-8 e 747. Muitos já disseram que Darwin defendia o gradualismo e que, portanto, se for provada alguma forma de evolução aos trancos, Darwin será refutado. Essa é, inquestionavelmente, a razão de tanto alarido e publicidade em torno da teoria do equilíbrio pontuado. Mas será que Darwin de fato não admitia nenhum tranco? Ou será que, como desconfio, ele se opunha apenas à saltação 747?

Como já vimos, o equilíbrio pontuado não tem nenhuma relação com a saltação, mas de qualquer modo acho que não está nada claro que, como muitos alegam, Darwin ficaria constrangido com interpretações pontuacionistas do registro fóssil. A passagem a seguir, que se encontra em edições posteriores de *A origem das espécies*, parece até ter sido extraída de uma edição atual de *Paleobiology*: "Os períodos durante os quais espécies passaram por modificações, embora muito longos quando medidos em anos, provavelmente foram curtos em comparação com os períodos durante os quais essas mesmas espécies permaneceram sem sofrer mudança alguma". A meu ver, podemos compreender melhor a inclinação geral de Darwin para o gradualismo se invocarmos a distinção entre as saltações 747 e DC-8.

Talvez parte do problema seja que o próprio Darwin não fez essa distinção. Em algumas passagens em que ele se pronuncia contra a saltação, parece que tem em mente a do tipo DC-8. No entanto, nessas ocasiões ele não soa muito veemente: "Quanto aos saltos súbitos", ele escreveu em uma carta em 1860, "não tenho objeções — eles até me ajudariam em alguns casos. Só posso dizer que examinei o assunto e não encontrei evidências que me fizessem crer em saltos [como fonte de novas espécies], e muitas coisas apontam na outra direção". Isso não faz pensar em um homem ardorosamente oposto, em princípio, a saltos súbitos. E, é claro, não há razão para que ele *devesse* se opor com ardor, se tivesse em mente a saltação DC-8.

Em outras ocasiões, porém, ele de fato foi bastante ardoroso, e suponho que nesses momentos ele tivesse em mente a saltação 747. Disse o historiador Neal Gillespie: "Para Darwin, os nascimentos monstruosos, uma doutrina favorecida por Chambers, Owen, Argyll, Mivart e outros, por motivos claramente teológicos e também científicos, para explicar como se desenvolveram novas espécies, ou mesmo táxons superiores, não eram melhores do que um milagre: 'isso deixa intocado e inexplicado o caso da coadaptação de seres orgânicos uns aos outros e às suas condições físicas de vida'. Não era 'explicação nenhuma', não tinha mais valor científico do que a criação a partir 'do pó da terra'".

Assim, a hostilidade de Darwin à saltação monstruosa faz sentido se supusermos que ele tinha em mente a saltação 747 — a invenção súbita de nova complexidade adaptativa. É muito provável que ele estivesse pensando desse modo, pois é exatamente isso que muitos de seus oponentes tinham em mente. Saltacionistas como o duque de Argyll (mas não Huxley, pelo que se presume) queriam acreditar na saltação 747 justamente porque ela *exigia* a intervenção sobrenatural. E, pela mesma razão, Darwin não acreditava nela.

A meu ver, esse modo de pensar nos permite a única interpretação sensata da conhecida observação de Darwin: "Se fosse possível demonstrar que existe qualquer órgão complexo que possa não ter sido formado por modificações numerosas, sucessivas e pequenas, minha teoria ruiria totalmente". Isso não é uma defesa do gradualismo, como os paleobiologistas modernos usam o termo. A teoria de Darwin é refutável, mas ele era sagaz demais para propor uma teoria que fosse tão fácil de refutar! Por que, afinal, Darwin se comprometeria com uma versão da evolução tão arbitrariamente restritiva, uma versão que positivamente convida à refutação? Acho que está claro que ele não se comprometeu. Seu uso do termo "complexo" parece-me decisivo. Gould classifica essa passagem de Darwin como "claramente inválida". Então ela é inválida se a alternativa a pequenas modificações for vista como uma saltação DC-8. Mas se o que se tem em mente é a saltação 747, a observação de Darwin é válida e muito acertada. Sua teoria realmente é refutável, e na passagem citada ele aponta um caminho para refutá-la.

Portanto, existem dois tipos imagináveis de saltação: a saltação DC-8 e a saltação 747. A saltação DC-8 é perfeitamente possível, sem dúvida acontece no laboratório e na fazenda e pode ter dado contribuições ocasionais à evolução.* A saltação 747 é excluída estatisticamente, a menos que haja intervenção sobrenatural. Na época de Darwin, proponentes e oponentes da saltação muitas vezes tinham em mente a do tipo 747, pois acreditavam na intervenção divina ou argumentavam contra ela. Darwin não aceitava a saltação (747) porque via, com acerto, a seleção natural como uma *alternativa* ao milagroso na explicação da complexidade adaptativa. Hoje saltação significa ou pontuação (que não é saltação) ou saltação DC-8, e Darwin não teria fortes objeções a nenhum desses dois tipos em princípio, apenas dúvidas quanto aos fatos. No contexto moderno, portanto, não acho que Darwin deva ser rotulado como um ferrenho gradualista. No contexto moderno, desconfio que ele teria a mente muito aberta.

É no sentido de oposição à saltação 747 que Darwin foi um ardoroso gradualista, e é nesse mesmo sentido que nós todos devemos ser gradualistas, não apenas com respeito à vida na Terra

---

* Como procurei mostrar mais tarde, em 1989, quando cunhei a expressão "evolução da evolubilidade" em *Artificial Life* [Vida artificial], um livro organizado por Christopher Langton. Nesse texto sugeri que, embora sejam raras, certas etapas na evolução, por exemplo, a origem de planos corporais segmentados, podem ter ocorrido como saltações súbitas. O primeiro animal segmentado poderia muito bem ter tido dois segmentos. Não teria um e meio.

mas também à vida no universo como um todo. O gradualismo, nesse sentido, é essencialmente sinônimo de evolução. O sentido em que podemos ser não gradualistas é um sentido muito menos radical, embora ainda bastante interessante. A teoria da evolução aos trancos foi aclamada na televisão e em outras partes como uma mudança de paradigma radical e revolucionária. Existe, de fato, uma interpretação dessa teoria que é revolucionária, mas essa interpretação (a versão da macromutação 747) é, sem dúvida, errada e não parece ter sido defendida pelos proponentes originais da teoria. O sentido no qual a teoria poderia ser correta não é particularmente revolucionário. Nesse campo, você pode escolher seus trancos ou para ser revolucionário *ou* para estar certo, mas não ambas as coisas.

Teoria 5. Evolução aleatória

Vários membros dessa família de teorias estiveram na moda em momentos diversos. Os "mutacionistas" da primeira parte do século xx — De Vries, W. Bateson e seus colegas — acreditavam que a seleção servia apenas para eliminar anomalias deletérias, e que a verdadeira força propulsora na evolução era a pressão da mutação. A menos que você acredite que mutações são guiadas por alguma força vital misteriosa, fica óbvio que você só pode se tornar um mutacionista se esquecer a complexidade adaptativa — em outras palavras, se esquecer a maioria das consequências da evolução que são importantes! Para os historiadores, resta o desnorteante enigma de como biólogos da estirpe de um De Vries, um W. Bateson e um T. H. Morgan puderam sentir-se satisfeitos com uma teoria tão gritantemente inadequada. Não basta dizer que a visão de De Vries foi obscurecida porque ele estudou apenas plantas do gênero *Oenothera*. Ele só precisaria ter refletido sobre a complexidade adaptativa de seu próprio corpo para perceber que o "mutacionismo" não era só uma teoria errada, e sim que obviamente nem merecia consideração.

Esses mutacionistas pós-darwinianos também foram saltacionistas e antigradualistas, e Mayr classifica-os com essas designações, mas o aspecto das suas ideias que estou criticando aqui é mais fundamental. Ao que parece, eles realmente pensavam que a mutação, por si mesma, sem seleção, era suficiente para explicar a evolução. Isso *não* pode ocorrer em nenhuma concepção não mística de mutação, seja gradualista, seja saltacionista. Se a mutação não é dirigida, claramente ela não tem condições de explicar os rumos adaptativos da evolução. Se a mutação é dirigida em sentidos adaptativos, temos o direito de perguntar como isso acontece. Pelo menos o princípio do uso e desuso de Lamarck faz uma valente tentativa de explicar como a variação poderia ser dirigida para a melhora. Os "mutacionistas" parecem nem sequer ter percebido que existia um problema, possivelmente porque subestimavam a importância da adaptação — e não foram os últimos a fazer isso. A ironia com que hoje devemos ler o menosprezo de W. Bateson por Darwin é quase dolorosa: "A transformação de massas de populações por passos imperceptíveis guiados por seleção é, como a maioria de nós agora vê, tão inaplicável ao fato que só podemos nos assombrar [...] com a falta de discernimento demonstrada pelos defensores de uma proposição dessas".

Hoje alguns especialistas em genética de populações dizem-se defensores da "evolução não darwiniana" e acreditam que um número substancial das substituições gênicas que ocorrem na evolução são substituições não adaptativas de alelos, cujos efeitos são indiferentes em relação um ao outro. Isso pode muito bem ser verdade. No entanto, obviamente não contribui em nada para resolver o problema da evolução da complexidade adaptativa. Os defensores modernos do neutralismo admitem que sua teoria não consegue explicar a adaptação.

A expressão "deriva genética aleatória" com frequência é associada ao nome de Sewall Wright, mas a concepção de Wright sobre a relação entre deriva aleatória e adaptação é, de modo geral, mais sutil que as outras que mencionei. Wright não se encaixa na quinta categoria de Mayr, pois claramente vê a seleção como a força propulsora da evolução adaptativa. A deriva aleatória pode facilitar o trabalho da seleção ajudando o afastamento em relação aos locais ótimos, mas ainda é a seleção que está determinando o surgimento da complexidade adaptativa.*

Recentemente, paleontólogos vêm obtendo resultados fascinantes quando fazem simulações de "filogêneses aleatórias" por computador. Essas caminhadas aleatórias pelo tempo evolucionário produzem tendências que têm semelhanças espantosas com as reais, e é inquietantemente fácil, além de tentador, enxergar nas filogêneses aleatórias tendências que parecem adaptativas, porém elas não existem. Mas isso não significa que podemos admitir a deriva aleatória como explicação para tendências adaptativas reais. O que poderia significar é que alguns de nós temos sido muito descuidados e crédulos naquilo que pensamos ser tendências adaptativas. Isso não altera o fato de que existem algumas tendências que de fato *são* adaptativas — mesmo que nem sem-

---

* Sewall Wright foi o membro americano do grande triunvirato — os outros foram R. A. Fisher e J. B. S. Haldane — que fundou a genética de populações e conciliou o darwinismo com a genética mendeliana. Wright defendia a deriva genética aleatória na evolução, mas via a deriva como um modo como, indiretamente, a adaptação podia ser melhorada. Um dos problemas da seleção forte, como sabem os engenheiros com seus algoritmos "de escalada", é empacar em locais ótimos — pequenas colinas à vista de uma montanha inacessível. A versão de Wright para a deriva aleatória permite que uma linhagem derive encosta abaixo por uma colina do vale, e nesse caso a seleção pode entrar em ação e impelir a linhagem para cima, fazendo-a subir por encostas de uma montanha muito maior. Para Wright, a alternância da deriva com a seleção permite maior perfeição da adaptação do que a seleção sozinha. Uma sugestão excelente e brilhante.

pre as identifiquemos corretamente na prática — e essas tendências adaptativas verdadeiras não podem ser produzidas por deriva aleatória. Elas têm de ser produzidas por alguma força não aleatória: a seleção, presume-se.

Assim, finalmente chegamos à sexta teoria da evolução mencionada por Mayr.

Teoria 6. Direção (ordem) imposta pela seleção natural à variação aleatória

O darwinismo — a seleção não aleatória de entidades replicadoras aleatoriamente variáveis em razão de seus efeitos "fenotípicos" — é a única força que conheço capaz, em princípio, de guiar a evolução na direção da complexidade adaptativa. Ele funciona neste planeta, não apresenta nenhuma das desvantagens encontradas nas outras cinco classes de teoria, e não há razão para duvidar de sua eficácia em todo o universo.

Os ingredientes de uma receita geral para a evolução darwiniana são algum tipo de entidades replicadoras que exerçam algum tipo de "poder" fenotípico sobre seu êxito na replicação. Em *The Extended Phenotype*, eu me referi a essas entidades necessárias como "replicadores ativos na linha germinal" ou "optimons". É importante manter sua replicação conceitualmente separada de seus efeitos fenotípicos, muito embora, na prática, possa haver algum grau de indistinção em alguns planetas. As adaptações fenotípicas podem ser vistas como ferramentas de propagação do replicador.

Para Gould, a concepção de evolução do ponto de vista dos replicadores só se preocupa com a "contabilidade". A metáfora é de uma feliz superficialidade: é fácil ver as mudanças genéticas que acompanham a evolução como lançamentos em um livro contábil, meros registros de contador sobre os eventos fenotípicos realmente interessantes que ocorrem no mundo lá fora. Contudo, um exame mais atento mostra que a verdade é quase exatamente o oposto. Para a evolução darwiniana (em contraste com a lamarckiana), é central e essencial que haja setas causais dirigidas do genótipo para o fenótipo, mas não na direção inversa. As mudanças em frequências de genes não são registros contábeis passivos de mudanças fenotípicas: é precisamente porque elas *causam* ativamente mudanças fenotípicas (e precisamente na medida em que as causam) que a evolução do fenótipo pode ocorrer. Erros graves decorrem tanto da incompreensão da importância desse fluxo unidirecional* como de uma interpretação exagerada desse fluxo como um "determinismo genético" inflexível e invariável.

A perspectiva universal leva-me a salientar uma distinção entre o que pode ser chamado de "seleção de evento único" e "seleção cumulativa". No mundo não vivo, é possível uma ordem resultar de processos que podem ser considerados um tipo rudimentar de seleção. Os pedregulhos numa praia são separados pelas ondas de modo que os maiores acabam dispostos em camadas separadas dos menores. Podemos considerar isso um exemplo da seleção de uma configuração estável a partir de uma desordem inicialmente mais aleatória. O mesmo vale para os padrões orbitais "harmoniosos" de planetas ao redor de estrelas, de elétrons ao redor de núcleos, das formas dos cristais, bolhas e gotículas, e até, talvez, da dimensionalidade do universo em que nos

---

* O fluxo unidirecional de genótipo para fenótipo — de genes para corpos — torna-se óbvio quando contrastamos o efeito de uma mutação gênica (corpos mudam em gerações futuras) com uma "mutação" puramente corporal, por exemplo, quando um animal perde uma perna. Esta última mudança não é transmitida às futuras gerações. Existe uma seta causal unidirecional de genes para corpo, e ela não se inverte. Não sei como Gould, em sua "metáfora da contabilidade", não percebeu isso. "Contabilidade" realmente passa longe de explicar o que acontece.

encontramos. No entanto, essas são seleções de evento único. Não ensejam a evolução progressiva porque não há replicação, não há sucessão de gerações. A adaptação complexa requer muitas gerações de seleção cumulativa, na qual a mudança de cada geração aproveita o que já havia antes. Na seleção de evento único, desenvolve-se um estado estável, que é mantido. Ele não se multiplica, não produz descendentes.

No mundo vivo, a seleção que ocorre *em qualquer geração específica* é uma seleção de evento único, análoga à separação dos pedregulhos na praia. A característica singular da vida é que sucessivas gerações desse tipo de seleção constroem, de modo progressivo e cumulativo, estruturas que por fim se tornam complexas o suficiente para favorecer uma ilusão de design. A seleção de evento único é muito comum na física e não pode originar a complexidade adaptativa. A seleção cumulativa é a marca registrada da biologia e, acredito, é a força subjacente a toda complexidade adaptativa.

OUTROS TEMAS PARA UMA FUTURA CIÊNCIA DO DARWINISMO UNIVERSAL

Portanto, os replicadores ativos na linha germinal, junto com suas consequências fenotípicas, constituem a receita geral para a vida; no entanto, a forma do sistema pode variar muito conforme o planeta, tanto com respeito às próprias entidades replicadoras como aos meios "fenotípicos" pelos quais elas asseguram sua sobrevivência. Leslie Orgel chamou-me a atenção para o fato de que até a própria distinção entre "genótipo" e "fenótipo" pode não ser nítida. Não é preciso que as entidades replicadoras sejam DNA ou RNA. Não precisam sequer ser moléculas orgânicas. Até neste planeta é possível que o DNA seja um usurpador posterior do papel que antes era de algum replicador cristalino inorgânico.*

Uma ciência do darwinismo universal completa poderia considerar aspectos de replicadores que transcendem sua natureza detalhada e a escala temporal na qual eles são copiados. Por exemplo, o grau em que eles são "particulados" e não "fundidos" provavelmente tem uma influência mais importante sobre a evolução do que sua natureza molecular ou física detalhada. Da mesma forma, uma classificação de replicadores que abranja todo o universo poderia fazer mais referência à dimensionalidade e aos princípios codificadores dos replicadores do que ao seu tamanho e estrutura. O DNA é um arranjo unidimensional codificado em base digital. Um código "genético" em forma de uma matriz bidimensional é concebível. Até um código tridimensional é imaginável, embora provavelmente os estudiosos do darwinismo universal se preocuparão com o modo como um código assim poderia ser "lido". (O DNA, obviamente, é uma molécula cuja estrutura tridimensional determina como ela é replicada e transcrita, mas isso não faz dela um código tridimensional. O significado do DNA depende do arranjo sequencial unidimensional de seus símbolos, e não da posição tridimensional desses símbolos relativamente uns aos outros na célula.) Também poderia haver problemas teóricos com códigos analógicos, em contraste com os digitais, semelhantes aos problemas teóricos que surgiriam de um sistema nervoso de todo analógico.**

---

* Essa persuasiva hipótese foi aventada pelo químico escocês Graham Cairns-Smith. Expus sua teoria em *O relojoeiro cego* não porque acreditasse nela, mas porque ela ressaltava claramente a importância da replicação na origem da vida.
** Em sistemas nervosos, o problema é o que os engenheiros chamam de "ruído" aleatório. Algum ruído é adicionado durante qualquer transmissão de informação ou processo de amplificação. Devido ao modo como os neurônios fun-

Quanto às alavancas de poder fenotípicas pelas quais os replicadores influenciam sua sobrevivência, estamos tão acostumados a que elas se atenham a organismos separados ou "veículos" que esquecemos a possibilidade de um fenótipo extracorpóreo mais difuso, ou "estendido". Mesmo aqui na Terra, grandes quantidades de adaptações interessantes podem ser interpretadas como partes do fenótipo estendido. No entanto, pode-se argumentar teoricamente em favor do corpo de um organismo distinto, com seu próprio ciclo de vida recorrente, como uma necessidade em qualquer processo de evolução da complexidade adaptativa avançada, e esse assunto pode ter um lugar em um estudo completo do darwinismo universal.

Outro candidato a um exame pormenorizado poderia ser o que chamo de divergência e convergência ou recombinação de linhagens de replicadores. No caso do DNA limitado à Terra, a "convergência" é ensejada pelo sexo e processos relacionados. Aqui o DNA "converge" no âmbito da espécie depois de ter "divergido" muito recentemente. No entanto, hoje se propõe que um tipo diferente de convergência pode ocorrer entre linhagens que a princípio divergiram em um tempo muito remoto. Por exemplo, há evidências de transferência de gene entre peixes e bactérias. As linhagens replicantes em outros planetas poderiam permitir tipos muito variados de recombinação em diferentes escalas temporais. Na Terra, com exceção das bactérias, os rios da filogenia são quase

---

cionam, eles são mais suscetíveis a ruído do que, por exemplo, fios telefônicos. Assim como os sistemas telefônicos modernos foram passando crescentemente para a transmissão digital em vez de analógica, também os neurônios transmitem informações segundo o padrão temporal dos picos, e não segundo a altura (analógica) dos picos. Para um exame mais completo do padrão analógico em comparação com o digital, ver a analogia com as fogueiras sinalizadoras e a Armada espanhola no ensaio intitulado "Ciência e sensibilidade" nesta antologia (ver pp. 98-122).

totalmente divergentes: se tributários principais alguma vez tornam a entrar em contato uns com os outros depois que se ramificaram e se afastaram, é somente por intermédio de minúsculos riachinhos que às vezes se cruzam, como no caso dos peixes/bactérias. É patente que existe um delta anastomosante de divergência e convergência devido à recombinação sexual *dentro* da espécie, mas apenas dentro dela. Pode haver planetas onde o sistema "genético" permita muito mais encontros em todos os níveis da hierarquia ramificada: um imenso delta fértil.

Não refleti o suficiente sobre as fantasias dos parágrafos precedentes para avaliar sua plausibilidade. Minha mensagem geral é que existe uma restrição a todas as especulações sobre a vida no universo. Se uma forma de vida apresenta complexidade adaptativa, ela tem de possuir um mecanismo evolucionário capaz de gerar complexidade adaptativa. Por mais diversos que possam ser os mecanismos evolucionários, mesmo se não houver nenhuma outra generalização que possamos fazer a respeito da vida em todo o universo, aposto que ela sempre será reconhecida como vida darwiniana. A lei darwiniana talvez seja tão universal quanto as grandes leis da física.

EPÍLOGO

Em uma das notas de rodapé deste ensaio, prometi retornar à "ciência poética". Stephen Gould, de tão apaixonado pela própria retórica, permitiu que seus leitores confundissem três tipos de descontinuidade: macromutação, extinção em massa e gradualismo rápido. Esses três tipos não têm nada em comum entre si, e aventar alguma ligação entre eles é inútil e desnorteante. Esse é o perigo da "ciência poética". Para o exemplo mais extremo que conheço da retórica poética de Gould que confundiu até cientistas especializados, ver a nota de rodapé de "O 'Adendo do Alabama'", na página 277.

Desconfio que, em uma escala menos grandiosa, a ciência poética também estorve a medicina. Muitos anos atrás, quando meu pai adoeceu de úlcera duodenal, o médico recomendou que ele se alimentasse de musse de leite e outras comidas leves e suaves. Posteriormente deixou-se de sugerir esse procedimento. Acho que o conselho foi inspirado pela associação "poética" de "leitoso" com outros atributos como "suave", "leve" e "macio", e não por verdadeiras evidências. Medicina poética! E hoje em dia, se você quiser perder peso, é aconselhado a evitar manteiga, creme de leite e outros alimentos gordurosos. Mais uma vez: essas recomendações são baseadas em evidências? Ou será, ao menos em parte, uma associação "poética" com a palavra "gordura"?

Amo a poesia da ciência em um bom sentido. Por isso é que este livro se intitula *Ciência na alma*. Mas existem a boa e a má poesia.

Uma ecologia de replicadores*

Hoje em dia, apesar dos conselhos de educação em vários rincões e fins de mundo dos Estados Unidos, nenhuma pessoa instruída duvida da verdade da evolução. Tampouco duvida da força da seleção natural. A seleção natural não é o único motor e guia da evolução. Pelo menos no nível molecular, a deriva aleatória também é importante. No entanto, a seleção é a única força capaz de produzir *adaptação*. Quando se trata de explicar a impres-

---

* Ernst Mayr foi um ilustre biólogo germano-americano, um dos pais fundadores da síntese neodarwiniana nos anos 1930 e 1940. Poderia até ser chamado de O Grande Veterano da síntese, inclusive porque viveu até uma idade bem avançada. Ele tinha cem anos quando o conheci pessoalmente, e foi ativo e lúcido até o fim. Entre as muitas homenagens que lhe foram prestadas e as muitas publicações dedicadas a celebrar sua obra está um *Festschrift*, ou edição de homenagem, do periódico *Ludus Vitalis*, organizado pelo renomado geneticista hispano-americano Francisco Ayala, para o qual fui convidado a contribuir com o presente ensaio (ligeiramente resumido). Dediquei-o, "com o mais profundo respeito, ao professor Ernst Mayr FRS, Hon. D.Sc. (Oxford) por ocasião de seu centésimo aniversário".

sionante ilusão de design na natureza, não existe alternativa à seleção natural.* Se um biólogo negar a importância da seleção natural na evolução, é praticamente seguro supor *não* que ele tenha alguma teoria alternativa, mas simplesmente que ele subestime a adaptação como uma propriedade dominante da vida que requer ser explicada. Provavelmente ele nunca pisou em uma floresta pluvial nos trópicos, nem roçou os pés de pato em um recife de coral, nem pôs os olhos em um vídeo de David Attenborough.

Agora as questões ligadas à adaptação ocupam lugar de destaque nas preocupações dos biólogos de campo. Nem sempre foi assim. Meu velho mestre Niko Tinbergen escreveu sobre uma experiência de sua juventude: "Ainda me lembro de que fiquei perplexo ao ser repreendido com firmeza por um de meus professores de zoologia quando levantei a questão do valor de sobrevivência depois de ele ter perguntado: 'Alguém tem ideia da razão de tantos pássaros se juntarem mais densamente quando são atacados por aves de rapina?'". É mais provável que o estudante atual ficasse perplexo com o que, afinal, o professor poderia ter em mente com sua pergunta *além* do valor de sobrevivência. Agora, no campo de Tinbergen, a etologia, a queixa é de uma maciça reação contrária, em direção a uma preocupação assoberbante com o valor de sobrevivência darwiniano em detrimento dos estudos de mecanismos comportamentais.

No entanto, ainda quando eu estudava biologia na faculdade, éramos alertados para um pecado terrível chamado "teleologia". Na verdade, era um alerta contra as causas finais aristotélicas, e não contra o valor de sobrevivência darwiniano. Mesmo assim, eu me espantava, pois nunca tinha achado as causas finais minimamente tentadoras. Qualquer tolo pode ver que uma "cau-

---

* Ver o ensaio anterior nesta antologia, "Darwinismo universal".

sa final" não é uma causa.* É só outro nome para o *problema* que Darwin finalmente resolveu. Darwin mostrou como a ilusão de uma causa final podia ser produzida por causas eficientes compreensíveis. Sua solução, refinada por gigantes da síntese moderna, entre eles Ernst Mayr, desvendou o mais profundo mistério da biologia: a fonte da ilusão de design que permeia todo o mundo vivo, mas não o mundo não vivo.

A ilusão de design mostra-se com força total nas formas do corpo e nos padrões de comportamento, nos tecidos e órgãos, células e moléculas de seres individuais. Ela se revela poderosamente nos indivíduos de cada espécie, sem exceção. Mas existe outra ilusão de design que notamos em um nível superior: o nível da ecologia. O design parece ressurgir na disposição das próprias espécies, em seu arranjo em comunidades e ecossistemas, no convívio harmonioso de espécie com espécie no espaço que elas compartilham. Existe um padrão no intricado quebra-cabeça da floresta tropical, por exemplo, ou de um recife de coral, que leva retóricos a pregar o desastre se um só componente for removido extemporaneamente do todo.

Em casos extremos, essa retórica assume tons místicos. O planeta é o útero da deusa Terra,** todos os seres vivos são seu

---

* O que torna ainda mais surpreendente o fato de Aristóteles, que não era nenhum tolo, ter considerado seriamente o assunto. Aristóteles é um dos muitos pensadores extraordinariamente inteligentes que, seria de supor, poderia ter descoberto o princípio da evolução pela seleção natural, mas não o fez. Por que não? É concebível que a evolução pela seleção natural seja o tipo de ideia que poderia ocorrer a um grande pensador e naturalista em qualquer século. Em contraste com a física de Newton, é difícil ver por que ela precisou de dois milênios de ombros em que se apoiar. Contudo, claramente precisou, por isso minha intuição só pode estar equivocada.

** Esse misticismo chegou ao auge nas primeiras versões da hipótese Gaia, de James Lovelock. Em versões posteriores, o próprio Lovelock procurou desautorizar o misticismo, mas este continuava forte em uma conferência em que John

corpo, e as espécies, suas partes. No entanto, sem aquiescer a essa hipótese, *existe* uma forte ilusão de design no nível das comunidades, menos imperiosa do que no enfoque do organismo individual, porém merecedora de atenção. Os animais e plantas que vivem juntos em uma área parecem combinar uns com os outros com uma intimidade tão grande quanto aquela vista no encaixe de partes de um animal com outras partes do mesmo organismo.

Um guepardo tem dentes de carnívoro, garras de carnívoro, olhos, orelhas, nariz e cérebro de carnívoro, músculos das pernas apropriados para perseguir carne e entranhas preparadas para digeri-la. Suas partes são coreografadas na dança da unidade carnívora. Cada tendão e cada célula do grande felino tem "carnívoro" inscrito até em sua textura, e podemos ter certeza de que isso se estende profundamente a detalhes da bioquímica. As partes correspondentes de um antílope são igualmente unificadas entre si, porém para seguir uma rota de sobrevivência diferente. Entranhas próprias para digerir plantas fibrosas não seriam ajudadas por garras e instintos destinados a capturar presas. E vice-versa. Um híbrido de guepardo com antílope fracassaria na evolução. Os truques genéticos do ofício de um não podem ser cortados de um e colados no outro. Sua compatibilidade é com outros truques do mesmo ofício.

Podemos fazer afirmação semelhante sobre comunidades de espécies. A linguagem do ecologista reflete isso. Plantas são produtoras primárias. Elas captam energia da luz solar e a disponibilizam para o resto da comunidade através de uma cadeia de consumidores primários, secundários e até terciários, culminando nos animais

---

Maynard Smith encontrou um destacado devoto da "ecologia" no sentido político e não científico da palavra. Alguém mencionou a teoria de que um grande meteoro caiu na Terra e acarretou a extinção dos dinossauros. "É claro que não", declarou o fervoroso "ecologista", como conta Maynard Smith; "Gaia não permitiria uma coisa dessas."

que se alimentam de carniça. Estes últimos têm o "papel" de recicladores na comunidade. Cada espécie, nessa concepção da vida, tem um "papel" a desempenhar. Em alguns casos, se os incumbidos de um papel, por exemplo, os comedores de carniça, fossem removidos, a comunidade inteira sucumbiria. Ou seu "equilíbrio" seria perturbado e poderia variar extraordinariamente, saindo de "controle" até ser estabelecido um novo equilíbrio, talvez com espécies diferentes desempenhando os mesmos papéis. Comunidades do deserto diferem de comunidades da floresta tropical, e suas partes componentes não combinam com as de outras comunidades, do mesmo modo — ou pelo menos assim parece — que o cólon dos herbívoros não combina com os dentes ou os instintos de caça dos carnívoros. Comunidades de recifes de coral diferem de comunidades do fundo do mar, e suas partes não podem ser permutadas. As espécies tornam-se adaptadas à sua comunidade, não apenas a uma determinada região física e a um dado clima. Elas se tornam adaptadas umas às outras. As demais espécies da comunidade são uma característica importante — talvez a mais importante — do ambiente ao qual cada espécie se adapta. Em certo sentido, as outras espécies do ecossistema são apenas mais um aspecto do clima. Porém, em contraste com a temperatura e as chuvas, as outras espécies também estão evoluindo. A ilusão de design em ecossistemas é uma consequência impremeditada dessa coevolução.

Assim, o desempenho harmonioso dos respectivos papéis pelas espécies de uma comunidade assemelha-se à harmonia entre as partes de um organismo individual. A semelhança é enganosa e tem de ser tratada com cautela. Não devemos cair nos excessos panglossianos dos proponentes da seleção de grupo, por exemplo, com seu conceito dúbio dos "predadores prudentes".*

---

* O ecologista Lawrence Slobodkin, que introduziu essa expressão, posteriormente repudiou, indignado, a acusação de ser um proponente da seleção de gru-

Considerando minhas inclinações, dizer isso é doloroso como arrancar um dente, mas a analogia entre organismo e comunidade não é de todo infundada. Um de meus objetivos neste artigo é mostrar que existe uma ecologia no organismo individual. Não estou defendendo o agora banal argumento de que um grande corpo metazoário contém uma comunidade de bactérias, incluindo mitocôndrias e outras bactérias modificadas. Estou fazendo a afirmação muito mais radical de que devemos reconhecer todo o reservatório gênico de uma espécie como uma comunidade ecológica de genes. As forças que produzem harmonia entre as partes do corpo de um organismo não são diferentes das forças que produzem a ilusão de harmonia nas espécies de uma comunidade. Existe equilíbrio em uma floresta tropical, estrutura em uma comunidade de recifes, um elegante entrelaçamento de partes cuja coevolução lembra a coadaptação no âmbito do corpo de um animal. Em nenhum dos casos a unidade equilibrada é favorecida *como uma unidade* pela seleção darwiniana. Em ambos os casos, o equilíbrio acontece graças à seleção em um nível inferior. A seleção não favorece um todo harmonioso. Em vez disso, partes harmoniosas florescem na presença umas das outras, e surge a ilusão de um todo harmonioso.

No nível do indivíduo, reproduzindo um exemplo anterior em linguagem genética, genes que produzem dentes de carnívoro florescerão em um reservatório gênico que contenha genes produtores de entranhas e cérebros de carnívoros, mas não em um reser-

---

po (*American Naturalist*, v. 108, 1974). Ele pode ter razão em achar que é possível — forçando um pouquinho — fazer uma defesa darwiniana apropriada dos "predadores prudentes". Acontece que a expressão foi mal escolhida. Ela pede para ser interpretada nas linhas da Grande Tentação Ecológica — pede que se esqueça o nível no qual a seleção natural realmente atua no sentido de produzir adaptações individuais e se raciocine em termos do benefício para o grupo ou até para a comunidade.

vatório gênico que contenha genes para entranhas e cérebros de herbívoros. No nível da comunidade, uma área desprovida de espécies carnívoras poderia ter algo semelhante a uma "lacuna de mercado" na economia humana. Espécies carnívoras que entrassem na área floresceriam. Se a área fosse uma ilha remota na qual nenhuma espécie de carnívoro jamais houvesse entrado, ou se uma extinção em massa recente tivesse devastado a região e criado uma lacuna de mercado semelhante, a seleção natural favoreceria indivíduos nas espécies não carnívoras que mudassem seus hábitos ou até seu corpo e se tornassem carnívoras. Depois de longo período de evolução, seriam encontradas espécies carnívoras especialistas descendentes de ancestrais onívoros ou herbívoros.

Carnívoros florescem na presença de herbívoros, e herbívoros florescem na presença de plantas. Mas e vice-versa? Será que plantas florescem na presença de herbívoros? Herbívoros florescem na presença de carnívoros? Será que, para florescerem, animais e plantas precisam que inimigos os comam? Não do modo direto sugerido pela retórica de alguns ativistas ecológicos. Nenhuma criatura se beneficia diretamente por ser comida. Mas gramas que suportam ser cortadas melhor do que espécies de plantas rivais realmente florescem na presença de animais que pastam: é o princípio do "inimigo do meu inimigo". E mais ou menos a mesma história vale para as vítimas de parasitas — e predadores, embora neste caso seja mais complicado. Ainda é enganoso dizer que uma comunidade "precisa" de seus parasitas e predadores do mesmo modo que um urso-polar precisa de seu fígado ou de seus dentes. Mas o princípio do inimigo do meu inimigo realmente conduz a um resultado parecido. Pode ser correto ver uma comunidade de espécies como um tipo de entidade equilibrada que é potencialmente ameaçada pela remoção de qualquer uma de suas partes.

A ideia de comunidade composta de unidades de nível inferior que florescem na presença umas das outras aplica-se a todo o reino dos seres vivos. Porém, como eu disse, quero ir além da noção bem conhecida de que células animais são comunidades de centenas ou milhares de bactérias. Não estou menosprezando a importância das simbioses bacterianas. Mitocôndrias e cloroplastos tornaram-se tão integrados ao funcionamento harmonioso da célula que só recentemente foram descobertas suas origens bacterianas. As mitocôndrias são tão essenciais ao funcionamento de nossas células quanto estas para elas. Seus genes floresceram na presença dos nossos, e os nossos floresceram na presença dos delas. As células vegetais, sozinhas, são incapazes de fazer a fotossíntese. Sua magia química é executada por trabalhadoras convidadas no interior das células, originalmente bactérias, agora rebatizadas de cloroplastos. Animais que se alimentam de plantas, como os ruminantes e os cupins, são, em grande medida, incapazes de digerir celulose por si mesmos. Mas são bons para encontrar e comer plantas. A lacuna de mercado oferecida por suas entranhas cheias de plantas é explorada por micro-organismos simbióticos, dotados da competência biológica necessária para digerir matéria vegetal com eficiência, e em benefício de seus hospedeiros herbívoros. Seres com habilidades complementares florescem na presença uns dos outros.

Meu argumento é que esse processo tem um análogo no nível dos genes "próprios" de cada espécie. O genoma todo de um urso-polar ou um pinguim, de uma iguana ou um guanaco, é um conjunto de genes que florescem na presença uns dos outros. A arena imediata desse florescimento é o interior das células de um indivíduo, mas a arena de longo prazo é o reservatório gênico da espécie. Dada a reprodução sexuada, o reservatório gênico é o habitat de cada gene que é recopiado e recombinado através das gerações.

Isso dá à espécie seu status singular na hierarquia taxonômica. Ninguém sabe quantas espécies existem no mundo, mas, em grande medida graças a Ernst Mayr, sabemos pelo menos o que significaria contá-las. Argumentos sobre se existem 30 milhões de espécies, como alguns estimaram, ou apenas 5 milhões, são argumentos reais. A resposta é importante. Argumentos sobre quantos gêneros existem, ou quantas ordens, famílias, classes ou filos, não são mais importantes do que argumentos sobre quantos homens altos existem. Você pode definir "alto" como bem entender e também pode definir à vontade um gênero ou família. Porém — contanto que a reprodução seja sexuada —, espécie tem uma definição que extrapola o gosto individual, e de um modo que é verdadeiramente importante. Por definição, os membros de uma mesma espécie podem cruzar-se produzindo descendentes férteis e, portanto, participar do mesmo reservatório gênico. Define-se espécie como a comunidade cujos genes têm em comum a mais íntima das arenas para a coabitação: o núcleo celular — uma sucessão de núcleos celulares através das gerações. Quando uma espécie gera uma espécie filha, em geral depois de um período de isolamento acidental, o novo reservatório gênico passa a constituir uma nova arena na qual a cooperação intergênica pode evoluir. Toda a diversidade na Terra surgiu por meio dessas separações. Cada espécie é uma entidade única, um conjunto único de genes coadaptados, que cooperam uns com os outros na tarefa de construir os organismos individuais dessa espécie.

O reservatório gênico de uma espécie é um edifício de cooperadores harmoniosos, construído ao longo de uma história única. Como já expliquei em outro texto, qualquer reservatório gênico é um registro escrito único da história ancestral. Talvez essa imagem seja um tanto pomposa, mas ela decorre indiretamente da seleção natural darwiniana. Um animal bem-adaptado reflete, até nos mínimos detalhes, inclusive os bioquímicos, os ambientes onde seus ancestrais sobreviveram. Um reservatório gênico foi esculpido e burilado, ao longo das gerações de seleção natural de seus ancestrais, para adaptar-se àquele ambiente. Em teoria, ao ver a transcrição de um genoma completo, um zoólogo bem preparado deve ser capaz de reconstituir as circunstâncias ambientais que esculpiram o reservatório gênico. Nesse sentido, o DNA é uma descrição codificada de ambientes ancestrais, um "livro genético dos mortos". George Williams diz em outras palavras: "Um reservatório gênico é um registro imperfeito da média móvel de pressões seletivas no decorrer de um longo período em uma área geralmente muito maior do que as distâncias por onde o indivíduo se dispersou".

Portanto, o reservatório gênico de uma espécie é a floresta tropical onde floresce a ecologia dos genes. Mas por que intitulei meu artigo "Uma ecologia de *replicadores*"? Para responder, preciso dar um passo atrás e examinar uma controvérsia em teoria evolucionária, da qual Ernst Mayr participou eloquentemente. É a controvérsia sobre a questão da unidade na hierarquia da vida na qual podemos dizer que a seleção natural atua. Para responder à pergunta de Richard Alexander — "*O que* é o mais apto?" —, Ernst Mayr e eu cunhamos, cada qual, uma palavra: "selecton" e "optimon", respectivamente. A *pergunta* era: "Qual é a entidade para a qual podemos dizer que uma adaptação faz bem?". Faz bem para o grupo, o indivíduo, o gene, a vida como um todo ou o quê? Minha resposta a essa pergunta — o gene — não é a que Mayr daria — o organismo. Procurarei mostrar que a diferença é apenas aparente, e não real. Ela desaparecerá quando esclarecermos as diferenças de terminologia. Depois de uma promessa tão presunçosa, para não dizer atrevida, tentarei agora cumpri-la.

O modo errado de definir o debate é como uma escolha entre degraus de uma escada, dos quais o gene é o mais baixo: gene, célula, organismo, grupo, espécie, ecossistema. O erro nessa escada em níveis está no fato de que, na verdade, o gene é uma categoria diferente de todo o resto. O gene é o que chamei de replicador. Os restantes são todos "veículos" para os replicadores. Williams expôs claramente em 1966 a justificativa para considerar o gene especial nessa lista de níveis:

> A seleção natural de fenótipos não pode, por si mesma, produzir mudança cumulativa, pois os fenótipos são manifestações extremamente temporárias. O mesmo argumento vale para os genótipos [...]. Os genes de Sócrates podem estar ainda entre nós, mas seu genótipo não, pois a meiose e a recombinação destroem genótipos tão seguramente quanto a morte [...]. Apenas os fragmentos do genótipo dissociados pela meiose são transmitidos na reprodução sexuada, e esses fragmentos são de novo fragmentados pela meiose na geração seguinte. Se existe um fragmento indivisível em essência, ele é, por definição, "o gene" que é mencionado nas discussões abstratas em genética de populações.

Agora os filósofos chamam essa noção de "selecionismo gênico", mas duvido que Williams a considerasse um afastamento radical da "seleção individual" neodarwiniana ortodoxa. Eu também não considerava quando, uma década atrás, reiterei e ampliei o mesmo argumento em *O gene egoísta* e *The Extended Phenotype*. Pensávamos estar apenas elucidando o que de fato significava neodarwinismo ortodoxo. Contudo, tanto os críticos como os partidários entenderam erroneamente a nossa concepção como uma crítica à ideia darwiniana do organismo individual como a unidade de seleção. Isso aconteceu porque, na época, não esclarecemos o bastante a distinção entre *replicadores* e *veículos*. Obviamente o organismo individual é a unidade de seleção (ou pelo menos é uma unidade muito importante) se o que se tem em mente é unidade no sentido de veículo. Mas ele não é um replicador.

Replicador é qualquer coisa da qual são feitas cópias. Nesse sentido, um organismo individual não é um replicador, e a reprodução de um indivíduo não é replicação. Nem mesmo quando ela é assexuada, clonal. Não é questão de fato, e sim de definição. Se você duvida, não entendeu a importância do termo "replicador".

Para um critério operacional estabelecer se uma entidade é um verdadeiro replicador, pergunte o que acontece com *imperfeições* nas entidades de sua classe. Um organismo individual, por exemplo, um afídeo ou um bicho-pau que se reproduzem de modo clonal, somente seria um verdadeiro replicador se imperfeições no fenótipo — uma perna amputada, digamos — fossem reproduzidas na geração seguinte. Obviamente, não são. Observe que uma imperfeição no genótipo — uma mutação — *é* reproduzida na geração seguinte. Evidentemente ela pode, então, manifestar-se também no fenótipo, mas não é a imperfeição fenotípica em si que é copiada. Isso nada mais é do que o conhecido princípio de que as características adquiridas não se herdam ou, em sua versão molecular, o Dogma Central de Crick.

Descrevi um replicador como "ativo" se alguma coisa em sua natureza afeta sua proficiência em ser copiado, o que implica que replicadores com imperfeições podem ser menos proficientes, ou mais proficientes, do que o original (na prática devido ao que estamos acostumados a chamar de "efeitos fenotípicos"). A verdadeira unidade de seleção em qualquer processo darwiniano, em qualquer planeta, é um replicador ativo na linha germinal. Neste planeta, é o DNA.

Williams retomou essa questão em seu livro mais recente, *Natural Selection*. Ele concorda que o gene não pertence à mesma lista hierárquica do organismo: "O melhor é lidar com essas complicações considerando a seleção individual não em um nível de seleção adicional à do gene, mas como o mecanismo primário de seleção no nível gênico".

"Mecanismo primário de seleção no nível gênico" é o nome que Williams dá ao que eu chamaria de "veículo" e David Hull chamaria de "interagente". A versão de Williams para o meu "replicador" — em outras palavras, o seu modo de distinguir o gene de todos os veículos — é cunhar a expressão *domínio codical*, em contraste com *domínio material*. Um membro do domínio codical é um códice. As informações codificadas em um gene encontram-se firmemente no domínio codical. Os átomos no DNA do gene estão no domínio material. Os únicos outros candidatos que consigo imaginar para o domínio codical são memes como os programas de computador autorreplicantes e as unidades de herança cultural. Isso quer dizer que ambos são candidatos ao título de replicador ativo na linha germinal e candidatos a unidade básica de seleção em um processo darwiniano hipotético. O organismo individual nem sequer é candidato a replicador em algum processo darwiniano, ainda que hipotético.

Mas ainda não fiz justiça às críticas sobre a ideia do selecionismo gênico. A mais convincente dessas críticas proveio do próprio Ernst Mayr, que usou argumentos prefigurados em sua famosa investida contra o que ele chamou provocativamente de genética de saquinho de feijão* e no capítulo "Unity of the Genotype" do livro *Animal Species and Evolution*. Nesse capítulo, por exemplo, ele afirmou: "Considerar os genes unidades independentes não tem sentido do ponto de vista fisiológico nem do evolucionário".

Esse livro de escrita primorosa é um de meus favoritos, e concordo com cada palavra desse capítulo, exceto sua mensagem essencial, da qual discordo profundamente!

O importante é distinguir entre o papel dos genes na embriologia e o papel dos genes na evolução. É inegável — mas irre-

---

* Provocou J. B. S. Haldane a escrever o enérgico "Defence of Beanbag Genetics". Nesse contexto, a genética de saquinho de feijão refere-se ao tratamento quantitativo de mudanças na frequência gênica em populações, considerando os genes como entidades mendelianas particuladas.

levante para o debate sobre os níveis da seleção — que os genes interagem uns com os outros de modos inextricavelmente complexos na embriologia, ainda que nem todos os embriologistas cheguem ao ponto de dizer, como Mayr, que "cada característica de um organismo é afetada por todos os genes e cada gene afeta todas as características".

O próprio Mayr reconhece o exagero e fico feliz em citar isso no mesmo estado de espírito. Feliz em citar porque, mesmo se isso fosse literalmente verdade, não solaparia, nem no mais ínfimo grau, o status do gene como a unidade de seleção: isto é, unidade no sentido de replicador. Se parece paradoxal, a resolução é dada pelo próprio Mayr: "Um dado gene tem como seu ambiente genético não apenas a base genética do zigoto específico no qual ele se situa temporariamente, mas todo o reservatório gênico da população local em que ele ocorre".

Essa é de fato a questão principal. Cada gene é selecionado por sua capacidade de sobreviver em seu ambiente. Nós naturalmente pensamos primeiro no ambiente externo. No entanto, os elementos mais importantes no ambiente de um gene são os outros genes. Essa "ecologia de genes", na qual cada um é selecionado separadamente por sua capacidade de florescer na presença de outros no reservatório gênico sexualmente recombinante, é o que cria a ilusão da "unidade do genótipo". Não é certo, de modo nenhum, dizer que, porque o genoma é unificado em seu papel embriológico, ele também é, portanto, unificado em seu papel evolucionário. Mayr estava certo com respeito à embriologia. Williams estava certo com respeito à evolução. Não existe discordância.

Doze equívocos sobre a seleção de parentesco*

INTRODUÇÃO

A seleção de parentesco entrou na moda, e às vezes, quando uma moda surge, as atitudes se polarizam. A corrida para tratar dessa teoria provoca uma reação sadia. E, assim, hoje o etó-

---

* A teoria da seleção de parentesco — a seleção natural favorece genes "para" ajudar parentes porque eles têm estatisticamente maior probabilidade de estar presentes nos parentes ajudados — foi proposta por W. D. Hamilton, que mais tarde se tornou meu colega em Oxford e amigo. Ela foi um dos temas principais do meu primeiro livro, *O gene egoísta*. Depois de permanecer em grande medida desconsiderada durante a primeira década depois da publicação dos importantes artigos de Hamilton em 1964, a teoria da seleção de parentesco subitamente passou a ser muito debatida em meados dos anos 1970 por biólogos e pelo mundo em geral. A popularidade da seleção de parentesco gerou uma profusão de equívocos, e alguns dos mais bizarros foram perpetrados por renomados cientistas sociais que — ousemos sugerir — talvez se sentissem ameaçados por essa repentina incursão em território que julgavam ser deles. Esse surto de comentários impertinentes impeliu-me a coligir doze desses equívocos e refutá-los em um artigo publicado (em inglês) na principal revista especializada em comportamento animal alemã, *Zeitschrift für Tierpsychologie*. Como de praxe

logo* sensível, de orelha no chão, detecta murmúrios de rosnados céticos, que ocasionalmente alteiam para ladridos presunçosos quando um dos triunfos iniciais da teoria depara com novos problemas. É uma pena essa polarização. Neste caso, ela é exacerbada por uma notável série de equívocos, tanto de defensores como de críticos da seleção de parentesco. Muitos desses equívocos derivam de tentativas secundárias de explicar as ideias de Hamilton, e não da formulação matemática original do autor. Eu, que um dia já me deixei enganar por alguns deles e que os encontro frequentemente, gostaria de tentar a difícil tarefa de explicar em linguagem não matemática doze dos equívocos mais comuns sobre a seleção de parentesco. Esses doze não abrangem todo o estoque. Alan Grafen, por exemplo, publicou duas análises sobre dois outros, bem mais sutis. As doze seções podem ser lidas em qualquer ordem.

Equívoco 1: "A seleção de parentesco é um tipo especial e complexo de seleção natural, a ser invocado só quando a 'seleção individual' se mostrar inadequada"

Esse erro lógico, sozinho, já é responsável por grande parte da reação de ceticismo que mencionei. Ele resulta da confusão

---

em um paper científico, havia muitas referências bibliográficas. Elas foram omitidas aqui. Também cortei três equívocos, números 8, 9 e 11. Embora sejam importantes, eles tratam de aspectos técnicos que só poderiam ser esclarecidos com uma profusão de informações para as quais não há espaço aqui.

* Hoje o meu grau de conscientização está a tal ponto elevado que eu diria "a etologista sensível". Não "o/a etologista", que soa indesejavelmente desajeitado aos *meus* ouvidos. Prefiro a convenção pela qual os autores indicam um respeito cortês pelo sexo oposto preferindo a flexão de gênero apropriada. Etologia é o estudo biológico do comportamento animal. Hoje eu poderia também dizer "a socióbióloga sensível", "a ecologista comportamental sensível" ou "a psicóloga evolucionista sensível".

entre precedência histórica e parcimônia teórica: "A seleção de parentesco é uma adição recente ao nosso arsenal teórico; durante anos nos saímos bem sem ela em muitos propósitos; portanto, só devemos recorrer a ela quando a boa e velha 'seleção individual' não der conta do recado".

Repare que a boa e velha seleção individual sempre incluiu o cuidado parental como uma consequência óbvia da seleção para a aptidão individual. O que a teoria da seleção de parentesco adicionou é a noção de que o cuidado parental é apenas um caso especial de cuidado com os parentes próximos. Se examinarmos em detalhes a base genética da seleção natural, veremos que a "seleção individual" não tem nada de parcimoniosa, enquanto a seleção de parentesco é uma consequência simples e inevitável da sobrevivência diferencial de genes, a qual, fundamentalmente, *é* seleção natural. Cuidar de parentes próximos em detrimento de parentes distantes é algo predito com base no fato de que os parentes próximos têm maior probabilidade de propagar o gene ou os genes "para" esse tipo de cuidado: é o gene cuidando de suas cópias. O cuidado consigo mesmo e com os próprios filhos *mas não* igualmente com os parentes colaterais próximos é algo difícil de prever por qualquer modelo genético simples. Precisamos invocar fatores adicionais, por exemplo, a suposição de que é mais fácil identificar a própria prole do que os parentes colaterais. Esses fatores adicionais são bastante plausíveis, mas têm de ser *adicionados* à teoria básica.

Parece ser verdade que a maioria dos animais cuida da prole mais do que cuida dos irmãos, e certamente é verdade que os teóricos evolucionários compreenderam o cuidado parental antes de compreenderem o cuidado com irmãos. No entanto, nenhum desses dois fatos implica que a teoria geral da seleção de parentesco não é parcimoniosa. Se aceitarmos a teoria genética da seleção natural, como todo biólogo que se preza, temos de aceitar os princípios da seleção de parentesco. O ceticismo racional é limitado a crenças (perfeitamente sensatas) de que, *na prática*, a pressão seletiva em favor de cuidar de parentes que não sejam filhos provavelmente não tem consequências evolucionárias dignas de nota.*

O equívoco 1 talvez tenha sido incentivado inadvertidamente por uma definição influente de seleção de parentesco propagada por Edward O. Wilson: "A seleção de genes decorrente de um ou mais indivíduos favorecer ou desfavorecer a sobrevivência e reprodução de parentes (exceto a prole) que possuem os mesmos genes por ascendência comum". Fico satisfeito em ver que Wilson omitiu a ressalva "exceto a prole" em sua definição mais recente em favor desta: "Embora o parentesco seja definido de modo a incluir a prole, o termo seleção de parentesco comumente é usado apenas se pelo menos alguns outros parentes, por exemplo, irmãos, irmãs ou pais, também são afetados". É inegável que isso é verdade, mas ainda acho lamentável. Por que deveríamos tratar o cuidado parental como especial só porque, por muito tempo, ele foi o único tipo de altruísmo ligado à seleção de parentesco que compreendemos? Não separamos Netuno e Urano dos demais planetas só porque durante séculos não soubemos de sua existência. Chamamos todos de planetas porque são todos o mesmo tipo de coisa.

No fim de sua definição de 1975, Wilson acrescentou que a seleção de parentesco era "uma das formas extremas de seleção de

---

* A "regra de Hamilton" resume bem essa teoria. Um gene para o altruísmo se disseminará pelo reservatório gênico se $rB>C$, isto é, se o custo C para o altruísta for superado pelo benefício B para o beneficiário multiplicado por uma fração r que representa a proximidade do parentesco entre eles. A razão de os cuidados parentais serem mais comuns do que os cuidados com irmãos é que, embora r seja igual em ambas as relações (0,5), na prática os termos B e C favorecem o cuidado parental.

grupo". Ainda bem que isso também foi cortado de sua definição de 1978.* Ela é o segundo dos doze equívocos.

Equívoco 2: "A seleção de parentesco é uma forma de seleção de grupo"

Seleção de grupo é a sobrevivência ou extinção diferencial de grupos inteiros de organismos. Acontece que, às vezes, organismos vivem em grupos familiares, por isso a extinção diferencial de um grupo pode vir a ser, na prática, equivalente à seleção de família ou à "seleção de grupo familiar". No entanto, isso não tem nenhuma relação com a essência da teoria básica de Hamilton: são selecionados os *genes* que tendem a fazer indivíduos discriminarem em favor de outros indivíduos que têm maior probabilidade de conter cópias dos mesmos genes. A população não precisa estar dividida em grupos familiares para que isso ocorra, e certamente não é necessário que famílias inteiras sejam extintas ou sobrevivam como unidades.

Obviamente, não se pode esperar que animais saibam, em um sentido cognitivo, quem são seus parentes (ver o equívoco 3), e, na prática, o comportamento que é favorecido pela seleção natural será equivalente a alguma regra prática do tipo "compartilhe alimento com qualquer coisa que se mova no ninho em que você está". Se for o caso de famílias viverem em grupos, esse fato ensejará uma regra prática para a seleção de parentesco: "Cuide dos indivíduos que você vê com frequência". Contudo, saliento mais uma vez que isso não tem nenhuma relação com a verdadeira seleção de grupo: a sobrevivência e a extinção diferenciais de gru-

---

* Lamentavelmente, Wilson reverteu esses dois avanços em publicações mais recentes, incluindo seu livro *A conquista social da Terra*, de modo que me levam a supor que, na verdade, ele nunca entendeu a seleção de parentesco.

pos inteiros não entram nesse raciocínio. A regra prática funciona se existir alguma "viscosidade" na população, no sentido de ser estatisticamente provável que indivíduos encontrem parentes; não há necessidade de que famílias vivam em grupos separados.

Hamilton talvez tenha razão em culpar a própria expressão "seleção de parentesco" por mal-entendidos, ironicamente desde que ela foi cunhada (por Maynard Smith) com o louvável propósito de ressaltar que ela é distinta da seleção de grupo. O próprio Hamilton não usa a expressão; prefere frisar a importância de seu conceito básico de aptidão inclusiva* para qualquer tipo de altruísmo geneticamente não aleatório, relacionado ou não ao parentesco. Por exemplo, suponhamos que, em uma espécie, exista variação genética na escolha de habitat. Suponhamos também que um dos genes que contribuem para essa variação tem o efeito pleiotrópico** de fazer indivíduos compartilharem alimento com outros que eles encontram. Devido ao efeito pleiotrópico sobre a escolha de habitat, esse gene altruísta, na prática, discrimina em favor de cópias de si mesmo, pois os indivíduos que o possuem têm especial probabilidade de congregar-se no mesmo habitat e, portanto, de se encontrar uns com os outros. Não é preciso que sejam parentes próximos.

Qualquer modo de um gene altruísta poder "reconhecer" cópias de si mesmo em outros indivíduos poderia ser a base para um modelo semelhante. O princípio se reduz ao essencial no improvável mas instrutivo "efeito barba verde": em teoria, a seleção favore-

---

* Hamilton deu uma definição matemática mais precisa para "aptidão inclusiva" que é um tanto longa em palavras, mas aprovou minha definição informal: "Aptidão inclusiva é a quantidade que um indivíduo parece maximizar quando o que realmente é maximizado é a sobrevivência de seus genes".

** Muitos genes têm mais de um efeito, muitas vezes aparentemente sem relação uns com os outros, e esse fenômeno é conhecido como pleiotropia.

ceria um gene que, pleiotropicamente, causasse em indivíduos o crescimento de uma barba verde e também uma tendência a serem altruístas com indivíduos de barba verde. Mais uma vez, não há necessidade de que os indivíduos sejam parentes.*

Equívoco 3: "A teoria da seleção de parentesco requer dos animais verdadeiras façanhas de raciocínio cognitivo"

Em uma muito citada "crítica antropológica da sociobiologia", Sahlins** afirmou:

A propósito, é preciso ressaltar que os problemas epistemológicos resultantes da falta de apoio linguístico para calcular r, o coeficiente de parentesco, é um defeito grave na teoria da seleção de parentesco. A ocorrência de frações nas linguagens do mundo é extremamente rara; elas aparecem nas civilizações indo-europeias e nas arcaicas civilizações do Oriente Próximo e do Extremo Oriente, mas em geral não são encontradas entre os chamados povos primitivos. Caçadores e coletores geralmente não possuem sistemas de contagem além de *um, dois* e *três*. Abstenho-me de comentar sobre o problema ainda maior de como animais poderiam calcular que r

---

* O efeito barba verde é uma hipótese não realista, uma parábola. O que é realista — e esta é a mensagem da parábola — é que o parentesco atua como uma espécie de barba verde estatística. Um animal com uma propensão genética para cuidar de irmãos, digamos, tem 50% de probabilidade de estar cuidando de cópias de si mesmo. A condição de irmão é um rótulo, como a barba verde. Não supomos que animais tenham uma noção cognitiva da condição de irmão. Na prática, o rótulo provavelmente é algo como "aquele que está no mesmo ninho que você".
** Marshall Sahlins é um renomado antropólogo norte-americano. Alguns outros antropólogos deram-se ao trabalho de aprender um pouco de biologia. Para ser justo, creio que eu demonstraria ignorância e falta de compreensão semelhantes se me aventurasse no campo da antropologia. Mas não me aventuro.

[portanto, primos germanos] = ⅛. O fato de os sociobiólogos não levarem esse problema em consideração introduz considerável misticismo em sua teoria.

É uma pena que Sahlins tenha sucumbido à tentação de "abster-se de comentar" "como animais poderiam calcular" *r*. O próprio absurdo da ideia que ele tentou ridicularizar deveria ter disparado um alarme mental. A concha de um caracol é uma primorosa espiral logarítmica, mas onde o caracol guarda a sua tabela de logaritmos? Como será que ele a lê, já que o cristalino do seu olho não tem "apoio linguístico" para calcular μ, o coeficiente de refração? Como as plantas verdes "calculam" a fórmula da clorofila? Basta, sejamos construtivos.

A seleção natural escolhe genes, e não seus alelos,[*] devido aos efeitos fenotípicos dos genes. No caso do comportamento, presume-se que os genes influenciam o estado do sistema nervoso, o que, por sua vez, influencia o comportamento. No comportamento, na fisiologia ou na anatomia, um fenótipo complexo pode requerer uma descrição matemática complicada para podermos entendê-lo. Isso não significa, obviamente, que os animais tenham de ser matemáticos. Serão selecionadas "regras práticas" inconscientes do tipo já mencionado. Para uma aranha construir sua teia, é preciso regras práticas que provavelmente são mais complicadas do que as postuladas por qualquer teórico da seleção de parentesco. Se não existissem teias de aranha, qualquer um que as postulasse poderia muito bem provocar um zom-

---

[*] "Alelos" são formas alternativas de um gene que competem por um "lócus" específico em um cromossomo. Em seres que se reproduzem por via sexuada, a seleção natural pode ser vista como uma competição por esse lócus entre alelos no reservatório gênico. As armas nessa competição normalmente são os efeitos "fenotípicos" que eles produzem sobre os corpos.

beteiro ceticismo. Mas elas existem, todo mundo já viu uma, e ninguém pergunta como é que a aranha "calcula" o projeto.

O mecanismo que constrói teias de modo automático e inconsciente tem de ter evoluído por seleção natural. Seleção natural significa a sobrevivência diferencial de alelos em reservatórios gênicos. Portanto, tem de ter ocorrido variação genética na tendência a construir teias. Da mesma forma, para falar em evolução do altruísmo por seleção de parentesco, precisamos postular variação genética no altruísmo. Nesse sentido, precisamos postular alelos "para" altruísmo a serem comparados com alelos para egoísmo. Isso me leva a tratar do próximo equívoco.

Equívoco 4: "É difícil imaginar um gene 'para' algo tão complexo como o comportamento altruístico com parentes"

Esse problema resulta de um mal-entendido sobre o que significa falar em um gene "para" um comportamento. Nenhum geneticista jamais imaginou que um gene "para" alguma característica fenotípica, por exemplo, microcefalia ou olhos castanhos, é responsável, sozinho e sem ajuda, pela fabricação do órgão que ele afeta. Uma cabeça microcéfala é anormalmente pequena, mas ainda assim é uma cabeça, e uma cabeça é algo complexo demais para ser construído por um único gene. Os genes não trabalham isolados, mas em conjunto. O genoma como um todo trabalha junto com seu ambiente para produzir o corpo como um todo.

Da mesma forma, "um gene para o comportamento X" só pode referir-se a uma *diferença* de comportamento entre dois indivíduos. Por sorte, são justamente essas diferenças entre indivíduos que importam para a seleção natural. Quando falamos em seleção natural para, digamos, altruísmo com irmãos mais novos, estamos falando da sobrevivência diferencial de um gene ou de genes "para" altruísmo com irmãos. Mas isso significa simplesmente um gene que tende a fazer indivíduos, em um ambiente normal, terem maior probabilidade de demonstrar altruísmo com irmãos do que demonstrariam sob a influência de um alelo desse gene. Isso é implausível?

É verdade que nenhum geneticista se deu ao trabalho de estudar genes para altruísmo. Também nenhum geneticista estudou a construção de teias por aranhas. Todos nós acreditamos que a construção de teias por aranhas evoluiu sob a influência da seleção natural. Isso só poderia ter acontecido se, em cada passo do caminho evolucionário, genes para alguma diferença no comportamento das aranhas fossem favorecidos em detrimento de seus alelos. O que não significa que essas diferenças genéticas ainda tenham de existir; pode ser que, a esta altura, a seleção natural tenha removido a divergência genética original.

Ninguém nega a existência do cuidado materno, e todos nós aceitamos que ele evoluiu sob a influência da seleção natural. Novamente, não precisamos fazer uma análise genética para nos convencermos de que isso só poderia ter acontecido se existisse uma série de genes para várias diferenças de comportamento que, juntos, construíssem o comportamento materno. E, uma vez que existe o comportamento materno, em toda a sua complexidade, não é preciso muita imaginação para ver que basta apenas uma pequena mudança genética para expandi-lo na direção do altruísmo do irmão mais velho.

Suponha que a "regra prática" que pauta o cuidado materno em uma ave seja: "Alimente qualquer coisa que pie dentro do seu ninho". Isso é plausível, pois os cucos parecem ter explorado alguma regra simples desse tipo. Ora, para obter o altruísmo com irmãos, é preciso apenas uma pequena mudança quantitativa, talvez um pequeno adiamento do momento em que um filhote vai embora do ninho dos pais. Se ele adiar sua partida até depois de eclodir a ninhada seguinte, sua regra prática existente poderia muito bem levá-lo automaticamente a começar a alimentar as bocas pipilantes que apareceram de repente no ninho natal. Esse pequeno adiamento quantitativo de um evento histórico em uma vida é exatamente o tipo de coisa que se pode esperar como efeito de um gene. De qualquer modo, a mudança é facílima em comparação com as que devem ter se acumulado na evolução do cuidado materno, da construção de teias ou de qualquer outra adaptação complexa não questionada. O equívoco 4 mostra ser apenas uma nova versão de uma das mais antigas objeções do próprio darwinismo, uma objeção que Darwin previu em *A origem das espécies* e refutou decisivamente em sua seção intitulada "Órgãos de extrema perfeição e complexidade".

O comportamento altruísta pode ser muito complexo, mas adquiriu sua complexidade não de um novo gene mutante, e sim do processo de desenvolvimento preexistente sobre o qual o gene atuou. Já existia um comportamento complexo antes de o novo gene aparecer, e esse comportamento complexo foi resultado de um processo de desenvolvimento longo e intricado envolvendo grande número de genes e fatores ambientais. O novo gene em questão apenas deu a esse processo complexo existente um empurrãozinho tosco, cujo resultado foi uma mudança crucial no efeito fenotípico complexo. O que tinha sido, digamos, um cuidado maternal complexo tornou-se o cuidado fraterno complexo. A passagem de cuidado materno para cuidado fraterno foi simples, apesar de tanto o cuidado materno como o fraterno serem, em si mesmos, muito complexos.

Equívoco 5: "Todos os membros de uma espécie têm mais de 99% de seus genes em comum, então por que a seleção não deveria favorecer o altruísmo universal?"

Todo esse cálculo no qual a sociobiologia se baseia é gritantemente enganoso. Um genitor não tem metade dos genes em comum com a prole; a prole tem em comum metade dos genes nos quais seus pais diferem. Se os pais forem homozigotos para um gene, é claro que toda a prole herdará esse gene. A questão, então, passa a ser: quantos genes em comum existem em uma espécie como o *Homo sapiens*? King e Wilson estimaram que homem e chimpanzé têm em comum 99% de seu material genético; estimaram também que as raças humanas são cinquenta vezes mais aparentadas do que o homem com o chimpanzé. Na verdade, indivíduos que os sociobiólogos consideram não aparentados têm em comum mais de 99% de seus genes. Seria fácil fazer um modelo no qual a estrutura e a fisiologia importantes no comportamento sejam baseadas nos 99% em comum e no qual diferenças sem importância para o comportamento, por exemplo, o feitio do cabelo, sejam determinadas pelo 1%. A mensagem é que, na verdade, a genética, e não os cálculos dos sociobiólogos, corrobora as crenças das ciências sociais.

Esse mal-entendido, por outro antropólogo renomado, Sherwood Washburn, surge não da formulação matemática de Hamilton, mas de fontes secundárias simplificadas ao extremo nas quais Washburn se baseia. No entanto, a matemática é difícil, e vale a pena tentar encontrar um modo simples de refutar o erro com palavras.

Independentemente de 99% ser ou não um exagero, Washburn com certeza está certo quando diz que dois membros quaisquer de uma espécie escolhidos ao acaso têm em comum a grande maioria de seus genes. Então do que estamos falando quando afirmamos que o coeficiente de parentesco r entre irmãos, por exemplo, é de 50%? Precisamos responder a essa pergunta primeiro, antes de tratar do erro propriamente dito.

A afirmação irrestrita de que pais e prole têm em comum 50% de seus genes é falsa, como Washburn corretamente declara. Podemos torná-la verdadeira se impusermos algumas restrições.

Um modo preguiçoso de restringi-la é avisar que estamos falando apenas em genes raros; se eu possuir um gene que é muito raro na população como um todo, a probabilidade de que um filho ou um irmão meu o possua é de aproximadamente 50%. Isso é preguiçoso porque se esquiva do fato importante de que o raciocínio de Hamilton se aplica a todas as frequências do gene em questão; é um erro (ver equívoco 6) supor que a teoria só funciona para genes raros. O modo como Hamilton restringiu a afirmação é diferente. Ele acrescentou a expressão "idênticos por ascendência". Irmãos podem ter em comum 99% de seus genes no total, mas apenas 50% de seus genes são idênticos por ascendência, isto é, descendem da mesma cópia do gene em seu ancestral comum mais recente.

Portanto, identificamos dois modos de explicar o significado de r, o coeficiente de parentesco: o modo "gene raro" e o modo "idênticos por ascendência".* Só que nenhum deles nos mostra como escapar do paradoxo de Washburn. Por que a seleção natural não favorece o altruísmo universal se a maioria dos genes é universalmente comum em uma espécie?

Consideremos duas estratégias, Altruísta Universal U e Altruísta com Parentes K. Os indivíduos U cuidam de qualquer membro da espécie sem discriminação. Os indivíduos K cuidam apenas de parentes próximos. Em ambos os casos, o comportamento cuidador tem algum custo para o altruísta em termos de suas chances de sobrevivência pessoal. Suponhamos que aceitamos a hipótese de Washburn de que o comportamento U "é baseado nos 99% de genes em comum". Em outras palavras, praticamente toda a população é altruísta universal, e uma ínfima minoria de mutantes ou imigrantes é altruísta com parentes. Superficialmente, o gene U parece estar cuidando de cópias de si

---

* Ver também a nota de rodapé das pp. 76-7.

mesmo, pois os beneficiários de seu altruísmo indiscriminado quase com certeza conterão o mesmo gene. Mas seria ele evolucionariamente estável diante de uma invasão de genes K que, no início, são raros?*

Não, não é. Toda vez que um indivíduo raro K se comporta de modo altruísta, é especialmente provável que ele beneficie outro indivíduo K, e não um indivíduo U. Por sua vez, os indivíduos U comportam-se de modo altruísta com todos, ou seja, sem discriminar entre indivíduos K e indivíduos U, pois a característica que define o comportamento U é a ausência de discriminação. Assim, os genes K estão fadados a se disseminarem por toda a população em detrimento dos genes U. O altruísmo universal não é evolucionariamente estável diante do altruísmo com parentes. Mesmo supondo que ele é comum no início, ele não permanecerá comum. Isso leva diretamente ao próximo equívoco, que é complementar.

Equívoco 6: "A seleção de parentesco só funciona para genes raros"

O resultado lógico da afirmação de que o altruísmo com irmãos, digamos, é favorecido pela seleção natural é que os genes

---

* A expressão "estratégia evolucionariamente estável", ou EEE, é de John Maynard Smith e representa um modo poderoso de pensar a evolução, do qual me servi acentuadamente em *O gene egoísta*. Uma "estratégia" é um "mecanismo" comportamental inconsciente — por exemplo: "Ponha comida nas bocas pipilantes que você vê em seu ninho". Uma estratégia EEE é do tipo que, quando adotada pela maioria da população, não pode ser superada por uma estratégia alternativa. Se pudesse ser superada, seria "instável". Uma população dominada por uma estratégia instável seria "invadida" pela estratégia alternativa superior. O raciocínio da EEE costuma começar com uma afirmação do tipo: "Imagine uma estratégia P na qual todos os membros da população estão fazendo P. Agora imagine que uma nova estratégia, Q, surja por mutação; a seleção natural levaria Q a 'invadir'?". Isso é o que estamos fazendo em nosso raciocínio sobre as estratégias U e K.

relevantes se disseminarão até a fixação.* Praticamente todos os indivíduos na população virão a ser altruístas com irmãos. Portanto, se eles soubessem, beneficiariam no mesmo grau o gene para altruísmo com irmãos cuidando de um membro aleatório da espécie ou cuidando de um irmão! Assim, poderia parecer que os genes para o altruísmo exclusivo com parentes só são favorecidos quando são raros.

Raciocinar dessa forma é supor que animais, e até genes, agem como Deus. Mas a seleção natural é mais mecânica do que isso.** O gene para altruísmo com parentes não programa indivíduos para executar ações inteligentes em benefício dele; o que faz é especificar uma simples regra prática de comportamento, por exemplo, "ponha comida nas bocas pipilantes no ninho em que você vive". É essa regra inconsciente que se tornará universal quando o gene se tornar universal.

Como no caso da falácia anterior, podemos usar a linguagem das estratégias evolucionariamente estáveis. Agora perguntamos se o altruísmo com parentes, K, é estável diante de uma invasão pelo altruísmo universal, U. Ou seja, supomos que o altruísmo com parentes se tornou comum e indagamos se haverá invasão de genes mutantes que são altruístas universais. A resposta é não, pela mesma razão de antes. Os raros altruístas universais cuidam do alelo rival K indiscriminadamente, do mesmo modo que cuidam de cópias de seu próprio alelo U. Por outro lado, é muito improvável que o alelo K cuide de cópias de seu rival.

---

* "Fixação" é o termo técnico usado por geneticistas populacionais para designar a disseminação de um gene pela população até que todos, ou quase todos, o possuam. Um gene pode disseminar-se até a fixação seja graças à seleção natural positiva (a razão interessante), seja graças ao acaso aleatório, a chamada "deriva genética".

** Essa é a razão de eu ter usado a palavra "mecanismo" em minha nota de rodapé na p. 211 ao definir EEE.

Portanto, mostramos que o altruísmo com parentes é estável contra a invasão do altruísmo universal, mas o altruísmo universal não é estável contra a invasão do altruísmo com parentes. Isso é o máximo que consigo me aproximar de uma explicação verbal para o argumento matemático de Hamilton de que o altruísmo com parentes próximos é favorecido em comparação com o altruísmo universal em todas as frequências dos genes em questão. Embora minha explicação careça da precisão matemática da apresentação de Hamilton, pelo menos deve bastar para eliminar esses dois equívocos qualitativos comuns.

Equívoco 7: "O altruísmo é necessariamente esperado entre membros de um clone idêntico"

Existem raças de lagartos partenogenéticos* cujos membros parecem ser descendentes idênticos, em cada caso, de um único mutante. O coeficiente de parentesco entre os indivíduos nesse clone é 1. Assim, uma aplicação ingênua da teoria da seleção de parentesco aprendida por decoreba poderia predizer grandes feitos de altruísmo entre todos os membros dessa raça. Como a anterior, essa falácia equivale a acreditar que os genes são como Deus.

Genes para altruísmo com parentes disseminam-se porque é especialmente grande sua probabilidade de ajudarem cópias de si mesmos, e não de seus alelos. Mas em um grupo clônico de lagartos, todos os membros contêm os genes de sua matriarca fundadora original. Ela foi parte de uma população sexuada comum, e não há razão para supor que possuísse genes especiais para altruísmo. Quando ela fundou seu clone assexuado, seu genoma

---

* *Parthenos*, do grego, significa "virgem". Os lagartos partenogenéticos reproduzem-se sem a participação de machos, produzindo "filhas" clonais equivalentes a gêmeas idênticas à mãe.

existente foi "congelado" — um genoma que havia sido moldado por quaisquer pressões de seleção que estavam atuando antes da mutação clonal.

Se alguma nova mutação para um altruísmo mais indiscriminado surgisse no clone, os indivíduos que a contivessem seriam, por definição, membros de um novo clone. Assim, em teoria, agora a evolução poderia ocorrer por seleção interclonal. A nova mutação, porém, teria de funcionar segundo uma nova regra prática. Se a nova regra prática for tão indiscriminada que ambos os subclones se beneficiem, o subclone altruísta fatalmente diminuirá, pois está arcando com o custo do altruísmo. Poderíamos imaginar uma nova regra prática que inicialmente produzisse discriminação em favor do subclone altruísta, mas isso teria de ser alguma coisa nas linhas de uma regra prática comum de altruísmo "com parentes próximos" (por exemplo, "cuide dos ocupantes do seu ninho"). Então, se o subclone dotado dessa regra prática de fato se disseminasse em detrimento do subclone egoísta, o que veríamos por fim? Apenas uma raça de lagartos na qual cada um cuida dos ocupantes de seu ninho; não o altruísmo com o clone inteiro, mas o altruísmo "com parente próximo" corriqueiro. (Os pedantes, por gentileza, abstenham-se de comentar que lagartos não têm ninho!)

No entanto, apresso-me a acrescentar que há outras circunstâncias nas quais se prevê que a reprodução clonal levará ao altruísmo especial. Aqui os tatus-galinhas tornaram-se o meu exemplo favorito, pois se reproduzem sexualmente, mas cada ninhada consiste em quadrigêmeos idênticos. Nesse caso, o altruísmo dentro do clone é mesmo esperado, pois os genes são redistribuídos sexualmente em cada geração do modo usual. Isso significa que qualquer gene para altruísmo clonal provavelmente será comum a todos os membros de alguns clones e a nenhum membro de clones rivais.

Até agora, não há boas evidências a favor ou contra o altruísmo dentro do clone predito para esses tatus. No entanto, Aoki relatou algumas evidências interessantes em um caso comparável. No afídeo japonês *Colophina clematis*, a prole de fêmeas produzida assexuadamente consiste em dois tipos de indivíduos. As fêmeas do tipo A são afídeos normais que se alimentam sugando plantas. As do tipo B não progridem além do primeiro ínstar* e nunca se reproduzem. Elas têm rostro anormalmente curto, mal-adaptado para sugar plantas, e pernas protorácicas e mesotorácicas parecidas com as dos "falsos-escorpiões". Aoki mostrou que as fêmeas do tipo B atacam e matam insetos grandes. Ele especulou que talvez elas sejam uma "casta de soldados" estéreis que protegem suas irmãs reprodutivas contra predadores. Não sabemos como as "soldados" se alimentam. Aoki duvida que as partes de sua boca usadas para lutar sejam capazes de absorver seiva. Ele não aventa que elas são alimentadas por suas irmãs do tipo A, mas presume-se que essa possibilidade fascinante exista. E ele relata indicações de castas semelhantes de soldados em outros gêneros de afídeos.

A discussão de Aoki contém uma ironia interessante, que me foi apontada por R. L. Trivers. "Pode-se concluir da teoria [de Hamilton] que a verdadeira sociabilidade deveria ocorrer mais frequentemente em grupos com haplodiploidia do que em grupos sem [esse modo de reprodução] [...]. Não sei quantas ocorrências de sociabilidade verdadeira entre animais sem haplodi-

---

* "Ínstar" é o termo técnico com que os entomologistas designam os estágios distintos de desenvolvimento pelos quais os insetos passam ao longo de seu crescimento. São estágios separados e descontínuos porque o esqueleto do inseto consiste não em ossos internos, como o nosso, mas em uma couraça externa. Em contraste com os ossos, a couraça externa, depois que endurece, não pode crescer; por isso, o inseto precisa livrar-se dela periodicamente, crescendo-lhe então uma nova couraça, de tamanho maior. Cada um desses estágios incrementais é um "ínstar".

ploidia seriam suficientes para refutar sua teoria. Mas a existência de soldados entre os afídeos deveria ser um elemento de um dos mais graves problemas contra sua teoria."*

Esse é um erro muito instrutivo. As *Colophina clematis*, como outros afídeos, têm fases aladas de dispersão com reprodução sexuada entremeadas a gerações partenogenéticas vivíparas. As "soldados" e os indivíduos do tipo A que elas parecem proteger não possuem asas e quase certamente são membros do mesmo clone. A intervenção regular de gerações sexuadas aladas as-

---

* O erro espetacular de Aoki, como o de Sahlins e Washburn, decorre de uma compreensão imperfeita da teoria de Hamilton. Hamilton incluiu em sua exposição uma breve seção sobre "haplodiploidia", o singular sistema genético dos himenópteros — formigas, abelhas e vespas. As fêmeas são diploides, como nós: possuem cromossomos em pares. Já os machos são haploides e têm metade do número de cromossomos encontrado nas fêmeas. Portanto, todos os espermatozoides produzidos por um macho individual são idênticos. Engenhosamente, Hamilton ressaltou uma consequência reveladora: o parentesco *r* entre irmãs é 0,75 em vez do usual 0,5, pois o complemento paterno de seus genes é idêntico. Uma formiga fêmea tem parentesco mais próximo com sua irmã do que com sua filha! Como Hamilton salientou, isso poderia predispor os himenópteros a supremas façanhas de cooperação social. Foi uma ideia tão engenhosa, até mesmo tão *carismática*, que muitos leitores pensaram que ela fosse toda a mensagem de sua teoria, em vez de ser meramente alguns parágrafos improvisados — o glacê do bolo. Aoki evidentemente foi um desses leitores. Se houvesse compreendido toda a base de seleção gênica da teoria de Hamilton, em vez de apenas uns poucos parágrafos carismáticos, nunca teria sido autor do lamentável disparate sobre os seus afídeos altruístas. Aoki pensou que eles constituíam um "grave problema" para a teoria de Hamilton. Na verdade, dadas as condições certas, a teoria de Hamilton prediria façanhas ainda maiores de cooperação social entre afídeos clonais do que entre formigas, abelhas e vespas. O parentesco, *r*, entre os afídeos de Aoki é 1,0 em vez de mero 0,75 das irmãs himenópteras. A propósito, os cupins não são haplodiploides, mas Hamilton teve outra ideia engenhosa para eles, baseada no endocruzamento, para explicar sua cooperação social. Não que fosse realmente necessária alguma engenhosidade especial. Existem muitas combinações de *B* e *C* que poderiam combinar-se a um *r* de 0,5 de modo a promover a cooperação social e até esterilidade nos operários.

segura que os genes, para se desenvolverem facultativamente como uma soldado e os alelos, para não se desenvolverem dessa maneira, sejam embaralhados por toda a população. Portanto, alguns clones teriam esses genes enquanto clones rivais não os teriam. São condições bem diferentes das encontradas para os lagartos, e ideais para a evolução de castas estéreis. O melhor é considerar as soldados e suas parceiras reprodutoras do clone como partes do mesmo corpo extenso. Se uma afídeo soldado sacrifica altruisticamente sua reprodução, o meu dedão do pé faz a mesma coisa. E quase exatamente no mesmo sentido!

Equívoco 10: "Indivíduos tendem ao endocruzamento meramente porque isso traz mais parentes próximos ao mundo"

Preciso ter cuidado aqui, pois existe uma linha de raciocínio correta que se parece muito com o erro. Além disso, pode haver outras pressões de seleção a favor e contra o endocruzamento, mas elas não têm nenhuma relação com o presente argumento: ao que parece, o proponente do equívoco quis se garantir com o "sendo tudo o mais igual".

Eis o raciocínio que pretendo criticar. Suponha um sistema de acasalamento monogâmico. Uma fêmea que se acasala com um macho ao acaso traz ao mundo uma cria que é aparentada com ela segundo $r = \frac{1}{2}$. Se ela tivesse se acasalado com seu irmão, teria trazido ao mundo uma "supercria" com o efetivo coeficiente de parentesco de $\frac{3}{4}$. Portanto, genes para o endocruzamento são propagados em detrimento de genes para o exocruzamento e têm maior probabilidade de estar contidos em cada cria nascida.

O erro é simples. Se a fêmea individual se abstém de cruzar com seu irmão, este fica livre para cruzar com outra fêmea. Com isso, a fêmea exogâmica ganha um sobrinho/sobrinha ($r = \frac{1}{4}$), além de uma cria normal dela própria ($r = \frac{1}{2}$), que corresponde à supercria da fêmea incestuosa (r efetivo = ¾). É importante notar que a refutação desse erro pressupõe o equivalente da monogamia. Se a espécie for polígama,* digamos, com alta variação do êxito reprodutivo masculino e uma grande população de machos que não acasalam, as coisas podem ser muito diferentes. Já não é verdade, neste caso, que uma fêmea, ao cruzar com seu irmão, o priva da chance de cruzar com outra fêmea. Mais provavelmente, o cruzamento livre que a irmã dele lhe dá é o único cruzamento ao qual ele terá acesso. Portanto, a fêmea não se priva de um sobrinho/sobrinha independente ao cruzar-se incestuosamente e traz ao mundo uma cria que, de seu ponto de vista genético, é uma supercria. Assim, pode haver pressões de seleção em favor do incesto, porém o cabeçalho desta seção, como uma afirmação generalizada, é incorreto.

Equívoco 12: "Um animal deve dedicar a cada parente uma quantidade de altruísmo proporcional ao coeficiente de parentesco"

Como S. Altmann apontou, cometi esse erro quando escrevi que "a tendência deve ser que primos em segundo grau recebam um dezesseis avos do altruísmo dedicado a filhos ou irmãos".** Simplificando o argumento de Altmann, suponhamos que eu tenha um bolo e queira reparti-lo entre meus parentes; como devo dividi-lo? A falácia em discussão implica que cortarei o bolo de modo que cada parente receba uma fatia de tamanho proporcio-

---

* Um macho, muitas fêmeas: reprodução em estilo de harém. É muito mais comum que o inverso, a poliandria, por razões interessantes, porém não vale a pena mencioná-las aqui.

** Eu devia ter dito: "Sendo tudo o mais igual, irmãos têm probabilidade dezesseis vezes maior de serem tratados com altruísmo do que primos em segundo grau".

nal ao seu coeficiente de parentesco comigo. Na verdade, há razão melhor para que eu dê o bolo inteiro ao parente mais próximo disponível e não dê bolo para os demais.

Suponha que cada mordida no bolo seja igualmente valiosa, traduzida em carne ganha pela prole a uma taxa simples, proporcional. Nesse caso, claramente o indivíduo preferiria que todo o bolo fosse traduzido em carne de parente próximo a ser traduzido em carne de parente distante. É claro que essa suposição de proporcionalidade simples quase com certeza seria falsa em casos reais. No entanto, seria preciso fazer suposições muito elaboradas sobre retornos decrescentes antes de podermos predizer com alguma sensatez que o bolo deveria ser dividido proporcionalmente aos coeficientes de parentesco. Portanto, embora minha afirmação citada acima pudesse ser verdadeira em circunstâncias especiais, é adequado considerá-la falaciosa como uma generalização. Seja como for, é claro que eu não estava fazendo uma afirmação *literal*!

RETRATAÇÃO

Se o tom das páginas precedentes parece destrutivo ou negativo, minha intenção foi totalmente oposta. A arte de explicar um material difícil consiste, em parte, em prever as dificuldades do leitor e preveni-las. Por isso, expor sistematicamente equívocos frequentes sem dúvida pode ser uma iniciativa construtiva. Acredito que compreendo melhor a seleção de parentesco por ter deparado com esses doze erros e ter, em muitos casos, caído eu mesmo na armadilha e lutado arduamente para sair dela.

PARTE III

FUTURO DO SUBJUNTIVO

Robert Winston, em seu ponderado livro *The Story of God*, examina a distinção entre as figuras do "sacerdote" e do "profeta" na história da religião: o primeiro é quem estabelece as regras, determina as fronteiras e impõe o cumprimento dos preceitos; o segundo é o visionário, o crítico, o que se rebela contra o falso consolo, a areia na ostra comunal. Se não fosse pelos protestos de Richard, esta antologia talvez recebesse o título de *O profeta da razão*, visto que o tema deste grupo de ensaios é o cientista como um profeta naquele segundo sentido: o de estar disposto a andar na corda bamba entre a imaginação fundamentada e a especulação sem base, o de "pensar o impensável" e, com isso, torná-lo concebível. Como o passado se relaciona com o presente, e como ambos se relacionam com futuros possíveis? Para um cientista, essas questões ligam os motores da imaginação; na mente científica, elas estão sujeitas ao freio do ceticismo.

O primeiro ensaio desta parte, "Ganho líquido", é uma réplica à Questão Brockman, uma pergunta proposta anualmente por John Brockman, fundador da organização *The Edge*, cujo site reúne e entrevista intelectuais das áreas de ciência e tecnologia. Inspirado por um interesse de longa data por computadores, o texto não apenas celebra o crescimento extraordinário — e extraordinariamente rápido — da internet mas também traz uma conjectura impressionante: assim que a comunicação entre os elementos da sociedade se tornar veloz o bastante, a própria fronteira entre "indivíduo" e "sociedade" poderá desintegrar-se, e a memória humana individual definhará. O texto faz, também, observações incisivas sobre alguns aspectos culturais e políticos do crescimento exponencial da internet, desde a (má) qualidade de grande parte das conversas em chats até o (imenso) potencial que ela oferece para nos libertar da autoridade opressiva, por intermédio de um fascinante vislumbre de fenômenos como o gosto pelo anonimato na troca de ideias em comunidade.

O segundo ensaio, "Extraterrestres inteligentes", também tem origem em uma iniciativa de Brockman, desta vez uma coletânea de ensaios sobre o movimento do "design inteligente". Aqui o enfoque passa dos modos como a vida humana poderá evoluir ainda mais na Terra para as possibilidades de contato com formas de vida mais avançadas em outras partes do universo. Essa incursão específica sobre a corda bamba representa a distinção entre a especulação firmemente alicerçada e a superstição declarativa — e demonstra, com certa ironia, que a verdade objetiva da ciência pode enviar sondas imaginativas tão ousadas quanto qualquer forma de sobrenaturalismo, e consideravelmente mais bem fundamentadas. O "dardo" seguinte, "Procurando embaixo do poste de luz", sobre o mesmo assunto mas em estilo mais leve, faz um exame um tanto cético de uma tentativa de busca por inteligência extraterrestre.

O último ensaio desta terceira parte dá continuidade à especulação alicerçada na ciência e faz, com clareza inconfundível, a distinção crucial entre a "alma" como um habitante destacável de uma vida após a morte e a "alma" como o lócus do espírito humano, seu manancial profundo de capacidade intelectual e emocional; entre a alma da religião estabelecida e do sobrenaturalismo anelante e a alma como ela é celebrada no título desta antologia e na introdução de Richard para o livro. Com o provocativo cabeçalho "Daqui a cinquenta anos: a morte da alma?", esse ensaio é uma retumbante afirmação do poder estético e da magnificência da visão científica, além de uma breve refutação de qualquer dualismo cartesiano residual. A ciência ainda tem seus mistérios, com destaque para a natureza da consciência, mas são, todos eles, convites aos cientistas do futuro, libertados das restrições sobrenaturalistas e soltos em meio às infinitas possibilidades da realidade.

G. S.

Ganho líquido[*]

COMO A INTERNET ESTÁ MUDANDO SEU MODO
DE PENSAR?

Quarenta anos atrás, se a Questão Brockman tivesse sido "O que você prevê que mudará mais radicalmente o seu modo de pensar nos próximos quarenta anos?", minha mente teria voado no mesmo instante para um artigo então recente da *Scientific American* (setembro de 1966) sobre o "Projeto MAC". Sem relação alguma com o Mac da Apple, surgido bem depois, o Projeto MAC foi uma iniciativa cooperativa, sediada no Massachusetts Institute of Technology (MIT), pioneira da ciência da computação. Dela participou o círculo de inovadores da inteligência ar-

---

[*] O agente literário John Brockman tem o encantador costume de vasculhar o seu fornido caderno de endereços todo ano no período natalino e solicitar respostas a uma questão que ele intitula "Annual Edge Question". Em 2011, a pergunta foi a de interesse corrente: "Como a internet está mudando seu modo de pensar?". Esta é minha contribuição para o livro resultante.

tificial ligado a Marvin Minsky, mas, curiosamente, essa não foi a parte que arrebatou minha imaginação. O que realmente me empolgou, como usuário dos enormes computadores "mainframe" que eram o que se podia ter naquele tempo, foi algo que hoje pareceria muito banal: o então espantoso fato de que até trinta pessoas podiam acessar ao mesmo tempo, de todo o campus do MIT e até de casa, o mesmo computador: comunicar-se simultaneamente com ele e umas com as outras. *Mirabile dictu*, os coautores de um paper podiam trabalhar nele ao mesmo tempo, consultar um banco de dados compartilhado no computador, mesmo que estivessem a quilômetros de distância. Em princípio, poderiam até estar em lados opostos do planeta.

Hoje isso parece reles. É difícil descrever o quanto era futurístico naquela época. O mundo pós-Berners-Lee, se há quarenta anos pudéssemos imaginá-lo, teria parecido estarrecedor. Qualquer um com um computador portátil barato e uma conexão wi-fi de velocidade média pode desfrutar a ilusão de ricochetear vertiginosamente pelo mundo todo em cores, de uma webcam que mostra uma praia em Portugal até uma partida de xadrez em Vladivostok — e o Google Earth permite mesmo voar por toda a extensão da paisagem intermediária, como em um tapete mágico. Você pode dar um pulinho em um pub virtual para conversar, em uma cidade virtual cuja localização geográfica é tão irrelevante que literalmente não existe (pena que, com frequência, a estultícia do conteúdo das conversas pontuadas por "LOL" insulte a tecnologia que as possibilita).

"Dar pérolas aos porcos" é uma expressão que superestima a conversa média de uma sala de bate-papo, mas são as pérolas das máquinas e dos programas que me inspiram: a internet propriamente dita e a World Wide Web, definida sucintamente pela Wikipedia como "um sistema de documentos em hipermídia interligados e executados na internet". A web é uma obra genial, uma das maiores realizações da espécie humana, cuja qualidade mais notável é ter sido construída não por um único indivíduo genial como Tim Berners-Lee, Steve Wozniak ou Alan Kay, nem por uma companhia hierarquizada como a Sony ou a IBM, e sim por uma confederação anárquica de unidades em grande medida anônimas, situadas (irrelevantemente) por todo o planeta. É o Projeto MAC em escala gigantesca. Uma escala supra-humana. Além disso, não há um computador central enorme com numerosos satélites pequenos, como no Projeto MAC, e sim uma rede distribuída de computadores, de tamanhos, velocidades e fabricantes diversos, uma rede que ninguém — literalmente ninguém — jamais projetou ou montou, mas que cresceu, a esmo, organicamente, de um modo que é não só biológico mas *ecológico*.

É claro que existem aspectos negativos, mas eles podem muito bem ser perdoados. Já mencionei o conteúdo deplorável de muitas conversas em salas de bate-papo sem mediador. A tendência à grosseria escorchante é favorecida pela convenção do anonimato — cuja proveniência sociológica talvez um dia venhamos a discutir. Insultos e obscenidades, aos quais o sujeito nem sonharia em associar seu nome verdadeiro, fluem felizes do teclado quando ele está mascarado on-line como "TinkyWinky", "FlubPoodle" ou "ArchWeasel". Sem falar no eterno problema de distinguir informações verdadeiras das falsas. Ferramentas de busca velozes trazem a tentação de ver a web inteira como uma gigantesca enciclopédia, porém esquecendo que as enciclopédias tradicionais são organizadas com rigor e que seus verbetes são escritos por especialistas selecionados. Isso posto, vezes sem conta eu me assombro com o quanto a Wikipedia pode ser boa. Avalio a Wikipedia examinando as poucas coisas sobre as quais realmente tenho conhecimento (e posso até ter escrito o verbete correspondente em uma enciclopédia tradicional), por exemplo, "evolução" ou "seleção natural". Fico tão impressionado com essas incursões aferidoras que vou, com alguma confiança, para outros verbetes sobre os quais não tenho conhecimento em primeira mão (razão pela qual me senti capaz de supracitar a definição da web encontrada na Wikipedia). Sem dúvida, erros acabam aparecendo, ou até sendo inseridos maliciosamente,* mas a meia-vida de um erro, antes que o mecanismo natural de correção o mate, é de uma brevidade encorajadora. John Brockman alerta-me que, embora a Wikipedia seja de fato excelente em temas científicos, isso nem sempre vale para "outras áreas, como política e cultura popular, nas quais [...] continuamente eclodem guerras de edição". Ainda assim, o fato de que o conceito "Wiki" funciona, mesmo que apenas em algumas áreas, como a ciência, contraria tão flagrantemente o meu pessimismo anterior que fico tentado a vê-la como uma metáfora para tudo o que justifica um otimismo com relação à World Wide Web.

Podemos ser otimistas, sim, porém existe muito lixo na web, mais do que em livros impressos, talvez porque estes sejam mais caros para produzir (embora infelizmente também neles possamos encontrar muito lixo).** Mas a velocidade e a ubiquidade da internet realmente ajudam o nosso lado crítico a se manter em guarda. Se uma informação em um site parece implausível (ou plausível demais para ser verdadeira), você pode checar rapidamente em vários outros. Lendas urbanas e outros memes virais são catalogados em

---

* Algumas inserções são feitas mais por vaidade e interesse pessoal do que por maldade. Enquanto eu fazia a minha consulta "aferidora" (ver acima) ao verbete sobre a seleção natural, notei que a limitada bibliografia continha um livro que eu lera e sabia que não era relevante para o tema. Deletei-o. Dentro de meia hora lá estava de novo a mesma referência, suponho que reinserida pelo autor. Tornei a deletá-la. Ela tornou a voltar, e eu, vencido, desisti. A propósito, ela não se encontra no verbete atual, muito mais longo e abrangente.

** Ainda mais agora que os computadores tornaram tão barato e fácil publicar por vaidade, sem controle editorial.

vários sites úteis. Quando recebemos um daqueles alertas amedrontadores (em geral atribuídos à Microsoft ou à Symantec) sobre um perigoso vírus de computador, é preferível *não* o propagar logo de cara como spam para todo o nosso catálogo de endereços; em vez disso, é bom digitar no Google uma expressão-chave sobre o alerta. O resultado costuma ser, por exemplo, "Boato Número 76", com sua história e geografia meticulosamente registradas.

Talvez o principal aspecto negativo da internet seja que navegar pode viciar e acarretar um desperdício colossal de tempo, encorajando o hábito de voar como borboleta de um assunto para outro, em vez de dar atenção a um de cada vez. Mas quero deixar a negatividade e o pessimismo de lado e encerrar com algumas observações especulativas — e talvez mais positivas. A unificação mundial impremeditada que a web está alcançando (um entusiasta da ficção científica poderia discernir frêmitos embriônicos de uma nova forma de vida) reflete a evolução do sistema nervoso em animais multicelulares. Certa escola de psicologia poderia ver nela um reflexo do desenvolvimento da personalidade de cada indivíduo, uma fusão entre os princípios divididos e distribuídos na primeira infância. Ocorre-me aqui uma ideia que brota do romance de ficção científica *A nuvem negra*, de Fred Hoyle. A nuvem é um viajante interestelar super-humano cujo "sistema nervoso" consiste em unidades que se comunicam entre si por rádio — a velocidades que são ordens de magnitude mais rápidas do que os nossos lerdos impulsos nervosos. Mas em que sentido a nuvem deve ser vista: como um único indivíduo ou como uma sociedade? A resposta é que uma interconexão que seja suficientemente rápida obscurece a distinção. Uma sociedade humana se tornaria de fato um único indivíduo se pudéssemos atingir os pensamentos uns dos outros mediante a transmissão por rádio de cérebro a cérebro, diretamente e em alta velocidade. Algo nessas linhas poderá, por fim, fundir as várias unidades que constituem a internet.

Essa especulação futurista remete ao início do meu ensaio. E se olharmos quarenta anos no futuro? Provavelmente a lei de Moore continuará pelo menos por parte do tempo, o suficiente para fazer alguma mágica espantosa (que seria vista como tal pela nossa débil imaginação se nos fosse concedido vislumbrá-la hoje). A recuperação da memória exossomática comunal se tornará imensamente mais veloz, e dependeremos menos da memória que temos no crânio. No presente, ainda precisamos de cérebros biológicos para cruzar referências e fazer associações, mas programas mais refinados e máquinas mais rápidas cada vez mais usurparão essa função.

A representação em cores da realidade virtual em alta resolução avançará a tal ponto que será difícil e desencorajante fazer a distinção do mundo real. Games comunais em grande escala como Second Life serão viciantes para muitos que, desnorteados, não entendem o que se passa na sala das máquinas. E não sejamos esnobes. Para muitas pessoas no mundo, a realidade da "primeira vida" tem poucos encantos; mesmo para os mais afortunados, a participação ativa em um mundo virtual pode ser intelectualmente mais estimulante do que uma vida esparramada no sofá hipnotizada pelo *Big Brother*. Para intelectuais, o Second Life e seus sucessores turbinados se tornarão laboratórios de sociologia, psicologia experimental e respectivas disciplinas sucessoras, ainda não inventadas e nomeadas. Existirão economias, ecologias inteiras e talvez personalidades unicamente no espaço virtual.

Por fim, poderá haver implicações políticas. A África do Sul, no tempo do apartheid, tentou suprimir a oposição proibindo a televisão, mas acabou tendo que desistir. Será mais difícil proibir a internet. Regimes teocráticos ou outros regimes malignos poderão ter cada vez mais dificuldade para engambelar o povo com seus absurdos perversos. Se no final das contas a internet beneficia os oprimidos mais do que os opressores é um assunto polêmico; no presente, isso varia conforme a região. Podemos, pelo menos, torcer para que a internet mais rápida, mais acessível a todos e, sobretudo, mais barata do futuro apresse a tão esperada queda dos aiatolás, mulás, papas, tele-evangelistas e todos que exercem poder por meio do controle (cínico ou sincero) de mentes crédulas. Quem sabe um dia Tim Berners-Lee receba o prêmio Nobel da paz.

EPÍLOGO

Relendo este ensaio em fins de 2016, constato que seu tom geral otimista é um tanto desafinado. Há evidências assustadoramente convincentes de que a crucial eleição presidencial nos Estados Unidos neste ano (resta ver o quanto ela se revelará crucial, não só para os Estados Unidos mas para o mundo todo) foi influenciada por uma campanha orquestrada e sistemática de notícias falsas que difamou um dos candidatos. Se as investigações adicionais provarem que isso é verdade, esperemos que a legislação, ou pelo menos organizações que se autopoliciam, como o Facebook ou o Twitter, tomem providências. No momento, as redes sociais exultam com sua liberdade de contribuição e com sua liberdade de acesso. O controle editorial é mínimo, limitado a censurar obscenidades gritantes e ameaças violentas; não há verificação de fatos como a que dá orgulho a jornais renomados da estirpe do *New York Times*. Já vemos sinais de que pode haver reformas a caminho. Infelizmente, será tarde demais para a eleição de 2016.

Extraterrestres inteligentes*

Uma das muitas desonestidades da ricamente financiada cabala do design inteligente é fingir que o "designer" não é o Deus de Abraão, e sim uma inteligência inespecífica, que poderia ser até um extraterrestre.** Presume-se que o motivo é contornar a proibição da Primeira Emenda ao estabelecimento da religião pelo Congresso, sobretudo depois da decisão do juiz William Overton no caso McLean versus Conselho de Educação do Arkansas em 1982, no qual ele rechaçou a tentativa da legislatura estadual para assegurar o "tratamento equilibrado" da "ciência da criação" nas escolas.

---

* Esta é minha contribuição a outro livro organizado por John Brockman, desta vez em 2006, intitulado *Intelligent Thought: Science versus the Intelligent Design Movement* [Pensamento inteligente: Ciência versus o movimento do design inteligente].

** Essa desonestidade costuma passar despercebida. Os "teóricos" do design inteligente ("teórico" é um termo lisonjeiro demais) falam como se fosse um detalhe sem importância especificar se o designer é Deus ou um extraterrestre. Mas a diferença é colossal, como este ensaio mostrará.

A afiliação religiosa dessas pessoas não está em dúvida, e suas comunicações intragrupo não se dão ao trabalho de disfarçar seus objetivos. Jonathan Wells, um dos principais propagandistas do Discovery Institute e autor de *Icons of Evolution*, toda a vida foi membro da Igreja da Unificação (os chamados "moonistas"). Em uma publicação interna dos moonistas, ele escreveu o seguinte testemunho, intitulado "Darwinismo: por que busquei um segundo doutorado" (note que os moonistas tratam o reverendo Moon por "pai"):

> As palavras do Pai, meus estudos e minhas orações convenceram-me de que devia devotar minha vida a destruir o darwinismo, do mesmo modo que meus colegas unificacionistas já haviam dedicado a deles para destruir o marxismo. Quando o Pai me escolheu (junto com mais ou menos uma dezena de outros seminaristas formados) para iniciar um programa de doutorado em 1978, senti-me grato pela oportunidade de me preparar para a batalha.

Somente essa citação já põe em dúvida qualquer pretensão de Wells a ser levado a sério como um estudioso imparcial interessado na verdade — algo que tem de ser uma qualificação mínima para um doutorado em ciência. Ele admite publicamente que busca um doutorado em pesquisa científica não para descobrir alguma coisa sobre o mundo, e sim com o propósito específico de "destruir" uma ideia científica à qual seu líder religioso se opõe. O professor de direito Phillip Johnson, um cristão renascido considerado o líder da gangue, admite às claras que seu motivo para opor-se à evolução é ela ser "naturalista" (em vez de sobrenaturalista).

A afirmação de que o designer inteligente poderia ser um extraterrestre do espaço cósmico pode ser de má-fé, mas isso não impede que ela sirva de base para uma discussão interessante e reveladora. É essa discussão construtiva, *nas linhas da ciência*, que apresentarei neste ensaio.

O problema de reconhecer uma inteligência alienígena surge, em sua forma mais clara, no ramo da ciência conhecido como Seti, acrônimo em inglês de "Busca por Inteligência Extraterrestre". O Seti merece ser levado a sério. Seus participantes não devem ser confundidos com os que se queixam de ter sido abduzidos num disco voador para fins sexuais. Por todos os tipos de razão, incluindo o alcance de nossos aparelhos de escuta e a velocidade da luz, é extremamente improvável que nossa primeira apreensão de uma inteligência extraterrestre seja uma visita corpórea. Os cientistas do Seti não preveem nenhum visitante extraterrestre pessoalmente, e sim na forma de transmissões de rádio cuja origem inteligente, esperemos, se evidenciará em seu padrão.

Há fortes argumentos em favor da provável existência de vida inteligente em outras partes do universo. Eles são corroborados pelo princípio da mediocridade, uma lição salutar de Copérnico, Hubble e outros. Um dia já se supôs que a Terra era o único lugar que existia, rodeado por esferas cristalinas enfeitadas de estrelas minúsculas. Mais tarde, quando o tamanho da Via Láctea foi compreendido, também se pensou que ela fosse o único lugar, o lócus de tudo o que existia. E então apareceu Edwin Hubble e, como um Copérnico moderno, rebaixou à mediocridade até a nossa galáxia: ela é apenas uma entre 100 bilhões de galáxias no universo. Hoje os cosmólogos olham para o nosso universo e cogitam seriamente a possibilidade de ele ser um entre muitos universos no "multiverso".

Da mesma forma, a história da nossa espécie já foi considerada mais ou menos coeva à história de tudo. Agora, tomando emprestada a esmagadora analogia de Mark Twain, a duração aproximada da nossa história encolheu até ficar da espessura da tinta no topo da Torre Eiffel. Se aplicarmos o princípio da mediocridade à vida neste planeta, isso não nos alerta de que seria imprudência e vaidade pensar que a Terra pode ser o único lugar onde existe vida em um universo com 100 bilhões de galáxias?

O argumento é poderoso e me persuadiu. Por outro lado, o princípio da mediocridade é emasculado por outro princípio poderoso, o princípio antrópico: o fato de que estamos em posição de observar as condições do mundo determina que essas condições têm de ser favoráveis à nossa existência. Esse nome foi cunhado pelo matemático britânico Brandon Carter, embora mais tarde ele preferisse, com boa razão, chamá-lo de "princípio da autosseleção". Usarei o princípio de Carter para discutir a origem da vida, o evento químico que forjou a primeira molécula autorreplicante, desencadeando a seleção natural do DNA e, em última análise, toda a vida. Suponhamos que a origem da vida tenha mesmo sido um evento estupendamente improvável. Suponhamos que o acidente da química da sopa primeva que engendrou a primeira molécula autorreplicante foi tão prodigiosamente afortunado que as probabilidades contra ele eram ínfimas, uma em 1 bilhão por bilhão de anos-planeta. Uma probabilidade tão irrisória significaria que nenhum químico poderia ter a menor esperança de repetir o evento em um laboratório. A National Science Foundation riria de um projeto de pesquisa que admitisse uma chance de êxito tão pequena quanto uma em cem por ano, quanto mais de uma em 1 bilhão por bilhão de anos. No entanto, o número de planetas no universo é tão grande que até essas probabilidades minúsculas dão margem à expectativa de que o universo contenha 1 bilhão de planetas com vida. E (aqui entra o princípio antrópico), uma vez que manifestamente vivemos aqui, a Terra tem de estar nesse bilhão.

Mesmo que a probabilidade de surgir vida em um planeta fosse de apenas um em 1 bilhão de bilhões (ficando, assim, bem fora da faixa que classificaríamos como possível),* o cálculo plausível de que existem no mínimo 1 bilhão de bilhões de planetas no universo fornece uma explicação totalmente satisfatória para a nossa existência. Ainda seria plausível existir um planeta dotado de vida no universo. E, se admitirmos isso, o princípio antrópico faz o resto. Qualquer ser que esteja refletindo sobre o cálculo necessário tem de estar nesse planeta dotado de vida, o qual, portanto, tem de ser a Terra.

Essa aplicação do princípio antrópico é espantosa, mas irrefutável. Simplifiquei-a demais supondo que, se surgir vida em um planeta, a seleção natural darwiniana ensejará por fim a existência de seres inteligentes e reflexivos. Para ser mais preciso, eu deveria falar em uma probabilidade combinada de que surja vida em um planeta e de que, por fim, isso leve à evolução de seres inteligentes capazes de reflexão antrópica. Pode ser que a origem química de uma molécula autorreplicante (o gatilho necessário para a origem da seleção natural) fosse um evento relativamente provável, mas que etapas posteriores na evolução da vida inteligente fossem muito improváveis. Mark Ridley, em *Mendel's Demon* — que nos Estados Unidos recebeu o desnorteante título *The Cooperative Gene* [O gene cooperativo] —, argumenta que a etapa realmente improvável em nosso tipo de vida foi a origem da célula eucariótica.** Do argumento de Ridley decorre que núme-

---

* Embora rigorosamente sejam sinônimos, hoje eu preferiria dizer "ficando assim bem dentro da faixa que classificaríamos como impossível". Ou, melhor ainda, "para todos os propósitos práticos, impossível". Quando lidamos com números tão grandes, "possível", "impossível" e "propósitos práticos" têm de ser compreendidos de modos não práticos.

** É de células eucarióticas que nós somos constituídos — e, quando digo "nós", refiro-me a todos os seres vivos, exceto bactérias e arqueas. As células eucarióticas se caracterizam por possuir um núcleo, delimitado por uma membrana, no qual se encontra o DNA, e "organelas" como as mitocôndrias que, hoje sa-

ros enormes de planetas abrigam alguma coisa semelhante à vida bacteriana, mas só uma fração minúscula de planetas teria ultrapassado a barreira seguinte e chegado a um nível equivalente ao da célula eucariótica — o que Ridley chama de vida complexa. Poderíamos do mesmo modo supor que essas duas barreiras foram relativamente fáceis e que a etapa difícil de verdade para a vida terrestre foi atingir o nível humano de inteligência. Nesta segunda concepção, seria de esperar que o universo seja rico em planetas que abrigam vida complexa, mas que talvez possua um único planeta com seres capazes de notar sua própria existência e, portanto, de invocar o princípio antrópico. Não importa como distribuímos nossas probabilidades entre essas três "barreiras" (ou, na verdade, entre outras barreiras, por exemplo, a origem de um sistema nervoso). Contanto que a probabilidade total de evoluir em um planeta uma forma de vida capaz de reflexão antrópica não exceda o número de planetas no universo, temos uma explicação adequada e satisfatória da nossa existência.

Embora esse argumento antrópico seja irrefutável, tenho uma forte intuição de que não precisamos invocá-lo. Desconfio que a probabilidade de surgir vida e subsequentemente a inteligência evoluir é alta o suficiente para que muitos bilhões de planetas contenham formas de vida inteligente, muitas delas tão superiores à nossa que poderíamos ser tentados a venerá-las como

---

bemos, se originaram como bactérias simbióticas e ainda se reproduzem de modo autônomo dentro da célula com seu próprio DNA. Ridley parece estar certo ao considerar essas uniões simbióticas eventos muito improváveis, frutos de pura sorte. Ainda assim, houve no mínimo dois deles: um quando bactérias verdes entraram para o clube e forneceram — como cloroplastos — o know-how da fotossíntese que todas as plantas ainda usam, e outro quando os ancestrais das mitocôndrias adentraram a arena. Lynn Margulis (que tinha um histórico de estar certa tanto quanto de estar errada) acreditava que houve ainda outras dessas uniões decisivas.

deuses. Por sorte ou por azar, é muito provável que não as encontraremos: até mesmo essas estimativas que parecem tão elevadas ainda deixam a vida inteligente encalhada em ilhas esparsas que, em média, podem muito bem estar tão distantes entre si a ponto de inviabilizar que seus habitantes visitem uns aos outros. A famosa pergunta retórica de Enrico Fermi "Onde eles estão?" poderia receber uma resposta decepcionante: "Eles estão por toda parte, porém dispersos demais para se encontrarem". Ainda assim, a minha opinião, se é que vale alguma coisa, é que a probabilidade de não existir vida inteligente é muito menor do que o cálculo antrópico nos permite supor. Portanto, creio que vale a pena alocar bastante dinheiro para o Seti. Um resultado positivo seria uma descoberta biológica sensacional, que, na história da biologia, talvez somente se igualasse à descoberta da seleção natural por Darwin.

Se algum dia o Seti captar um sinal, ele provavelmente virá do espectro superior, ou deiforme, das inteligências cósmicas.* Teremos muitíssimo a aprender com os extraterrestres, em especial sobre a física, que será a mesma que a nossa, embora eles a conhecerão muito mais a fundo. Já a biologia será bem diferente — e a questão fascinante há de ser: quão diferente? A comunicação será unidirecional. Se Einstein estiver certo sobre a limitadora velocidade da luz, o diálogo será impossível. Poderemos aprender com eles, mas não teremos a capacidade de retribuir falando sobre nós.

Então como reconhecer inteligência em um padrão de ondas de rádio captadas por uma gigantesca antena parabólica, como saber que elas provêm do espaço profundo e não são um embuste? Um candidato inicial foi o padrão detectado pela primeira vez por Jocelyn Bell Burnell em 1967, que ela batizou, para gracejar,

---

* Formas de vida que estejam em um nível igual ao nosso atual não possuirão tecnologia adequada para percorrer distâncias imensas. Portanto, a barreira terá de ser transposta por seres com tecnologia e ciência muito superiores.

de sinal LGM ("Little Green Men", ou homenzinhos verdes). Sabe-se que esse pulso rítmico, com periodicidade pouco maior do que um segundo, era um pulsar; aliás, essa foi a primeira descoberta de um pulsar. O pulsar é uma estrela de nêutrons que gira em torno de seu próprio eixo e emite um feixe de ondas de rádio que percorre o espaço ao redor como se emanasse de um farol marítimo. É muito surpreendente o fato de que uma estrela pode ter uma rotação com seu "dia" medido na escala dos segundos — e não é o único fato surpreendente das estrelas de nêutrons. Mas, para os presentes propósitos, o importante é que a periodicidade do sinal de Bell Burnell não é indicador de origem inteligente, e sim um produto autônomo da física comum. Muitos fenômenos físicos bem simples, desde o gotejar de água até os pêndulos de todos os tipos, são capazes de apresentar padrões rítmicos.

O que mais um pesquisador do Seti poderia conceber como um possível diagnóstico de vida inteligente? Bem, se supusermos que os extraterrestres se empenham em sinalizar sua presença, poderíamos perguntar: o que nós faríamos se desejássemos transmitir evidências da nossa presença inteligente? Certamente não seria emitir um padrão rítmico como o sinal LGM de Bell Burnell; mas então o quê? Várias pessoas sugeriram números primos como o tipo mais simples de sinal que poderia originar-se de uma fonte inteligente. Nesse caso, que grau de confiança poderíamos ter de que um padrão de pulsos baseado em números primos só poderia provir de uma civilização matematicamente refinada? A rigor, é impossível provar que não existe sistema físico inanimado capaz de gerar números primos. Só podemos afirmar que nenhum físico jamais descobriu algum processo biológico capaz de gerá-los. A rigor, a mesma cautela vale para qualquer sinal. No entanto, existem certos tipos de sinal — dos quais os baseados em números primos podem ser o exemplo mais simples — que seriam tão convincentes a ponto de fazer as alternativas parecerem absurdas.

Inquietantemente, biólogos propuseram modelos que são capazes de gerar números primos mas não envolvem inteligência. As cigarras periódicas emergem para se reproduzir a cada dezessete anos (algumas variedades) ou a cada treze anos (outras variedades). Duas teorias para explicar essa estranha periodicidade dependem do fato de 13 e 17 serem números primos. Descreverei apenas uma dessas teorias. Sua premissa é que a reprodução espaçada por determinado número de anos, quando os insetos emergem em quantidades que caracterizam uma praga, seria uma adaptação para sobrepujar os predadores com uma superioridade numérica avassaladora. Acontece que espécies predadoras acabam adquirindo, pela evolução, seu próprio padrão periódico de reprodução de modo a se beneficiar das pragas de cigarra (ou bonanças, da perspectiva delas). Na corrida armamentista evolucionária, as cigarras "retrucaram" ao prolongar o período entre os anos de praga. Os predadores, em resposta, prolongaram o período deles. (Lembremos que essa linguagem taquigráfica de "réplica" e "resposta" não implica decisões conscientes, apenas a ação cega da seleção natural.) No decorrer da corrida armamentista, quando as cigarras atingiam um intervalo, por exemplo, seis anos, que era divisível por algum outro número, os predadores constatavám que era mais lucrativo reduzir seu intervalo de reprodução para, digamos, três anos, e assim atingiam a bonança de cigarras em picos alternados de seu próprio ciclo reprodutivo. Só quando as cigarras atingiam um número primo isso se tornava impossível. As cigarras continuaram a prolongar seu intervalo até chegarem a um número grande demais para que os predadores sincronizassem diretamente, mas um número primo e, portanto, impossível de ser alcançado com algum múltiplo de um período menor.

Essa teoria pode não parecer muito plausível, mas não precisa ser para o meu objetivo aqui. Preciso apenas mostrar que é possível conceber um modelo mecanicista que não envolva matemática consciente mas, ainda assim, seja capaz de gerar números primos. O exemplo das cigarras mostra que, embora talvez não seja possível para a física não biológica gerar números primos, eles podem ser gerados pela biologia não inteligente. Até a implausível história das cigarras é uma lição para nos alertar de que, pelo menos, não é necessariamente óbvio que números primos sejam diagnóstico de inteligência.

A própria dificuldade de diagnosticar inteligência em um sinal de rádio é uma lição que traz à mente a analogia histórica do argumento do design. Houve um tempo em que todos (com pouquíssimas e ilustres exceções, como David Hume) achavam totalmente óbvio que a complexidade da vida representasse um diagnóstico inconfundível de um design inteligente.* O que deve nos fazer parar para pensar é o seguinte: os contemporâneos oitocentistas de Darwin tinham o direito de ficar tão surpresos com sua descoberta impressionante quanto nós ficaríamos hoje se um físico descobrisse um mecanismo inanimado capaz de gerar números primos. Talvez fosse bom admitirmos a possibilidade de que outros princípios, comparáveis ao de Darwin, ainda não tenham sido descobertos — princípios capazes de imitar uma ilusão de design tão convincente quanto a ilusão fabricada pela seleção natural.

Não me sinto inclinado a predizer nenhum evento nessas linhas. A própria seleção natural, adequadamente compreendida, é poderosa o bastante para engendrar complexidade e ilusão de design em um grau quase ilimitado. Tenhamos em mente que, em outras partes do universo, podem existir variantes de seleção natural que, embora baseadas, em essência, no mesmo princípio que Darwin descobriu neste planeta, talvez sejam quase irreconhecivelmente

---

* Retomando o raciocínio de uma nota de rodapé anterior (ver p. 187), talvez seja por isso que, antes de Darwin e Wallace, ninguém, nem mesmo os grandes pensadores como Aristóteles ou Newton, tenha deduzido a seleção natural.

diferentes nos detalhes. Tenhamos em mente também que a seleção natural pode ser a parteira de outras formas de design. Ela não para em suas produções diretas, como penas, orelhas, cérebros. Assim que a seleção natural produz cérebros (ou algum equivalente extraterrestre dos cérebros), eles podem evoluir a ponto de produzir tecnologia (equivalentes extraterrestres da tecnologia), incluindo computadores (ou seus equivalentes extraterrestres) que, como os cérebros, sejam capazes de projetar coisas. As manifestações de engenharia deliberada — produções indiretas, e não diretas, da seleção natural — podem florescer em novos níveis de complexidade e elegância. A ideia aqui é que a seleção natural se manifesta sob a forma de design em dois níveis: primeiro, na *ilusão* de design que vemos na asa de uma ave, em um olho humano, em um cérebro; segundo, no "verdadeiro" design, que é um produto deliberado de cérebros evoluídos.*

E, agora, a minha mensagem principal. Existe mesmo uma profunda diferença entre um designer inteligente que é produto de um longo período de evolução, seja neste planeta, seja em um planeta distante, e um designer inteligente que simplesmente *aconteceu*, sem nenhuma história evolucionária. Quando um criacionista diz que um olho, o flagelo de uma bactéria ou um mecanismo de coagulação do sangue é tão complexo que só pode ter sido projetado, faz toda a diferença do mundo se você acha que o responsável pelo projeto, o "designer", é um extraterrestre que surgiu graças a uma evolução gradual em um planeta distan-

---

* Meu amigo e filósofo Daniel Dennett recomenda veementemente — em *From Bacteria to Bach and Back*, por exemplo — que paremos de usar a palavra "ilusão" e usemos apenas "design" para nos referirmos ao que a seleção natural faz. Percebo aonde ele quer chegar, mas seguir seu conselho obscureceria a minha argumentação. Nos termos de Dennett, poderíamos dizer "os designs" da seleção natural, e entre as entidades que ela projeta estão aquelas, como os cérebros, que são, elas próprias, capazes de projetar. Não quero me preocupar aqui com semântica.

te ou um deus sobrenatural que não evoluiu. Evolução gradual é uma explicação genuína, que em teoria pode mesmo engendrar uma inteligência dotada de complexidade suficiente para projetar máquinas e outras coisas complexas demais para terem surgido de algum outro processo que não o do design. Já os "designers" hipotéticos que aparecem do nada não podem explicar coisa alguma, pois não podem explicar a si mesmos.

Existem máquinas feitas pelo homem que o senso comum, dispensando até uma lógica rigorosa, nos diz que não poderiam ter surgido de nenhum processo além do design inteligente. Um avião de combate, um foguete que vai à Lua, um automóvel e uma bicicleta são, sem dúvida, obras projetadas pela inteligência. Mas o importante é que a entidade responsável pelo projeto — o cérebro humano — não é. Existe uma profusão de evidências de que o cérebro humano evoluiu ao longo de uma série de intermediários que foram ganhando melhoramentos quase imperceptíveis, cujas relíquias podem ser vistas no registro fóssil e cujos análogos sobrevivem em todo o reino animal. Além disso, Darwin e seus sucessores dos séculos XX e XXI nos deram uma explicação luminosamente plausível para o mecanismo que impele a evolução na subida das encostas graduais, o processo que apelidei de "escalada do monte Improvável". A seleção natural não é um último e desesperado recurso de uma teoria. Ela é uma ideia cuja plausibilidade e poder nos atingem na testa com uma força estonteante assim que a compreendemos em toda a sua elegante simplicidade. T. H. Huxley tinha toda a razão quando exclamou: "Que estupidez a minha não ter pensado nisso!".

Mas podemos ir além. A seleção natural não apenas explica o flagelo bacteriano, o olho, a pena e os cérebros capazes de projetar com inteligência. Ela não é apenas capaz de explicar cada fenômeno biológico já descrito. É até hoje a única explicação plausível que se propôs para essas coisas. Acima de tudo, o argumento da improbabilidade — o próprio argumento que os defensores do design inteligente imaginam carinhosamente que corrobora sua posição — vira-se e chuta o argumento de cabeça para baixo com força devastadora e efeito letal.

O argumento da improbabilidade afirma, inquestionavelmente, que um dado fenômeno na natureza — por exemplo, um flagelo bacteriano ou um olho — é improvável demais para ter simplesmente acontecido. Ele tem de ser produto de algum processo muito especial que gera improbabilidade. O erro é pular para a conclusão de que o "design" é um processo muito especial. Na verdade, ele é seleção natural. A risível analogia do Boeing 747 aventada pelo falecido Sir Fred Hoyle é útil, embora também ela, no final das contas, prove a ideia oposta à que ele pretendia. A origem espontânea da complexidade da vida, ele disse, é tão improvável quanto um furacão atingir um ferro-velho e montar espontaneamente um Boeing 747. Todos concordam que aviões e corpos vivos são improváveis demais para terem sido montados por acaso. Uma caracterização mais precisa do tipo de improbabilidade sobre o qual estamos falando é a *improbabilidade especificada* (ou complexidade especificada). O adjetivo "especificada" é importante, como expliquei em *O relojoeiro cego*. Comecei salientando que acertar por acaso o número que destranca a grande fechadura de segredo de um cofre de banco é improvável no mesmo sentido em que jogar pedaços descartados de metal para todo lado poderia montar um avião:

De todos os milhões de combinações únicas — e em retrospecto igualmente improváveis — da fechadura com segredo, uma única é capaz de abri-la. Similarmente, entre todos os milhões de arranjos únicos — e em retrospecto igualmente improváveis — de um monte de ferro-velho, um único (ou pouquíssimos) poderá voar. O caráter único do arranjo que voa, ou que destranca o cofre, não tem nada a ver com nossa visão retrospectiva; ele é especificado de antemão. O fabricante de cofres fixou a combinação e transmitiu o segredo ao gerente do banco. A capacidade de voar é uma propriedade dos aviões que especificamos de antemão.

Uma vez que o acaso é excluído para níveis suficientes de improbabilidade, conhecemos apenas dois processos que podem gerar uma improbabilidade especificada: o design inteligente e a seleção natural — e só esta última é capaz de servir como a explicação definitiva. A seleção natural gera improbabilidade especificada a partir de um ponto inicial muito simples. O design inteligente não é capaz de fazer isso, já que o designer tem de ser, ele próprio, uma entidade cuja improbabilidade é extremamente alta. Enquanto a especificação do Boeing 747 é que ele tem de ser capaz de voar, a especificação do "designer inteligente" é que ele tem de ser capaz de produzir o design. E o design inteligente não pode ser a explicação definitiva para coisa alguma, pois não consegue explicar a questão de sua própria origem.

Das planícies da simplicidade primeva, a seleção natural vai subindo, devagar e sempre, as suaves encostas do monte Improvável, até que, decorrido tempo geológico suficiente, o produto final da evolução é um objeto como um olho ou um coração — um produto cujo nível de improbabilidade especificada é tão alto que nenhuma pessoa racional atribuiria ao acaso. O único e infeliz equívoco do darwinismo é ser uma teoria do acaso; presumivelmente, esse equívoco advém do fato de a mutação ser aleatória.* No entanto, a seleção natural não tem nada de aleatório. Escapar do acaso é a realização primordial a que qualquer teoria da vida deve aspirar.

---

* Na verdade, essa pode ser uma explicação demasiado benevolente para o equívoco. Ele pode provir de imaginações tão desfavorecidas que chegam ao ponto de achar que, por definição, o acaso é a alternativa padrão ao design consciente.

Obviamente, se a seleção natural fosse uma teoria do acaso, não seria correta. A seleção natural darwiniana é a sobrevivência *não aleatória* de instruções codificadas para construir corpos, e são essas instruções codificadas que estão sujeitas a variação aleatória.

Alguns engenheiros até usam explicitamente métodos darwinianos para otimizar sistemas. Vão melhorando o desempenho a partir de começos simples, subindo a rampa do aperfeiçoamento até se aproximarem do ótimo. Talvez algo parecido com esse processo seja usado por todos os engenheiros, mesmo se não se considerarem explicitamente darwinianos. A lata de lixo do engenheiro recebe os projetos "mutantes" que ele descartou antes de testar. Alguns projetos nem chegam a ser registrados em papel porque são descartados ainda na cabeça do engenheiro. Não preciso entrar na questão de se a seleção natural darwiniana é um modelo bom ou útil para o que se passa na cabeça de um engenheiro ou artista criativo; o trabalho criativo construtivo — por engenheiros, artistas, ou mesmo qualquer um — pode ou não representar plausivelmente uma forma de darwinismo. Permanece a noção fundamental de que, em última análise, toda complexidade especificada tem de surgir da simplicidade por meio de algum processo progressivo.

Se algum dia descobrirmos evidências de que algum aspecto da vida na Terra é tão complexo que só pode ser fruto de design inteligente, os cientistas encararão com serenidade — e, sem dúvida, com alguma empolgação — a possibilidade de isso ter sido obra de uma inteligência extraterrestre. O biólogo molecular Francis Crick e seu colega Leslie Orgel fizeram essa sugestão (desconfio que para gracejar) quando propuseram a teoria da panspermia dirigida. A ideia de Orgel e Crick é que designers extraterrestres teriam deliberadamente semeado a Terra com vida bacteriana.* Mas o impor-

---

* Certa ocasião, durante um documentário que naquele momento eu não percebi ser uma propaganda criacionista, perguntaram-me se eu conseguia conce-

tante é que os próprios designers teriam de ser o produto final de alguma versão extraterrestre da seleção natural darwiniana. A explicação sobrenatural não consegue explicar, pois se esquiva da responsabilidade de dar esclarecimentos sobre ela própria.

Os criacionistas que se disfarçam de "teóricos do design inteligente" têm um único argumento, que é o seguinte:

1. O olho (a articulação mandibular dos mamíferos, o flagelo bacteriano, a articulação do cotovelo da rã-doninha-pintalgada-menor* — da qual você nunca ouviu falar mas não vai ter tempo de pesquisar porque vai dar a impressão de que se perdeu na argumentação diante da plateia leiga) é irredutivelmente complexo.
2. Portanto, não pode ter evoluído em etapas graduais.
3. Portanto, só pode ter sido projetado.

Não é apresentada nenhuma evidência que sustente o passo 1, a alegação de que a complexidade é irredutível. Às vezes me refiro a isso como o argumento da incredulidade pessoal. Ele é sempre enunciado como um argumento negativo: alega-se que a teoria A é deficiente em algum aspecto, por isso só podemos escolher a teoria B, sem ao menos perguntar se a teoria B não poderia ser deficiente nesse mesmo aspecto.

Uma resposta legítima dos biólogos ao argumento da incredulidade pessoal é lidar com o passo 2: analisar com atenção os exemplos propostos e mostrar que eles evoluíram, ou poderiam

---

ber algum modo de vida na Terra que poderia ter sido fruto de design inteligente. Respondi que o único modo (embora eu não acreditasse nele) seria a criação por uma inteligência extraterrestre, a qual teria de ser, ela própria, produto de uma evolução gradual. E nunca mais me livrei disso: "Richard Dawkins acredita em homenzinhos verdes!".

* Espécie hipotética. (N. T.)

facilmente ter evoluído, em etapas graduais. Darwin fez isso para o olho. Mais tarde, paleontólogos fizeram o mesmo para a articulação mandibular dos mamíferos, e a bioquímica moderna, para o flagelo bacteriano.

Contudo, a mensagem deste ensaio é que, rigorosamente falando, não precisamos nos ocupar em discutir os passos 1 e 2 do argumento. Mesmo se algum dia eles fossem aceitos, o passo 3 permaneceria irremediavelmente inválido. Se algum dia fossem descobertas evidências inquestionáveis de design inteligente, digamos, na organização da célula bacteriana — se encontrássemos evidências tão eloquentes quanto a assinatura do fabricante grafada em inconfundíveis caracteres de DNA —, isso só poderia ser evidência de um designer que foi, ele próprio, um produto da seleção natural ou de algum outro processo de aperfeiçoamento gradual ainda não conhecido. Se fossem encontradas evidências desse tipo, nossa mente deveria logo começar a trabalhar nas linhas da panspermia dirigida suposta por Crick, em vez de pressupor um designer sobrenatural. Seja lá o que for que a complexidade irredutível pudesse demonstrar, a única coisa para a qual ela não pode apelar como explicação fundamental é alguma outra coisa que seja irredutivelmente complexa. Ou você aceita o argumento da improbabilidade, e nesse caso ele próprio refuta a existência de designers fundamentais, ou não o aceita, e nesse caso tentar empregá-lo contra a evolução é incoerência, ou mesmo desonestidade. Não dá para ter as duas coisas.

EPÍLOGO

Muitos teólogos, pateticamente, tentam ter as duas coisas por meio de uma afirmação despudorada. Afirmam, por decreto, que o deus criador deles não é complexo e improvável; ele é simples. E sabemos disso porque teólogos eminentes como Tomás de Aquino dizem que ele é simples! Alguém já viu uma evasão mais evasiva do que essa? Qualquer criador digno do nome precisa ter poder computacional para conceber a física quântica das partículas fundamentais, a física relativista da gravidade, a física nuclear das estrelas e a química da vida. Mas, além disso, ao menos no caso do Deus de Aquino, ele precisa ter banda larga o suficiente para ouvir preces e perdoar — ou não, conforme lhe aprouver — os pecados dos seres sencientes de todo o universo que ele criou. Simples?

Procurando embaixo do poste de luz[*]

A piada é bem conhecida: um homem está procurando alguma coisa embaixo de um poste de iluminação à noite e explica a um passante que perdeu seu molho de chaves. "Perdeu aí embaixo do poste?" "Não." "Então por que está procurando embaixo do poste?" "Porque em outros lugares não há luz."

O argumento tem uma certa lógica maluca e parece agradar a Paul Davies, um renomado físico britânico hoje na Universidade do Estado do Arizona. Davies tem interesse (assim como eu) em saber se o tipo de vida terrestre é único no universo. O código do DNA, o código de máquina da vida, é quase idêntico em todos os seres vivos já examinados. É muito improvável que o mesmo código de 64 tripletos tenha, por coincidência, evoluído independentemente mais de uma vez, e essa é a principal evidência de que todos nós somos parentes e temos em comum um único ances-

---

[*] Este artigo foi publicado pela primeira vez no site da Richard Dawkins Foundation for Reason and Science em 26 de dezembro de 2011.

tral, que provavelmente viveu entre 3 e 4 bilhões de anos atrás. Se a vida se originou mais de uma vez neste planeta, apenas uma forma de vida sobrevive: o nosso tipo de vida, caracterizado pelo nosso código de DNA.

Se existir vida em outros planetas, é muito provável que ela terá algum equivalente de um código genético, porém é altamente improvável que ele seja igual ao nosso. Se descobrirmos vida, digamos, em Marte, o teste crucial para determinar se ela se originou de forma independente será seu código genético. Se possuir DNA e o mesmo código de DNA de 64 tripletos, devemos concluir que se trata de uma contaminação, talvez por intermédio de algum meteorito.

Sabemos que meteoritos passam de tempos em tempos entre a Terra e Marte — a propósito, eis meu segundo exemplo de procurar embaixo do poste de luz. Um meteorito pode cair em qualquer parte da Terra, mas é pouco provável que o encontremos em qualquer superfície que não seja de neve permanente: em qualquer outra parte, ele seria muito parecido com uma pedra e logo acabaria coberto por vegetação, tempestades de areia ou movimentos do solo. É por isso que cientistas que procuram meteoritos vão para a Antártida: não porque seja mais provável que meteoritos tenham caído por lá em vez de em qualquer outra parte, e sim porque é lá que podemos vê-los com clareza, mesmo que tenham caído muito tempo atrás. A Antártida é o local do nosso poste. Qualquer pedra ou rocha pequena em cima da neve só pode ter caído ali — e muito provavelmente é um meteorito. Já se demonstrou que alguns meteoritos encontrados na Antártida vieram de Marte. Essa conclusão assombrosa decorre de um cotejo cuidadoso da composição química dessas rochas com amostras extraídas por uma nave-robô enviada a Marte. Em algum momento no passado remoto, um grande meteorito atingiu Marte com um impacto catastrófico. Fragmentos de rocha marciana foram lançados no espaço com força tremenda, e alguns deles vieram parar aqui. Isso mostra que é verdade que às vezes matéria se desloca entre dois planetas, o que abre a possibilidade da contaminação por vida (presumivelmente bacteriana). Se a vida terrestre de fato contaminou Marte (ou vice-versa), nós a reconheceremos pelo seu código de DNA: ele será igual ao nosso.

De outro modo, se encontrássemos uma forma de vida com um código genético diferente — não DNA, ou DNA com uma codificação distinta —, poderíamos chamá-la de verdadeiramente alienígena. Paul Davies aventa que talvez não precisemos ir a Marte para encontrar vida verdadeiramente alienígena. As viagens espaciais são caras e difíceis. Talvez devêssemos procurar bem aqui por vida alienígena que surgiu na Terra, independentemente da nossa, e nunca foi embora. Talvez devêssemos examinar sistematicamente o código genético de cada micro-organismo que nos caia nas mãos. Até hoje, todos os examinados têm o mesmo código genético que o nosso, mas nunca fizemos uma busca sistemática por um código genético diferente. A Terra é o poste de Paul Davies, pois é muito mais barato e fácil procurar entre as bactérias terráqueas do que viajar até Marte, sem falar nos outros sistemas estelares, onde reside a melhor esperança de vida alienígena. Desejo a Paul boa sorte em sua busca embaixo desse poste específico, mas duvido muito que tenha êxito, em parte pela razão apresentada pelo próprio Charles Darwin: qualquer outra forma de vida provavelmente teria sido comida pelo nosso tipo — provavelmente bactérias, agora podemos acrescentar — muito tempo atrás.

O que me fez pensar em tudo isso foi uma reportagem do *Guardian*:* "Scientists to scour 1m lunar images for signs of alien life" [Cientistas examinarão 1 milhão de imagens lunares em bus-

---

* 23 de dezembro de 2011.

ca de sinais de vida extraterrestre]. Novamente, a matéria tem ligação com nosso velho amigo Paul Davies, e lá está ele de novo, de joelhos, procurando embaixo de outro poste.

Se algum dia alienígenas tecnologicamente avançados nos visitaram, é muito mais provável que tenha sido no passado e não no presente, porque o passado é muito maior do que o presente — se definirmos presente como o tempo em que vivemos, ou até mesmo como o período abrangido pela história registrada. Vestígios de visitas alienígenas — espaçonaves acidentadas, lixo, evidências de atividade mineradora, ou talvez até algum sinal deixado de propósito, como em *2001: Uma odisseia no espaço* — seriam encobertos depressa (pelos padrões do tempo geológico) na superfície terrestre, que se movimenta ativamente e se recobre de vegetação. Já a Lua é bem diferente. Lá não há plantas, vento, movimentos tectônicos: Neil Armstrong andou sobre o pó lunar há 42 anos, e suas pegadas provavelmente ainda parecem recentes. Portanto, concluem Paul Davies e seu colega Robert Wagner, faz sentido examinar cada fotografia de alta resolução já tirada da superfície lunar, pois quem sabe será possível enxergar vestígios nelas.* A probabilidade é baixa, mas o eventual ganho seria muito alto, por isso vale a pena investir.

Meu ceticismo é grande. Desconfio que haja vida em outras partes do universo, mas provavelmente muito isolada em ilhas de vida remotas, como uma Polinésia celeste. Visitas de uma ilha por outra são imensamente mais prováveis na forma de transmissões de rádio do que visitas presenciais por seres corpóreos. A razão é que as ondas de rádio viajam à velocidade da luz, enquanto corpos sólidos só se deslocam à velocidade de... bem, de corpos sóli-

---

* Os alienígenas da história de Arthur C. Clarke deixaram seu sinal em forma de "lápide" na Lua para que só pudesse ser descoberto por uma civilização avançada o suficiente para merecê-lo.

dos. Além disso, as ondas de rádio propagam-se em várias direções, como uma esfera em expansão contínua, enquanto os corpos se deslocam apenas em uma direção por vez. É por isso que o Seti (em inglês, "Busca por Inteligência Extraterrestre", por meio de radiotelescópios) vale a pena. O Seti não é absurdamente caro para os padrões da grande ciência, porém o mais recente poste de Paul Davies é bem mais barato, e mais uma vez eu lhe desejo boa sorte.

Daqui a cinquenta anos:
a morte da alma?*

Daqui a cinquenta anos, a ciência terá matado a alma. Que coisa mais terrível, mais desalmada de se dizer! Mas só se você entender errado (coisa fácil de acontecer, admito). Há dois sentidos, Alma 1 e Alma 2, superficialmente confundíveis, mas muito diferentes. As definições a seguir, extraídas do *Oxford English Dictionary*, denotam o que chamo de Alma 1.

Parte espiritual do homem que supostamente sobrevive após a morte e é suscetível à felicidade ou ao sofrimento em um estado futuro.

Espírito desincorporado de uma pessoa morta, considerado uma entidade separada e dotado de algum grau de forma e personalidade.

---

* Tentar adivinhar o futuro é uma extravagância famosa por ser propensa a erros, mas, se é que faz algum sentido, esta é minha contribuição para o livro *The Way We Will Be 50 Years from Today*, organizado por Mike Wallace e publicado em 2008.

A Alma 1, aquela que a ciência vai destruir, é sobrenatural, desincorporada, sobrevive à morte do cérebro e é capaz de se alegrar ou de sofrer mesmo quando os neurônios viraram pó e os hormônios secaram. A ciência vai matá-la muito bem matada. Já a Alma 2 nunca se verá ameaçada pela ciência. Ao contrário, a ciência é sua gêmea e sua criada. Estas definições, do mesmo dicionário, denotam vários aspectos da Alma 2:

> Capacidade intelectual ou espiritual. Grande desenvolvimento das faculdades mentais. Adicionalmente, em um sentido menos rigoroso, sentimento profundo, sensibilidade.

> A sede das emoções, sentimentos ou sensações; a parte emocional da natureza humana.

Einstein foi um grande expoente da Alma 2 na ciência, e Carl Sagan foi um virtuose. *Desvendando o arco-íris* é a minha modesta celebração. Ou ouça o grande astrofísico indiano Subrahmanyan Chandrasekhar:

> Esse "estremecimento diante do belo", esse fato incrível de que uma descoberta motivada pela busca do belo na matemática encontra sua réplica exata na natureza, persuade-me a dizer que a beleza é aquilo a que a mente humana responde nas profundezas de seu íntimo.*

Isso é a Alma 2, o tipo de alma que a ciência corteja e ama e do qual nunca se separará. O resto deste artigo refere-se à Alma 1. A Alma 1 tem raízes na teoria dualista de que existe algo imaterial na vida, algum princípio vital não físico. É a teoria segundo a qual

---

* Citado em Martin Rees, *Before the Beginning*, p. 103. Usei essa mesma citação no primeiro ensaio desta antologia (p.42), mas ela merece a repetição.

um corpo tem de ser animado por uma *anima*, vitalizado por uma força vital, energizado por alguma energia misteriosa, espiritualizado por um espírito, tornado consciente por uma coisa ou substância mística chamada de consciência. Não é por acaso que todas as caracterizações da Alma 1 são circulares. Julian Huxley satirizou memoravelmente o *élan vital* de Henri Bergson dizendo que o trem é movido pelo *élan locomotif* (a propósito, é lamentável que Bergson ainda seja o único cientista que recebeu o prêmio Nobel de literatura). A ciência já surrou e desgastou a Alma 1. Dentro de cinquenta anos, já a terá extinguido por completo.

Cinquenta anos atrás, estávamos apenas começando a digerir o artigo de Watson e Crick publicado na *Nature* em 1953, e poucos haviam compreendido sua importância monumental. Seu feito foi recebido como não mais do que um trabalho inteligente sobre cristalografia molecular, enquanto a última sentença do paper ("Não deixamos de notar que o pareamento específico que postulamos sugere imediatamente um possível mecanismo copiador para o material genético") foi de um comedimento comicamente lacônico. Hoje vemos que chamar isso de comedimento é o maior de todos os comedimentos.

Antes de Watson/Crick (um cientista contemporâneo disse a Crick quando este o apresentou a Watson: "Watson? Mas eu pensei que você se chamava Watson-Crick") ainda foi possível para um renomado historiador da ciência, Charles Singer, escrever:

> Apesar de interpretações contrárias, a teoria do gene não é uma teoria "mecanicista". O gene não é mais compreensível como uma entidade química ou física do que a célula, ou, aliás, do que o próprio organismo [...]. Se eu pedir um cromossomo vivo, ou seja, o único tipo efetivo de cromossomo, ninguém poderá dar-me um a não ser que ele esteja em seu meio vivo, do mesmo modo que me daria um braço ou uma perna viva. A doutrina da relatividade de

funções é tão verdadeira para o gene quanto para quaisquer órgãos do corpo. Eles existem e funcionam apenas em relação a outros órgãos. Assim, a mais recente das teorias biológicas nos deixa onde a primeira começou, na presença de um poder chamado vida ou psique, que é não só de um tipo singular mas também é único em cada uma de suas manifestações.

Watson e Crick demoliram todo esse arrazoado e o tiraram de campo sob vaias estrondosas. A biologia está se tornando um ramo da informática. O gene de Watson/Crick é uma fita unidimensional de dados lineares, que difere de um arquivo de computador apenas no aspecto trivial de que seu código universal é quaternário em vez de binário. Genes são fitas isoláveis de dados digitais, podem ser lidos em corpos vivos ou mortos, podem ser escritos em papel e armazenados em uma biblioteca, prontos para ser reutilizados a qualquer momento. Já é possível, apesar de caro, escrever todo o seu genoma em um livro, e o meu em um livro semelhante. Daqui a cinquenta anos, a genômica será tão barata que a biblioteca (eletrônica, obviamente) conterá os genomas completos de quantos indivíduos ou de quantos milhares de espécies quisermos. Isso nos dará a árvore filogenética definitiva, a árvore final de toda a vida. Uma comparação criteriosa, nessa biblioteca, dos genomas de qualquer par de espécies modernas nos dará a oportunidade de reconstituir o ancestral extinto que elas têm em comum, sobretudo se também adicionarmos à mistura computacional os genomas de seus congêneres ecológicos modernos. A ciência embriológica estará tão avançada que seremos capazes de clonar um representante vivo desse ancestral. Ou, quem sabe, da australopitecina Lucy. Talvez até de um dinossauro. E, por volta de 2057, será facílimo tirar da prateleira o livro marcado com o seu nome, digitar o seu genoma em um sintetizador de DNA, inseri-lo em um óvulo enucleado e clonar você: o seu gêmeo idêntico, só que cinquenta anos mais novo. Será uma ressurreição do seu ser consciente, uma reencarnação da sua subjetividade? Não. Já sabemos que a resposta é negativa porque gêmeos monozigóticos não partilham uma única identidade subjetiva. Eles podem ter intuições impressionantemente parecidas, mas um não pensa que é o outro.

Assim como Darwin destruiu o argumento místico do "design" em meados do século xix e Watson e Crick destruíram toda a bobageira mística sobre os genes em meados do século xx, seus sucessores de meados do século xxi destruirão o absurdo místico de que almas são separadas de corpos. Não vai ser fácil. A consciência subjetiva é inegavelmente misteriosa. Em *Como a mente funciona*, Steven Pinker expõe com elegância o problema da consciência e indaga de onde ela vem e qual é a explicação. E, então, tem a franqueza de dizer: "Vai saber!". É honesto, e eu assino embaixo. Nós não sabemos. Não entendemos. Ainda. Mas acredito que entenderemos, antes de chegar 2057. E, se o fizermos, decerto não serão místicos ou teólogos que terão resolvido esse que é o maior de todos os enigmas, e sim cientistas — talvez um gênio solitário como Darwin ou, mais provavelmente, uma combinação de neurocientistas, cientistas da computação e filósofos com conhecimentos científicos. A Alma 1 terá uma morte tardia e não lamentada nas mãos da ciência, e esta, no processo, levará a Alma 2 a alturas nunca sonhadas.

PARTE IV

CONTROLE DA MENTE,
MALÍCIA E DESNORTEIO

Para os leitores que porventura ainda se perguntam por que Richard Dawkins "cria tanto caso" com a religião, o título desta seção alude a algumas das razões. Os sete ensaios a seguir fornecem uma resposta mais conclusiva, vinda diretamente da apocalíptica fonte.

O primeiro, "O 'Adendo do Alabama'", é um grandioso argumento de demolição do criacionismo e reafirmação tanto da evolução pela seleção natural como da importância indispensável do método científico. Originalmente apresentado como uma defesa impulsiva dos educadores acossados pelas tentativas de autoridades governamentais de inibir o ensino da verdadeira ciência, ele deve servir de alerta a quem duvidar da força política do criacionismo nos Estados Unidos hoje.

Da fria análise forense à destilação de fúria: o ensaio seguinte, "Os mísseis guiados do Onze de Setembro", começa com uma calma enganosa e passagens de descrição aparentemente técnica, e então acelera em um rápido crescendo de ironia cortante até a conclusão — a força letal da crença irracional em uma vida pessoal após a morte. Não há dardo mais afiado do que esse.

"A teologia do tsunami" também tem uma mudança de tom, desta vez da raiva à exasperação. Em dezembro de 2004, um tsunami colossal gerado por um poderoso terremoto sob o oceano Índico destruiu milhares de vidas e modos de subsistência no Sudeste Asiático. Essas reflexões acerca da incompreensão de muitas pessoas religiosas diante de tanto sofrimento imerecido, das respostas oferecidas por líderes religiosos e da consequente correspondência na página de cartas do *Guardian* sintetizam vários elementos fundamentais da objeção de Richard à religião, com destaque para o mau emprego de dinheiro, tempo, emoção e esforço. Mostrar que um agoniado "por quê?" era a pergunta errada (ou melhor, que existe uma resposta perfeitamente aceitável no reino geológico em vez de no teológico), e que uma resposta mais construtiva seria "chega de ficar de joelhos, de nos curvarmos a bichos-papões e pais virtuais; enfrentemos a realidade e ajudemos a ciência a fazer algo construtivo para reduzir o sofrimento humano" previsivelmente recebeu poucos aplausos daqueles desabituados a um desafio tão estimulante.

Palestras e cartas destacaram-se como candidatas para esta coletânea. Não por acaso, a meu ver, pois ambas as formas permitem uma comunicação imediata, com uma pessoa ou com muitas a um só tempo. A publicação de uma carta aberta dirigida a um indivíduo faz as duas coisas com economia, obviamente. "Feliz Natal, primeiro-ministro!" vem na forma de uma mensagem natalina a David Cameron, na época o chefe da coalizão governante na Grã-Bretanha. Defende um Estado genuinamente secular no qual os indivíduos sejam livres para adotar sua própria fé mas os governos permaneçam escrupulosamente neutros, e se pronuncia com veemência a favor da conservação de mitos culturais, ridicularizando o "rebranding" do Natal como "Feriado de Inverno" e salientando os efeitos prolongadamente divisivos da educação baseada na fé e a impropriedade — ou mesmo perversidade — de "rotular pela fé" as crianças. Se ensinarmos *sobre* religião em vez de ensinar *uma* religião, se compreendermos nosso apego aos mitos pelo que ele é, se formos honestos sobre de onde vem e de onde não vem a nossa ética, todos nós teremos Natais mais felizes.

Há quem proteste que Richard Dawkins não leva a religião suficientemente a sério, que ele se precipita em descartá-la em vez de analisá-la de verdade. Deixando de lado a evidente seriedade de suas críticas acachapantes aos danos físicos, psicológicos e educacionais causados pela religião, foi tendo em mente o grande empenho de Richard em interrogar o fenômeno da religião de modo sensato, abrangente e ponderado que eu quis incluir aqui uma parte substancial de sua conferência de 2005 sobre "A ciência da religião". Os leitores de *Deus, um delírio*, em especial, reconhecerão alguns dos temas, argumentos e ilustrações apresentados, mas não peço desculpas por esses ecos: eles merecem ser recapitulados, como uma demonstração por excelência da lente científica aplicada aos fenômenos culturais. Vemos aqui uma investigação paciente e meticulosa do "porquê" da fé e da prática, uma demonstração do poder da seleção natural darwiniana como ferramenta explicativa, inclusive — talvez especialmente, com certeza apropriadamente — quando aplicada a sistemas de crença que negam sua eficácia. E uma sentença destaca-se para mim nesse texto como epítome do método científico praticado por Dawkins, do rigor inflexível de seu método investigativo: "Estou muito mais interessado na ideia geral de que a pergunta deve ser feita da maneira adequada do que em qualquer resposta específica".

De uma pergunta cuidadosamente refinada a uma resposta enérgica e incontestável: o próximo texto (também originado de uma palestra) demole a afirmação de que a "crença" na ciência é, em si, uma forma de religião e ressalta os alicerces das evidências, da honestidade e da possibilidade de comprovação nos quais se assenta a investigação científica. Em seguida, adentra um terreno mais positivo, com uma vigorosa reafirmação das virtudes da ciência, enumerando o que a ciência tem a oferecer ao espírito humano faminto de explicação e as capacidades da ciência para realizar façanhas impressionantes de investigação, descoberta, imaginação e expressão. Sugere, inclusive, que ensinemos ciência às crianças em suas aulas de ensino religioso: que ofereçamos a elas não a superstição tacanha, mas as visões genuinamente reverentes da magia da própria realidade.

A seção termina com uma proposta também positiva e imaginativa em "Ateus em prol de Jesus": que busquemos um meio de extrair da religião o que é bom para integrá-lo em uma ética compassiva de uma sociedade secular. Por que não usar o nosso cérebro grande e evoluído, a nossa tendência a aprender com modelos admirados e copiá-los, em uma tentativa de "perverter positivamente" uma adaptação darwiniana tendo em vista difundir uma "superbondade"? Esse poderia ser um "meme não egoísta"?

G. S.

O "Adendo do Alabama"

PRÓLOGO

Os criacionistas acreditam que o relato bíblico da criação do universo é literalmente verdadeiro: que Deus criou a Terra e todas as suas formas de vida em apenas seis dias. Segundo os criacionistas, esse evento ocorreu há menos de 10 mil anos (baseiam seus cálculos da idade do universo no número de gerações listadas na Bíblia — toda aquela série de "... gerou...").

Os criacionistas conseguiram persuadir grandes faixas de público de que sua teoria é, no mínimo, tão respeitável cientificamente quanto a alternativa do Big Bang/evolução. Pesquisas recentes do Instituto Gallup indicam que, hoje, cerca de 45% dos norte-americanos acreditam que Deus criou os seres humanos "mais ou menos com a sua forma atual em algum momento dentro dos últimos 10 mil anos".

Em novembro de 1995, o Conselho Estadual de Educação do Alabama determinou que um adendo de uma página, intitulado "Mensagem do Conselho Estadual de Educação do Alabama", fosse inserido em todos os livros didáticos de biologia adotados nas escolas públicas do estado. Esse folheto serviu de base para um documento usado do mesmo modo pouco tempo depois no estado de Oklahoma. O "Adendo do Alabama" não é nenhum primor de refinamento, mas contém tentativas rituais de dirigir-se ao leitor instruído. Sobretudo, não se pronuncia sobre a religião que sem dúvida o fundamentou e finge possuir as virtudes do ceticismo científico racional.

Quando fui convidado para fazer uma palestra no Alabama mais ou menos naquela época, puseram na minha mão uma cópia desse documento antes de eu subir ao palco. Também já haviam me contado sobre uma atuação recente do governador daquele estado na televisão. Ele imitou um macaco trôpego, em uma tentativa deplorável de ridicularizar a ideia da evolução. Tive a sensação de que os biólogos e os educadores honestos do estado do Alabama deviam sentir-se constrangidos, ameaçados pelo próprio governo de seu estado, e que precisavam de apoio. Quando perguntei o que eles tinham a perder — por que simplesmente não ensinavam a evolução assim mesmo —, alguns admitiram que temiam por seu emprego, literalmente, não apenas devido à interferência do Estado, mas também por causa das gangues de pais irados. Impulsivamente, deixei de lado o texto que eu tinha preparado para a minha palestra e a usei para dissecar o "Adendo do Alabama" linha por linha, mostrando suas cláusulas sucessivas através de um projetor direcionado para o alto, já que não houve tempo para preparar slides. É com o intuito de dar apoio aos acossados educadores do Alabama, Oklahoma e outros estados e jurisdições que reproduzo aqui uma transcrição editada dos meus comentários. As linhas do "Adendo do Alabama" estão em itálico, seguidas pelas minhas réplicas.

Este livro didático trata da evolução, uma teoria controversa que alguns cientistas apresentam como uma explicação científica para a origem dos seres vivos, como plantas, animais e humanos.

Isso é enganoso e desonesto. Dizer "alguns cientistas" e "teoria controversa" sugere que existe um número substancial de cientistas respeitáveis que não aceita o fato da evolução. Na realidade, a proporção de cientistas qualificados que não aceitam a evolução é minúscula. Uns poucos são alardeados como doutores, mas seus doutorados raramente são de universidades respeitadas ou em disciplinas relevantes. Engenharia elétrica e marítima sem dúvida são áreas perfeitamente respeitáveis, mas seus profissionais não são mais qualificados para se pronunciar sobre a minha área do que eu sou para me pronunciar sobre a deles.

É verdade que os biólogos qualificados não são unânimes no que diz respeito a cada detalhe da evolução. Em qualquer ramo pujante da ciência existem debates. Nem todos os biólogos concordam na importância relativa da seleção natural darwiniana para guiar a evolução, em comparação com outras forças possíveis, por exemplo, a deriva genética ou as forças quase darwinianas em um nível superior como a "seleção de espécies". Mas todo biólogo digno de crédito, sem exceção, aceitaria a seguinte proposição: todos os animais, plantas, fungos e bactérias hoje vivos descendem de um único ancestral comum que viveu há mais de 3 bilhões de anos.* Somos todos parentes. Isso não é "controverso", e

---

* A única exceção talvez seja um cientista respeitável como Paul Davies (ver pp. 251 ss.), em cuja opinião existe uma pequena possibilidade de que a vida tenha surgido mais de uma vez, e os sobreviventes, reconhecíveis por seu código genético diferente, ainda possam estar entre nós. Essa exceção concebível não altera em nada a minha proposição. Os puristas, então, corrigiriam dizendo "Todos os animais, plantas, fungos e bactérias conhecidos...".

não são "alguns" cientistas que acreditam, exceto nas acepções mais estreitas e pedantes dos termos. A demonstrabilidade dessa teoria é quase tão grande quanto a da teoria de que a rotação da Terra é o que causa a alternância entre o dia e a noite. Isso nos leva à próxima afirmação.

Ninguém estava presente quando a vida surgiu na Terra pela primeira vez. Portanto, qualquer afirmação sobre as origens da vida deve ser considerada teoria, e não fato.

As palavras "teoria" e "fato" estão sendo usadas aqui de modo calculadamente enganoso. Os filósofos da ciência usam a palavra "teoria" para designar conhecimentos que todos os demais chamariam de fato, e também para designar ideias que são pouco mais do que um palpite. Estamos enunciando uma teoria se dissermos que a "doença da vaca louca" pode ser contraída por seres humanos sob a forma da doença de Creutzfeldt-Jakob, uma teoria que pode estar errada; há pessoas empenhadas na busca de evidências adicionais que possam comprovar ou refutar essa teoria. Várias teorias históricas foram propostas como instigadoras do embuste do Homem de Piltdown, e talvez a resposta nunca venha a ser conhecida. Essa é a acepção comum de teoria. No entanto, rigorosamente falando, também é uma teoria dizer que a Terra é redonda, e não plana. Só que é uma teoria profusamente corroborada por evidências.

Em si, o fato de não ter havido ninguém presente para testemunhar as origens da vida na Terra ou o cortejo subsequente da evolução não influi decisivamente para que a evolução seja ou não considerada um fato. Um assassinato pode não ter sido testemunhado, e ainda assim as provas circunstanciais fornecidas pelas pistas deixadas, incluindo impressões digitais, pegadas e amostras de DNA, podem determinar a culpa além de qualquer dúvida razoável. Em ciência, muitos fatos sobre os quais não existe dúvida nunca foram testemunhados diretamente, mas eles são mais certos do que muitas observações diretas declaradas. Ninguém jamais viveu o suficiente para ver os continentes se moverem, mas a teoria da tectônica de placas está profusamente confirmada, alicerçada em uma massa de evidências tão grande que elimina quaisquer dúvidas, até as não razoáveis. Por outro lado, centenas de testemunhas oculares afirmam ter visto o Sol mudar milagrosamente de direção em Fátima, por ordem da Virgem Maria. Esse testemunho ocular não pode demonstrar que o Sol de fato se moveu, no mínimo porque o Sol pode ser visto por boa parte do mundo simultaneamente, e nenhuma testemunha ocular fora de Fátima relatou tal evento.*

Segundo a escola de filosofia que está sendo invocada implicitamente aqui, um "fato" nada mais é do que uma teoria que não pôde ser refutada depois de um número colossal de oportunidades para refutá-la. Se isso lhes satisfaz, admito que a evolução é uma teoria, mas é uma teoria que tem tanta probabilidade de ser refutada quanto a teoria de que a Terra gira em torno do Sol ou a teoria de que a Austrália existe.

A palavra "evolução" pode referir-se a muitos tipos de mudança. Evolução designa mudanças que ocorrem em uma espécie (mariposas brancas, por exemplo, podem "evoluir" para mariposas cinzentas). Esse processo é uma microevolução e pode ser observado e descrito como fato. Evolução também pode

---

* Na verdade, se o Sol houvesse se comportado do modo descrito por 70 mil testemunhas oculares em Fátima, o nosso planeta, e talvez até todo o sistema solar, teria sido destruído. O depoimento de testemunhas oculares não é tão importante como se alardeia — um fato, aliás, que os corpos de jurados precisam compreender melhor.

designar a transformação de um ser vivo em outro, por exemplo, répteis em aves. Esse processo, chamado de macroevolução, nunca foi observado e deve ser considerado teoria.

Como se poderia prever, a tão badalada distinção entre microevolução e macroevolução vem sendo agarrada sofregamente pelos criacionistas. É fácil ver por que eles a amam, mas, na verdade, trata-se de uma distinção superestimada. Esse é um tema reconhecidamente controverso, porém, de qualquer modo, muitos de nós acreditam que a macroevolução é apenas a microevolução que se estendeu por um período muito longo. Vamos esclarecer isso.

A reprodução sexuada providencia para que os genes de uma população sejam uma mistura bem embaralhada — o "reservatório gênico". O conjunto dos corpos individuais que vemos em dado momento é a manifestação externa e visível do reservatório gênico naquele momento. No decorrer de milênios, o reservatório gênico pode mudar gradualmente. Pouco a pouco, alguns genes tornam-se mais frequentes no reservatório, outros, menos frequentes. E o conjunto de animais que vemos muda de maneira correspondente. Talvez o espécime médio se torne mais alto, ou mais peludo, ou de cor mais escura. Nem todos se tornam mais altos, ainda se vê uma boa variedade de alturas, mas a distribuição muda na direção da maior (ou menor) altura à medida que muda o perfil da frequência dos genes no reservatório.

Isso é microevolução, e sabemos muito de suas causas básicas. A frequência de genes pode mudar como resultado de vários processos de mudança. Ou pode mudar de maneira mais impelida, em consequência de seleção natural. A seleção natural é a única força conhecida capaz de produzir melhora e a ilusão do design. No entanto, na medida em que mudança evolucionária não é mudança para melhor, existem muitas outras forças que podem impelir a microevolução. Neste momento, falarei sobre a seleção natural.

Animais individuais com certas qualidades — por exemplo, ser muito peludo em uma idade do gelo que avança — têm, em consequência, uma probabilidade um pouco maior de sobreviver e se reproduzir. Portanto, os genes que os tornam muito peludos têm probabilidade ligeiramente maior de aumentar sua frequência no reservatório gênico. É por isso que animais e plantas se tornam bons em sobreviver e se reproduzir. Obviamente, o que é preciso para sobreviver e se reproduzir varia para as diferentes espécies e os diferentes ambientes. O reservatório gênico da toupeira torna-se abarrotado de genes mutuamente compatíveis que prosperam em corpos pequenos, peludos e rastejantes que cavam no subsolo em busca de vermes. O reservatório gênico dos albatrozes torna-se abarrotado com um conjunto distinto de genes mutuamente compatíveis que prosperam em corpos grandes e emplumados capazes de fazer voos rasantes sobre as ondas de oceanos meridionais.

Isso é microevolução, e os nossos amigos criacionistas estão admitindo que acabaram por aceitá-la. Agora depositam suas esperanças na macroevolução, que seria, segundo eles foram incentivados a acreditar, uma coisa totalmente diferente. Até poderia ser, mas eu duvido. O grande paleontólogo americano George Gaylord Simpson acreditava que a macroevolução é apenas a microevolução vista em grande escala, ocorrida lenta e gradualmente no decorrer de um número suficientemente grande de milhares de gerações. Concordo com ele, e cada vez mais me impressiona a velocidade com que a seleção gradualista é capaz de se acumular e forjar mudanças drásticas. Veja, por exemplo, o relato de Jonathan Weiner, no livro *O bico do tentilhão*, sobre os estudos de Peter e Rosemary Grant acerca da evolução rápida dos "tentilhões de Darwin" nas ilhas Galápagos.

Qual é a alternativa à concepção de Simpson? Alguns paleontólogos americanos modernos dão grande importância a uma suposta "desvinculação" entre microevolução — a mudança lenta e gradual em frequências de genes em um reservatório gênico — e macroevolução, que eles veem como um surgimento relativamente abrupto de novas espécies. Exceto quando eu retornar a essa questão ao analisar outras sentenças do Adendo do Alabama, não é necessário me estender sobre essas controvérsias. Elas são questões de detalhes, que não influem no fato da evolução em si. Por ora, limito-me a registrar a irritação justificada com que os principais expoentes da desvinculação da macroevolução e "pontuação" veem as tentativas dos criacionistas de sequestrar sua ideia original. Stephen Gould, por exemplo, diz:

> Desde que propusemos os equilíbrios pontuados para explicar tendências, somos irritantemente citados vezes sem conta por criacionistas — se de propósito ou por estupidez, não sei dizer — como se tivéssemos admitido que o registro fóssil não contém formas transicionais [...]. Duane Gish escreve: "Segundo Goldschmidt, e agora, pelo visto, segundo Gould, um réptil botou um ovo do qual foi produzida a primeira ave, com penas e tudo". Qualquer evolucionista que acreditasse em uma bobagem como essa seria expulso a gargalhadas do palco intelectual; no entanto, a única teoria que poderia conceber um cenário desses para a origem das aves é o criacionismo — com Deus agindo sobre o ovo [...]. Esses criacionistas ao mesmo tempo me enfurecem e me divertem; mas, principalmente, me entristecem demais.

Concordo, porém me sinto mais inclinado à fúria do que à tristeza ou diversão.

Evolução também designa a crença não comprovada de que forças aleatórias e não dirigidas produziram um mundo de seres vivos.

É impressionante como esse simulacro de teoria darwiniana é comum. Qualquer idiota pode ver que, se o darwinismo fosse mesmo uma força aleatória, não poderia gerar a complexidade elegantemente adaptada da vida. Portanto, não é de surpreender que os propagandistas, com razões próprias para querer desacreditar a teoria, espalhem o rumor de que o darwinismo não passa de "acaso" aleatório. E assim fica fácil ridicularizar a teoria calculando quantas jogadas de um dado seriam equivalentes ao surgimento espontâneo de um olho, por exemplo. Como a seleção natural não tem nada de processo aleatório, lançar dados é absolutamente irrelevante.

Mas a sentença do Adendo usa a expressão "não dirigidas" como sinônimo de aleatórias, e isso pede um exame mais atento. A seleção natural é sem dúvida um processo não aleatório; mas é "dirigido"? Não, se dirigido significar guiado por intenção deliberada, consciente, inteligente. Não, se dirigido significar voltado para algum objetivo ou alvo futuro. Mas sim, se dirigido significar conducente a melhoras adaptativas; sim, se dirigido significar que o processo dá origem a uma ilusão superficialmente convincente de um design brilhante. Pois isso, com certeza, a seleção natural faz. A proeza de Darwin não foi desmerecer a elegância da ilusão, e sim explicar que se trata de uma ilusão.

Existem muitas questões não respondidas sobre a origem da vida que não são mencionadas neste livro, entre elas:

- Por que os grandes grupos de animais aparecem de repente no registro fóssil (a chamada "explosão cambriana")?

É uma sorte tremenda termos fósseis. Depois que um animal morre, muitas condições têm de ser cumpridas para que ele se torne um fóssil, e em geral nem todas essas condições são atendidas. Eu consideraria uma honra ser fossilizado, mas não tenho muita esperança de que isso vá acontecer.

Muito dificilmente animais sem esqueleto se fossilizam.* Por isso, não seria de esperar vermos os ancestrais invertebrados dos animais que a evolução por fim dotou de esqueletos duros. Seria mesmo de *esperar* que aparecessem fósseis de repente, assim que surgissem esqueletos duros.

Há circunstâncias raras, excepcionais, em que as partes moles de animais são preservadas. Um dos exemplos destacados é a jazida fóssil de Burgess Shale, no Canadá. Juntamente com uma área semelhante na China, Burgess Shale é a melhor jazida fóssil da era Cambriana que temos. Os ancestrais desses animais decerto evoluíram gradualmente antes da era Cambriana, mas não se fossilizaram.

Como eu disse, é uma sorte termos fósseis. Porém, de qualquer modo, pensar que os fósseis são a evidência mais importante de evolução é enganoso. Mesmo que não tivéssemos fóssil algum, as evidências de evolução provenientes de outras fontes ainda teriam uma eloquência avassaladora.

- Por que há muito tempo não aparecem novos grupos importantes de seres vivos no registro fóssil?

Grandes grupos de animais não "aparecem" nem *devem* "aparecer" (segundo a teoria darwiniana) no registro fóssil. Ao contrário: devem evoluir gradualmente de ancestrais remotos.

---

* Os turbelários são uma classe numerosa, bela e florescente de platelmintos. Existem quase tantas espécies de turbelários quanto de mamíferos, e no entanto nunca foi encontrado nenhum fóssil de turbelário. Presumivelmente, os criacionistas acreditam que os turbelários vivem na Terra há tanto tempo quanto todos os outros animais, com um ou dois dias de diferença desde outubro de 4004 a.C. Portanto, se uma classe enorme de animais não deixou um único fóssil, sem dúvida os vertebrados podem ser perdoados por algumas "lacunas" em seu registro fóssil.

Qualquer um poderia pensar que a suposição é que novos filos surgem de modo espontâneo.* Algumas formas de criacionismo poderiam supor que eles surgem de repente, de modo espontâneo, mas não o darwinismo. As principais divisões do reino animal, os filos, tiveram início, principalmente no pré-cambriano, como *espécies* distintas.** E então foram divergindo pouco a pouco. Mais tarde, tornaram-se gêneros distintos. Depois, famílias distintas, em seguida, ordens distintas, e assim por diante. Não é de esperar que novos filos "apareçam" em tempos recentes porque, na época em que os vemos, eles não tiveram tempo de divergir o suficiente de seus ancestrais para serem reconhecidos como filos distintos. Volte daqui a 500 milhões de anos, e as aves, por exemplo, poderão ter evoluído e se distanciado tanto dos demais vertebrados que serão classificadas como pertencentes a seu próprio filo.

---

* Foi esse o equívoco do renomado (e nem um pouco estúpido) biólogo teórico Stuart Kauffman. Ele imaginou que "as espécies fundadoras de táxons parecem ter construído os táxons superiores de cima para baixo. Isto é, exemplares de grandes filos estiveram presentes primeiro, seguidos pelo preenchimento progressivo nas classes, ordens e níveis taxonômicos inferiores". Esse grande equívoco foi alimentado pelos excessos da "ciência poética" estimada por Stephen Jay Gould — especificamente, seu livro *Vida maravilhosa* — contra os quais alertei no prefácio do ensaio sobre o "Darwinismo universal" na segunda parte desta antologia.

** É surpreendente, mas é verdade. Ainda mais surpreendente é que, antes de se tornarem espécies separadas, os ancestrais de quaisquer dois entre os filos atuais já foram filhos da mesma mãe. Vejamos o exemplo de um humano e uma lesma. Se formos voltando no tempo acompanhando os ancestrais humanos e fizermos o mesmo acompanhando os ancestrais da lesma, acabaremos por convergir para um único indivíduo, o ancestral comum de humano e lesma. Um filho desse genitor estava destinado a originar os humanos (e todos os vertebrados, além das estrelas-do-mar e alguns vermes). Outro filho desse genitor estava destinado a originar as lesmas (e insetos, a maioria das minhocas, lagostas, polvos etc.).

Como analogia, pense em um velho carvalho com grandes galhos dos quais brotam pequenos ramos. Cada galho grande começou a vida como um pequeno ramo. Se alguém comentar "Veja só que estranho, já faz tempo que não aparece nenhum galho grande nesta árvore! Nestes últimos anos, só vimos aparecer novos raminhos", você vai achar essa pessoa muito estúpida, não vai? Pois então: é estupidez mesmo.

- Por que novos grandes grupos de plantas e animais não têm formas transicionais no registro fóssil?

É surpreendente a grande frequência com que isso é dito na literatura criacionista. Não sei de onde veio, pois é falso. Parece ser pura vontade de que fosse verdade. Acontece que praticamente todo fóssil encontrado tem potencial para ser um intermediário entre alguma coisa e alguma outra coisa. Existem lacunas também, pelas razões que já expliquei. O que não existe é um único exemplo de fóssil no lugar *errado*. Em determinada ocasião, o grande biólogo britânico J. B. S. Haldane foi desafiado a apontar uma única descoberta que pudesse refutar a teoria da evolução por um ardoroso defensor da filosofia de Karl Popper de que a ciência é feita propondo-se hipóteses *refutáveis*. "Fósseis de coelho no pré-cambriano", rosnou Haldane. Nunca um fóssil foi encontrado, autenticamente, em lugar errado.

Todos os fósseis que temos estão na ordem certa. Os criacionistas sabem disso e consideram o fato uma coisa incômoda que precisa ser explicada. A melhor explicação que lhes ocorre é fabulosamente bizarra. Tudo isso aconteceu por causa do Dilúvio de Noé. Os animais, compreensivelmente, tentaram salvar a própria pele fugindo para as montanhas. Conforme as águas subiram, os mais espertos aguentaram por mais tempo e alcançaram pontos mais altos das encostas antes de se afogarem. É por isso que encontramos fósseis de animais "superiores" acima de fósseis de animais "inferiores". Explicação improvisada e desesperada mais patética do que essa vai ser difícil de achar.*

Parte do erro criacionista na questão das lacunas no registro fóssil pode derivar de uma interpretação extremamente errada da teoria do equilíbrio pontuado proposta por Eldredge e Gould. Esses dois autores referem-se ao avanço espasmódico refletido no registro fóssil, decorrente do fato de que, em sua concepção de evolução, a maior parte da mudança evolucionária ocorre, com relativa rapidez, durante o que eles chamam de eventos de especiação. Entre os eventos de especiação há longos períodos de estase durante os quais não há mudança evolucionária. É ridículo confundir isso — como fazem de propósito os criacionistas — com grandes lacunas no registro fóssil, como a que precedeu a chamada explosão cambriana. Já mencionei a justificada irritação do dr. Gould por ser tantas vezes citado erroneamente por criacionistas.

Por fim, há uma questão puramente semântica de classificação. Para explicá-la, o melhor é uma analogia. Uma criança torna-se adulto de maneira gradual e contínua, mas, para fins legais, considera-se que atinge a maioridade na data de um aniversário específico, geralmente dezoito anos. Portanto, seria possível dizer "há 55 milhões de pessoas na Grã-Bretanha, mas nenhuma delas é intermediária entre não eleitor e eleitor. Não existem intermediários: uma lacuna constrangedora na progressão de crescimen-

---

* Até um membro da Câmara dos Deputados do Alabama seria capaz de entender que, de qualquer modo, uma explicação nessas linhas só poderia ser *estatística*, e nunca absoluta. A teoria da "fuga para as montanhas" poderia explicar uma eventual preponderância estatística de animais avançados em estratos superiores. Mas a tendência só poderia ser estatística. A verdade é que não existe uma única exceção à regra, nenhum exemplo solitário de um fóssil, digamos, de mamífero, em um estrato baixo demais no registro fóssil.

to". Da mesma forma que, para fins legais, um adolescente passa a ser um eleitor quando o relógio marca meia-noite do seu 18º aniversário, também os zoólogos sempre fazem questão de classificar um espécime como pertencente a uma dada espécie, e não a outras. Se, em sua forma, um espécime for um intermediário (como muitos são, condizentemente com as expectativas darwinianas), ainda assim as convenções legalísticas dos zoólogos obrigam-nos a escolher uma coisa ou outra. Por isso, a afirmação dos criacionistas de que não existem intermediários tem de ser verdadeira *por definição* no nível das espécies, mas não tem implicações quando se trata do mundo real — só tem implicações sobre as convenções de nomenclatura dos zoólogos.

O certo, ao procurar intermediários, é esquecer a *nomeação* dos fósseis e, em vez disso, examinar sua forma e tamanho. Quando fazemos isso, vemos que o registro fóssil contém uma profusão de belas transições graduais, apesar de haver também algumas lacunas — algumas bem grandes, mas que são aceitas, por *todos*, simplesmente porque não houve fossilização dos animais. Examinando a nossa própria linhagem, a transição de *Australopithecus* para *Homo habilis*, *Homo erectus*, "*Homo sapiens* arcaico" e "*Homo sapiens* moderno" é tão suave e gradual que os especialistas em fósseis vivem discutindo como classificar — como nomear — fósseis específicos. Agora veja a afirmação seguinte, encontrada em um livro de propaganda antievolução: "Os achados foram classificados ou como *Australopithecus*, sendo, portanto, macacos, ou como *Homo*, e nesse caso são humanos. Apesar de mais de um século de escavações e intensos debates, a vitrine reservada para o hipotético ancestral dos seres humanos permanece vazia. O elo perdido continua perdido". E eu me pergunto: o que será que um fóssil tem de fazer para qualificar-se como intermediário? O que de fato ele *poderia* fazer? A afirmação citada, na verdade, não diz coisa alguma sobre o mundo real.

- Como é que você e todos os seres vivos vieram a possuir um conjunto tão completo e complexo de "instruções" para construir um corpo vivo?

O conjunto de instruções está em nosso DNA. Nós o recebemos de nossos pais, que por sua vez o receberam dos pais deles, e assim por diante, voltando até um pequenino ancestral remoto, mais simples do que uma bactéria, que viveu no mar por volta de 4 bilhões de anos atrás.

Uma vez que todos os organismos herdam seus genes de seus ancestrais, e não dos contemporâneos malsucedidos de seus ancestrais, todos os organismos tendem a possuir genes bem-sucedidos. Eles possuem o que é preciso para se tornarem ancestrais — e isso significa sobreviver e se reproduzir. É por isso que os organismos tendem a herdar genes dotados da propensão a construir uma máquina bem estruturada: um corpo que funciona ativamente como se estivesse se esforçando para se tornar um ancestral. É por isso que os pássaros são tão bons em voar, os peixes, em nadar, os macacos, em subir nas árvores, os vírus, em se propagarem. É por isso que gostamos de viver, de fazer sexo, de nossos filhos. É por isso que todos nós, sem exceção, herdamos todos os nossos genes de uma linha ininterrupta de ancestrais bem-sucedidos. *O mundo torna-se repleto de organismos que possuem o que é preciso para se tornarem ancestrais.*

Há muito mais do que isso. As corridas armamentistas evolucionárias, como a que acontece no tempo evolucionário entre predadores e presas, parasitas e hospedeiros, contribuíram para perfeição e complexidade sempre maiores. À medida que os predadores se tornaram mais bem equipados para apanhar presas, estas também se tornaram mais bem equipadas para evitar a captura. É por isso que o antílope e o guepardo são tão velozes. É por isso que são tão hábeis para detectar a presença um do outro. Muitos detalhes do corpo de um guepardo ou de um antílope podem ser compreendidos se você perceber que cada um é o produto final de uma longa corrida armamentista evolucionária entre ambos.

Estude bastante e tenha a mente aberta. Algum dia você poderá contribuir para as teorias sobre como os seres vivos surgiram na Terra.

Bem, pelo menos encontrei alguma coisa com a qual concordo.

Os mísseis guiados do Onze de Setembro[*]

Um míssil guiado convencional corrige sua trajetória durante o voo, mirando, por exemplo, o calor que sai do escape do avião. Mesmo sendo um grande avanço em comparação a um projétil balístico simples, ele ainda não é capaz de distinguir alvos específicos. Não poderia assestar para um dado arranha-céu de Nova York se fosse lançado da distância entre esse edifício e Boston.

Isso é precisamente o que um "míssil inteligente" moderno pode fazer. A miniaturização de computadores está tão desenvolvida que um dos mísseis inteligentes atuais poderia ser programado com uma imagem do perfil de Manhattan junto com instruções para atingir a torre norte do World Trade Center. Os Estados Unidos possuem mísseis inteligentes com esse grau de apuro, como constatamos na Guerra do Golfo, mas essas armas estão economicamente fora do alcance de terroristas comuns e cientificamente

---

[*] As reações ao crime religioso hoje conhecido como "Onze de Setembro" foram variadas e extremadas. Esta foi a primeira que escrevi, publicada no *Guardian* apenas quatro dias depois do ocorrido.

fora do alcance de governos teocráticos. Será que existe alguma alternativa mais barata e mais fácil?

Na Segunda Guerra Mundial, antes do barateamento e da miniaturização da eletrônica, o psicólogo B. F. Skinner estudou mísseis guiados por pombos. O animal era posto em uma cabine minúscula e treinado para bicar botões de modo a manter o alvo designado no centro de uma tela. No míssil, o alvo seria real.

O princípio funcionou, embora nunca tenha sido posto em prática pelas autoridades norte-americanas. Mesmo se deduzíssemos os custos de treinamento, os pombos são mais baratos e mais leves do que computadores de eficácia comparada. Seus feitos dentro das caixas de Skinner sugerem que um pombo, depois de um regime de treinamento com slides coloridos, realmente é capaz de guiar um míssil até um ponto de referência determinado no extremo sul da ilha de Manhattan. O pombo não tem ideia de que está guiando um míssil. Simplesmente fica bicando todos aqueles retângulos altos que aparecem na tela, de quando em quando uma recompensa comestível cai do recipiente, e isso prossegue até... a aniquilação.

Pombos podem ser baratos e descartáveis como sistemas de guiagem de bordo, mas não dá para escapar do custo do míssil propriamente dito. E nenhum míssil que tenha porte suficiente para causar um bom estrago poderia penetrar no espaço aéreo dos Estados Unidos sem ser interceptado. O que é preciso é um míssil que não seja reconhecível antes que seja tarde demais. Algo como um grande avião de passageiros, com as marcas inócuas de uma conhecida companhia aérea, levando muito combustível. Essa é a parte fácil. Mas como contrabandear para dentro do avião o sistema de guiagem necessário? Não se pode esperar que os pilotos cedam o assento esquerdo a um pombo ou a um computador.

Que tal usar seres humanos como sistemas de guiagem de bordo, em vez de pombos? Humanos são no mínimo tão numerosos quanto essas aves, seus cérebros não são significativamente mais caros e, para muitas tarefas, são até superiores. Humanos têm um histórico já comprovado de se apoderar de aviões por meio de ameaças, um recurso que funciona porque os pilotos legítimos dão valor à vida deles próprios e à de seus passageiros. A suposição natural de que, no fundo, os sequestradores também valorizam a própria vida e agirão racionalmente para preservá-la leva as tripulações no ar e as equipes em terra a tomar decisões calculadas que não funcionariam com módulos de guiagem desprovidos do senso de autopreservação. Se o seu avião está sendo sequestrado por um homem armado que, embora disposto a correr riscos, presumivelmente quer continuar vivo, há margem para negociação. Um piloto racional cede aos desejos do sequestrador, pousa o avião, manda trazer comida para os passageiros e deixa as negociações para o pessoal treinado nessa tarefa.

O problema do sistema de guiagem humano é exatamente esse. Ao contrário da versão emplumada, ele sabe que uma missão bem-sucedida culmina com a destruição de sua pessoa. Conseguiríamos desenvolver um sistema de guiagem biológico com a submissão e dispensabilidade de um pombo, mas com a engenhosidade e a capacidade de um homem para infiltrar-se plausivelmente? O que precisamos, em suma, é de um ser humano que não se importe de ser explodido. Ele daria um sistema de guiagem de bordo perfeito. Entusiastas do suicídio, no entanto, são difíceis de encontrar. Até um paciente terminal com câncer pode perder a coragem quando o desastre é iminente.

Será que conseguiríamos encontrar seres humanos normais em muitos outros aspectos e dar um jeito de persuadi-los de que não vão morrer se pilotarem um avião até colidir com um arranha-céu? Quem dera! Ninguém é tão estúpido. Mas que tal outra coisa — é bem improvável, porém não custa tentar: já que eles vão mesmo morrer, não podíamos engrupi-los, fazendo-os acreditar que voltarão a viver de novo depois? Não seja tolo! Não, escute, pode ser que funcione. Ofereça a eles um atalho para um Grande Oásis no céu, refrescado por fontes infindáveis. Harpas e anjos não serão atrativos para o tipo de homens jovens de que precisamos, por isso diga a eles que há uma recompensa especial para mártires: 72 noivas virgens, comprovadamente sequiosas e exclusivas.

E eles vão cair nessa? Sim: homens jovens inundados de testosterona que são bastante desprovidos de atrativos para conseguir uma mulher neste mundo podem estar desesperados o suficiente para tentar obter 72 virgens privativas no outro.

É uma patranha e tanto, mas vale a pena tentar. Vai ser preciso pegá-los ainda jovens. Dê a eles uma formação baseada em uma mitologia completa e autoconsistente para fazer a grande mentira soar plausível quando ela chegar. Dê a eles um livro sagrado e exija que o recitem de cor. Quer saber? Acho mesmo que poderia funcionar. Por sorte, já temos exatamente o que é preciso: um sistema pronto de controle da mente que vem sendo burilado há séculos, transmitido de geração em geração. Milhões de pessoas foram criadas com ele. Chama-se religião e, por razões que um dia talvez venhamos a entender, a maioria das pessoas se deixa enganar por ele (onde isso mais acontece é nos Estados Unidos, embora a ironia passe despercebida). Agora só precisamos reunir um punhado desses fiéis fissurados e lhes dar aulas de pilotagem.

Espirituoso? Trivializando um mal indescritível? Isso é exatamente o oposto da minha intenção, que é de todo séria e motivada por tristeza profunda e ira feroz. Estou tentando chamar a atenção para o elefante na sala que todo mundo é polido — ou devoto — demais para apontar: a religião, e em especial o efeito desvalorizador que ela tem sobre a vida humana. Não me refiro a desvalorizar a vida dos outros (embora ela possa fazer isso também), mas a desvalorizar a própria vida. A religião ensina a perigosa bobagem de que a morte não é o fim.

Se a morte é definitiva, pode-se esperar que um agente racional valorize muito a própria vida e relute em arriscá-la. Isso torna o mundo um lugar mais seguro, do mesmo modo que um avião será mais seguro se o sequestrador quiser sobreviver. No outro extremo, se um número significativo de pessoas se convence, ou é convencido por seus sacerdotes, de que a morte de um mártir equivale a apertar o botão do hiperespaço e atravessar num átimo um buraco de minhoca para outro universo, isso pode fazer do mundo um lugar perigosíssimo. Especialmente se essas pessoas também acreditarem que o outro universo é um escape paradisíaco das tribulações do mundo real. Remate tudo isso com promessas sexuais nas quais se acredita de todo coração, embora sejam ridículas e depreciem as mulheres, e é de surpreender que homens jovens, ingênuos e frustrados clamem para ser selecionados em missões suicidas?

Não há dúvida de que o cérebro suicida obcecado pela vida após a morte seja mesmo uma arma imensamente poderosa e perigosa. Ele é comparável a um míssil inteligente, e, em muitos aspectos, o seu sistema de guiagem é superior ao cérebro eletrônico mais complexo que o dinheiro pode comprar. No entanto, para um governo, organização ou classe sacerdotal cínica, ele é muito, muito barato.

Nossos líderes classificaram a atrocidade recente com o costumeiro chavão: covardia inconsequente. "Inconsequência" pode ser uma palavra apropriada para vandalismo contra uma cabine telefônica e não ajuda nada para compreendermos o que atingiu Nova York em 11 de setembro de 2001. Aquelas pessoas não eram inconsequentes e certamente não eram covardes. Ao contrário: tinham em mente consequências bem definidas e se apoiavam em uma coragem insana; para nós seria de grande valia entender de onde essa coragem veio.

Veio da religião. É claro que a religião também é a fonte fundamental das divisões do Oriente Médio que motivaram primordialmente o uso dessa arma letal. Mas essa é outra história, e não o que me interessa aqui. Aqui o que me interessa é a arma em si. Encher um mundo de religião, ou religiões do tipo abraâmico, é como juncar as ruas com armas carregadas. Não fique surpreso se elas forem usadas.

A teologia do tsunami*

Nunca achei muito persuasivo o problema do mal como argumento contra a existência de deidades. Parece não haver nenhuma razão óbvia para presumir que o seu Deus será bom. A questão, para mim, é por que alguém pensa que existe um Deus, seja ele bom, mau ou indiferente. A maior parte do panteão grego tinha vícios muito humanos, e o "Deus ciumento" do Antigo Testamento é sem dúvida um dos personagens mais perversos, mais verdadeiramente maléficos de toda a ficção.** Tsunamis eram coisa bem ao gosto dele, e, quanto mais sofrimento e estrago, melhor. Sempre achei que o problema do "mal" era uma dificuldade

---

* Infelizmente acabei perdendo o hábito, mas por alguns anos fui colunista regular do *Free Inquiry*, uma de duas publicações excelentes do Center for Inquiry (digo com satisfação que, neste ano, o CFI se fundiu com minha fundação). Esta é uma de minhas colunas, publicada em 2005, pouco depois do terrível tsunami de 26 de dezembro de 2004, que causou devastação em muitas áreas costeiras do oceano Índico.

** Ver *God: The Most Unpleasant Character in All Fiction*, de Dan Barker, para uma ampla justificação dessa afirmação.

relativamente trivial para os teístas, em comparação com o argumento da improbabilidade, este, sim, um argumento realmente poderoso, demolidor contra a própria existência de todas as formas de inteligência criativa que não sejam produto de evolução.

Entretanto, pela minha experiência, pessoas devotas que não dão mostras sequer de começar a entender o argumento da improbabilidade são reduzidas a uma trêmula perplexidade, quando não à perda inequívoca da fé, quando confrontadas com um desastre natural ou uma grande pestilência. Terremotos, em especial, tradicionalmente abalam a fé das pessoas em uma deidade, e o tsunami de dezembro levou muitos a um agonizante exame de consciência sobre a questão: "Como uma pessoa religiosa pode explicar uma coisa dessas?". Entre os que estremeceram, pareceu que o mais proeminente foi o arcebispo de Canterbury, chefe da comunhão anglicana. Acontece que o que ele disse foi deturpado por um jornal com reputação de irresponsável e malicioso, o *Daily Telegraph*, que foi, em Londres, uma das várias publicações a dedicar muito espaço de suas colunas a esse espinhoso dilema teológico. Na verdade, o arcebispo não disse que o tsunami abalou sua fé, mas apenas que ele era capaz de compreender quem tinha dúvidas.

O precedente mais famoso, lembraram vários comentaristas, foi o terremoto de 1755 em Lisboa, que perturbou Kant profundamente e provocou Voltaire a zombar de Leibniz e seu otimismo filosófico em *Cândido*. O *Guardian* publicou uma enxurrada de cartas ao editor, encabeçada por uma do bispo de Lincoln pedindo a Deus que nos preservasse de pessoas que tentavam "explicar" o tsunami. Outros autores de cartas tentaram fazer exatamente isso. Um clérigo admitiu que não havia uma resposta intelectual, mas apenas insinuações de uma explicação que "só será encontrada em uma vida de fé, oração, contemplação e ação cristã". Outro clérigo citou o Livro de Jó e pensava ter encontrado o começo de uma explicação para o sofrimento na ideia de São Paulo de que o universo inteiro estava passando por algo parecido com as dores de uma mulher durante o parto: "O argumento do design para a existência de Deus seria fatalmente invalidado se o universo fosse considerado já completo. Os religiosos veem a totalidade da experiência como parte de uma narrativa maior que segue em direção a um objetivo ainda inimaginável".

É para fazer esse tipo de coisa que os teólogos são pagos? Pelo menos ele não desceu ao nível de um professor de teologia na minha universidade que, durante um debate comigo e com meu colega Peter Atkins na televisão, afirmou que o Holocausto foi o modo de Deus dar aos judeus a oportunidade de serem corajosos e nobres. Esse comentário arrancou do dr. Atkins uma imprecação: "Que você apodreça no inferno!".

Minha primeira resposta à correspondência sobre o tsunami foi publicada em 30 de dezembro:

O bispo de Lincoln (Cartas, 29 de dezembro) pede para ser preservado dos religiosos que tentam explicar o desastre do tsunami. Faz muito bem. Explicações religiosas para tragédias desse tipo variam desde as abiloladas (é retribuição pelo pecado original) até as perversas (desastres são mandados para testar nossa fé) e as violentas (depois do terremoto de 1755 em Lisboa, hereges foram enforcados por provocar a ira de Deus). Já eu prefiro ser preservado dos religiosos que desistem de tentar explicar mas permanecem religiosos.

Na mesma leva de cartas, Dan Rickman diz que "a ciência apresenta uma explicação do mecanismo de um tsunami, mas, tanto quanto a religião, não sabe dizer por que isso ocorreu". Eis que, em uma sentença, a mente religiosa se revela para nós em todo o seu absurdo. Em que sentido da locução "por que" a tectônica de placas não fornece a resposta?

Não só a ciência sabe por que o tsunami aconteceu como também pode nos alertar com preciosas horas de antecedência. Se uma pequena fração das isenções fiscais presenteadas às igrejas, mesquitas e sinagogas tivesse sido alocada para um sistema de alerta antecipado, dezenas de milhares de pessoas, agora mortas, teriam sido levadas para um local seguro.

Chega de ficar de joelhos, de nos curvarmos a bichos-papões e pais virtuais; enfrentemos a realidade e ajudemos a ciência a fazer algo construtivo para reduzir o sofrimento humano.

Cartas ao editor precisam ser breves, por isso deixei de me assegurar contra a óbvia acusação de insensibilidade. Em meio à fúria que inundou a página de cartas no dia seguinte, uma mulher perguntou que consolo a ciência podia oferecer a uma mãe cujo filho foi arrastado para o mar. Três cartas eram de médicos, que podiam, com razão, dizer-se mais experientes em sofrimento humano do que eu. Um deles lastimava uma interpretação esdruxulamente literal do darwinismo: "Não consigo imaginar por que, se eu fosse ateu, me daria ao trabalho de ajudar alguém cujos genes poderiam competir com os meus". Outro deblaterava petulantemente contra a ciência que "clona ovelhas e gatos". O terceiro fez ataques pessoais, descreveu-me como o seu bicho-papão particular: "A versão ateísta de uma testemunha de Jeová à porta de casa. Um aiatolá sem uma deidade — Deus nos ajude".

Não costumo voltar à carga, mas, ansioso para desfazer mal-entendidos levianos, enviei outra carta, e ela foi publicada no dia seguinte:

É verdade que a ciência não pode oferecer os consolos que nossos correspondentes atribuem à oração, e lamento se acabei parecendo um aiatolá insensível ou bicho-papão à porta de casa (Cartas, 31 de dezembro). É psicologicamente possível extrair consolo de uma crença sincera em uma ilusão inexistente, mas — que tolice a minha — pensei que agora os crentes talvez estivessem desiludidos com um ser onipotente que tinha acabado de afogar 125 mil inocentes (ou um ser onisciente que deixara de alertá-los). É claro que vocês podem buscar consolo em um monstro desses, e não quero privá-los disso.

Minha ingênua suposição era que talvez os crentes estivessem mais propensos a amaldiçoar seu Deus do que a orar para ele, e talvez houvesse nisso algum consolo funesto. E eu estava tentando, talvez insensivelmente, oferecer uma alternativa mais branda e construtiva. Você não precisa ser um crente. Talvez não exista ninguém a amaldiçoar. Talvez estejamos sozinhos em um mundo onde placas tectônicas e outras forças naturais às vezes provocam catástrofes medonhas. A ciência não pode (ainda) prevenir terremotos, mas teria sido capaz de dar um alerta sobre o tsunami de 26 de dezembro com antecedência suficiente para salvar a maioria das vítimas e poupar tanto luto. E a ação humana, guiada pela ciência, poderia prevenir coisa pior no futuro: as inundações de terras baixas decorrentes do aquecimento global. Se os consolos proporcionados por braços humanos estendidos, palavras humanas carinhosas e generosidade humana compadecida parecem insignificantes diante da agonia, eles pelo menos têm a vantagem de existir no mundo real.

Uma das mais populares reações de religiosos a desastres naturais é "Por que eu?". Ela é a base de várias das réplicas à primeira das minhas cartas ao *Guardian*. A resposta correta, "Infelizmente você estava no lugar errado no momento errado", não traz consolo, admito. O mundo divide-se entre os que conseguem perceber que a capacidade de consolo não tem nenhuma relação com a verdade de uma afirmação cósmica e os que não conseguem. Como educador profissional, quando encontro alguém dessa segunda categoria, quase chego a desanimar.

EPÍLOGO

Se desastres naturais aparentemente imerecidos são um desafio para os religiosos, pode-se dizer que a boa sorte aparentemente imerecida representa um desafio equivalente e oposto aos não religiosos: a quem devemos agradecer? Ora, mas por que *desejamos* dar graças, tanto quanto desejamos pôr a culpa em alguém ou alguma coisa pelos nossos infortúnios? Em uma palestra que fiz na Convenção Ateísta Global em Melbourne em 2010, sugeri uma explicação darwiniana para esses impulsos de gratidão e ressentimento baseada na evolução de um senso de "justiça".*

Quando um furacão destrói nossa casa mas poupa a casa de um criminoso abominável, somos invadidos por um sentimento de injustiça. Quando um ciclone desembesta pela planície e de repente dá uma guinada, justamente quando estava prestes a atingir nossa cidade, somos tomados por um irresistível sentimento de gratidão. Temos o impulso de agradecer a alguém ou a alguma coisa. Talvez não agradeçamos ao próprio furacão (teríamos a sensação de que ele não escuta), mas quem sabe agradeceríamos à "Providência" ou ao "Destino", ou a algo que pudéssemos chamar de "Deus", ou "os deuses" ou "Alá", ou seja qual for o nome que a nossa sociedade dá ao alvo dessa gratidão. E se o ciclone não der uma guinada e acabar destruindo nossa casa e matando nossa família, talvez brademos ao mesmo deus ou deuses alguma coisa como "O que fiz para merecer isso?". Ou, quem sabe, digamos "Deve ser castigo pelos meus pecados, estou pagando porque pequei".

---

* Para mais detalhes sobre como esse senso de "justiça natural" pode ter surgido, ver o primeiro ensaio desta antologia, "Os valores da ciência e a ciência dos valores", especialmente pp. 74-8.

Curiosamente, desastres também podem ser causa de gratidão. Centenas de milhares de pessoas podem morrer em um terremoto ou tsunami, mas, se um filho foi perdido, dado como morto e então descoberto agarrado a um pedaço de madeira, os pais sentirão um impulso irreprimível de *agradecer* a alguém ou alguma coisa, pelo fato de o filho ter sido restituído a eles quando pensavam que ele tivesse morrido.

O impulso de sentir-se "grato" no vácuo, quando não há ninguém a quem agradecer, é fortíssimo. Animais às vezes executam padrões de comportamento complexo no vácuo, que são até mesmo denominados "atividades no vácuo". O exemplo mais espetacular que já vi foi em um filme alemão sobre um castor. Era um castor em cativeiro, mas primeiro é melhor lembrar vocês de uma coisa que os castores fazem na natureza. Eles constroem represas, quase sempre de troncos e ramos, que eles cortam no tamanho desejado com seus dentes fortes e afiados e empurram para sua obra na água. Você pode se perguntar: por que, afinal, eles constroem represas? É porque a represa forma um lago ou um tanque, e isso facilita para os castores encontrar alimento sem ser comidos. Os castores provavelmente não compreendem a razão de se comportarem assim. Fazem sem pensar porque possuem no cérebro um mecanismo que funciona como um relógio. São robozinhos construtores de represa. Os padrões comportamentais de mecanismo de relógio que constituem os componentes das rotinas da construção de represas são bem complexos e diferentes dos movimentos de quaisquer outros animais — porque nenhum outro animal constrói represas.

Acontece que o castor do filme alemão era um animal de cativeiro, que nunca na vida tinha construído uma represa. Ele foi filmado em uma sala vazia, com um piso de cimento puro: sem rio para represar, sem madeira para construir. Assombrosamente, aquele pobre castor solitário executava no vácuo todos os movimentos de construir uma represa. Pegava na boca pedaços fantasmas de madeira e os carregava para sua represa fantasma, ajeitava-os, encaixava-os e se comportava, de modo geral, como se "pensasse" que havia ali um rio de verdade e madeira de verdade para encaixar.

Creio que o castor sentia um impulso irresistível de construir uma represa, pois isso é o que ele faria na natureza. Então ele foi em frente e "construiu" sua represa fantasma no vácuo. Quem sabe o castor se sentisse mais ou menos como um homem se sente quando se excita com uma foto de mulher nua — talvez ele tenha uma ereção — mesmo sabendo perfeitamente que aquilo é só tinta no papel. É excitação no vácuo. O que estou sugerindo é que nós também sentimos gratidão no vácuo. É a gratidão que sentimos quando somos tomados pela ânsia de "agradecer" a alguma coisa ou a alguém, muito embora não haja ninguém a quem agradecer. É gratidão no vácuo, exatamente como a construção no vácuo pelo castor. E o mesmo vale para o modo como nos sentimos quando dizemos que algo é "injusto" apesar de sabermos que não existe ninguém que seja culpado pela injustiça; apenas nos sentimos maltratados imerecidamente pelo clima, por um terremoto ou pelo "destino".

Portanto, pode existir uma razão evolucionária para sentirmos um impulso de agradecer, mesmo sabendo que não existe ninguém que seja o alvo dessa gratidão. Não há por que nos envergonharmos disso.

"Agradecer" não devia ser verbo transitivo. Não temos de agradecer a Deus, Alá, santos ou estrelas. Podemos simplesmente nos sentir gratos, e tudo bem.

Feliz Natal, primeiro-ministro!*

Caro primeiro-ministro,

Feliz Natal! De verdade. Toda essa coisa de "Boas Festas", com cartões e presente "de festas", é uma tediosa importação dos Estados Unidos, onde há muito tempo tem sido alimentada mais por religiões rivais do que por ateus. Sendo um anglicano cultural (cuja família faz parte da turma de Chipping Norton desde 1727, como o senhor mesmo poderá ver se olhar à sua volta na igreja paroquial),** eu sinto engulhos na presença de cantos de Natal

---

* Em novembro de 2011, o *Guardian* convidou algumas pessoas a fazer perguntas ao então primeiro-ministro David Cameron, que respondeu em uma edição subsequente do jornal. Fui um dos convidados e fiz a ele uma pergunta séria e educada sobre escolas religiosas. A resposta rudemente desdenhosa do sr. Cameron, na qual ele me acusou de "não entender", instigou-me a escrever uma réplica aberta na edição de Natal de 2011 da *New Statesman*, do qual eu era editor convidado. Meu título original foi "Entende agora, primeiro-ministro?", mas, com ânimo mais amistoso, troquei-o aqui.

** Nota para os leitores não britânicos: David Cameron foi membro do Parlamento por West Oxfordshire, que inclui a cidade natal da minha família, Chip-

seculares como "White Christmas", "Rudolph the Red-Nosed Reindeer" e o abominável "Jingle Bells", mas gosto de cantar músicas natalinas genuínas, e se, contra todas as probabilidades, alguém me pedisse para ler um trecho da Bíblia, seria um prazer atendê-lo — mas da Bíblia King James,* é claro.

Objeções simbólicas a manjedouras e cantos natalinos não são apenas tolas: também desviam uma atenção vital da verdadeira dominação da nossa cultura e política que a religião ainda consegue exercer impunemente, em profusão e com isenção fiscal. Há uma diferença importante entre tradições adotadas livremente por indivíduos e tradições impostas por decreto governamental. Imagine a gritaria se o seu governo determinasse que todas as famílias celebrassem o Natal de um modo religioso. O senhor jamais sonharia em abusar do poder dessa maneira. E, no entanto, o seu governo, assim como seus predecessores, impinge religião à nossa sociedade, de modos cuja própria familiaridade nos desarma. Deixemos de lado os 26 bispos na Câmara dos Lordes e passemos de leve sobre o privilegiado caminho suave pelo qual a Comissão de Caridade agiliza a obtenção da isenção fiscal para entidades beneficentes de bases religiosas, enquanto outras (corretamente) precisam transpor obstáculos: o modo mais óbvio e mais perigoso como o governo impõe religião à nossa sociedade por intermédio de suas escolas religiosas.

---

ping Norton. Ele e vários outros membros proeminentes da classe política e jornalística londrina têm casas de campo nessa área e se tornaram conhecidos nas colunas de fofoca como o "a turma de Chipping Norton". A igreja, como insinuo maliciosamente que ele deveria ter notado se fosse tão devoto quanto finge ser, é lotada até as arquitraves de memoriais da família Dawkins.

* Tradução da Bíblia para o inglês, autorizada pelo rei Jaime I no século XVII para a Igreja anglicana e tida até hoje como um dos textos mais influentes do idioma pelo primor de seu estilo. (N. T.)

Devemos ensinar *a respeito de* religião, no mínimo porque a religião é uma força tão destacada na política mundial e uma propulsora tão potente de conflitos letais. Precisamos de mais e melhor instrução em religião comparativa (e tenho certeza de que o senhor concorda comigo em que qualquer educação em literatura inglesa será de uma pobreza lastimável se a criança não for capaz de entender alusões à Bíblia King James). Mas as escolas religiosas não ensinam *a respeito de* religião; elas doutrinam na religião específica que mantém a escola. Sem o menor escrúpulo, transmitem às crianças a mensagem de que elas pertencem especificamente a uma determinada fé, em geral a mesma de seus pais, e pavimentam o caminho, ao menos em lugares como Belfast e Glasgow, para toda uma vida de discriminação e preconceito.

Psicólogos afirmam que se experimentalmente separarmos crianças de um modo arbitrário — por exemplo, vestindo metade delas com camiseta verde e a outra metade com camiseta laranja —, elas vão adquirir lealdade intragrupo e preconceito extragrupo. Continuando o experimento, suponhamos que, quando elas crescerem, verdes só se casem com verdes e laranjas só se casem com laranjas. Além disso, as "crianças verdes" só estudam em escolas verdes, e as "crianças laranja" só em escolas laranja. Se prosseguirmos por trezentos anos, o que obteremos? Uma Irlanda do Norte, ou coisa pior. A religião pode não ser a única força divisiva capaz de impelir preconceitos perigosos através de muitas gerações (língua e raça são outros candidatos), mas é a única que recebe grande apoio governamental na Grã-Bretanha hoje, em forma de escolas.

Esse éthos divisivo é tão arraigado em nossa consciência social que jornalistas, e na verdade a maioria de nós, se referem despreocupadamente a "crianças católicas", "crianças protestantes", "crianças muçulmanas", mesmo quando elas são jovens demais para decidir o que pensam sobre as questões que dividem as várias fés.

Pressupomos que filhos de pais católicos (por exemplo) *são* "crianças católicas", e assim por diante. Uma expressão como "criança muçulmana" deveria causar arrepios como unha arranhando lousa. O termo apropriado seria "criança filha de pais muçulmanos".

Satirizei a rotulagem de crianças pela fé no *Guardian* no mês passado,* usando uma analogia que quase todo mundo entende quando ouve: não sonharíamos em rotular uma criança de "keynesiana" só porque seus pais são economistas keynesianos. Senhor Cameron, na versão em áudio da sua resposta a esse argumento sério e sincero pôde-se ouvir distintamente o seu tom de escárnio: "Comparar John Maynard Keynes a Jesus Cristo demonstra, na minha opinião, que Richard Dawkins realmente não entende". O senhor entende agora, primeiro-ministro? É claro que eu não estava comparando Keynes a Jesus. Poderia muito bem ter dito "criança monetarista", "criança fascista", "criança pós-modernista", "criança eurófila". Além disso, eu não estava falando especificamente em Jesus, tanto quanto não estava falando em Maomé ou no Buda.

Na verdade, acho que o senhor já tinha entendido desde o início. Se o senhor é como vários ministros do governo (de todos os três partidos) com quem falei, não é um crente religioso genuíno. Vários ministros e ex-ministros da educação que conheci, tanto conservadores como trabalhistas, não acreditam em Deus mas, citando o filósofo Daniel Dennett, "acreditam muito na crença". Um número desalentador de pessoas inteligentes e instruídas, apesar de terem superado a fé religiosa, ainda supõe vagamente, sem refletir, que a fé religiosa é, sabe-se lá por quê, "boa" para as pessoas, boa para a sociedade, boa para a ordem pública, boa para incutir a moralidade, boa para a gente comum, muito

---

* 26 de novembro de 2011.

embora nós, aqui da turma, não precisemos dela. Condescendência? Magnanimidade hipócrita? Sim, mas em grande medida não é isso que está por trás do entusiasmo de sucessivos governos por escolas religiosas?

A baronesa Warsi, sua ministra sem pasta (e sem eleição), fez questão de nos informar que esse governo de coalizão "trata de Deus, sim".* Mas a maioria de nós, que o elegemos, não trata. É possível que o censo recente registre uma ligeira maioria de pessoas que fizeram o X na alternativa "cristão". No entanto, o ramo do Reino Unido da Richard Dawkins Foundation for Reason and Science encomendou ao Ipsos MORI uma pesquisa na semana seguinte ao censo. Quando publicada, ela nos permitirá saber quantas pessoas que se identificam como cristãs são *crentes*.**

---

* Sayeeda Warsi, cuja única distinção conhecida foi não vencer a eleição para o Parlamento, foi elevada por David Cameron à nobreza como a mais jovem integrante da Câmara dos Lordes e nomeada presidente adjunta do Partido Conservador e ministra do governo. Certo ou errado, muitos interpretaram isso como um simbolismo tríplice: ela foi a primeira mulher muçulmana não branca a ser membro do Gabinete britânico. Minha alfinetada pode ter sido injusta (embora eu duvide), mas, seja como for, acho necessária uma nota de rodapé para explicar isso aos leitores não britânicos, que talvez não a tenham entendido. O sr. Cameron com certeza entendeu, caso tenha tido tempo de ler minha carta aberta (o que eu também duvido). A expressão "tratar de Deus" é uma alusão ao governo anterior, de Tony Blair, cujo principal marqueteiro, Alastair Campbell, constrangido com as inclinações devotas de seu chefe, interrompeu uma pergunta de cunho religioso durante uma entrevista dizendo "Não tratamos de Deus".

** A pesquisa agora está publicada, e resumi seus resultados na edição de décimo aniversário de *Deus, um delírio*. Em poucas palavras, a porcentagem de pessoas que se identificam como cristãs caiu de forma drástica entre 2001 e 2011, e nossa pesquisa mostrou que mesmo quem ainda o fez em 2011 só era cristão muito superficialmente. Por exemplo, a resposta dominante à pergunta sobre o que ser cristão significava para eles foi: "Tento ser uma pessoa boa". Mas, ao responder se levavam a religião em conta diante de uma escolha moral, apenas 10% disseram que sim. Só 39% dos que se identificaram como cristãos foram capazes

Enquanto isso, o mais recente levantamento da British Social Attitudes, que acaba de ser publicado, demonstra claramente que a filiação religiosa, a observância da religião e as atitudes religiosas diante de questões sociais continuam em seu declínio de longo prazo e hoje são irrelevantes para todos, exceto uma minoria da população. Quando se trata de escolhas para a vida, atitudes sociais, dilemas morais e senso de identidade, a religião está no leito de morte, mesmo para quem ainda se identifica nominalmente com uma religião.

Essa notícia é boa. É boa porque, se dependêssemos da religião para os nossos valores e o nosso sentimento de coesão, estaríamos em apuros. A própria ideia de que poderíamos basear nossa moralidade na Bíblia ou no Alcorão deixaria horrorizada hoje qualquer pessoa respeitável que se dê ao trabalho de ler esses livros — em vez de catar como cereja no bolo os versos que por acaso se amoldam ao nosso consenso secular moderno. Quanto à condescendente suposição de que as pessoas precisam da promessa do paraíso (ou da ameaça obscena da tortura no inferno) para serem morais, que motivo desprezivelmente imoral para alguém ser moral! O que nos liga uns aos outros, o que nos dá um senso de empatia e compaixão — a nossa bondade — é algo muito mais importante, mais fundamental e mais poderoso do que a religião: é a condição humana comum a todos nós, derivada da nossa herança evolucionária pré-religiosa e depois refinada e aperfeiçoada, como demonstra o professor Steven Pinker em *Os anjos bons da nossa natureza*, por séculos de iluminismo secular.*

---

de dizer qual, entre os seguintes, é o primeiro livro do Novo Testamento: Mateus, Gênesis, Salmos, Atos.

* Procurei discorrer um pouco mais detalhadamente sobre isso no epílogo do primeiro ensaio desta antologia (ver p. 85).

Um país diversificado e em grande medida secular como a Grã-Bretanha não devia privilegiar os religiosos em detrimento dos não religiosos, nem impor ou patrocinar a religião em qualquer aspecto da vida pública. Um governo que age dessa maneira está em descompasso com a demografia e os valores modernos. O senhor pareceu ter compreendido isso em seu excelente e injustamente criticado discurso sobre os perigos do "multiculturalismo" em fevereiro deste ano.* A sociedade moderna requer e merece um Estado verdadeiramente secular, e com isso *não* quero dizer um ateísmo estatal, e sim a *neutralidade* do Estado em todas as questões pertinentes à religião: o reconhecimento de que a fé é pessoal, e não assunto de Estado. Os indivíduos sempre devem ser livres para "tratar de Deus" se quiserem, mas um governo para o povo certamente não deve.

Desejo ao senhor e à sua família um feliz Natal.

Richard Dawkins

---

* Fiquei sabendo depois que o discurso do sr. Cameron foi redigido com assessoria do admirável Maajid Nawaz, da Quilliam Foundation. Assim, não é de admirar que tenha sido tão bom.

A ciência da religião*

É com ansiedade e humildade que venho da mais antiga universidade do mundo anglófono para esta que decerto é a mais grandiosa. Minha ansiedade não diminui diante do título que eu, com alguma imprudência, informei aos organizadores tantos meses atrás. Qualquer um que desabone a religião em público, por mais delicadeza que use no processo, pode contar com mensagens de ódio de um tipo singularmente inflexível. Mas o próprio fato de a religião exaltar os ânimos dessa maneira chama a atenção de um cientista.

Como darwiniano, o aspecto da religião que chama a *minha* atenção é seu pródigo desperdício, sua exibição extravagante de

---

* As Conferências Tanner sobre Valores Humanos foram instituídas em Cambridge em 1978, com a cláusula incomum de que várias universidades devem revezar-se para sediá-las. Fui conferencista desses eventos em Edimburgo e Harvard. Minhas duas conferências em Harvard, feitas em 2003, foram um par simétrico com os títulos "A ciência da religião" e "A religião da ciência". Apresento aqui a primeira delas, em versão resumida.

inutilidade rebuscada. Se um animal selvagem gastar habitualmente seu tempo com alguma atividade inútil, a seleção natural favorecerá indivíduos rivais que aloquem seu tempo para a sobrevivência e reprodução. A natureza não pode dar-se ao luxo de perder tempo com frivolidades. O utilitarismo implacável prevalece, mesmo que nem sempre pareça ser assim.

Sou um estudioso darwiniano do comportamento animal — etólogo e seguidor de Niko Tinbergen. Por isso, vocês não se surpreenderão se eu falar sobre animais (animais não humanos, devo acrescentar, pois não existe definição sensata de animal que nos exclua). A cauda de um macho de ave-do-paraíso, por mais extravagante que pareça, seria penalizada pelas fêmeas se fosse menos vistosa. O mesmo vale para o tempo e o trabalho que um pássaro-caramancheiro emprega na feitura de seu caramanchão. Aves como o gaio têm o hábito de "banhar-se" em formigueiros, aparentemente incitando as formigas a invadir suas penas. Ninguém sabe qual o benefício desse hábito: talvez algum tipo de medida higiênica para remover parasitas da plumagem. O que quero salientar é que a incerteza com respeito a detalhes não impede — nem deve impedir — os darwinianos de acreditar, com grande confiança, que esse hábito tem de ser *para* alguma coisa.

Esse tipo de postura confiante é controverso — pelo menos em Harvard —, e vocês devem estar a par da totalmente imerecida depreciação das hipóteses funcionais como "falácias ad hoc" impossíveis de testar. Essa é uma ideia tão ridícula que a única razão de acabar aceita por muitos é um certo estilo de defesa intimidante que, preciso dizer relutantemente, se originou em Harvard. Para testar uma hipótese funcional de um comportamento, basta engendrar uma situação experimental na qual o comportamento não ocorre ou na qual as consequências são negadas. Vejamos um exemplo simples de como testar uma hipótese funcional.

Da próxima vez que uma mosca pousar na sua mão, não a enxote de imediato; observe o que ela faz. Não vai demorar para que ela junte as patas dianteiras como se rezasse de mãos postas e então as torça com uma aparente meticulosidade ritual. Esse é um dos modos como uma mosca se limpa. Outro é roçar uma perna traseira sobre a asa do mesmo lado. Ela também esfrega as patas do meio e as de trás umas nas outras, ou as da frente e as do meio. As moscas passam muito tempo cuidando de sua higiene, e qualquer darwiniano logo suporia que isso é vital para a sobrevivência delas. Ainda mais porque — isso é menos paradoxal do que parece — limpar-se traz grande probabilidade de levar diretamente à morte da mosca. Quando um camaleão, por exemplo, está por perto, é bem possível que limpar-se vai ser a última coisa que uma mosca fará na vida. Olhos de predadores costumam assestar a mira no movimento. Um alvo imóvel passa despercebido ou nem sequer é visto. Um alvo que voa é difícil de atingir. Os membros em movimento de uma mosca fazendo a higiene estimulam os detectores de movimento do predador, e a mosca inteira é um alvo fácil. O fato de as moscas passarem tanto tempo cuidando da higiene apesar de isso ser tão perigoso sugere um valor de sobrevivência muito poderoso. E essa é uma hipótese testável.

Uma configuração de experimento apropriada é a do "controle espelhado". Ponha um par de moscas numa pequena arena e observe-as. Cada vez que a mosca A começar a se limpar, assuste ambas para que elas voem. Ao fim de duas horas desse procedimento, a mosca A não terá feito nenhuma higiene. A mosca B terá feito sua higiene frequentemente. Ela terá sido assustada para voar tantas vezes quanto A, porém aleatoriamente com respeito à sua higienização. Agora submeta A e B a uma bateria de testes comparativos. O desempenho de A no voo está prejudicado por sujeira nas asas? Meça e compare com B. Moscas sentem gosto com os pés, e é razoável a hipótese de que "lavar os pés" desobstrua seus órgãos dos sentidos. Compare a concentração limiar de açúcar que A e B conseguem sentir com o paladar. Compare suas tendências a adoecer. Como teste definitivo, compare a vulnerabilidade das duas moscas a um camaleão.

Repita o teste com muitos pares de moscas e faça uma análise estatística comparando cada A com sua B correspondente. Aposto que as moscas A serão prejudicadas significativamente em, no mínimo, uma faculdade que afete a sobrevivência em um grau crucial. A razão da minha confiança é a pura convicção darwiniana de que a seleção natural não lhes teria permitido dedicar tanto tempo a uma atividade que não fosse útil. Esta não é uma "falácia ad hoc"; o raciocínio é 100% científico e totalmente testável.*

O comportamento religioso em grandes primatas bípedes ocupa grandes quantidades de tempo. Devora recursos colossais. A construção de uma catedral medieval consumia centenas de séculos-homem. A música sacra e as pinturas devocionais monopolizaram grande parte do talento medieval e renascentista. Milhares, talvez milhões de pessoas morreram, frequentemente aceitando antes a tortura, por lealdade a uma religião de preferência a uma alternativa em grande medida indistinguível.

Embora os detalhes sejam diferentes nas várias culturas, não conhecemos nenhuma cultura que não pratique alguma versão dos rituais religiosos que consomem tempo e riqueza e provocam hostilidade e prejudicam a fecundidade. Tudo isso é um grande enigma para quem pensa em linhas darwinianas. Não seria a religião um desafio, uma afronta a priori ao darwinismo, exigindo uma explicação semelhante? Por que rezamos e nos entregamos a

---

* Minha confiança não reside em nenhuma hipótese específica, por exemplo, a de que asas sujas prejudicam o voo. Estou confiante apenas em que a higienização tem de contribuir para melhorar a sobrevivência genética das moscas, simplesmente porque elas passam tanto tempo ocupadas nisso.

práticas dispendiosas que, em muitos casos, nos consomem mais ou menos completamente a vida?

Seria a religião um fenômeno recente, surgido depois de os nossos genes terem passado pela maior parte de sua seleção natural? Sua ubiquidade depõe contra qualquer versão simples dessa ideia. No entanto, existe uma versão que será meu objetivo principal defender hoje. A propensão que foi selecionada naturalmente em nossos ancestrais não é para a religião em si. Ela trazia algum outro benefício e só incidentalmente se manifesta como comportamento religioso. Só compreenderemos o comportamento religioso depois que a renomearmos. Mais uma vez, é natural que um etólogo use um exemplo de animais não humanos.

A "hierarquia de dominância" foi descoberta como a "ordem das bicadas" em galinhas. Cada galinha aprende quais indivíduos ela pode derrotar em uma luta e quais podem derrotá-la. Em uma hierarquia de dominância bem estabelecida, veem-se poucas lutas explícitas. Grupos estáveis de galinhas, que têm tempo para classificar-se em uma ordem de bicadas, põem mais ovos do que galinhas em galinheiros cuja composição muda a todo momento. Isso poderia sugerir uma "vantagem" para o fenômeno da hierarquia da dominância, mas não é bom darwinismo, pois a hierarquia da dominância é um fenômeno que vemos no nível do grupo. Os criadores podem preocupar-se com a produtividade do grupo, mas a seleção natural não.

Para um darwiniano, é ilegítima a questão "Qual é o valor de sobrevivência da hierarquia da dominância?". A questão apropriada é: "Qual é o valor de sobrevivência individual de respeitar as galinhas mais fortes e punir as mais fracas que não demonstram respeito?". Questões darwinianas precisam voltar a atenção para o nível em que pode existir variação genética. Tendências à agressão ou deferência em galinhas individuais são um alvo apropriado, pois ou variam, ou poderiam com facilidade variar geneticamente. Fenômenos de grupo como as hierarquias de dominância não variam geneticamente, pois grupos não têm genes. Ou, no mínimo, você precisaria estruturar seu trabalho de modo a defender algum sentido peculiar no qual um fenômeno de grupo pudesse estar sujeito a variação genética. Talvez conseguisse isso por meio de alguma versão do que chamei de "fenótipo estendido", mas meu ceticismo é grande demais para que eu o acompanhe nessa jornada teórica.

O que defendo, obviamente, é que o fenômeno da religião pode ser como a hierarquia de dominância. "Qual é o valor de sobrevivência da religião?" talvez seja a pergunta errada. A certa poderia ser feita desta forma: "Qual é o valor de sobrevivência de algum comportamento individual, ou característica psicológica, até agora não especificado, que, em circunstâncias apropriadas, se manifesta como religião?". Temos que reescrever a questão antes de ser possível respondê-la com alguma sensatez.

Antes de tudo, preciso reconhecer que outros darwinianos partiram direto para a questão não reescrita e aventaram vantagens darwinianas diretas para a própria religião — em vez de para predisposições psicológicas que acidentalmente se manifestam como religião. Existem umas poucas evidências de que a crença religiosa protege contra doenças ligadas ao estresse. Essas evidências não são boas, mas isso não surpreende. Uma parte não desprezível daquilo que um médico pode dar a um paciente é o consolo e a tranquilização. Meu médico não pratica a chamada cura com as mãos, mas várias vezes fui curado instantaneamente de algum incômodo superficial por uma voz calma e tranquilizadora e um rosto inteligente encimando um estetoscópio. O efeito placebo é bem documentado. Comprimidos simulados, sem nenhuma atividade farmacológica, melhoram a saúde. Por isso é que os testes de novos medicamentos precisam usar placebos como controle. É por isso que remédios homeopáticos parecem funcionar, apesar de serem tão diluídos que possuem a mesma quantidade de ingredientes ativos que o placebo de controle: zero molécula.

A religião seria um placebo médico, que prolonga a vida ao reduzir o estresse? Talvez, embora a teoria tenha de passar pelo corredor polonês dos céticos que apontam as muitas circunstâncias nas quais a religião aumenta o estresse ao invés de o diminuir. Seja como for, considero a teoria do placebo fraca demais para explicar o fenômeno da religião, tão vultoso e tão difuso no mundo todo. Não acho que temos religião porque nossos ancestrais reduziam seus níveis de estresse e assim sobreviviam mais um pouco. Não acho que essa seja uma teoria à altura do trabalho dela requerido.

Outras teorias passam totalmente ao largo de uma explicação darwiniana. Refiro-me a suposições como "a religião satisfaz nossa curiosidade sobre o universo e o lugar que ocupamos nele", ou "a religião é consoladora; as pessoas temem a morte e se sentem atraídas pela religião devido à promessa de sobreviver a ela". Talvez haja nisso alguma verdade psicológica, mas não temos aí uma explicação darwiniana. Uma versão darwiniana da teoria do medo da morte precisaria ser enunciada nos seguintes moldes: "A crença na sobrevivência após a morte tende a adiar o momento em que ela é submetida ao teste". Isso poderia ser verdadeiro ou poderia ser falso — talvez seja mais uma versão da teoria do estresse e do placebo —, mas não me estenderei nesse tema. Minha única intenção é transmitir a mensagem de que esse é o *tipo* de modo como um darwiniano tem de reescrever a pergunta. Afirmações de cunho psicológico — de que as pessoas acham agradável ou desagradável alguma crença — são explicações próximas, não explicações últimas.

Os darwinianos dão grande importância à distinção entre próximo e último. Questões próximas nos conduzem para a fisiologia e a neuroanatomia. Não há nada de errado com explicações próximas. Elas são importantes, e são científicas. Mas o meu assunto hoje são as explicações últimas darwinianas. Se neurocientistas, como o canadense Michael Persinger, encontram um "centro de deus" no cérebro, cientistas darwinianos como eu querem saber por que o centro de deus evoluiu. Por que, entre os nossos ancestrais, os que tinham uma tendência genética a adquirir um centro de deus sobreviveram melhor do que os rivais que não a tinham?

Algumas supostas explicações últimas mostram ser — ou, em alguns casos, declaram que são — teorias de seleção de grupo. Seleção de grupo é a ideia controversa de que a seleção darwiniana escolhe entre grupos de indivíduos, do mesmo modo como escolhe entre indivíduos de um grupo.

Vejamos um exemplo inventado para mostrar como poderia ser uma teoria da seleção de grupo para explicar a religião. Uma tribo com um "deus das batalhas" de beligerância arrebatadora ganha guerras contra uma tribo cujo deus preconiza paz e harmonia, ou contra uma tribo que não tem deus algum. Os guerreiros que acreditam que a morte de um mártir os levará direto ao paraíso lutam com coragem e abrem mão da vida sem relutar. Assim, as tribos com certos tipos de religião têm maior probabilidade de sobreviver na seleção intertribal, de roubar o gado da tribo conquistada e se apoderar de suas mulheres transformando-as em concubinas. Essas tribos bem-sucedidas geram tribos-filhas que, por sua vez, propagam mais tribos-filhas, todas elas adoradoras do mesmo deus tribal. Reparem que isso é diferente de dizer que a *ideia* da religião belicosa sobrevive. Obviamente sobreviverá, mas neste caso o importante é que o grupo de pessoas que acalenta a ideia sobrevive.

Há objeções formidáveis às teorias de seleção de grupo. Defendo um dos lados nessa controvérsia e tenho de me cuidar para não me distanciar do tema de hoje falando desse outro assunto que me interessa. Existe, também, muita confusão na literatura especializada entre a verdadeira seleção de grupo, como no meu exemplo hipotético do deus das batalhas, e uma outra coisa que é *chamada* de seleção de grupo mas, na verdade, é seleção de parentesco ou altruísmo recíproco. Ou pode haver confusão da "seleção entre grupos" com a "seleção entre indivíduos nas circunstâncias específicas proporcionadas pela vida em grupo".

Aqueles entre nós que têm objeções à seleção de grupo sempre admitiram que, em princípio, ela pode acontecer. O problema é que, quando comparada com a seleção no nível dos indivíduos — como quando a seleção de grupo é proposta como explicação para o sacrifício pessoal individual —, a seleção no nível individual tende a ser mais forte. Em nossa tribo de mártires hipotética, um único guerreiro egoísta, que deixa o martírio para seus colegas, sairá ganhando graças à coragem dos demais. Ele, ao contrário dos amigos, permanecerá vivo, superado numericamente por mulheres e em uma posição destacadamente melhor para transmitir seus genes do que seus colegas mortos.

As teorias da seleção de grupo que contemplam o autossacrifício individual sempre são vulneráveis à subversão vinda de dentro. Se houver briga entre os dois níveis de seleção, a individual tende a ganhar, pois tem rotatividade mais rápida. Modelos matemáticos mostram plausivelmente condições especiais nas quais a seleção de grupo poderia funcionar. Plausivelmente, religiões em tribos humanas criam tais condições especiais. Essa é uma linha de raciocínio interessante, mas não a seguirei aqui.

Em vez disso, voltamos à ideia de reescrever a questão. Já mencionei a ordem de bicadas nas galinhas, e esse argumento é tão importante para minha tese que, peço desculpas, darei outro exemplo com animais para reforçá-lo. Mariposas voam para cima da chama de uma vela, e isso não parece acidental. Elas se desdobram para se oferecer em holocausto. Poderíamos chamar esse comportamento de "autoimolação" e indagar por que a seleção natural darwiniana deveria favorecê-lo. Mais uma vez, minha mensagem é que precisamos reescrever a pergunta antes mesmo de tentar encontrar uma resposta inteligente. Não se trata de suicídio. O que parece ser suicídio surge como um efeito colateral impremeditado. A iluminação artificial é um recurso recente no cenário noturno. Até pouco tempo atrás, as únicas luzes provinham da Lua e das estrelas. Como esses astros estão em um infinito óptico, seus raios são paralelos, e isso faz deles bússolas ideais. Sabemos que os insetos usam objetos celestes para se orientar com exatidão em linha reta.* Eles podem usar a mesma bússola, com sinal invertido, para voltar ao seu lugar de origem depois de uma excursão. O sistema nervoso dos insetos é perito em estabelecer uma regra prática temporária do tipo "siga um curso de modo que os raios de luz atinjam seu olho em um ângulo de trinta graus". Como insetos têm olhos compostos, isso equivale a favorecer um determinado omatídio.**

Acontece que a bússola depende fundamentalmente de que o objeto celeste esteja em um infinito óptico. Se não estiver, seus raios de luz não serão paralelos; divergirão como os raios de uma roda. Um sistema nervoso que use a regra prática dos trinta graus em relação a uma vela, como se ela fosse a Lua, vai direcionar sua mariposa, em uma espiral logarítmica certeira, para cima da chama.

---

* Para um esplêndido exemplo — como as abelhas-operárias dizem às companheiras onde encontrar alimento usando o Sol como referência — ver o ensaio "Sobre o tempo", na parte VI desta antologia (ver p. 396).

** Pense no olho composto como uma almofada de alfinetes hemisférica recoberta de alfinetes. Cada "alfinete" é, na verdade, um tubo chamado omatídio, dotado de uma minúscula fotocélula na base. Assim, um inseto "sabe" a localização de um objeto, por exemplo, o Sol ou uma estrela, dependendo de qual (ou quais) de seus tubos está recebendo luz desses objetos. É um tipo de olho muito diferente do nosso "olho de câmera", cuja imagem é de cabeça para baixo e invertida nos lados esquerdo e direito. Até onde podemos dizer que um olho composto tem uma imagem, ela é no sentido natural.

Em média, a regra prática continua sendo boa. Não notamos as centenas de mariposas que estão se orientando em silêncio e eficazmente pela Lua ou por uma estrela brilhante, ou até pelas luzes de uma cidade distante. Vemos apenas as mariposas que se precipitam sobre nossas luzes e fazemos a pergunta errada: por que todas essas mariposas estão se suicidando? Em vez disso, deveríamos perguntar por que elas possuem um sistema nervoso que se orienta mantendo um ângulo fixo automático em relação a raios de luz, uma tática que só notamos nas ocasiões em que ela dá errado. Quando a pergunta é reformulada, o mistério evapora. Não era correto classificar como suicídio.

Mais uma vez, apliquemos a lição ao comportamento religioso em seres humanos. Observamos grandes números de pessoas — em muitas áreas, até 100% delas — que têm crenças que contradizem diretamente fatos científicos demonstráveis e religiões rivais. Não só elas *têm* essas crenças mas também empregam tempo e recursos em atividades dispendiosas decorrentes de as terem. Morrem por elas, matam por elas. Isso nos deixa perplexos, tanto quanto o "comportamento de autoimolação" das mariposas. Pasmos, nos perguntamos por quê. Mais uma vez, a mensagem que estou tentando transmitir é: podemos estar fazendo a pergunta errada. O comportamento religioso talvez seja uma falha, uma manifestação infeliz de uma propensão psicológica básica que, em outras circunstâncias, um dia já foi útil.

E qual poderia ter sido essa propensão psicológica? Qual é o equivalente dos raios paralelos da Lua como uma bússola útil? Farei uma sugestão, mas quero deixar bem claro que é apenas um exemplo do tipo de coisa sobre a qual estou falando. Estou muito mais interessado na ideia geral de que a pergunta deve ser feita adequadamente do que em qualquer resposta específica.

Minha hipótese específica está relacionada a crianças. Mais do que qualquer outra espécie, nós sobrevivemos com base na experiência acumulada de gerações passadas. Teoricamente, crianças podem aprender pela experiência a não nadar em águas infestadas de crocodilos. Mas, no mínimo, haveria uma vantagem seletiva em cérebros infantis dotados de uma regra prática: acredite em qualquer coisa que os seus adultos lhe disserem. Obedeça aos seus pais, obedeça aos anciões da tribo, especialmente quando eles adotam um tom solene, ameaçador. Obedeça sem questionar.

A seleção natural constrói cérebros infantis com tendência a acreditar em qualquer coisa que seus pais e os anciões da tribo lhes dizem. E essa mesma qualidade torna-as automaticamente vulneráveis à infecção por vírus mentais. Por excelentes razões de sobrevivência, o cérebro da criança precisa confiar nos pais e nos mais velhos em quem os pais recomendam que elas confiem. Uma consequência automática é que o indivíduo que confia não tem como distinguir entre conselhos bons e ruins. A criança não sabe dizer se o conselho "não nade no rio, senão os crocodilos podem comer você" é bom e o conselho "sacrifique uma cabra no tempo da lua cheia, senão sua plantação se perderá" é ruim. Ambos soam igualmente confiáveis. Ambos provêm de uma fonte em quem se tem confiança e são proferidos com uma seriedade solene que impõe respeito e exige obediência.

O mesmo vale para proposições sobre o mundo, o cosmo, a moralidade e a natureza humana. E, naturalmente, quando a criança cresce e tem filhos, ela transmitirá a eles as duas categorias de conselhos, os que têm e os que não têm sentido, com o mesmo tom grave.

Por esse modelo devemos prever que, em diferentes regiões geográficas, serão transmitidas crenças arbitrárias distintas sem base em fatos, e nelas se acreditará com a mesma convicção que nos conselhos úteis da sabedoria tradicional — por exemplo, a crença de que esterco é bom para a plantação. Também devemos prever que essas crenças sem base em fatos evoluirão ao longo das gerações, seja por deriva aleatória, seja seguindo algum tipo de seleção análoga à darwiniana, até por fim exibirem um padrão de divergência significativa com relação aos ancestrais comuns. As línguas distanciam-se de uma língua-mãe comum depois de tempo e separação geográfica suficientes. O mesmo vale para crenças e injunções tradicionais, transmitidas no decorrer das gerações, inicialmente graças à qualidade programável do cérebro da criança.

Quero frisar, mais uma vez, que a hipótese da qualidade programável do cérebro infantil é só um modo de exemplificar o meu tipo de raciocínio. A mensagem das mariposas e a chama da vela é mais geral. Como darwiniano, estou propondo uma família de hipóteses que têm em comum não perguntarem qual é o valor de sobrevivência da religião. Em vez disso, perguntam: "Qual foi o valor de sobrevivência, no passado primitivo, de possuir o tipo de cérebro que, no presente cultural, se manifesta como religião?".* E devo acrescentar que o cérebro infantil não é o único vulnerável a esse tipo de infecção. O cérebro adulto também é, sobretudo se tiver sido preparado na infância. Pregadores carismáticos podem difundir a palavra amplamente, como se fossem doentes propagando uma epidemia.

Até aqui, a hipótese sugere apenas que o cérebro (especialmente o da criança) é *vulnerável* à infecção. Não diz nada sobre quais vírus vão infectá-lo. Em certo sentido, isso não importa.

---

* Essa família de hipóteses poderia ser chamada de hipóteses de "subproduto". Assim como o comportamento de autoimolação da mariposa é um subproduto do útil compasso luminoso, também o comportamento religioso é, na minha sugestão específica, um subproduto da obediência infantil. Do que mais a religião poderia ser um subproduto? Outra sugestão que prefiro é a da "gratidão no vácuo", que foi tema do meu epílogo a um ensaio anterior nesta seção (ver p. 294). A gratidão é uma manifestação da benéfica tendência à reciprocidade em nosso cérebro. A gratidão no vácuo é um subproduto dela, e a religião é um subproduto da gratidão no vácuo.

Qualquer coisa em que a criança acredite com suficiente convicção será transmitida depois aos filhos dela e, portanto, a gerações futuras. Esse é um análogo não genético da hereditariedade. Alguns dirão que se trata de memes, e não de genes. Não quero expor a terminologia memética a vocês hoje, mas é importante ressaltar que não estamos falando em herança genética. O que é herdado geneticamente, segundo a teoria, é a tendência do cérebro infantil a acreditar no que lhe é dito. É isso que faz do cérebro da criança um veículo adequado para a hereditariedade não genética.

Se existe uma hereditariedade não genética, poderia existir também um darwinismo não genético? Seriam arbitrários os tipos de vírus mentais que acabam explorando a vulnerabilidade do cérebro infantil? Ou será que alguns vírus sobrevivem melhor do que outros? É aqui que entram aquelas teorias que lá atrás eu descartei como próximas, e não últimas. Se o medo da morte é comum, a ideia da imortalidade poderia sobreviver como um vírus mental melhor do que a ideia rival de que a morte nos apaga como uma luz. Inversamente, a ideia da punição póstuma pelos pecados poderia sobreviver, não porque as crianças gostem dela, mas porque os adultos a consideram útil para controlá-las. O importante é a ideia de que o valor de sobrevivência não tem seu significado darwiniano normal de valor de sobrevivência genético. Esta não é uma conversa darwiniana normal sobre por que um gene sobrevive de preferência a seus alelos no reservatório gênico. Nosso assunto é por que uma ideia sobrevive no reservatório de ideias de preferência a ideias rivais. É essa noção de ideias rivais que sobrevivem ou não conseguem sobreviver em um reservatório de ideias que a palavra "meme" se destina a refletir.

Voltemos aos primeiros princípios e recapitulemos o que, de fato, acontece na seleção natural. A condição necessária é que existam informações acuradamente autorreplicantes em versões alternativas rivais. Seguirei George C. Williams em seu livro *Na-*

tural Selection e as chamarei de "códices". O códice arquetípico é um gene: não a molécula física de DNA, mas as informações que ela contém.

Códices biológicos, ou genes, estão contidos em corpos cujas qualidades — fenótipos — eles ajudam a influenciar. A morte do corpo implica a destruição dos códices que ele contém, a menos que tenham sido transmitidos previamente a outro corpo, na reprodução. Portanto, de modo automático, os genes que afetam de modo positivo a sobrevivência e reprodução de corpos nos quais estão contidos acabarão por predominar no mundo em detrimento de genes rivais.

Um exemplo bem conhecido de códice não genético é a chamada "corrente de cartas", embora "corrente" não seja um bom termo. É demasiado linear e não reflete a ideia de uma propagação explosiva, exponencial. Também mal batizada, e pela mesma razão, é a chamada reação em cadeia de uma bomba atômica. Troquemos "corrente de cartas" por "vírus postal" e examinemos o fenômeno com olhos darwinianos.

Suponha que você recebeu pelo correio uma carta que diz apenas: "Faça seis cópias desta carta e as envie para seis amigos". Se você obedecer servilmente à instrução, e se os seus amigos e os amigos deles fizerem o mesmo, a carta se propagará exponencialmente, e logo estaremos nadando em cartas. É claro que a maioria das pessoas não obedeceria a uma instrução assim tão crua, sem adornos. Mas suponha que a carta diz: "Se você não copiar esta carta para seis amigos, terá azar, um feitiço o atingirá e você terá uma morte dolorosa". A maioria ainda assim não enviaria as cartas, mas agora provavelmente um número significativo obedeceria. Mesmo uma porcentagem bem baixa bastaria para a corrente se propagar.

A promessa de recompensa pode ser mais eficaz do que a ameaça de punição. Todos nós provavelmente já recebemos exemplos de um estilo um tanto mais refinado de carta que nos convida a remeter uma pequena quantia em dinheiro para pessoas que já estão na lista, com a promessa de que por fim receberemos milhões de dólares quando a explosão exponencial avançar mais. Não importa quem você acha que cairia em um esquema desses, a verdade é que muitos caem. É um fato empírico que as correntes de cartas circulam. Não há genes envolvidos, e no entanto vírus postais apresentam uma autêntica epidemiologia, até mesmo com ondas sucessivas de infecção que percorrem o mundo e incluem a evolução de novas cepas mutantes do vírus original.

E, repetindo, a lição para compreendermos a religião é que, quando fazemos a pergunta darwiniana "Qual é o valor de sobrevivência da religião?", não precisamos ter em mente o valor de sobrevivência genético. Traduzimos a pergunta darwiniana convencional para: "Como a religião contribui para a sobrevivência e reprodução de indivíduos religiosos e, portanto, para a propagação de propensões genéticas à religião?". Mas a minha mensagem é que não precisamos introduzir os genes no cálculo. Existe no mínimo algo darwiniano acontecendo aqui, algo epidemiológico, que não tem nenhuma relação com genes. São as ideias religiosas em si que sobrevivem, ou deixam de sobreviver, na competição direta com ideias religiosas rivais.

É sobre essa questão que debato com alguns de meus colegas darwinianos. Os psicólogos evolucionários puristas me dirão algo nestas linhas: a epidemiologia cultural só é possível porque o cérebro humano tem certas tendências adquiridas pela evolução, ou seja, tendências que evoluíram geneticamente. Podemos documentar uma epidemia global de bonés usados de trás para a frente, uma epidemia de martírios imitados ou uma epidemia de batismos por imersão total. Mas essas epidemias não genéticas dependem da tendência humana a imitar. Então, em última análise, precisamos de uma explicação darwiniana — e com isso queremos dizer genética — para a tendência humana a imitar.

E é aqui, obviamente, que retorno à minha teoria da credulidade infantil. Frisei que ela é apenas um exemplo do tipo de teoria que eu quero propor. A seleção genética usual dota os cérebros infantis de uma tendência a acreditar nos mais velhos. A seleção de genes darwiniana usual, direta, dota os cérebros de uma tendência a imitar e, portanto, indiretamente, a espalhar boatos, propagar lendas urbanas e acreditar em histórias da carochinha de correntes de cartas. Porém, *dado que* a seleção genética estruturou cérebros desse tipo, eles fornecem o equivalente de um novo tipo de hereditariedade não genética, que poderia servir de base para um novo tipo de epidemiologia e até, talvez, para um novo tipo de seleção darwiniana não genética. Acredito que a religião, além das correntes de cartas e lendas urbanas, integra um grupo de fenômenos explicados por esse tipo de epidemiologia não genética, possivelmente de mistura com a seleção darwiniana não genética. Se eu estiver certo, a religião não tem valor de sobrevivência para os seres humanos nem para beneficiar seus genes. O benefício, se existir, é para a própria religião.

A ciência é uma religião?*

Está na moda fazer arengas apocalípticas sobre a ameaça à humanidade representada pelo vírus da aids, pela doença da "vaca louca" e outros perigos infecciosos. Na minha opinião, é possível afirmar que uma das maiores ameaças desse gênero — comparável ao vírus da varíola, porém mais difícil de erradicar — é a fé.

A fé, sendo uma crença não baseada em evidências, é o principal vício de qualquer religião. E, analisando a Irlanda do Norte ou o Oriente Médio, quem pode ter certeza de que o vírus cerebral da fé não é extremamente perigoso? Uma das histórias contadas a jovens terroristas suicidas muçulmanos é que o martírio é o caminho mais rápido para o paraíso — e não meramente o paraíso, mas uma parte especial dele onde o mártir receberá a recompensa especial de 72 noivas virgens. Quem sabe a nossa melhor esperança esteja em providenciar uma espécie de "controle armamentista espiritual":

---

* Em 1996 tive a honra de ser escolhido Humanista do Ano pela American Humanist Association em sua conferência em Atlanta. Esta é a versão ligeiramente abreviada do meu discurso de aceitação.

321

enviar comandos de teólogos especialmente treinados para reduzir a proporção atual de virgens na recompensa.

Considerando os perigos da fé — e diante dos feitos da razão e observação na atividade que chamamos de ciência —, acho uma ironia que, em todas as minhas palestras públicas, parece que há sempre alguém que se levanta e diz: "Obviamente, a sua ciência é apenas uma religião como a nossa. Em essência, ciência é fé, certo?".

Pois bem: ciência não é religião e, em essência, não se resume na fé. Embora ela tenha muitas das virtudes da religião, não tem nenhum de seus vícios. A ciência baseia-se em evidências comprováveis. A fé religiosa não só carece de evidências como essa independência de evidências é fonte de orgulho, anunciada com alarde. Que outra razão haveria para os cristãos criticarem são Tomé? Os outros apóstolos nos são apresentados como exemplos de virtude porque, para eles, a fé bastava. São Tomé não: ele queria evidências. Talvez devesse ser o santo padroeiro dos cientistas.

Uma coisa que leva ao comentário de que a ciência é a minha religião é minha crença no fato da evolução. Eu até acredito nela com uma convicção fervorosa. Para alguns, isso pode, superficialmente, parecer fé, mas as evidências que me fazem acreditar na evolução não apenas são irresistivelmente fortes mas estão disponíveis sem restrição para qualquer um que se dê ao trabalho de ler sobre o assunto. Qualquer pessoa pode examinar as evidências que eu examinei e, presumivelmente, chegar à mesma conclusão. Por outro lado, se você tem uma crença que se baseia unicamente na fé, não podemos examinar suas razões. Você pode se retirar atrás das paredes da fé, onde não seremos capazes de alcançá-lo.

É claro que, na prática, há cientistas que recaem no vício da fé, e alguns acreditam tão obsessivamente em uma teoria favorita que chegam a falsificar evidências. No entanto, o fato de às vezes isso acontecer não altera o princípio de que, quando o fazem, é com vergonha, e não com orgulho. E o método da ciência é concebido de tal modo que em geral eles acabam sendo descobertos. Na verdade, a ciência é uma das disciplinas mais morais e honestas que existem — porque desmoronaria por completo na ausência de uma honestidade escrupulosa no relato das evidências.* Como observou James Randi, essa é uma razão pela qual tantos cientistas se deixam enganar por embusteiros paranormais e explica por que o papel de desmascará-los é mais bem desempenhado por mágicos profissionais; cientistas não são tão hábeis em prever desonestidade. Existem outras profissões (desnecessário mencionar os advogados) nas quais distorcer evidências, quando não falsificá-las, é exatamente o que se é pago para fazer e que gera aprovação tácita por isso.

A ciência, portanto, é isenta do principal vício da religião: a fé. Porém, como mencionei, a ciência possui algumas das virtudes da religião. Esta pode almejar trazer vários benefícios aos seus seguidores, entre eles explicar, consolar e exaltar. A ciência também tem algo a oferecer nessas áreas.

O ser humano tem muita fome de explicação. Essa pode ser uma das principais razões pelas quais a religião é tão onipresente na humanidade, já que as religiões se empenham em fornecer explicações. Nossa consciência individual surge em um universo misterioso e anseia por compreendê-lo. A maioria das religiões oferece uma cosmologia e uma biologia, uma teoria da vida, uma teoria das origens e razões da existência. Ao fazê-lo, demonstram que, em certo sentido, religião é ciência; só que é ciência ruim. Não se deixe lograr pelo argumento de que religião e ciência operam em dimensões distintas e se ocupam de tipos muito separados de questões. Ao longo da história, as religiões sempre tentaram res-

---

* Ver o primeiro ensaio deste livro, "Os valores da ciência e a ciência dos valores".

ponder às questões que pertencem apropriadamente à ciência. Por isso, agora não devemos permitir que as religiões se retirem da arena onde tradicionalmente tentaram lutar. Elas oferecem, sim, uma cosmologia e uma biologia. Mas ambas são falsas.

Consolo é algo mais difícil para a ciência fornecer. Ao contrário da religião, a ciência não pode oferecer a quem perdeu um ente querido uma gloriosa reunião com ele no além-mundo. Cientificamente, quem foi injustiçado aqui na Terra não pode contar com um doce castigo para seus algozes na outra vida. Seria possível argumentar que, se a ideia de uma vida após a morte é uma ilusão (como creio que é), o consolo que ela oferece é vazio. Porém, não necessariamente é assim; uma crença falsa pode ser tão confortadora quanto uma verdadeira, contanto que o crente nunca desconfie da falsidade. Por outro lado, se o consolo é tão fácil de se obter, a ciência pode contrabalançar com outros paliativos fáceis, por exemplo, as drogas analgésicas: o conforto que elas oferecem pode ser ou não ilusório, mas elas funcionam.

A exaltação, por sua vez, é onde a ciência realmente sobressai. Todas as grandes religiões têm um lugar para a reverência, para o arroubo extático diante da maravilha e da beleza da criação. E é exatamente esse sentimento de ficar arrepiado, de perder o fôlego — quase de adorar —, ou essa inundação do peito por um fascínio epifânico que a ciência moderna pode proporcionar. E ela faz isso muito além dos mais delirantes sonhos de santos e místicos. O fato de que o sobrenatural não tem lugar em nossas explicações, em nossa compreensão do universo e da vida, não diminui o fascínio. Muito pelo contrário. O mero exame do cérebro de uma formiga ao microscópio, ou de uma galáxia antiquíssima de 1 bilhão de mundos ao telescópio, é suficiente para tornar insignificantes e tacanhos os próprios salmos de louvor.

Mencionei que, quando me dizem que a ciência ou alguma parte específica da ciência, como a teoria evolucionária, é uma religião como qualquer outra, costumo negar com indignação. Mas comecei a me perguntar se essa não seria a tática errada. Talvez a tática certa seja agradecer pela acusação, aceitá-la e exigir tempo igual para a ciência nas aulas de educação religiosa. Quanto mais reflito, mais percebo que há um excelente argumento para isso. Portanto, quero falar um pouco sobre educação religiosa e o lugar que a ciência pode ocupar nela.

Entre os vários resultados que se poderia esperar da educação religiosa, um deles seria incentivar as crianças a refletir sobre os mistérios da existência, convidá-las a elevar-se acima das preocupações triviais do cotidiano e pensar *sub specie aeternitatis* [da perspectiva do eterno].

A ciência pode oferecer uma visão da vida e do universo que, como já mencionei, para uma inspiração poética e lição de humildade supera de longe qualquer uma das fés mutuamente contraditórias e tradições recentes decepcionantes das religiões do mundo.

Por exemplo, como uma criança, em uma aula de educação religiosa, poderia deixar de inspirar-se quando lhe déssemos um pequenino vislumbre da idade do universo? Suponha que, no momento da morte de Cristo, essa notícia tivesse começado a viajar à máxima velocidade possível pelo universo, a partir da Terra. Aonde essa informação terrível teria chegado a esta altura? Pela teoria da relatividade especial, a resposta é que em nenhuma circunstância a notícia poderia ter percorrido mais do que a quinquagésima parte da extensão transversal de nossa galáxia — nem um milésimo do caminho até a galáxia que é a nossa vizinha mais próxima no universo de 100 milhões de galáxias. O universo como um todo não poderia ser outra coisa além de indiferente a Cristo, seu nascimento, sua paixão, sua morte. Até uma notícia importantíssima como a origem da vida na Terra só poderia ter viajado pela extensão de nosso pequenino aglomerado local de galáxias. No entanto, em nossa escala temporal terrestre esse evento é tão antigo que, se você representar a idade dele com os braços abertos, toda a história humana, toda a cultura humana estaria no pó da ponta de seu dedo criado por uma única passada de uma lixa de unha.

Nem é preciso dizer que o argumento do design, parte importante da história da religião, não seria ignorado nas minhas aulas de educação religiosa. As crianças seriam apresentadas às maravilhas fascinantes dos reinos vivos e comparariam o darwinismo com as alternativas criacionistas para chegarem a uma conclusão por si mesmas. Acredito que elas não teriam dificuldade de chegar à conclusão correta ao saberem das evidências.

Também seria interessante ensinar mais de uma teoria da criação. Nesta cultura, a dominante é o mito judaico da criação, que por sua vez se baseia no mito da criação babilônico. Obviamente existem inúmeros outros, e talvez todos devessem ser contemplados com tempo igual nas aulas (só que isso não deixaria muito tempo para estudar qualquer outra coisa). Pelo que eu saiba, existem hindus que acreditam que o mundo foi criado em uma batedeira cósmica de manteiga, e povos nigerianos que creem que o mundo foi criado com excremento de formiga. Essas histórias não têm direito a um tempo igual ao dedicado ao mito judaico-cristão de Adão e Eva?

Basta de Gênesis; passemos aos profetas. O cometa Halley voltará, sem falta, em 2062. Profecias bíblicas ou délficas não podem sequer começar a aspirar a tamanha precisão; astrólogos e nostradamenses não ousam comprometer-se com prognósticos factuais; preferem disfarçar seu charlatanismo com uma cortina de fumaça de previsões vagas. No passado, quando cometas apareciam, muitas vezes eram interpretados como presságio de desgraça. A astrologia tem papel importante em várias tradições religiosas, entre elas o hinduísmo. Dizem que os três reis magos foram conduzidos à manjedoura de Jesus por uma estrela. Poderíamos perguntar às crianças qual rota física elas imaginam que a alegada influência estelar sobre os assuntos humanos poderia percorrer.

A propósito, na época do Natal de 1995 a rádio BBC apresentou um programa chocante estrelado por uma astrônoma, um bispo e um jornalista que foram incumbidos de retraçar os passos dos três reis magos. Bem, a participação do bispo e do jornalista (que por acaso era um autor religioso) é compreensível. A astrônoma, no entanto, era uma autora supostamente respeitável em sua área, e mesmo assim concordou em fazer um papelão desses! Ao longo de toda a rota, ela falou sobre os presságios advindos de Saturno e Júpiter estarem no ascendente de Urano, ou coisa do gênero. Ela não acredita de verdade em astrologia, mas um dos problemas é que a nossa cultura foi ensinada a tolerar tal prática e até se divertir um pouco com ela — tanto assim que muitos cientistas que não acreditam em astrologia acham que se trata de um divertimento inofensivo. Levo a astrologia muito a sério: acho que ela é profundamente perniciosa porque prejudica a racionalidade, e eu bem que gostaria de ver campanhas contra ela.

Quando a aula de educação religiosa é sobre ética, acho que a ciência não tem muito a dizer; eu a substituiria pela filosofia moral racional. As crianças pensam que existem padrões absolutos para o certo e o errado? Em caso positivo, de onde eles vêm? Podem conceber bons princípios práticos de certo ou errado, por exemplo "faça aos outros o que deseja que façam a você" e "o bem maior para o maior número" (seja lá o que for que isso signifique)? Independentemente da sua moralidade pessoal, é uma questão gratificante perguntar, como evolucionista, de onde vem a moral; por qual rota o cérebro humano adquiriu sua tendência a ter ética e moral, o sentimento de certo e errado?

Devemos dar mais valor à vida humana do que à vida de todos os demais seres? Devemos erigir uma sólida parede em torno da espécie *Homo sapiens* ou devemos discutir sobre a existência de outras espécies que talvez tenham o direito às nossas simpatias humanísticas? Por exemplo, devemos concordar com o lobby antiaborto, que se preocupa exclusivamente com a vida humana, e valorizar a vida de um feto humano com as faculdades de um verme acima da vida de um chimpanzé que pensa e sente? Qual é a base dessa cerca que erigimos em torno do *Homo sapiens* — inclusive em torno de um pequeno pedaço de tecido fetal? (Uma ideia evolucionária não muito sensata, pensando bem.) Quando, na descendência evolucionária dos ancestrais que temos em comum com os chimpanzés, a cerca se ergueu subitamente?

Passando da moral para as coisas derradeiras, para a escatologia, sabemos, pela segunda lei da termodinâmica, que toda complexidade, toda vida, todo riso e toda tristeza estão fadados a se nivelarem em um frio nada no fim. Essas coisas — e nós — nunca poderão ser mais do que temporárias, resistências locais no grande resvaladouro universal para o abismo da uniformidade. Sabemos que o universo está expandindo-se e provavelmente se expandirá para sempre, embora seja possível que ele volte a contrair-se. Sabemos que, independentemente do que acontece com o universo, o Sol engolfará a Terra daqui a uns 60 milhões de séculos.

O próprio tempo começou em dado momento e pode terminar em certo momento — ou não. O tempo pode chegar ao fim em âmbito local, em minúsculos *crunches* (colapsos) chamados de buracos negros. As leis do universo parecem valer no universo inteiro. Por quê? Será que as leis poderiam mudar nesses *crunches*? Poderíamos até, em altas especulações, pensar que o tempo recomeçaria com novas leis da física, novas constantes físicas. E já se sugeriu, plausivelmente, que podem existir muitos universos, cada um tão isolado que, para ele, os demais não existem. Pode até haver, como aventou o físico teórico Lee Smolin, uma seleção darwiniana entre universos.

Portanto, a ciência pode sair-se muito bem no ensino religioso. Mas isso não seria suficiente. Acredito que alguma familiaridade com a versão da Bíblia King James é importante para quem quiser compreender as alusões que aparecem na literatura inglesa. Junto com o Livro de Oração Comum, a Bíblia ocupa 58 páginas do *Oxford Dictionary of Quotations*. Só Shakespeare os supera. Minha opinião é que não ter nenhum tipo de educação bíblica é prejudicial se a criança quiser ler obras da literatura inglesa e entender a proveniência de frases como *"Through a glass darkly"* ["vemos em espelho e de maneira confusa"], *"all flesh is as grass"* ["toda carne é como erva"], *"the race is not to the swift"* ["a corrida não depende dos mais ligeiros"], *"crying in the wilderness"* ["uma voz clama no deserto"], *"reaping the whirlwind"* ["porque semeiam vento, colherão tempestade"], *"amid the alien corn"* ["respigar noutro campo"], *"eyeless in Gaza"* ["sem olhos em Gaza"], *"Job's comforters"* ["consoladores de Jó"] e *"the widow's mite"* ["os óbolos da viúva"].

Voltemos agora à acusação de que a ciência é apenas uma fé. A versão mais extrema dessa acusação — que encontro frequentemente como cientista e racionalista — atribui aos cientistas o mesmo grau de fanatismo e intolerância visto em religiosos. Em alguns casos, essa alegação pode até ter o seu lado justo; porém, como fanáticos intolerantes, nós, cientistas, somos meros amadores nesse jogo. Ficamos satisfeitos em discutir com quem discorda de nós. Não os matamos.

No entanto, quero negar até a acusação menos forte, a de puro fanatismo verbal. Há uma diferença importantíssima entre defender uma ideia com veemência, ou até com arrebatamento, porque refletimos a respeito dela e examinamos suas evidências, e defender uma ideia com veemência porque ela nos foi revelada intimamente, ou revelada intimamente a alguma outra pessoa na história e então consagrada pela tradição ao longo do tempo. Há toda a diferença do mundo entre uma crença que estamos preparados para defender citando evidências e lógica e uma crença que não se sustenta em nada além de tradição, autoridade ou revelação. A ciência tem seu alicerce na crença racional. Ciência não é religião.

Ateus em prol de Jesus*

Como uma boa receita, o argumento em favor de um movimento chamado "Ateus em prol de Jesus" precisa ser preparado aos poucos, deixando à mão todos os ingredientes. Comece com o título aparentemente paradoxal. Em uma sociedade na qual a maioria dos teístas são no mínimo nominalmente cristãos, as palavras "teísta" e "cristão" são tratadas quase como sinônimos. A famosa defesa do ateísmo por Bertrand Russell intitulou-se *Por que não sou cristão*, em vez de *Por que não sou teísta*, como provavelmente deveria ter se chamado. Todos os cristãos são teístas, nem é preciso dizer.**

---

* Outra de minhas colunas no *Free Inquiry*, dez. 2004-jan. 2005.

** Os judeus fazem de outro modo. Muitos se intitulam, com orgulho, ateus judeus e observam festivais, dias santos e até as leis alimentares. Dificilmente alguém se diria ateu cristão, embora muitos ateus, eu incluído, cantem com gosto as canções natalinas. Outros, pelo menos na Grã-Bretanha, fingem ter crença religiosa e vão à igreja como um estratagema para matricular seus filhos em escolas cristãs — porque, como documentei em 2010 no programa do Channel 4 *Faith School Menace*, essas pessoas acreditam que as escolas religiosas tendem a

Jesus, naturalmente, era teísta, mas essa é sua faceta menos interessante. Ele era teísta porque, em sua época, todo mundo o era. O ateísmo não era uma opção, nem mesmo para um pensador radical como Jesus. O que Jesus tinha de interessante e notável não era o óbvio fato de ele acreditar no deus de sua religião judaica, e sim ele ter se rebelado contra a perversidade vingativa de Jeová. Pelo menos nos ensinamentos que lhe são atribuídos, Jesus defendeu publicamente a bondade e foi um dos primeiros a praticá-la. Para quem vivia imerso nas crueldades equiparáveis à Xaria do Levítico e Deuteronômio, para quem tinha sido criado no temor do vingativo deus em estilo aiatolá de Abraão e Isaac, um jovem pregador carismático que recomendava o perdão generoso devia parecer radical e até subversivo. Não admira que o tenham crucificado.

> Ouvistes o que foi dito: *Olho por olho e dente por dente*. Eu, porém, vos digo: não resistais ao homem mau; antes, àquele que te fere na face direita oferece-lhe também a esquerda; e àquele que quer pleitear contigo, para tomar-te a túnica, deixa-lhe também o manto; e se alguém te obriga a andar uma milha, caminha com ele duas. Dá ao que te pede e não voltes as costas ao que te pede emprestado.
>
> Ouvistes o que foi dito: *Amarás o teu próximo e odiarás o teu inimigo*. Eu, porém, vos digo: amai os vossos inimigos e orai pelos que vos perseguem. (Mateus 5,38-44)*

Meu segundo ingrediente é outro paradoxo e tem origem em minha própria área, o darwinismo. A seleção natural é um processo

---

obter bons resultados em exames. Essa crença acaba por se autoconcretizar, pois aumenta a demanda pelo ingresso em escolas religiosas, e com isso esses estabelecimentos ficam em condições de selecionar os melhores candidatos a alunos.

* *Bíblia de Jerusalém*. São Paulo: Paulus, 2002. No original, o autor cita da versão da Bíblia King James. (N. T.)

imensamente cruel. O próprio Darwin comentou: "Que livro um capelão do Diabo não escreveria sobre as obras desajeitadas, perdulárias, desastradas, inferiores e horrivelmente cruéis da natureza!". O que perturbava Darwin não eram só os fatos da natureza, entre os quais ele destacou como exemplo a larva das vespas da família *Ichneumonidae* e seu hábito de devorar o corpo de lagartas vivas por dentro. A própria teoria da seleção natural parece ter sido calculada para promover o egoísmo em detrimento do bem de todos; a violência e indiferença impiedosa em lugar do sofrimento; a cobiça no agora às custas da previdência para o amanhã. Se as teorias científicas pudessem votar, a Evolução certamente votaria nos republicanos.* Meu paradoxo provém do fato *não* darwiniano, observável por qualquer pessoa em seu próprio círculo de conhecidos, de que muitos indivíduos são bondosos, generosos, solícitos, compassivos, simpáticos — o tipo de pessoa sobre quem se poderia comentar "esse é um verdadeiro santo" ou "ele é um bom samaritano".

Todos nós conhecemos pessoas a quem poderíamos dizer com toda a sinceridade: "Se todos fossem iguais a você, os problemas do mundo desapareceriam". O leite da bondade humana é só uma metáfora, mas, embora pareça ingenuidade, às vezes observo alguns amigos e amigas e me dá vontade de *engarrafar* seja lá o que for que os torna tão bondosos, tão altruístas, tão aparentemente não darwinianos.

---

* Os cínicos talvez vejam essa minha comparação como uma estratégia promissora para educar os políticos republicanos que tentam subverter o ensino da evolução nas escolas. Talvez eu devesse começar com Todd Thomsen, o representante de Oklahoma no Congresso que, em 2009, apresentou um projeto de lei para que eu fosse proibido de fazer palestras na Universidade do Estado de Oklahoma, com a justificativa de que minhas "afirmações sobre a teoria da evolução" não eram "representativas do pensamento da maioria dos cidadãos de Oklahoma" (uma interpretação idiossincrásica do papel da universidade, para dizer o mínimo).

Os darwinianos são capazes de propor explicações para a bondade humana: generalizações dos bem estabelecidos modelos da seleção de parentesco e altruísmo recíproco, as ferramentas básicas da teoria do "gene egoísta", que procura explicar como o altruísmo e a cooperação entre animais individuais podem decorrer do autointeresse no nível genético. O tipo de superbondade em seres humanos do qual estou falando vai longe demais. É um mau funcionamento, até uma perversão da versão darwiniana da bondade. Porém, se é uma perversão, é o tipo de perversão que precisamos incentivar e propagar.

A superbondade humana é uma perversão do darwinismo porque, em uma população selvagem, ela seria removida pela seleção natural. E ela também é — embora eu não tenha espaço para entrar em detalhes sobre esse terceiro ingrediente da minha receita — uma aparente perversão do tipo de teoria da escolha racional pela qual os economistas explicam o comportamento humano como sendo calculado para maximizar o autointeresse.

Falemos ainda mais friamente. De um ponto de vista racional, ou de um ponto de vista darwiniano, a superbondade humana é pura tolice. Mas é o tipo de tolice que deve ser incentivado — e esse é o propósito do meu artigo. Como podemos fazer isso? Como pegar a minoria de seres humanos superbons que todos nós conhecemos e multiplicar seu número, talvez até eles se tornarem maioria na população? Será que a superbondade pode ser induzida a alastrar-se como uma epidemia? A superbondade poderia ser acondicionada de forma a ser transmitida entre gerações, em tradições crescentes de propagação longitudinal?

Por acaso conhecemos exemplos comparáveis, nos quais ideias estúpidas se propagaram como uma epidemia? Sim, por Deus! A *religião*. Crenças religiosas são irracionais. Crenças religiosas são tolas — ou melhor, supertolas. A religião impele pessoas que, sem ela, são sensatas em todos os outros aspectos, para mosteiros de celibatários ou para colidir em arranha-céus nova-iorquinos no comando de um avião. A religião motiva pessoas a açoitar as próprias costas, a pôr fogo em si mesmas ou em suas filhas, a denunciar a avó por bruxaria ou, em casos menos extremos, simplesmente a permanecer em pé ou de joelhos, semana após semana, durante cerimônias de um tédio estuporoso. Se é possível infectar pessoas com tamanha estupidez autoprejudicial, infectá-las com bondade deveria ser moleza.

Crenças religiosas com toda a certeza propagam-se em epidemias e, ainda mais obviamente, são transmitidas entre as gerações formando tradições longitudinais e promovendo enclaves de irracionalidade típica de cada lugar. Podemos não entender por que seres humanos se comportam dos modos estapafúrdios que designamos como religiosos, mas o fato manifesto é que eles o fazem. A existência da religião é prova de que os humanos adotam com avidez crenças irracionais e as difundem, tanto verticalmente, em tradições, como horizontalmente, em epidemias de evangelismo. Seria possível dar um bom uso a essa suscetibilidade, a essa palpável vulnerabilidade a infecções de irracionalidade?

Sem dúvida, o ser humano tem uma forte tendência a aprender com modelos admirados e imitá-los. Em circunstâncias propícias, as consequências epidemiológicas podem ser fenomenais. O penteado de um jogador de futebol, o estilo de vestuário de uma cantora, os maneirismos da fala de um apresentador de televisão — esse tipo de idiossincrasia trivial pode alastrar-se como vírus em uma faixa etária suscetível. A indústria da publicidade dedica-se profissionalmente à ciência — ou talvez seja uma arte — de lançar epidemias de memes e fomentar sua propagação. O próprio cristianismo foi difundido por equivalentes dessas técnicas, de início por são Paulo e depois por padres e missionários que se empenharam sistematicamente em aumentar o número de convertidos, em um crescimento que algumas vezes foi exponencial. Seríamos capazes de obter uma amplificação exponencial dos números de pessoas superbondosas?

Tive há pouco tempo uma conversa pública em Edimburgo com Richard Holloway, ex-bispo dessa bela cidade. O bispo Holloway evidentemente superou o sobrenaturalismo que a maioria dos cristãos ainda identifica com sua religião (ele se descreve como pós-cristão e "cristão em recuperação"). Ele conserva uma reverência pela poesia do mito religioso, e isso basta para que continue indo à igreja. Durante a nossa discussão em Edimburgo, ele fez uma sugestão que foi direto ao ponto para mim. Tomando de empréstimo um mito poético dos mundos da matemática e cosmologia, Holloway descreveu a humanidade como uma "singularidade" na evolução. Ele estava referindo-se exatamente ao que venho dizendo neste ensaio, embora se expressasse de outra forma.* O advento da superbondade humana é algo sem precedente em 4 bilhões de anos de história evolucionária. Parece provável que, depois da singularidade do *Homo sapiens*, a evolução talvez nunca mais seja a mesma.

Que ninguém se iluda, pois o bispo Holloway não estava se iludindo. A singularidade é um produto da própria evolução cega, e não a criação de uma inteligência não sujeita a evolução. Ela resultou da evolução natural do cérebro humano, que, submetido às forças cegas da seleção natural, se expandiu a ponto de, impremeditadamente, exagerar e começar a comportar-se de maneira insana do ponto de vista do gene egoísta. A falha antidarwiniana mais patente é a contracepção, que dissocia o prazer sexual da sua função natural de propagação de genes. Exageros mais sutis incluem as atividades intelectuais e artísticas que, da perspec-

---

* Ele não se referia à singularidade no sentido usado pelo futurista trans-humanista Ray Kurzweil; estava apresentando um desenvolvimento metafórico diferente do termo usado pelo físico.

tiva dos genes egoístas, desperdiçam tempo e energia que deveriam ser dedicados à sobrevivência e à reprodução. O cérebro grande realizou o inédito feito evolucionário da previsão genuína: tornou-se capaz de calcular consequências de longo prazo além do ganho egoísta de curto prazo. E, ao menos em alguns indivíduos, o cérebro exagerou a ponto de entregar-se àquela superbondade cuja existência singular é o paradoxo central da minha tese. Cérebros grandes podem desviar (subverter? perverter?) em direção a outros caminhos os mecanismos darwinianos de impulsão e empenho por objetivos, mecanismos esses que foram em sua origem favorecidos por razões ligadas aos genes egoístas.

Não sou engenheiro memético e não tenho muitas ideias sobre como aumentar o número dos superbondosos e propagar seus memes pelo reservatório mêmico. O melhor que posso oferecer é um lema e torcer para que ele vire moda: "Ateus em prol de Jesus". Daria uma boa estampa de camiseta. Não há uma forte razão para escolher Jesus como ícone em vez de algum outro modelo das fileiras dos superbondosos como Mahatma Gandhi (mas não a santarrona abominavelmente hipócrita Madre Teresa — cruz-credo!).* A meu ver, devemos a Jesus a honra de separar sua ética genuinamente original e radical do absurdo sobrenatural que ele inevitavelmente aceitava como homem do seu tempo. E talvez o impacto paradoxal de "Ateus em prol de Jesus" pudesse ser justamente aquilo de que precisamos para dar um início rápido ao meme da superbondade em uma sociedade pós-cristã. Poderíamos, se trabalhássemos bem, conduzir a sociedade para longe das regiões inferiores de suas origens darwinianas e em direção aos planaltos mais gentis e compassivos da iluminação pós-singularidade?

---

* Ver *The Missionary Position*, de Christopher Hitchens, para a fundamentação desse julgamento negativo.

Acredito que um Jesus renascido usaria essa camiseta. Já se tornou lugar-comum dizer que, se ele retornasse hoje, ficaria horrorizado com o que é feito em seu nome por cristãos das variadas vertentes, desde a Igreja católica com sua imensa riqueza ostentatória até a direita religiosa fundamentalista com sua doutrina declarada que contradiz Jesus explicitamente ao garantir que "Jesus quer que você seja rico". Menos obviamente, mas ainda plausível à luz do conhecimento científico moderno, acho que ele compreenderia a verdadeira natureza do obscurantismo sobrenaturalista. Mas é claro que a modéstia o impeliria a usar uma camiseta na qual se lesse "Jesus em prol de ateus".

EPÍLOGO

A escolha de palavras neste ensaio foi feita com base na suposição de que Jesus foi uma pessoa que realmente existiu. Uma escola de pensamento minoritária entre os historiadores não concorda. Eles têm muito a seu favor. Os evangelhos foram escritos décadas depois da suposta morte de Jesus, por discípulos desconhecidos que nunca o encontraram, mas que eram motivados por objetivos poderosamente religiosos. Além disso, a concepção de fato histórico por aqueles indivíduos era tão diferente da nossa que eles despreocupadamente inventavam coisas para cumprir profecias do Antigo Testamento. Mateus inventou a história do nascimento de mãe virgem para fazer cumprir uma aparente profecia de Isaías que, na verdade, decorria de um erro de tradução: uma palavra hebraica que significa "mulher jovem" foi traduzida para uma palavra grega que significa "virgem". Os livros mais antigos do Novo Testamento estão entre as Epístolas, que quase nada dizem sobre a vida de Jesus, consistindo apenas em uma porção de invencionices acerca da importância teológica do Messias. Há uma suspeita escassez de menções a ele em quaisquer documentos extrabíblicos. Para os meus propósitos aqui, não importa de fato se ele existiu ou não. Se ele foi um personagem fictício ou mítico, então é esse personagem fictício cujas virtudes eu quero que imitemos. O crédito deve ir ou para um homem chamado Jesus, ou para o escritor que o inventou. O argumento do meu ensaio permanece.

No entanto, como uma questão separada, é bem interessante indagar se ele *realmente* existiu. Jesus é a forma latina de Yehoshua, Yeshua, Yeshu, Joshua, e naquela época muitos eram assim chamados. Também não faltavam pregadores itinerantes, sendo provável que os dois conjuntos tivessem elementos em comum. Nesse sentido, podem muito bem ter havido vários Jesus. Alguns deles podem ter sido crucificados: havia muito disso nos tempos romanos. Mas será que algum deles andou sobre as águas, transformou água em vinho, nasceu de mãe virgem, ressuscitou a si mesmo ou a outros dos mortos ou fez milagres que violavam as leis da física? Não. Será que algum deles disse algo tão bom quanto o Sermão da Montanha? Ou um deles o fez, ou outra pessoa inventou as palavras e as pôs na boca de um personagem fictício, e isso é tudo o que importa para o meu ensaio. Vale a pena difundir a superbondade, e a religião pode nos mostrar um modo de propagá-la.

PARTE V

VIVER NO MUNDO REAL

Ler Richard Dawkins sobre questões de interesse público, sejam de ética ou educação, sejam de lei ou linguagem, pode nos dar a sensação de mergulhar num mar gelado e sair nadando — desde a primeira e brusca tomada de ar até a animação crescente e a saída com formigamentos de bem-estar. Talvez a razão disso seja a combinação de clareza de pensamento, felicidade de expressão, tratamento sério do assunto e confiança ponderada na capacidade da razão objetiva para oferecer, quando não soluções, pelo menos caminhos positivos para avançarmos no mundo real.

Dado o título desta seção, poderia parecer desarrazoado começar com um texto que baseia seu título em um pensador da Grécia antiga mais conhecido por sua obsessão pelo ideal. Mas é esse o xis da questão. A ideia principal aqui, a do "essencialismo" ou "tirania da mente descontínua", tem alicerce em um erro fundamental nos modos de pensar o mundo; ao repudiá-lo, esse ensaio mostra como o nosso modo de pensar e de usar a linguagem influencia os modos como observamos, analisamos e entendemos o que nos cerca. É uma aula magna sobre relacionar conceitos teóricos com experiência prática.

Entre os alvos desse ensaio estão os "advogados prepotentes", que exigem "de dedo em riste" respostas a questões complexas sobre risco, segurança, culpa. O sistema legal recebe mais críticas no segundo ensaio, "'Sem possibilidade de dúvida razoável'?", que analisa a prática do julgamento pelo tribunal do júri com um rigor forense que a maioria dos advogados teria orgulho de empregar.

"Mas eles podem sofrer?" trata do enigma da dor e de nossas percepções humanas sobre ela em nós mesmos e em outros seres. É uma contestação à tão comum suposição "especista" que privilegia as experiências dos seres humanos acima das dos outros animais e apresenta boas razões para duvidar de que existe alguma correlação entre capacidade mental e capacidade para sentir dor. "Amo fogos de artifício, mas…" traz o tema da aflição não humana para mais perto de casa, pedindo mais consideração ao sofrimento dos animais domésticos e selvagens — sem falar nos veteranos de guerra — em razão do barulho explosivo que acompanha muitas queimas de fogos.

O ensaio seguinte, "Quem militaria contra a razão?", é um instigante convite para o encontro denominado Reason Rally, em Washington, DC. Começa com um hino às realizações da razão e termina com outro chamado em sua defesa. Se esse ensaio deixa alguns leitores britânicos um tanto convencidos, o seguinte, "Em louvor das legendas; ou uma bordoada na dublagem", deve acabar com qualquer pretensão em tantos de nós que ouvem, assombrados, europeus falando fluentemente o inglês. O texto é mais do que uma lamentação pela deficiência nacional: ele atrela a imaginação científica à observação do mundo real, aventa razões além da preguiça ou a longa sombra imperial e traz propostas fascinantes para remediar a situação.

Tantos problemas a enfrentar, tantos obstáculos no caminho: não admira que um autor de peso intelectual, alcance imaginativo e intensa atividade pública às vezes se sinta frustrado. O último ensaio desta seção nos dá um pequeno vislumbre do que poderia acontecer *se* Richard Dawkins governasse o mundo...

G. S.

A mão morta de Platão*

Que porcentagem da população britânica vive abaixo da linha de pobreza? Quando digo que essa é uma questão tola, que não merece resposta, não estou sendo desumano ou insensível à pobreza. Preocupa-me muito o fato de crianças passarem fome ou pensionistas tremerem de frio. Minha objeção — e esse é apenas um de meus exemplos — é à própria ideia de uma linha: uma descontinuidade fabricada de maneira infundada em uma realidade contínua.

Quem decide quanta pobreza é suficiente para classificar alguém abaixo da "linha de pobreza"? O que pode nos impedir de mover essa linha e, com isso, alterar a classificação? Pobreza/riqueza é uma quantidade distribuída continuamente, que pode ser

---

* Fui editor convidado da edição dupla de Natal de 2011 da *New Statesman*. Este artigo baseia-se acentuadamente em "The Tyranny of the Discontinuous Mind" [A tirania da mente descontínua], meu ensaio nessa edição, e incorpora partes do meu capítulo "Essentialism", no livro *This Idea Must Die: Scientific Theories That Are Blocking Your Progress*, organizado por John Brockman.

medida, digamos, segundo a renda semanal. Por que descartar a maior parte das informações dividindo uma variável contínua em duas categorias descontínuas, acima e abaixo da "linha"? Quantos de nós estão abaixo da linha da estupidez? Quantos velocistas superam a linha da rapidez? Quantos alunos de Oxford situam-se abaixo da linha da primeira classe?

Sim, nas universidades também fazemos isso. O desempenho em provas, como a maioria das medidas de habilidade ou realização humana, é uma variável contínua, cuja distribuição de frequência configura uma curva normal. No entanto, as universidades britânicas insistem em publicar uma lista de classes, na qual uma minoria dos estudantes recebe um diploma de primeira classe, uma grande parcela fica na segunda classe (atualmente subdividida em segunda superior e segunda inferior), e uns poucos obtêm a terceira. Isso poderia fazer sentido se a distribuição tivesse três ou quatro picos separados por vales profundos, mas não é o que acontece. Qualquer um que já tenha dado notas em exames sabe que a base de uma classe está separada do topo da classe logo abaixo por uma pequena fração da distância que a separa do topo de sua própria classe. Esse fato já indica uma grande injustiça no sistema de classificação descontínua.

Os examinadores têm grande cuidado ao atribuir uma nota a cada exame, por exemplo, de zero a cem. Um exame recebe notas de dois ou até três examinadores, que então talvez discutam as nuanças para atribuir 55 ou 52 pontos a uma resposta. Os pontos são somados escrupulosamente, normalizados, transformados, ponderados, debatidos. As notas finais emergem, e a ordem classificatória dos estudantes é a mais rica e informativa que examinadores conscienciosos podem fornecer. Mas então o que acontece com essa riqueza de informações? A maioria delas é descartada, com uma irresponsável falta de consideração por todo o trabalho árduo, por toda a deliberação ponderada e ajustes sutis que estiveram presentes no processo de atribuição das notas. Os estudantes são agrupados em três ou quatro classes distintas, e essa é toda a informação que sai da sala dos examinadores.

Os matemáticos de Cambridge, como seria de esperar, usam de artimanhas para contornar a descontinuidade e vazam a ordem das notas. Informalmente, ficou-se sabendo que Jacob Bronowski foi o *senior wrangler* [primeiro da classe] da sua turma, Bertrand Russell o sétimo *wrangler* do seu ano, e assim por diante. Também em outras universidades podemos encontrar pareceres de orientadores do tipo: "Posso dizer confidencialmente que os examinadores classificaram a aluna em terceiro lugar de toda a sua turma de 106 alunos na universidade". Esse é o tipo de informação que conta em uma carta de recomendação. E é justamente a informação que acaba por ser desperdiçada na lista oficial publicada.

Talvez essa dilapidação de informações seja inevitável: um mal necessário. Não quero dar importância demais a isso. O mais sério é que alguns educadores (em especial em disciplinas não científicas, eu ousaria dizer) enganam a si mesmos acreditando que existe uma espécie de ideal platônico chamado "Mente de Primeira Classe" ou "Mente Alfa": uma categoria qualitativamente distinta, tão distinta quanto o macho da fêmea ou a cabra da ovelha. Essa é uma forma extrema daquilo que chamo de mente descontínua. É provável que possamos encontrar suas origens no "essencialismo" de Platão — uma das ideias mais perniciosas de toda a história.

Platão pegou sua visão característica de geômetra grego e a aplicou onde ela não tinha cabimento. Para Platão, um círculo, ou um triângulo retângulo, era uma forma ideal, definível matematicamente, mas nunca concretizada na prática. Um círculo traçado na areia era uma aproximação imperfeita do círculo ideal platônico que pairava em algum espaço abstrato. Isso funciona para formas geométricas como círculos; no entanto, o essencialismo tem sido aplicado a seres vivos, e Ernst Mayr culpou esse fato pela demora da humanidade em descobrir a evolução: só em fins do século XIX. Se você tratar todos os coelhos de carne e osso como aproximações imperfeitas do coelho ideal platônico, não lhe ocorrerá que os coelhos podem ter evoluído de um ancestral não coelho e que poderão evoluir para um descendente não coelho. Se você seguir a definição de "essencialismo" no dicionário e pensar que a *essência* da condição de coelho é "anterior" à *existência* de coelhos (seja lá o que for que "anterior" signifique, e isso em si já é um contrassenso), evolução não será uma ideia que vai surgir com facilidade em sua mente, e você talvez resista quando alguém a sugerir.

Para fins legais, por exemplo, na hora de decidir quem pode votar em eleições, precisamos traçar uma linha entre adulto e não adulto. Podemos debater os méritos rivais de 18 em comparação com 21 ou 16, mas todo mundo aceita que é preciso haver uma linha, e que a linha tem de ser uma data de nascimento. Poucos negariam que alguns jovens de quinze anos estão mais bem qualificados para votar do que alguns quarentões. Contudo, não queremos saber de equivalente da idade para votar quando se trata de um exame para tirar licença de motorista, portanto aceitamos a linha etária como um mal necessário. Mas talvez haja outros exemplos nos quais estejamos menos dispostos a fazer isso. Serão os casos em que a tirania da mente descontínua acarreta danos verdadeiros — casos contra os quais devemos nos rebelar enfaticamente? Sim.

O essencialismo gera confusão em controvérsias morais como as do aborto e eutanásia. Em que momento uma vítima de acidente com morte cerebral é definida como "morta"? Em que momento de seu desenvolvimento um embrião se torna uma "pessoa"? Só uma mente infectada pelo essencialismo faria essas perguntas. Um embrião desenvolve-se gradualmente a partir de um zigoto unicelular até se tornar um bebê recém-nascido, e não existe um único instante no qual devemos considerar que ele adquire a "condição de pessoa". O mundo divide-se entre aqueles que entendem essa verdade e aqueles que choramingam "mas tem de haver *algum* momento em que o feto se torna humano!". Não, na verdade não há, assim como não há um dia específico em que uma pessoa de meia-idade se torna velha. Seria melhor — embora ainda não ideal — dizer que o embrião passa por fases nas quais ele é um quarto humano, meio humano, três quartos humano... A mente essencialista não quer saber desse tipo de linguagem e me acusa de todo tipo de horrores por negar a *essência* da condição humana.

Há pessoas que não fazem distinção entre um embrião de dezesseis células e um bebê. Chamam aborto de assassinato e se sentem virtuosamente justificadas por assassinarem um médico — um adulto capaz de pensar, ter sentimentos e perceber pelos sentidos, com uma família que o ama e vai chorar por ele. A mente descontínua é cega para os intermediários. Um embrião ou é humano, ou não é. Tudo é uma coisa ou outra, sim ou não, preto ou branco. Só que a realidade não é assim.

Para os fins de clareza legal, assim como o 18º aniversário é definido como o momento em que se adquire o direito de votar, pode ser necessário traçar uma linha em algum momento arbitrário do desenvolvimento embriônico após o qual o aborto seja proibido. Contudo, a condição de pessoa não surge de repente em nenhum dado momento: ela amadurece pouco a pouco e continua a amadurecer durante a infância e até depois.

Para a mente descontínua, uma entidade ou é uma pessoa, ou não é. A mente descontínua não é capaz de conceber a ideia de meia pessoa ou de três quartos de pessoa. Alguns absolutistas apontam a concepção como o momento em que uma pessoa passa a existir — o instante em que a alma é injetada —, portanto o aborto é um assassinato por definição. A doutrina da fé católica intitulada *Donum Vitae* diz:

A partir do momento em que o óvulo é fecundado, inaugura-se uma nova vida que não é aquela do pai ou da mãe, e sim de um novo ser humano que se desenvolve por conta própria. Nunca se tornará humano se já não o é desde então. A esta evidência de sempre [...] a ciência genética moderna fornece preciosas confirmações. Esta demonstrou que desde o primeiro instante encontra-se fixado o programa daquilo que será esse vivente: um homem, esse homem-indivíduo com as suas notas características já bem determinadas. Desde a fecundação tem início a aventura de uma vida humana...*

É divertido caçoar desses absolutistas confrontando-os com um par de gêmeos idênticos (eles se dividem depois da fecundação, obviamente) e perguntando qual deles ficou com a alma e qual é a não pessoa, o zumbi. Um sarcasmo pueril? Talvez. Mas faz efeito, pois a crença que ele destrói é pueril. E ignorante.

"Nunca se tornará humano se já não o é desde então." É mesmo? Sério? Nada pode tornar-se alguma coisa se já não for essa coisa? Uma bolota é um carvalho? Um furacão é o zéfiro quase imperceptível que o semeou? Você aplicaria essa doutrina à evolução também? Acha que houve um momento na história evolucionária em que uma não pessoa deu à luz a primeira pessoa?

Os paleontólogos discutem acaloradamente sobre se um determinado fóssil é, digamos, *Australopithecus* ou *Homo*. Mas qualquer evolucionista sabe que têm de ter existido indivíduos que eram exatamente intermediários. No fundo, é tolice insistir em espremer o seu fóssil em um gênero ou em outro. Nunca existiu uma mãe *Australopithecus* que deu à luz uma criança *Homo*, pois toda criança que nasce pertence à mesma espécie de sua mãe. Todo o sistema de rotular espécies com nomes descontínuos é

---

* Palavras imortais de Michael Palin, do Monty Python: "Você é católico desde o momento em que o papai gozou".

voltado para uma fatia de tempo, por exemplo, o presente, na qual ancestrais foram convenientemente apagados da nossa atenção. Se, por milagre, todos os ancestrais fossem preservados como fósseis, seria impossível nomeá-los de forma descontínua.* Os criacionistas se comprazem no erro de dizer que as "lacunas" são um estorvo para os evolucionistas: acontece que as lacunas são uma dádiva fortuita para os taxonomistas, que, com boas razões, querem dar nomes distintos a espécies. Discutir sobre se um fóssil é "realmente" *Australopithecus* ou *Homo* é como discutir se fulano deve ser chamado de "alto". Ele tem 1,78 metro: isso já não lhe diz o que é preciso saber?

Se uma máquina do tempo pudesse trazer para você o seu ducentésimo milionésimo bisavô, você o comeria com molho tártaro e uma fatia de limão. Ele foi um peixe. No entanto, você é ligado a ele por uma linha ininterrupta de ancestrais intermediários, cada um pertencente à mesma espécie de seus pais e de seus filhos.

"Dancei com um homem que dançou com uma moça que dançou com o príncipe de Gales", diz uma canção. Eu poderia me acasalar com uma mulher que poderia se acasalar com um homem que poderia se acasalar com uma mulher que... depois de um número suficiente de etapas... poderia se acasalar com um peixe ancestral e produzir descendentes férteis. Invocando novamente a nossa máquina do tempo, você não poderia se acasalar com um espécime de *Australopithecus* (ou pelo menos o par não produziria descendentes férteis), mas você é ligado ao *Australopithecus* por uma cadeia ininterrupta de intermediários que podiam cruzar-se com seus vizinhos na cadeia a cada etapa do caminho. E a cadeia prossegue em direção ao passado, ininterrupta, até o peixe do período devoniano e antes dele. Não fosse pela ex-

---

* E andar também seria difícil: tropeçaríamos em fósseis a cada passo.

tinção dos intermediários que ligam os humanos ao ancestral que temos em comum com os porcos (ele se parecia com um musaranho, e viveu há 85 milhões de anos, à sombra dos dinossauros), e não fosse pela extinção dos intermediários que ligam esse mesmo ancestral aos porcos modernos, não haveria uma separação clara entre *Homo sapiens* e *Sus scrofa*. Você poderia acasalar-se com X, que poderia acasalar-se com Y, que poderia acasalar-se com (... preencha com muitos milhares de intermediários...), que poderia produzir descendentes férteis ao cruzar com uma porca.

Só a mente descontínua é que insiste em traçar uma linha rígida e rápida entre uma espécie e a espécie ancestral que a gerou. A mudança evolucionária é gradual: nunca existiu uma linha entre uma espécie e sua precursora evolucionária.*

Em alguns casos, os intermediários não se extinguiram, e a mente descontínua se defronta com o problema na gritante realidade. As gaivotas-prateadas (*Larus argentatus*) e as gaivotas-de-asa-escura (*Larus fuscus*) reproduzem-se em colônias mistas na Europa Ocidental e não se intercruzam. Isso as define como boas espécies separadas. Mas se você viajar em sentido oeste, contornando o hemisfério Norte, e for coletando amostras das gaivotas pelo caminho, descobrirá que as gaivotas locais variam desde o cinza-claro das gaivotas-prateadas, tornando-se gradualmente mais escuras à medida que você se aproxima do polo Norte, até que por fim, quando você tiver completado o contorno e chegado de novo à Europa Ocidental, elas serão tão escuras que estarão "transformadas" em gaivotas-de-asa-escura. Além disso, as populações vizinhas intercruzam-se ao longo de todo o contorno do círculo, muito embora os extremos do círculo, as duas espécies

---

* Existem algumas exceções, especialmente em plantas, nas quais uma nova espécie, definida pelo critério da incapacidade de cruzar-se e produzir descendentes férteis, passa a existir em uma única geração.

que vemos na Grã-Bretanha, não se intercruzem. Elas são ou não espécies distintas? Só os tiranizados pela mente descontínua sentem-se obrigados a responder a essa pergunta. Não fosse pela extinção acidental de intermediários evolucionários, cada espécie seria ligada a cada uma das demais por cadeias de intercruzamentos como a dessas gaivotas.

O essencialismo ergue sua cabeça horrorosa na terminologia racial. A maioria dos "afro-americanos" é fruto de miscigenação racial. No entanto, nossa mentalidade essencialista é tão arraigada que os formulários oficiais americanos requerem que cada pessoa assinale apenas uma alternativa de raça/etnia: não há lugar para intermediários. Nos Estados Unidos hoje, uma pessoa será chamada de "afro-americana" mesmo se apenas um de seus oito bisavós, por exemplo, tiver ascendentes africanos.

Colin Powell e Barack Obama são considerados negros. Eles têm mesmo ancestrais negros, mas já que também têm ancestrais brancos, por que não os chamamos de brancos? Em uma convenção singular, o termo descritivo "negro" comporta-se como o equivalente cultural de uma característica genética dominante. Gregor Mendel, o pai da genética, cruzou ervilhas lisas e rugosas, e as descendentes foram todas lisas: lisa é a característica "dominante". Quando uma pessoa branca tem um filho com uma pessoa negra, a criança é um intermediário, mas a rotulam como "negra": o rótulo cultural é transmitido ao longo das gerações como um gene dominante, e isso persiste até em casos em que, por exemplo, apenas um entre oito bisavós era negro e isso não se evidencia na cor da pele. É a racista "metáfora da contaminação" (como Lionel Tiger me mostrou), o "toque de piche". Nossa língua não possui o equivalente "toque de cal" e não está equipada para lidar com um contínuo de intermediários. Assim como as pessoas têm de incidir abaixo ou acima da "linha" de pobreza, também classificamos as pessoas como "negras" mesmo que, na realidade, elas sejam intermediárias. Quando um formulário oficial nos intima a assinalar uma "raça" ou "etnia", recomendo riscá-las e escrever "humana".

Nas eleições presidenciais dos Estados Unidos, cada estado (exceto Maine e Nebraska) tem de ser rotulado como democrata ou republicano, por mais que os eleitores do estado se dividam equilibradamente. Cada estado envia ao colégio eleitoral um número de delegados proporcional à população estadual. Até aí, tudo bem. Mas a mente descontínua insiste em que todos os delegados provenientes de determinado estado tenham de votar do mesmo modo. A estupidez desse sistema no qual o vencedor fica com tudo escancarou-se na eleição de 2000, quando houve um empate na Flórida. Al Gore e George Bush receberam número igual de votos, com uma minúscula e disputada diferença incidindo bem dentro da margem de erro. A Flórida enviou 25 delegados ao colégio eleitoral.* Coube à Suprema Corte decidir qual candidato receberia todos os 25 votos (e, portanto, a presidência). Como havia empate, pareceria razoável alocar treze votos para um candidato e doze para outro. Não faria diferença se Bush ou Gore recebesse os treze votos: Gore teria sido presidente de qualquer modo. Na verdade, Gore poderia ter dado a Bush 22 dos 25 delegados no colégio eleitoral e ainda assim ser eleito.

Não estou dizendo que a Suprema Corte deveria de fato ter dividido os delegados da Flórida. Era preciso seguir as regras, por mais tolas que fossem. Eu diria que, dada a lamentável determinação constitucional de que os 25 votos tinham de ser juntados em um único bloco partidário, a justiça natural deveria ter levado a corte a alocar os 25 votos ao candidato que teria ganhado a eleição se os delegados da Flórida houvessem sido divididos, ou seja,

---

* Esse foi o número em 2000. Ele varia a cada ano.

Gore. Mas não é isso que eu quero defender aqui. O que estou querendo dizer é que a ideia do vencedor que leva tudo em um colégio eleitoral no qual cada estado tem um bloco indivisível de membros, ou todos eles democratas ou todos eles republicanos, por mais que a votação seja parecida, é uma manifestação chocantemente antidemocrática da tirania da mente descontínua. Por que é tão difícil admitir que existem intermediários, como fazem Maine e Nebraska? A maioria dos estados não é "vermelha" ou "azul", e sim uma mistura complexa.*

Cientistas são convocados por governos, por tribunais e pelo público em geral para dar uma resposta definitiva, absoluta, inequívoca a questões importantes, por exemplo, questões de risco. Seja um novo medicamento, um novo pesticida, uma nova central elétrica, seja um novo avião de passageiros, pergunta-se peremptoriamente ao "especialista" científico: é seguro? Responda! Sim

---

* Se um dia o colégio eleitoral fosse abolido, teria de ser através de emenda constitucional, e isso é difícil. É preciso maioria de dois terços em ambas as casas do Congresso e ratificação por três quartos das legislaturas estaduais. O pior de ambos os mundos seria uma reforma fragmentada, por um ou outro estado, seguindo o exemplo de Maine e Nebraska e alocando a votação proporcionalmente no colégio eleitoral. Uma alternativa idealista, mas muito inviável, seria reverter para um verdadeiro colégio eleitoral como ele foi concebido em princípio. Ele seria como o conclave de cardeais que elege o papa, com a diferença de que os membros do colégio eleitoral seriam eleitos, em vez de nomeados: um grupo de cidadãos respeitados, escolhidos pelos eleitores, que se reuniriam para avaliar todos os (potencialmente muitos) candidatos a presidente — estudar as referências, ler suas publicações, entrevistá-los, examiná-los da perspectiva de segurança e saúde e por fim votar e anunciar sua escolha ao mundo com um penacho de fumaça: *habemus praesidem*. Foi mais ou menos assim que o colégio eleitoral dos Estados Unidos começou. A deterioração entrou em cena quando os delegados do colégio se tornaram meros números, comprometidos a apoiar determinados candidatos à presidência. Provavelmente minha versão não funcionaria, lamento dizer, sobretudo porque seria vulnerável à corrupção, e o comprometimento prévio provavelmente se insinuaria de volta no sistema.

ou não? Em vão o cientista tenta explicar que segurança e risco não são absolutos. Algumas coisas são mais seguras do que outras, e nada é perfeitamente seguro. Existe uma escala móvel de intermediários e probabilidades, e não descontinuidades nítidas entre seguro e inseguro. Essa é outra questão, e meu espaço se esgotou.

Mas espero ter dito o suficiente para deixar claro que a exigência sumária de uma resposta absoluta do tipo sim ou não, tão a gosto de jornalistas, políticos e advogados prepotentes de dedo em riste, é mais uma expressão irracional de um tipo de tirania, a tirania da mente descontínua, a mão morta de Platão.

"Sem possibilidade de dúvida razoável"?*

Em um tribunal — por exemplo, em um julgamento de homicídio —, pede-se ao júri que decida, sem possibilidade de dúvida razoável, se uma pessoa é culpada ou inocente. Em várias jurisdições, incluindo 34 estados norte-americanos, um veredicto de culpa pode resultar na execução. Há numerosos casos registrados nos quais evidências descobertas mais tarde, não disponíveis na época do julgamento, em especial evidências de DNA, reverteram retrospectivamente um veredicto antigo e, em alguns casos, levaram a um perdão póstumo.

Os filmes e peças teatrais de tribunal retratam com fidelidade o suspense que paira quando o júri volta à sala para declarar o veredicto. Todo mundo, inclusive os advogados de ambos os la-

---

* Não tenho formação em direito, como sem dúvida perceberão os que têm. Mas participei de três júris, nos quais me instruíram que tinha de ser estabelecida prova "sem possibilidade de dúvida razoável". O significado de "dúvida razoável" é algo sobre o qual um cientista pode ter o que dizer. E foi isso que eu disse na *New Statesman* em 23 de janeiro de 2012.

dos e o juiz, suspende a respiração, esperando o porta-voz do júri pronunciar as palavras "culpado" ou "inocente". Contudo, se a expressão "sem possibilidade de dúvida razoável" significa o que ela diz, não deveria haver dúvida sobre o resultado na mente de qualquer um que tenha acompanhado o mesmo julgamento que o júri. Isso inclui o juiz, que está preparado para proferir a ordem de execução ou liberar o prisioneiro sem nenhuma mácula em seu caráter assim que o júri declarar o veredicto.

No entanto, antes de o júri retornar, havia "dúvida razoável" na mente desse mesmo juiz para mantê-lo ansioso à espera do veredicto.

Não se pode ter as duas coisas. Ou o veredicto é sem possibilidade de dúvida razoável, e nesse caso não deveria haver suspense enquanto o júri está recolhido, ou existe um verdadeiro suspense de deixar todo mundo roendo as unhas, e nesse caso não se pode dizer que os fatos foram provados "sem possibilidade de dúvida razoável".

Os meteorologistas americanos apresentam probabilidades, não certezas: "80% de probabilidade de chuva". Aos júris não se permite isso, mas foi o que tive vontade de fazer quando participei de um. "Qual é o seu veredicto, culpado ou não culpado?" "Setenta e cinco por cento de probabilidade de culpa, meritíssimo." Isso seria uma abominação para os nossos juízes e advogados. Não pode haver tons de cinza: o sistema faz questão de certeza, sim ou não, culpado ou inocente. Os juízes podem recusar até mesmo um júri dividido e mandar os jurados de volta para a sala secreta, com ordem de não saírem de lá sem terem chegado à unanimidade. Como se pode chamar isso de "sem possibilidade de dúvida razoável"?

Em ciência, para que um experimento seja levado a sério, deve ser possível repeti-lo. Nem todos os experimentos são repetidos. Não temos o mundo e o tempo suficientes.* Mas resultados controversos têm de ser repetíveis, ou não somos obrigados a acreditar neles. É por isso que o mundo da física aguardou a repetição de experimentos antes de aceitar a afirmação de que neutrinos podem se deslocar com mais velocidade do que a luz — e, de fato, a afirmação acabou por ser rejeitada.

A decisão de executar uma pessoa, ou de encarcerá-la pelo resto da vida, não deveria ser levada suficientemente a sério para que se exija uma repetição do experimento? Não estou falando em novo julgamento. Nem em apelação, embora ela seja desejável e ocorra quando existe algum ponto da lei controverso ou novas evidências. Mas suponha que todo julgamento tivesse dois júris, sentados no mesmo tribunal, porém proibidos de conversar entre si. Quem apostaria que eles sempre chegariam ao mesmo veredicto? Será que *alguém* pensa que um segundo júri provavelmente teria absolvido O. J. Simpson?

Meu palpite é que, se o experimento com dois júris fosse feito em um grande número de julgamentos, a frequência com que os dois grupos concordariam em um veredicto seria ligeiramente superior a 50%. No entanto, qualquer coisa abaixo de 100% nos leva a duvidar de que "sem possibilidade de dúvida razoável" baste para mandar alguém para a cadeira elétrica. E alguém apostaria em 100% de concordância entre dois júris?

Você poderia argumentar: mas não é suficiente haver doze pessoas no júri? Isso não fornece o equivalente de doze replicações do experimento? Não, pois os doze jurados não são independentes uns dos outros; estão trancados juntos numa sala.

---

* O contexto de Andrew Marvell era diferente [em seu poema "To His Coy Mistress": "Se tivéssemos o mundo e o tempo suficientes,/ Essa gentileza, minha senhora, não era crime" (N. T.)], mas seu lamento funciona aqui também.

Quem já participou de um júri (participei de três) sabe que os que falam com autoridade e fluência influenciam os demais. *Doze homens e uma sentença* é ficção e sem dúvida um exagero, mas o princípio permanece. Um segundo júri sem o personagem vivido por Henry Fonda teria declarado o rapaz culpado. Uma sentença de morte deve depender da sorte de um determinado indivíduo perceptivo e persuasivo ser escolhido para servir no júri?

Não estou sugerindo que devemos introduzir na prática um sistema de júri duplo. Desconfio que dois júris independentes de seis pessoas produziriam um resultado mais justo do que um júri único de doze, mas o que fazer nos muitos (assim desconfio) casos em que os dois júris discordassem? O sistema de dois júris equivaleria a um viés em favor da defesa? Não consigo propor nenhuma alternativa bem pensada ao presente sistema de júri, mas continuo achando que ele é terrível.

Meu palpite é que dois juízes, proibidos de conversar um com o outro, teriam uma taxa de concordância maior do que dois júris e talvez até se aproximassem dos 100%. No entanto, isso também está sujeito à objeção de que os juízes provavelmente sejam provenientes da mesma classe social e tenham idades semelhantes, podendo, assim, ter os mesmos preconceitos.

O que proponho, no mínimo, é que reconheçamos a expressão "sem possibilidade de dúvida razoável" como vazia, sem sentido. Quem afirma que o sistema de júri único apresenta um veredicto "sem possibilidade de dúvida razoável" está comprometido, goste ou não, com a drástica ideia de que dois júris sempre chegariam ao mesmo veredicto. E, diante dessa ideia, *alguém* apostaria em 100% de concordância?

Se você apostar, é como se dissesse que não faz questão de estar no tribunal para ouvir o veredicto, pois ele deverá ser óbvio para qualquer um que tenha acompanhado o julgamento, incluindo o juiz e os advogados de ambos os lados. Sem suspense. Sem aflição.

Talvez não haja nenhuma alternativa prática, mas deixemos de fingimento. Nossos procedimentos nos tribunais zombam do "sem possibilidade de dúvida razoável".

Mas eles podem sofrer?*

O grande filósofo moral Jeremy Bentham, fundador do utilitarismo, nos legou a célebre frase: "A questão não é 'eles podem raciocinar?' nem 'eles podem falar?', e sim 'eles podem sofrer?'". A maioria das pessoas entende a mensagem, mas trata como muito mais preocupante a dor *humana*, pois, vagamente, considera um tanto óbvio que a capacidade de uma espécie para o sofrimento tem de ser positivamente correlacionada com sua capacidade intelectual. Plantas não podem pensar, e só um grande excêntrico suporia que elas podem sofrer. Plausivelmente, o mesmo poderia ser verdade para as minhocas. Mas e quanto às vacas?

E quanto aos cães? Acho quase impossível acreditar que René Descartes, que não tinha reputação de monstro, levasse a sua crença filosófica de que só os seres humanos possuem mente a um extremo tão confiante que fosse capaz de amarrar um mamífero vivo numa mesa e dissecá-lo. É de supor que, apesar de seu

* Publicado pela primeira vez em <boingboing.net> em 2011.

raciocínio filosófico, ele poderia dar ao animal o benefício da dúvida. No entanto, ele integrou uma longa tradição de vivisseccionistas que incluiu Galeno e Vesálio e foi seguido por William Harvey e muitos outros.

Como suportavam amarrar um mamífero com cordas e dissecar seu coração vivo enquanto ele se debatia e gritava? Presume-se que eles acreditavam na ideia que veio a ser formulada por Descartes: os animais não humanos não possuíam alma e não sentiam dor.

Hoje a maioria de nós acredita que cães e outros mamíferos não humanos podem sentir dor, e nenhum cientista que se preze seguiria o medonho exemplo de Descartes e Harvey dissecando um mamífero vivo sem anestesia. Se o fizessem, seriam punidos com severidade pela lei britânica, entre outras (embora os invertebrados, inclusive os polvos, dotados de cérebro grande, não contem com toda essa proteção). No entanto, a maioria de nós parece supor, sem questionar, que a capacidade de sentir dor se correlaciona positivamente com a capacidade mental — com a faculdade de raciocinar, pensar, refletir etc. Meu objetivo aqui é questionar essa suposição. Não vejo razão para que exista uma correlação positiva. A dor parece ser primordial, como a capacidade de ver cores ou ouvir sons. Parece ser o tipo de sensação que dispensa o intelecto para ser experimentada. Ainda que sentimentos não sejam importantes na ciência, não deveríamos, no mínimo, dar aos animais o benefício da dúvida?

Sem entrarmos na interessante literatura sobre sofrimento animal — ver, por exemplo, o excelente livro de Marian Stamp Dawkins *Animal Suffering* e seu livro subsequente *Why Animals Matter* —, vejo uma razão darwiniana para que exista até mesmo uma correlação negativa entre intelecto e suscetibilidade à dor. Explico isso perguntando: em um sentido darwiniano, para que serve a dor? Ela é um aviso para que não se repitam ações que tendem a causar dano ao corpo. Não dê uma topada no dedão outra vez, não provoque uma cobra, não se sente em um marimbondo, não pegue uma brasa incandescente por mais linda que ela pareça, cuidado para não morder a língua. Plantas não possuem um sistema nervoso capaz de aprender a não repetir ações lesivas, e é por isso que cortamos alface sem remorso.

Aliás, uma questão interessante é: por que raios a dor tem de ser tão dolorosa? Por que não equipar o cérebro com o equivalente de uma bandeirinha vermelha que se ergueria sem causar dor para avisar: "Não faça isso de novo"? Em *O maior espetáculo da Terra*, aventei que o cérebro talvez se veja dividido entre impulsos conflitantes e tente "rebelar-se", talvez hedonisticamente, contra a busca dos melhores interesses da aptidão genética do indivíduo, sendo preciso, então, fustigá-lo sem dó para que ele ande na linha. Deixarei isso de lado e voltarei à minha questão principal de hoje: você prediria uma correlação positiva ou negativa entre capacidade mental e capacidade de sentir dor? A maioria das pessoas supõe, sem muito refletir, que a correlação é positiva. Mas por quê?

Não é plausível que uma espécie inteligente como a nossa possa precisar de menos dor justamente porque somos capazes de aprender mais depressa ou de descobrir pela esperteza o que nos faz bem e que eventos danosos devemos evitar? Não é plausível que uma espécie não inteligente possa precisar de uma tremenda sova de dor que lhe ensine uma lição que nós somos capazes de aprender com um estímulo menos potente?

No mínimo, concluo que não temos nenhuma razão geral para pensar que animais não humanos sentem dor com menos intensidade do que nós; e, de qualquer modo, devemos dar a eles o benefício da dúvida. Práticas como marcar o gado com ferro em brasa, castrar sem anestesia e tourear deviam ser consideradas moralmente equivalentes a fazer o mesmo com seres humanos.

Amo fogos de artifício, mas...

Em 12 de outubro de 1984, um membro do IRA Provisório pôs uma bomba no Grand Hotel em Brighton, em uma tentativa de assassinar o primeiro-ministro. Não conseguiu seu objetivo, mas cinco pessoas foram mortas e muitas ficaram feridas. Desejaríamos comemorar esse evento com fogos de artifício em um festival nacional a cada 12 de outubro? E se, além disso, em todo o país queimássemos uma efígie do perpetrador, Patrick Magee, nossa repulsa não aumentaria?

A Bonfire Night, com seus fogos de artifício ao som dos versos "*remember, remember*", celebra uma tentativa de assassinato em massa ocorrida em 1605.* Um atentado terrorista, mesmo

---

* Os leitores não britânicos precisam ser informados de que a "conspiração da pólvora" de 5 de novembro de 1605 foi um plano católico para explodir o Parlamento e o rei protestante Jaime I. Um fanático que fora convertido ao catolicismo, Guy Fawkes, foi preso vigiando os barris de pólvora na véspera da explosão planejada. A partir de então, todo dia 5 de novembro são acesas grandes fogueiras na Grã-Bretanha, e nelas é incinerado um boneco de bigode

fracassado, é uma abominação que nunca deve ser celebrada, sendo essa, obviamente, a razão pela qual fiz a comparação com o plano do hotel de Brighton. Mas quatrocentos anos nos separam de Guy Fawkes: tempo suficiente para que a celebração não pareça de mau gosto, e sim uma peculiaridade da história distante. Portanto, não estou tentando ser um desmancha-prazeres, um sr. Scrooge de novembro.

E eu amo fogos de artifício. Sempre amei. Para mim, o atrativo é mais para os olhos do que para os ouvidos — as cores espetaculares que pintam o céu em padrões psicodélicos, clarões iluminando o rosto da criançada que acende estrelinhas, as espirais das rodas de santa Catarina (novamente a distância histórica nos ajuda a esquecer que esse nome também tem uma origem abominável). Não entendo que atrativo podem ter os estampidos altos, mas pelo jeito há quem os ame, do contrário os fabricantes não os adicionariam. Portanto, não nego que os fogos de artifício, inclu-

---

e chapéu de copa alta representando Guy Fawkes, com queima de fogos. Nas semanas anteriores à Bonfire Night, é costume as crianças desfilarem pelas ruas com um boneco de Guy Fawkes, pedindo dinheiro para comprar fogos: "Um penny para o Guy, senhor?" (ainda que hoje em dia um penny não compre muitos fogos). A maioria das crianças britânicas sabe recitar uma cantiga infantil que começa dizendo "*Remember, remember, the fifth of November, gunpowder, treason and plot*" [Lembra-te, lembra-te do 5 de novembro, pólvora, traição e conspiração]. Eu não sabia o resto da cantiga, por isso fui pesquisar. Entre os versos estão: "*A rope, a rope, to hang the Pope; A penn'orth of cheese to choke him./ A pint of beer to wash it down,/ And a jolly good fire to burn him*" [Uma corda, uma corda, para enforcar o papa;/ Um penny de queijo para ele se engasgar./ Um caneco de cerveja para fazer descer pela garganta,/ E uma bela fogueira para queimá-lo]. A inimizade protestante nesses versos ecoa hoje nos lemas dos Orangemen da Irlanda do Norte, só que agora precisamos usar os eufemismos "lealistas" e "nacionalistas" em vez de protestantes e católicos. Não se pode admitir que religião seja motivação para assassinato. Uma versão deste artigo foi publicada no *Daily Mail* em 4 de novembro de 2014, véspera do Dia de Guy Fawkes.

sive os estampidos, sejam divertidos, e desde a infância eu me deleito com a Bonfire Night.

Apesar de amar os fogos de artifício, eu também amo os animais. Inclusive os animais humanos, mas agora falo sobre os não humanos. Como os nossos cachorrinhos, Tycho e Cuba, apenas dois entre milhões em todo o país que todo ano ficam apavorados com os decibéis prodigiosamente antissociais dos fogos de artifício modernos. Seria tolerável se acontecesse apenas em 5 de novembro. Mas, com o passar dos anos, o "Cinco de Novembro" expandiu-se inexoravelmente em ambas as direções.* Ao que parece, muita gente que compra fogos de artifício não aguenta esperar até a noite apropriada. Ou, talvez, gostem tanto dessa noite que não resistem a reprisá-la, semana após semana, depois que ela passa. E, em Oxford, a temporada dos fogos de artifício não tem um período limitado: estende-se à maioria dos fins de semana durante todos os períodos letivos universitários.

Se Tycho e Cuba fossem os únicos a sofrer o tormento, eu me calaria. Mas, quando postei no Twitter a minha preocupação com a barulhada, a resposta de outros donos de cães, gatos e cavalos foi colossal. Essa impressão subjetiva é confirmada por estudos científicos. A literatura veterinária enumera mais de vinte sintomas fisiologicamente mensuráveis de sofrimento em cães causados por fogos de artifício. Em casos extremos, o pavor causado por fogos já levou até cães normalmente mansos a morder seus donos. Estima-se que cerca de 50% dos cães e 60% dos gatos têm fobia de fogos de artifício.

Pense, então, em todos os animais selvagens no país inteiro. E nos bois, porcos e outros animais de criação. Não há razão para supor que animais selvagens, que não vemos, fiquem menos apa-

---

* Fiquei sabendo que a mesma "expansão" acontece nos Estados Unidos em torno do Quatro de Julho.

vorados do que os nossos animais domésticos. Muito pelo contrário, se refletirmos que animais de estimação como Tycho e Cuba contam com humanos para acalmá-los e consolá-los. Os animais selvagens têm seu ambiente natural e suas noites tranquilas poluídos de repente, sem aviso, pelo equivalente acústico de uma batalha da Primeira Guerra Mundial. A propósito, entre os que responderam solidariamente aos meus tuítes sobre os fogos de artifício estavam veteranos de guerra que sofriam com o equivalente moderno do trauma por explosão de granadas na Primeira Guerra Mundial.

O que fazer? Eu não clamaria por uma proibição total aos fogos de artifício (como visto em algumas jurisdições, entre elas a Irlanda do Norte durante o conflito conhecido como The Troubles).* Normalmente são sugeridos dois meios-termos. Primeiro, o uso de fogos de artifício deve ser restrito a certos dias especiais do ano, como a Noite de Guy Fawkes e a passagem de Ano-Novo. Outras ocasiões especiais — grandes festas, bailes e coisas do gênero — poderiam receber concessões mediante solicitação individual, nas mesmas linhas das permissões para tocar música em alto volume em ocasiões especiais. O outro meio-termo sugerido é permitir queimas de fogos de artifício por entidades públicas, mas não por qualquer cidadão comum em seu quintal. Sugiro uma terceira solução conciliatória, que poderia reduzir a necessidade das outras duas: permitir fogos de artifício visualmente belos, mas impor severas restrições ao barulho. Fogos de artifício silenciosos existem, sim.

Embora a maioria esmagadora das respostas aos meus tuítes fosse concordante, houve duas vertentes dissidentes que precisam ser levadas a sério. Primeira: uma restrição legal aos fogos de

---

* Porque a polícia não conseguia distinguir entre o barulho dos fogos de artifício e o de bombas.

artifício não infringiria liberdades pessoais? Segunda: o prazer de seres humanos não deveria ter prioridade sobre os sentimentos de "meros animais"?

O argumento das liberdades pessoais é persuasivo. Vários tuiteiros disseram que o que as pessoas fazem em seu próprio quintal — ou em sua propriedade privada — não é da conta de mais ninguém, muito menos do "Estado babá". Mas acontece que o som e as ondas de choque de uma explosão alta se irradiam muito além das fronteiras de qualquer quintal. Os vizinhos que não gostarem dos clarões e das cores dos fogos podem bloqueá-los fechando as cortinas. Mas contra a barulhada não há bloqueios eficazes. A poluição sonora é antissocial de um modo singularmente inescapável, e por isso a Noise Abatement Society* é tão necessária.

E quanto ao argumento dos "meros animais"? O prazer humano não será mais importante do que o pavor de cães, gatos, cavalos, vacas, coelhos, camundongos, doninhas, texugos e aves? A presunção de que os humanos são mais importantes do que outros animais está arraigada em nós. Ela constitui um problema filosófico intricado, e aqui não é o lugar para nos aprofundarmos na questão. Faço apenas duas considerações.

Primeiro, embora a capacidade de raciocínio e a inteligência de animais não humanos sejam muito inferiores às nossas, a capacidade de sofrer — sentir dor ou medo — independe de raciocínio ou inteligência.** Um Einstein não é mais capaz de sentir dor ou medo do que uma Sarah Palin. E não há nenhuma razão óbvia para supor que um cão ou um texugo sejam menos capazes de sentir dor ou medo do que qualquer ser humano.

No caso do medo de fogos de artifício, pode até haver razão para que o oposto seja verdade. Os seres humanos compreendem

---

* Entidade britânica dedicada a conscientizar sobre a poluição sonora. (N. T.)
** Como discutido no artigo anterior desta antologia.

o que são fogos de artifício. As crianças humanas podem ser tranquilizadas com uma explicação verbal: "Tudo bem, meu amor, são apenas fogos de artifício, eles são divertidos, não precisa se preocupar!". Não se pode fazer isso com animais não humanos.

Não sejamos desmancha-prazeres, mas os fogos de artifício silenciosos são quase tão maravilhosos quanto os barulhentos. E a nossa presente desconsideração por milhões de seres sencientes incapazes de entender o que são fogos de artifício, mas plenamente capazes de sentir pavor deles, é puro e simples egoísmo, ainda que em geral impensado.

EPÍLOGO

Espero que este ensaio não pareça demasiado britânico. Só por acaso ele fala sobre a Noite de Guy Fawkes. Fogos de artifício poluem as ondas sonoras de países do mundo todo, em geral nas comemorações de dias específicos como o Quatro de Julho nos Estados Unidos ou em festivais como o Diwali dos hindus ou o Ano-Novo dos chineses. E, no mundo todo, os animais não compreendem e se apavoram.

Quem militaria contra a razão?*

Como chegamos ao ponto em que a razão precisa de um comício para defendê-la? Basear nossa vida na razão significa baseá-la em evidências e na lógica. Evidências são o único modo que conhecemos para descobrir o que é verdade no mundo real. Lógica é como deduzimos as consequências das evidências. Quem seria contra qualquer uma dessas coisas? Muita gente, infelizmente, e é por isso que precisamos do Reason Rally.

A razão, como ela é usada no grande empreendimento cooperativo chamado ciência, deixa-me tremendamente orgulhoso do

---

* O primeiro Reason Rally, um encontro realizado no National Mall em Washington, DC, aconteceu em 24 de março de 2012, e publiquei a versão original deste ensaio no *Washington Post* para incentivar as pessoas a participar. O evento foi um tremendo sucesso. Estima-se que 30 mil pessoas tenham permanecido em pé, debaixo de chuva, para ouvir oradores e artistas, cientistas e músicos. Quatro anos depois, houve um novo evento do gênero, no mesmo local imenso e fabuloso. Infelizmente não pude ir por problemas de saúde, mas publiquei (em <RichardDawkins.net>, em 31 de maio de 2016) uma versão revista da minha convocação, a qual é reproduzida aqui.

Homo sapiens. O significado literal de *sapiens* é "sábio", mas só merecemos essa honra depois que rastejamos para fora do pântano da superstição primitiva e da credulidade no sobrenatural e desposamos a razão, a lógica, a ciência e a verdade baseada em evidências.

Hoje sabemos a idade do nosso universo (entre 13 e 14 bilhões de anos), a idade da Terra (entre 4 e 5 bilhões de anos), do que nós e todos os outros objetos somos feitos (átomos), de onde viemos (evoluímos de outras espécies), por que todas as espécies são tão bem-adaptadas aos seus ambientes (a seleção natural de seu DNA). Sabemos por que temos noite e dia (a Terra gira como um pião), por que temos inverno e verão (a Terra é inclinada), qual é a máxima velocidade em que qualquer coisa pode viajar (1,079 bilhão de quilômetros por hora). Sabemos o que o Sol é (uma estrela entre bilhões na galáxia da Via Láctea), sabemos o que a Via Láctea é (uma galáxia entre bilhões em nosso universo). Compreendemos o que causa a varíola (um vírus, que erradicamos), a poliomielite (um vírus, que quase erradicamos), a malária (um protozoário, que ainda está por aqui, mas estamos trabalhando para erradicá-lo), a sífilis, a tuberculose, a gangrena, o cólera (bactérias, e sabemos como matá-las). Construímos aviões que podem atravessar o Atlântico em horas, foguetes que levam homens à Lua e veículos robotizados a Marte em segurança, e talvez um dia salvemos nosso planeta desviando um meteoro como aquele que — conforme agora compreendemos — matou os dinossauros.* Graças à razão baseada em evidências, felizmente fomos libertados dos medos imemoriais de fantasmas e demônios, espíritos maus e gênios, feitiços e maldições de bruxas.

Então quem militaria contra a razão? As afirmações a seguir parecerão bem familiares.

---

* Veja minha introdução a este livro.

"Não confio em intelectuais cultos, elitistas, que sabem mais do que nós. Prefiro votar em alguém como eu em vez de em alguém realmente qualificado para ser presidente."

O que mais, além dessa mentalidade, explicaria a popularidade de Donald Trump, Sarah Palin, George W. Bush — políticos que se gabam de sua ignorância como uma virtude digna de votos?* Você quer que o piloto do avião em que viaja seja instruído em aeronáutica e navegação. Quer que o seu cirurgião saiba anatomia. Mas, quando vota em um presidente que vai liderar um grande país, prefere alguém que seja ignorante e se orgulhe disso, alguém com quem você gostaria de tomar uma cerveja, em vez de uma pessoa qualificada para um alto cargo público? Se você é desse tipo de eleitor, não participará do Reason Rally.

"Em vez de aprenderem ciência moderna, prefiro que meus filhos estudem um livro escrito em 800 a.C. por autores não identificados, cujos conhecimentos e qualificações eram os do seu tempo. Se eu não puder confiar em que a escola os protegerá da ciência, irei ensiná-los em casa."

Esse tipo de pais não gostará do Reason Rally. Em 2008, em uma conferência de educadores de ciência americanos em Atlan-

---

* No referendo de 2016 no Reino Unido, políticos proeminentes que lideravam a campanha pela saída da Europa disparavam comentários como: "Penso que o povo deste país está farto de especialistas" e "Só um especialista importa, e é você, o eleitor". Esses exemplos foram citados por Michael Deacon (*Telegraph*, 10 de junho de 2016), que acrescentou, em seu estilo satírico: "O establishment matemático tem se saído muito bem usando a noção de $2 + 2 = 4$. Ouse afirmar que $2 + 2 = 5$, e você será veementemente calado no mesmo instante. O nível da mentalidade de grupo na comunidade aritmética é muito preocupante. Os estudantes comuns da Grã-Bretanha, para ser franco, estão cansados do matematicamente correto".

ta, Georgia, um professor contou que alunos "caíram no choro" quando foram informados de que estudariam evolução. Outro professor relatou que alunos gritavam sem parar "Não!" quando ele começava a discutir evolução na aula.* Se você é desse tipo de estudante, o Reason Rally não vai lhe agradar — a menos que você tome a precaução de tapar os ouvidos para impedir que uma palavra da indesejável verdade penetre.

"Quando deparo com um mistério, com algo que não compreendo, não interrogo a ciência em busca de uma solução; vou logo concluindo que só pode ser sobrenatural e não tem solução."

Esse tem sido o lamentável mas compreensível primeiro recurso da humanidade ao longo da maior parte da nossa história. Só superamos isso nestes últimos séculos. Muitas pessoas nunca superaram, e, se você é uma delas, o Reason Rally não lhe interessará.

---

* Os professores de escolas americanas do ensino fundamental (alunos entre dez e catorze anos de idade) são especialmente vulneráveis a esse tipo de contrariedade. Em contraste com os professores de ciência do ensino médio, a maioria não tem formação em ciência e talvez saiba bem pouco sobre as colossais evidências a favor da evolução. É compreensível que se sintam despreparados para argumentar, por isso restringem o ensino da evolução ou o evitam por completo. Uma das principais iniciativas da minha fundação beneficente é o Teacher Institute for Evolutionary Science (Ties). Seu objetivo é preparar professores do ensino fundamental para que se sintam confiantes ao ensinar evolução. O instituto é dirigido por Bertha Vazquez, uma professora de ensino fundamental muito competente. Ela conhece os problemas enfrentados por seus colegas e conhece ciência evolucionária. Até o momento em que escrevo (dezembro de 2016), ela e sua equipe de voluntários do Ties já organizaram 27 workshops para professores de estados como Arkansas, Carolina do Norte, Georgia, Texas, Flórida e Oklahoma, e os números são sempre crescentes. Os participantes saem fortalecidos pela confiança de um conhecimento confiável e munidos de recursos didáticos como apresentações em PowerPoint preparadas por Bertha e sua equipe.

Esta é a quarta vez neste ensaio que digo que o Reason Rally "não é para você" ou algo do tipo. Mas quero encerrar em um tom mais positivo. Mesmo se você não estiver acostumado a viver com base na razão, se você for, talvez, um daqueles que desconfiam fortemente da razão, por que não tenta? Deixe de lado os preconceitos da sua criação e dos seus hábitos e venha. Se vier de ouvidos destapados e curiosidade receptiva, aprenderá alguma coisa, provavelmente se divertirá e quem sabe até mude de ideia. E descobrirá que essa é uma experiência libertadora e revigorante.

Daqui a cem anos não deverá existir a necessidade de um Reason Rally. Enquanto isso, infelizmente, a necessidade está em toda parte e talvez se evidencie ainda mais neste ano de eleição.* Venha para Washington e prestigie a razão, a ciência e a verdade.

---

* Mal sabia eu o quanto essa frase era profética.

Em louvor das legendas; ou uma bordoada na dublagem*

Diz uma lenda de proveniência ignorada que Winston Churchill, quando discursava para franceses sobre lições aprendidas ao olhar para trás e examinar seu passado, inadvertidamente provocou gargalhadas: "*Quand je regarde mon derrière, je vois qu'il est divisé en deux parties égales*".** A maioria dos anglófonos que sabem um pouco de francês entende a piada. Porém nosso conhecimento não vai muito além do de Churchill. Independentemente das línguas que possamos ter aprendido na escola — francês e alemão, no meu caso (além de grego e latim clássicos, que devem ter influenciado o modo como me ensinaram línguas modernas) —,*** con-

---

* Este ensaio extravasa um sentimento que me persegue faz tempo. A exasperação finalmente me levou a publicá-lo na revista *Prospect* de agosto de 2016. Os editores, como de hábito, abreviaram um pouco o texto. Esta é a versão integral.

** Tradução literal: "Quando olho para o meu traseiro, vejo que ele está dividido em duas partes iguais". (N. T.)

*** Ontem almocei com um acadêmico da área de língua e literatura clássicas e me espantei quando ele me disse que, embora seja capaz de ler em latim e grego com a mesma fluência com que lê em inglês, é incapaz de conversar nessas lín-

seguimos ler alguma coisa, mas com a língua falada o nosso desempenho é de fazer corar.

Quando vou a universidades na Escandinávia ou nos Países Baixos, nem é preciso dizer que lá todos falam inglês fluente, na verdade até bem melhor do que a maioria dos falantes nativos. O mesmo se aplica a quase todos que encontro fora da universidade: balconistas de loja, garçons, taxistas, baristas, pessoas a quem paro na rua para perguntar o caminho. Dá para imaginar um visitante na Inglaterra querendo falar em francês ou alemão com um taxista londrino? E não teria mais sorte com um membro da Royal Society.

Vejamos a explicação convencional, que provavelmente tem algum fundo de verdade. Justamente porque o inglês é falado em tantos lugares, nós não temos *necessidade* de aprender outra língua. Biólogos como eu costumam desconfiar da "necessidade" como explicação para qualquer coisa. O lamarckismo, uma alternativa ao darwinismo há muito desacreditada, invocava a "necessidade" como o motor da evolução: as girafas ancestrais *necessitavam* alcançar a vegetação alta, e seus vigorosos esforços para fazê-lo levaram, sabe-se lá como, ao surgimento de pescoços mais longos. Contudo, para que a "necessidade" se traduza em ação, o argumento tem de ter mais um passo. A girafa ancestral esticava o pescoço para cima com toda a força, por isso seus ossos e músculos se alongaram e... bem, o resto você já sabe, *O my Best Beloved.**

---

guas antigas. Ele não entende o latim falado, pois o fluxo contínuo de fonemas suprime palavras que, no papel, são separadas por espaços. Ele acrescentou que tem o mesmo problema com o francês e, como eu, atribui isso a ter aprendido línguas modernas do mesmo modo como as escolas britânicas sempre ensinaram o latim.

* Minha homenagem a Kipling foi um dos cortes feitos pela *Prospect*. Como expliquei no ensaio sobre o "Darwinismo universal" (ver pp. 154-8), a ideia errada da herança de características adquiridas é uma peça central da teoria la-

No verdadeiro mecanismo darwiniano, obviamente, as girafas individuais que foram capazes de satisfazer sua necessidade sobreviveram e transmitiram sua tendência a serem bem-sucedidas. É concebível que a necessidade de aprender inglês para a carreira, percebida por um estudante, forneça o mecanismo causal de um esforço redobrado em sala de aula. E é possível que nós, que temos o inglês como língua nativa, tomemos a decisão deliberada de não nos darmos ao trabalho de aprender outras línguas. Quando jovem cientista, procurei aulas de alemão que me ajudassem a participar de conferências internacionais, e um colega foi bem claro na recomendação: "Ah, não faça isso. Só vai *elevar o moral* deles". Mas duvido que a maioria de nós chegue a esse grau de cinismo.

Acredito que a explicação alternativa a seguir deve ser levada a sério, no mínimo porque, ao contrário da hipótese da "necessidade", ela oferece a possibilidade de fazermos alguma coisa a respeito. Novamente, começamos com a premissa de que o inglês de fato é falado em muito mais lugares do que qualquer outra língua europeia. Mas a etapa seguinte do argumento é diferente. O mundo é bombardeado continuamente por filmes, músicas, programas de televisão e novelas em inglês (americano, na maioria das

---

marckiana. Algumas vezes já acalentei a ideia de escrever uma versão darwiniana de *Just So Stories*, mas duvido que eu (na verdade, qualquer outro que não Kipling) fosse capaz de compô-la. Não se deixe confundir aqui pelo fato de alguns biólogos usarem "Just So Stories" como uma expressão pejorativa para designar racionalizações darwinianas retrospectivas de fenômenos naturais. Esses autores estavam enfatizando um aspecto diferente das explicações de Kipling: o fato de serem retrospectivas. A minha mensagem — de que elas são lamarckianas — é distinta. [O vocativo "O my Best Beloved" aparece repetidamente em *Just So Stories*, um livro clássico da literatura infantil no qual Rudyard Kipling conta histórias imaginativas sobre como diversos animais ganharam suas características. (N. T.)]

vezes). Todos os europeus têm contato diário com o inglês e acabam aprendendo a língua mais ou menos como qualquer criança aprende sua língua nativa. O bebê não se esforça para satisfazer uma "necessidade" de comunicação percebida. Aprende sem esforço sua língua nativa *porque está em sua presença*. Até adultos podem aprender mais ou menos do mesmo modo, embora percamos parte de nossa capacidade infantil de absorver a linguagem.* O que eu quero destacar aqui é que nós, anglófonos, somos privados, em grande medida, da exposição a outra linguagem além da nossa. Mesmo quando viajamos para o exterior, temos dificuldade para melhorar nossas habilidades linguísticas porque muita gente que encontramos é ávida por falar inglês.

E a teoria da "imersão", em contraste com a da "necessidade", dá a dica de um remédio para a nossa desgraça monoglota. Podemos mudar os procedimentos de nossas emissoras de televisão. Noite após noite, vemos na TV britânica notícias sobre pessoas estrangeiras: um político, um técnico de futebol, um porta-voz da polícia, um jogador de tênis, passantes entrevistados na rua. Permitem-nos alguns segundos de francês ou alemão, por exemplo. E então as vozes autênticas vão diminuindo de volume e são suplantadas pela voz de um intérprete (tecnicamente não dublando de verdade, e sim lendo em voz alta). Já vi isso acontecer até quando o falante original é um grande orador ou estadista — o general De Gaulle, por exemplo. Isso é lamentável, por uma razão muito mais importante que o argumento principal deste artigo. No caso de um estadista histórico, queremos ouvir a voz do próprio orador — as cadências, as ênfases, as pausas dramáticas, as alternâncias deliberadas entre alterações arrebatadas e sussur-

---

* Como nos lembra Steven Pinker em *O instinto da linguagem*, as crianças pequenas são gênios linguísticos numa idade em que ainda nem sabem amarrar os sapatos.

ros confidenciais. E essas são coisas que podemos perceber ainda que não compreendamos as palavras. Nós *não* queremos a voz inexpressiva de um intérprete técnico ou mesmo de um intérprete que faça um esforço para transmitir de um modo mais dramático. Um Laurence Olivier ou um Richard Burton poderiam ser oradores melhores do que o general De Gaulle, mas é o estadista que queremos ouvir. Quão sincero ele é? Fala a sério ou está só jogando com a plateia? Como os ouvintes estão reagindo ao seu discurso? E como ele está recebendo essas reações? Deixando isso de lado e voltando ao meu argumento principal, mesmo quando o falante não é um De Gaulle, e sim uma pessoa comum entrevistada na rua, queremos ter a oportunidade de aprender francês, alemão e espanhol ou seja lá como muitos europeus aprendem inglês todos os dias no noticiário da TV.

O poder do "efeito imersão" é demonstrado também pela difusão memética de expressões americanas na Grã-Bretanha. E a origem do "upspeak" dos jovens americanos e britânicos, um estilo de enunciar frases afirmativas que soam como se fossem perguntas, provavelmente pode ser encontrada na popularidade das novelas australianas. Creio que seja esse mesmo processo, inflado até o nível da própria linguagem, a explicação para a proficiência em inglês de tantos países europeus.

Quanto ao cinema, os países dividem-se entre os que dublam e os que legendam os filmes. Alemanha, Espanha e Itália têm culturas de dublagem. Já se aventou que isso acontece porque a transição do cinema mudo para o falado aconteceu durante ditaduras bombasticamente ávidas por promover a língua nacional. Em contraste, os escandinavos e os holandeses adotam a legendagem. Já me disseram que o público alemão reconhece a voz do "Sean Connery alemão" com a mesma facilidade com que reconhece a voz tão característica do próprio Sean Connery. A verdadeira dublagem desse tipo é uma habilidade altamente especializada e um processo muito caro que envolve uma atenção meticulosa a detalhes de sincronização labial.*

Pode haver defesas respeitáveis para a dublagem no caso dos longas-metragens, embora eu sempre prefira as legendas. De qualquer modo, não estou falando sobre a dublagem no mundo caro da sincronização labial em longas-metragens e em programas de televisão. Estou falando das apresentações efêmeras do noticiário cotidiano, no qual a escolha se dá entre duas alternativas baratas, legendagem ou *voice-over*, a leitura em voz alta por cima da voz do falante original. Afirmo que não há defesa aceitável para a política de *voice-over*. As legendas sempre são melhores.

É ridículo duvidar de que haja tempo suficiente para preparar as legendas para os noticiários. Quase todas as notícias que vemos não são ao vivo, e sim repetições, por isso há tempo para redigir as legendas. Mesmo em transmissões ao vivo, e mesmo deixando de lado a tradução computadorizada (ainda imperfeita), a velocidade da criação de legendas não é um problema. O único argumento remotamente sério que já ouvi em favor do *voice-over* é o de que os cegos não podem ler as legendas. Mas os surdos não podem ouvir as vozes, e, seja como for, a tecnologia moderna oferece soluções aproveitáveis para ambas as deficiências. Desconfio que, se pedirmos aos executivos das emissoras de TV que justifiquem sua política, não ouviremos nada melhor do que "Sempre fizemos assim e nunca nos ocorreu usar legendas".**

---

* E os cineastas alemães fazem isso com extraordinária competência, como estou descobrindo em minha campanha para melhorar meu alemão assistindo a filmes dublados que já conheço bem em inglês, por exemplo, *Jeeves und Wooster* e *Das Leben des Brian*.

** De fato, depois de ter escrito essa frase, por acaso encontrei socialmente um alto executivo da BBC, e ele disse isso quase com as mesmas palavras. Eu defendi minha proposta sem constrangimento. Tornei a encontrá-lo alguns meses depois, e ele me disse que pensava muito no que eu disse e que esperava fazer algu-

Há quem diga que "prefere" o *voice-over* às legendas. Suponho que o meu parágrafo sobre o general De Gaulle foi uma expressão de preferência pessoal no outro sentido. Entretanto, as preferências pessoais são variáveis e muitas vezes se equilibram entre as partes. Quero expressar minha opinião de que as preferências pessoais frívolas deveriam ser suplantadas por vantagens educacionais importantes que seguem uma única direção. Desconfio que uma mudança na política de legendagem melhoraria nossas habilidades linguísticas e contribuiria em algum grau para diminuir nossa vergonha nacional.

EPÍLOGO

Alguns meses depois que este texto foi publicado, escrevi outro artigo para a *Prospect* no qual comentei que estava tentando melhorar meu alemão. A razão que dei — meio de brincadeira, porém não totalmente — foi que eu tinha "vergonha de ser inglês", sobretudo por causa da xenofobia que motivou o voto pelo Brexit, mas também devido às péssimas habilidades linguísticas do meu povo.

---

ma coisa a respeito. Parecia achar que seria preciso algum tipo de mágica para produzir legendas com rapidez. Duvido disso porque, como salientei acima, a maioria das notícias na TV consiste em repetições contínuas, que permitem tempo de sobra para a legendagem feita por tradutores humanos.

Se eu governasse o mundo...

Tantas vezes, irritados, resmungamos algum equivalente de "Ah, se eu governasse o mundo, eu...". Mas eis que, de repente, um editor me oferece a chance de entregar-me a esses devaneios,* e me dá um branco. Respostas frívolas são fáceis de recitar: proibir chiclete, boné de beisebol e burca, equipar todos os vagões do metrô com bloqueador de celular. Mas tais futilidades não são dignas da generosidade do editor. E quanto ao outro extremo, o decreto utópico, delirante, de felicidade universal, de abolição da fome, crime, pobreza, doença ou religião? Irrealista demais. Então vejamos uma ambição viavelmente modesta, mas ainda com mérito: se eu governasse o mundo, depreciaria os regulamentos escritos e os substituiria, sempre que possível, pelo discernimento compreensivo, inteligente.

Escrevo isto no avião, depois de passar pelos procedimentos de segurança em Heathrow. Uma jovem simpática estava aflita porque não lhe permitiram levar a bordo um tubo de pomada para

---

* Os editores da revista *Prospect* tiveram a ideia de pedir a vários autores que refletissem sobre o título "Se eu governasse o mundo...". Minha contribuição foi publicada em março de 2011.

o eczema de sua filhinha. O funcionário da segurança foi educado, mas irredutível. Não a deixou sequer transferir uma pequena quantidade para um recipiente menor. Não entendi o que havia de errado nessa alternativa, mas as regras eram inflexíveis. O funcionário foi chamar sua supervisora, ela veio e foi igualmente respeitosa, mas também estava presa às algemas do regulamento.*

Eu não podia fazer nada, e não ajudou recomendar um site no qual um químico explica, em detalhes deliciosamente cômicos, o que seria necessário para fabricar uma bomba eficaz com ingredientes líquidos binários, em várias horas de trabalho duro no banheiro do avião, usando copiosas quantidades de gelo fornecidas em baldes e mais baldes de champanhe pelo solícito pessoal de bordo.

A proibição de levar mais do que quantidades muito pequenas de líquidos ou unguentos em aviões é patentemente ridícula. Começou como uma daquelas demonstrações da linha "vejam, estamos tomando providências decisivas", concebidas para causar a máxima inconveniência ao público só para fazer os atoleimados *dundridges*** que governam a nossa vida se sentirem importantes e parecerem muito ocupados.

---

* Mais tarde passei por situação semelhante, quando tentei levar um frasquinho inconfundivelmente contendo mel em um avião. Infelizmente, muitos interpretaram o meu tuíte sobre o assunto como uma queixa egoísta por causa do meu precioso mel, em contraste com o altruísmo da minha preocupação com a jovem mãe da pomada. Na verdade, em ambos os casos eu estava defendendo um argumento, um argumento altruísta, que é exatamente o deste ensaio. A propósito, eu não como mel.

** Essa é uma palavra que estou cultivando para que — espero — venha a ser incluída no *Oxford English Dictionary*. Eu a cunhei com base em um romance de Tom Sharpe, *Blott on the Landscape* — que teve uma brilhante adaptação para a BBC estrelada por Geraldine James, David Suchet e George Cole. Um dos personagens, J. Dundridge, era o suprassumo do burocrata sem senso de humor e escravo das regras. Para ser incluído no *OED*, um novo termo como "Dundridge, *substantivo*" precisa ser usado um número significativo de vezes sem definição nem atribuição. Esta nota viola os requisitos, mas o artigo na *Prospect* não, por isso espero que entre na contagem. Já existe um bom termo que significa a mesma coisa, "*jobsworth*", mas prefiro o som de "*dundridge*".

É a mesma coisa com a exigência de tirar os sapatos (outra pérola da parvoíce oficial que deve ter rendido uns bons risinhos zombeteiros a Bin Laden) e todas aquelas providências tardias. Mas vamos ao princípio geral. Os regulamentos também são elaborados por avaliações humanas. Muitas vezes elas são ruins e, de qualquer modo, são feitas por seres humanos que provavelmente não têm mais sabedoria ou qualificação para fazê-las do que os indivíduos que depois terão de pô-las em prática no mundo real.

Nenhuma pessoa de mente sã, ao ver aquela cena no aeroporto, temeria que a mulher estivesse pensando em explodir-se no avião. O fato de ela estar acompanhada por crianças nos dá a primeira pista, seguida por evidências depreendidas da impudente visibilidade de seu rosto e cabelo, da ausência de um Alcorão, tapete de oração ou barbaça preta e, finalmente, do absurdo da ideia de que seu tubo de pomada poderia, em 1 milhão de anos, ser convertido por mágica em um alto-explosivo — sem dúvida nunca no exíguo espaço de um banheiro de avião. O funcionário da segurança e sua supervisora eram seres humanos que obviamente gostariam de poder comportar-se como pessoas racionais, mas estavam de mãos atadas: impedidos pelo regulamento — um objeto que, por ser feito de papel e tinta inalterável, em vez de tecido humano flexível, é incapaz de ter discernimento, sensibilidade ou humanidade.

Esse é apenas um exemplo, e pode parecer trivial. Mas tenho certeza de que você, caro leitor, sabe citar uma porção de casos semelhantes.* Converse com qualquer médico ou enfermeiro, e ele

---

* Um menino de oito anos que conheço pediu aos pais permissão para participar com eles de uma corrida de dez quilômetros. Eles hesitaram, pois concordavam com a prescrição regulamentar de que a criança ainda não tinha idade para isso. Mas o garoto ficou tão decepcionado que eles concordaram em deixá-lo começar a prova, supondo que desistiria honrosamente na parte inicial da corrida, e então um deles sairia junto com o filho. Só que ele não desistiu, acompanhou o pai até o fim e chegou primeiro que a mãe, a qual não era nenhuma lesma. No entanto,

lhe falará sobre sua frustração por ter de gastar uma parte considerável do seu dia de trabalho preenchendo formulários e assinalando alternativas. Quem, sinceramente, acha que esse é um bom uso do valioso tempo de um especialista, um tempo que poderia ser usado para cuidar de pacientes? Nenhum ser humano, com toda a certeza — nem sequer um advogado. Só mesmo um regulamento descerebrado.

Quantas vezes um criminoso sai livre graças a uma filigrana jurídica? Talvez o policial tenha cometido algum erro ao recitar a advertência de praxe no momento da prisão. Decisões capazes de afetar gravemente a vida de uma pessoa podem ocasionar a impotência de um juiz para usar de discernimento e chegar a uma conclusão que todos no tribunal, até talvez o acusado e seus advogados de defesa, sabem ser justa.

Não é tão simples assim, obviamente. O discernimento pode ser extrapolado, e regulamentos representam salvaguardas importantes contra isso. Mas o fato é que a balança pendeu demais para o lado da reverência obsessiva pelas regras. Tem de haver modos de reintroduzir o discernimento inteligente e derrubar a implacável tirania da obediência ao regulamento, sem abrir a porta para abusos. Se eu governasse o mundo, trataria de descobrir esses modos.*

---

na linha de chegada, os responsáveis pela organização da corrida não deixaram que o garoto a atravessasse. Ele estava abaixo do limite de idade e foi obrigado a contornar a linha de chegada pela lateral. Talvez devessem tê-lo tirado da linha de partida. Mas fazer isso com uma criança em seu momento de triunfo, quando atingiu a linha de chegada, só me faz pensar na história das providências tardias.

* Outro exemplo de funcionários que obedeceram ao regulamento ainda que um momento de reflexão pudesse mostrar o quanto isso era ridículo está na história do meu tio Colyear Dawkins e a cancela na estação Oxford: veja o epílogo do panegírico ao meu tio Bill nas pp. 490-1.

PARTE VI

A VERDADE SAGRADA DA NATUREZA

O título desta seção ecoa um comentário do primeiro ensaio deste livro: para os cientistas, "existe algo quase sagrado na verdade da natureza". Ali o contexto era a santidade da verdade na ciência; aqui, uso a frase para anunciar um grupo de textos que celebram a verdade expressa nos fatos, por meio da observação das glórias e complexidades do mundo natural. O cerne são dois ensaios que emanaram do viveiro ecológico mais rico, do local de peregrinação mais cobiçado para um darwiniano fervoroso: as ilhas Galápagos.

Começamos, porém, não em uma praia equatorial, e sim em uma profunda abstração, com o conceito de tempo como ele foi abordado em uma palestra de abertura de uma exposição intitulada "Sobre o tempo". Esse e o último ensaio desta seção têm em comum um caráter lírico, reflexivo, pontuado por um deleite afetuoso pelas singularidades e esquisitices do mundo natural, o ridiculamente fascinante e o fascinantemente ridículo — por exemplo, o verme poliqueta conhecido como palolo, que amputa a si mesmo para fins de reprodução, ou o kakapo, a ave que se esquece de que não sabe voar, joga-se em um pânico ansioso do alto de uma árvore e se estatela no chão.

O tema do tempo continua nos dois "contos" seguintes; seus títulos lembram as partes componentes da obra mais inventiva e enciclopédica de Richard, *A grande história da evolução*. Foram escritos durante uma viagem às ilhas em 2005 e foram impregnados do deslumbramento do peregrino naquela arcádia de surreal riqueza. Em torno da figura central epônima de cada um — a tartaruga-gigante — entrelaçam-se discussões sobre a tortuosa jornada de seres vivos da água para a terra (e às vezes de volta à água) ao longo de inimagináveis durações do tempo geológico.

Conclui a seção o prefácio a um livro magnífico que celebra esse frágil paraíso e a fragilidade da biodiversidade do mundo como um todo: uma edição revista de *Last Chance to See*, de Douglas Adams e Mark Carwardine. Não é de surpreender que esse ensaio tenha um tom melancólico. Além de o próprio livro para o qual ele foi escrito ser uma elegia a espécies que estão desaparecendo, empurradas para a extinção, na época em que o redigiu, o autor, juntamente com inúmeros outros, ainda estava enlutado pela trágica morte prematura de Douglas Adams — humorista, humanista, trovador da ciência —, aos 49 anos de idade. Esse prefácio é, ao mesmo tempo, peã para as riquezas inestimáveis do nosso planeta vivo e trenodia para um ser humano inestimável.

G. S.

Sobre o tempo[*]

O tempo é uma coisa misteriosa, quase tão impalpável e indefinível quanto a própria consciência. Parece correr "como um rio perene", mas o que é que está fluindo? Temos a sensação de que o presente é o único instante do tempo que existe de fato. O passado é memória nebulosa; o futuro, incerteza vaga. Os físicos não veem dessa forma. O presente não tem status privilegiado em suas equações. Alguns físicos modernos chegam a descrever o presente como uma ilusão, um produto da mente do observador.

Para os poetas, o tempo não tem nada de ilusório. Eles ouvem sua carruagem alada aproximar-se célere, aspiram a deixar pegadas em suas areias, desejam que haja mais dele, para ficarem

---

[*] O Ashmolean Museum é o principal museu de artes e antiguidades de Oxford. Em 2001 o museu organizou uma exposição intitulada "About Time", que mostrava relógios e dispositivos de marcar o tempo ao longo das eras. Tive a honra de ser convidado para inaugurá-la, e este é o discurso que fiz na ocasião. O texto foi publicado depois na *Oxford Magazine* em 2001.

a contemplar; convidam-no a estacionar sua caravana, só por um dia. Provérbios declaram que a procrastinação o rouba, ou ensinam que é preciso dá-lo a ele mesmo. Arqueólogos escavam cidades rubro-róseas tão antigas quanto ele. Os donos de pubs anunciam-no na hora de fechar a casa. Nós o perdemos, gastamos, poupamos, matamos, imploramos por mais.

Muito antes de existirem relógios ou calendários, nós — na verdade, todos os animais e plantas — medíamos nossa vida pelos ciclos da astronomia. Pelo rolar daqueles imensos relógios no céu: a rotação da Terra em seu eixo, a rotação da Terra em torno do Sol e a rotação da Lua ao redor da Terra.

A propósito, muitas pessoas surpreendentemente pensam que a Terra fica mais *próxima* do Sol no verão do que no inverno. Se fosse assim, os australianos teriam seu inverno na mesma época em que temos o nosso. Um exemplo gritante desse chauvinismo do hemisfério Norte é a história de ficção científica na qual um grupo de viajantes do espaço, em um longínquo sistema estelar, suspiram nostálgicos pelo planeta natal: "E pensar que lá na Terra é primavera!".

O terceiro grande relógio em nosso céu, a Lua em órbita, exerce seus efeitos sobre os seres vivos principalmente por intermédio das marés. Muitos animais marinhos organizam sua vida de acordo com o calendário lunar. O verme poliqueta *Palolo viridis* ou *Eunice viridis* vive em fendas de recifes de coral. Em todos os vermes simultaneamente, a extremidade posterior do corpo destaca-se e sobe à superfície para um frenesi reprodutivo, e isso ocorre logo ao amanhecer em dois dias específicos durante o último quarto da Lua em outubro. São extremidades posteriores notáveis. Possuem até seu próprio par de olhos.

A mesma coisa acontece 28 dias depois, no último quarto da Lua de novembro. Essa periodização é tão previsível que os moradores das ilhas sabem exatamente quando sair em suas canoas para apanhar as coleantes extremidades posteriores dos vermes *Palolo*, uma iguaria apreciadíssima.

Cabe notar que os vermes *Palolo* não alcançam sua sincronia respondendo ao mesmo tempo a algum sinal específico vindo do céu. Cada verme, independentemente, *integra* ciclos registrados no decorrer de muitos ciclos lunares. Todos eles efetuam as mesmas somas com os mesmos dados, e assim, como bons cientistas, todos chegam à mesma conclusão e desprendem suas extremidades posteriores ao mesmo tempo.

Um exemplo semelhante é o de plantas que sincronizam sua temporada de florescimento integrando mudanças na duração do dia medidas sucessivamente. Muitas aves baseiam o tempo de sua temporada reprodutiva do mesmo modo. Isso é fácil de ser demonstrado por experimentos usando luzes artificiais que são acendidas e apagadas por temporizadores a fim de simular durações artificiais do dia apropriadas a diferentes épocas do ano.

A maioria dos animais e plantas — provavelmente todas as células vivas — possui relógios internos no cerne de sua bioquímica. Esses relógios internos manifestam-se em todos os tipos de ritmo fisiológico e comportamental. Podemos medi-los de numerosos modos. Eles são ligados aos relógios astronômicos externos e normalmente sincronizados com eles. Mas o interessante é que, se os relógios biológicos forem separados do mundo externo, continuarão a funcionar do mesmo jeito. São, de fato, relógios *internos*. O jet lag é o desconforto que sentimos quando nosso relógio interno está sendo reajustado pelo *Zeitgeber** depois de uma mudança importante na longitude.

---

* O uso desse termo da literatura científica alemã para denotar o temporizador ou sincronizador reflete o fato de que boa parte do trabalho clássico nesse campo foi feito na Alemanha.

A longitude é intimamente ligada ao tempo, é claro. A solução de John Harrison que venceu a grande competição de longitude no século XVIII nada mais era que um relógio que se mantinha preciso mesmo quando levado para o mar. As aves migratórias também usam seu relógio interno para fins de orientação espacial.

Vejamos um exemplo encantador de relógio interno. Como você sabe, as abelhas-operárias têm um código com o qual elas informam às companheiras da colmeia o local onde encontraram alimento. O código é uma dança em configuração de oito, que elas executam no favo vertical dentro da colmeia. No meio do "oito" há uma corrida reta, cuja direção informa a direção do alimento. Como a dança é executada no favo vertical, ao passo que o ângulo do alimento está no plano horizontal, tem de haver uma convenção. A convenção é que o sentido para cima no favo no plano vertical representa a direção do Sol no plano horizontal. Uma dança com uma corrida reta direto para cima no favo diz às outras abelhas que saiam da colmeia e voem direto em direção ao Sol. Uma dança com a corrida reta trinta graus à direita na vertical na colmeia diz às outras abelhas: saiam da colmeia e voem a um ângulo de trinta graus à direita do Sol.

Esse tipo de comunicação é sensacional, e, quando Karl von Frisch o descobriu, muitos acharam difícil de acreditar. Mas é verdade.* E fica ainda melhor, o que nos leva de volta à noção de

---

* E uma questão fascinante é: como surgiu na evolução? Von Frisch e seus colegas compararam a dança a vários equivalentes mais primitivos em outras espécies de abelha. Algumas aninham-se a céu aberto e sinalizam a direção do alimento repetindo uma "corrida de decolagem" no plano horizontal, apontando direto para a fonte de alimento que elas descobriram. Pense nisso como um tipo de gesto que diz "siga-me nesta direção", repetido várias vezes para recrutar mais seguidoras. Mas como isso se traduziu no código usado na colmeia vertical, onde "para cima" (contra a gravidade) no plano vertical re-

tempo. Há um problema em usar o Sol como ponto de referência. Ele se move. Ou melhor, como a Terra gira, o Sol parece mover-se (da esquerda para a direita no hemisfério Norte), conforme o dia avança. Como as abelhas lidam com isso?

Von Frisch experimentou prender suas abelhas na colmeia de observação por várias horas. Elas continuaram a dançar, mas ele notou algo que é quase bom demais para ser verdade. Conforme as horas foram passando, as abelhas dançantes mudaram lentamente a direção da corrida reta de sua dança, de modo que ela continuava a dizer a verdade sobre a direção do alimento, compensando a *mudança* da posição do Sol. E elas fizeram isso apesar de estarem dançando dentro da colmeia e, portanto, não poderem ver o Sol. Estavam usando seu relógio interno para compensar o que elas "sabiam" ser a mudança da posição do Sol.

Isso significa, se pensarmos bem, que a corrida reta da dança faz uma rotação como a do ponteiro das horas em um relógio

---

presenta a "direção do Sol" no plano horizontal? Há uma pista em uma singularidade do sistema nervoso de insetos, demonstrada em insetos cujo parentesco é tão distante quanto o de abelhas com formigas. Primeiro, uma informação básica (não a singularidade): como mencionei na p. 313, muitos insetos usam o Sol como bússola e voam em linha reta mantendo o Sol a um ângulo fixo. Isso é facilmente demonstrado se usarmos uma lâmpada elétrica para simular o Sol. Agora, a singularidade. Os experimentadores observaram seu inseto enquanto ele andava por uma superfície horizontal, mantendo um ângulo fixo em relação a uma fonte de luz artificial. Depois eles apagaram a luz e, simultaneamente, puseram a prumo a superfície antes horizontal. O inseto continuou a andar, porém mudou sua direção de modo que o ângulo na vertical era o mesmo que o ângulo anterior em relação à luz. Chamo isso de singularidade porque é improvável que essa circunstância surja na natureza. É como se houvesse algum tipo de ligação cruzada no sistema nervoso do inseto, e ela tivesse sido conveniente para ser explorada na evolução da dança das abelhas.

normal (mas à metade da velocidade), só que no sentido anti-horário (no hemisfério Norte), como a sombra em um relógio de sol. Se você fosse Von Frisch, não teria morrido feliz por ter feito essa descoberta?

Mesmo depois da invenção do relógio mecânico, os relógios de sol permaneceram essenciais para ajustar seus congêneres recém-criados e mantê-los sincronizados com o grande relógio no céu. Portanto, o famoso verso de Hilaire Belloc é tremendamente injusto:

I am a sundial, and I make a botch
*Of what is done far better by a watch.**

Menos conhecida é uma série de versos de Belloc sobre relógios de sol, alguns cômicos, outros melancólicos, mais em sintonia com o tema "lutando contra o tempo" da nossa exposição:

How slow the Shadow creeps: but when 'tis past
How fast the Shadows fall. How fast! How fast!

Creep, shadow, creep: my ageing hours tell.
I cannot stop you, so you may as well.

Stealthy the silent hours advance, and still;
And each may wound you, and the last shall kill.

Save on the rare occasions when the Sun
Is shining, I am only here for fun.

---

* "Sou um relógio de sol, e faço atamancado/ O que um relógio de pulso faz mais caprichado." (N. T.)

I am a sundial, turned the wrong way round.
*I cost my foolish mistress fifty pound.**

Você pode se lembrar do último verso quando vir na exposição o belo relógio de sol de bolso. Ele tem uma bússola embutida, sem a qual de nada serviria.

Quando falei sobre os grandes relógios no céu, não fui além de um ano, mas existem relógios astronômicos em potencial que abrangem períodos imensamente maiores. Nosso Sol leva aproximadamente 200 milhões de anos para completar uma rotação em torno do centro da galáxia. Pelo que eu saiba, nenhum processo biológico atrelou-se a esse relógio cósmico.**

O mais longo marcador de tempo que já se supôs, a sério, ser capaz de influenciar a vida é uma periodicidade de cerca de 26 milhões de anos para extinções em massa. As evidências disso baseiam-se em complexas análises estatísticas de taxas de extinção no registro fóssil. A suposição é polêmica e não foi, de modo algum, demonstrada inequivocamente. Não há dúvida de que acontecem extinções em massa, e é bem provável que no mínimo uma delas tenha sido causada pelo impacto de um cometa há 65 milhões de anos, quando os dinossauros sucumbiram. A ideia mais controvertida é a de que eventos desse tipo atingem um auge de probabilidade a cada 26 milhões de anos.***

---

* "Tão devagar anda a Sombra: mas depois que ela passa/ Como cai depressa. Tão depressa! Tão depressa!// Devagar, sombra, devagar: dizem minhas horas da velhice./ Já que não as posso deter, podiam bem me atender.// Fugidias e silenciosas, as horas avançam;/ E cada uma pode ferir, e a derradeira nos matará.// Salvo nas raras ocasiões em que o Sol/ Brilha, cá estou só por diversão.// Sou um relógio de sol virado ao contrário./ Cinquenta libras custei à tola da minha dona." (N. T.)

** E me surpreenderia muito se descobrissem algum.

*** Em meu discurso, mencionei um relógio astronômico hipotético que pode-

Outra sugestão de relógio astronômico de periodicidade superior a um ano é o ciclo de onze anos das manchas solares, que poderia explicar certos ciclos em populações de mamíferos do Ártico, por exemplo, linces e lebres-americanas. Os ciclos foram detectados pelo grande ecologista oxfordiano Charles Elton em registros de animais capturados em armadilhas pela comerciante de peles Hudson's Bay Company. Essa teoria também permanece controversa.

Senhor diretor, já que convidou um biólogo para fazer esta inauguração, não deve ter se surpreendido ao ouvir histórias sobre abelhas, vermes *Palolo* e lebres-americanas. Poderia ter convidado um arqueólogo, e todos nós ficaríamos fascinados com histórias sobre dendrocronologia ou datação por radiocarbono. Ou um paleontólogo, e ouviríamos sobre a datação potássio-argônio e a quase impossibilidade para a mente humana compreender a vastidão do tempo geológico. O geólogo teria usado uma daquelas metáforas com as quais tentamos arduamente — e em geral sem êxito — compreender o tempo geológico profundo. A minha favorita — que não inventei, quero logo acrescentar, embora a tenha usado em um de meus livros — é a seguinte:

Abra bem os braços para representar toda a história da evolução, desde a origem da vida na ponta de seu dedo esquerdo até o momento presente na ponta de seu dedo direito. Por toda a extensão, atravessando a linha média de seu corpo e passando bastante de

---

ria corroborar essa hipótese, mas suprimi a menção nesta reimpressão porque os astrônomos modernos descartam essa hipótese quase por completo, e não há evidências diretas que a sustentem. Em poucas palavras, eu tinha aventado que o Sol e uma estrela companheira binária chamada Nêmesis se orbitam mutuamente, com uma periodicidade aproximada de 26 milhões de anos. Supunha-se que o efeito gravitacional de Nêmesis perturbasse a nuvem Oort de planetesimais, aumentando a probabilidade de que um deles colidisse com a Terra.

seu ombro direito, a vida consiste apenas em bactérias. A vida animal começa a florescer mais ou menos na altura de seu cotovelo direito. Os dinossauros surgem na metade da sua palma direita e se extinguem na altura da última articulação de seu dedo. Toda a história do *Homo sapiens* e de nosso predecessor *Homo erectus* está contida na espessura de um corte de unha. Quanto à história registrada, a Babilônia, os assírios que caíram como lobos sobre o rebanho, os patriarcas judeus, as dinastias dos faraós, as leis dos medas e dos persas imutáveis; quanto a Troia e os gregos, Napoleão e Hitler, os Beatles e as Spice Girls: eles e todos os que os conheceram saem voando na poeira de um leve toque de uma lixa de unhas.

Se eu fosse historiador, teria contado histórias sobre os diferentes modos como os vários povos percebem o tempo. Diria que, para algumas culturas, ele é cíclico e, para outras, linear, e isso influencia todas as atitudes em relação à vida. Que o calendário islâmico se baseia no ciclo lunar, enquanto o nosso é anual. Falaria sobre como eram feitos os relógios antes que Galileu usasse seu próprio coração como relógio para formular a lei do pêndulo, sobre como engenheiros aperfeiçoaram o escape. E acrescentaria que no século x d.C. os chineses já tinham um relógio com mecanismo de escape, movido à água.

Eu comentaria que a calibragem dos relógios de água egípcios tinha de ser diferente nas várias épocas do ano, porque a hora egípcia era definida como a duodécima parte do tempo decorrido entre o nascer e o pôr do sol — portanto, uma hora de verão era mais longa que uma de inverno. Richard Gregory, que me ensinou esse fato singular, observa, comedidamente, que "isso devia dar aos egípcios uma noção de tempo bem diferente da nossa…".

Se eu fosse físico ou cosmólogo, minhas reflexões sobre o tempo talvez tivessem sido as mais notáveis de todas. Eu tentaria — provavelmente sem sucesso — explicar que o Big Bang foi o começo não só do universo mas também do próprio tempo. E, para a questão óbvia de o que aconteceu antes do Big Bang, a resposta — pelo menos é do que os físicos tentam em vão nos persuadir — é que essa não é uma questão legítima. A palavra "antes" não pode ser aplicada ao Big Bang, do mesmo modo que não podemos andar para o norte a partir do polo Norte.

Se eu fosse físico, teria tentado explicar que, em um veículo que viaja a uma fração considerável da velocidade da luz, o próprio tempo desacelera — como ele é percebido de fora do veículo, mas não dentro dele. Se você viajasse pelo espaço a essas velocidades prodigiosas, poderia retornar à Terra quinhentos anos no futuro sem quase ter envelhecido. Não se trata de algum efeito terapêutico das viagens em alta velocidade sobre a constituição humana. É um efeito sobre o próprio tempo. Ao contrário do que diz a cosmologia newtoniana, o tempo não é absoluto.

Alguns físicos até se dispõem a admitir a possibilidade da verdadeira viagem no tempo, de volta ao passado, o que eu suponho que seria o sonho de qualquer historiador. Acho quase cômico que um dos principais argumentos contra essa ideia seja o paradoxo: e se você matasse a sua bisavó?* Autores de ficção científica reagem impondo a seus viajantes do tempo um rígido código de conduta. Todo viajante do tempo precisa fazer o juramento de não se intrometer na história. De certa forma, ficamos com a impressão de que a própria natureza precisa erigir barreiras mais fortes do que as volúveis leis e convenções humanas.

Se eu fosse físico, também teria refletido sobre a simetria ou assimetria do tempo. Até que ponto é profunda a distinção entre

---

* Você poderia fazer algo muito menos drástico e ainda assim alterar o curso da história de modo a você nunca nascer. Um mero espirro poderia ter esse efeito, dada a probabilidade prévia de que qualquer um entre bilhões de espermatozoides teria sido bem-sucedido em fertilizar um óvulo.

um processo de avançar e um de retroceder no tempo? Quão fundamental é a diferença entre o filme rodado para a frente e rodado ao reverso? As leis da termodinâmica parecem garantir uma assimetria. Todo mundo sabe que não é possível fazer um ovo que foi mexido voltar à sua forma original, e um espelho quebrado não torna a montar a si mesmo sozinho.

Será que a evolução biológica inverte a seta da termodinâmica? Não, pois a lei da entropia crescente aplica-se apenas a sistemas fechados, e a vida é um sistema aberto, movido corrente acima por energia externa. Mas os evolucionistas também têm sua versão da questão de o tempo ter ou não uma seta de direção. A evolução é progressiva?

Bem, físico eu não sou, mas sou um biólogo evolucionário, e é melhor vocês não me deixarem começar a discutir *essa* questão fascinante.

Uma das coisas que qualquer orador pode fazer com o tempo é ver que já não o tem mais. O importante esta noite é visitar a exposição. Tive o privilégio de poder vê-la ontem e posso lhes dizer que é fascinante, sob todos os aspectos. É um grande prazer declarar aberta a exposição.

EPÍLOGO

Quando reli esse discurso, percebi o quanto minhas ilustrações científicas sobre o tempo foram frustrantemente breves — nenhuma longa o bastante para explicar qualquer coisa a contento. Minha desculpa é que cabia a mim frustrar e incentivar os convidados a seguir para a exposição e pensar sobre o tempo enquanto a apreciavam.

A propósito, já se disse que o Museu Ashmolean deveria chamar-se Tradescantian, pois foi fundado originalmente para abrigar as coleções, principalmente de história natural, dos dois John Tradescant, pai e filho. O acervo dos Tradescant foi adquirido (alguns dizem que por meios escusos) por Elias Ashmole (1617-92), que o legou à Universidade de Oxford, que por sua vez continuou a aumentá-lo. Nos anos 1850, as coleções de história natural dos Tradescant foram transferidas para o recém-construído Museu de História Natural da Universidade, e o Ashmolean tornou-se principalmente um museu de arte.

Há também a proposta de mudar o nome do Museu de História Natural, pois muitos que vêm a Oxford pensam que ele se chama Pitt Rivers. Embora seja anexo ao prédio do museu principal, o Pitt Rivers é uma instituição separada que contém um acervo notável de artefatos antropológicos, agrupados não por região, como de costume, e sim por função: redes de pesca todas juntas, flautas todas juntas, marcadores de tempo todos juntos, e assim por diante. Para evitar a confusão popular com o Pitt Rivers, sugeri que rebatizassem o Museu de História Natural de Museu Huxley. Chamá-lo Tradescantian repararia uma injustiça do século XVII, mas geraria nova confusão. O Museu Huxley celebraria a alegada "vitória" de T. H. Huxley sobre o bispo Sam Wilberforce no "Grande Debate" que aconteceu no prédio recém-construído do museu. Devo dizer que tenho sentimentos ambíguos a esse respeito, pois há razão para pensar que a escala da "vitória" foi exagerada.

O conto da tartaruga-gigante: ilhas dentro de ilhas*

Escrevo isto a bordo de um barco no arquipélago das Galápagos, cujos habitantes mais famosos são as epônimas tartarugas-gigantes, e cujo visitante mais famoso é o gigante da mente Charles Darwin. Em seu relato da viagem no *Beagle*, escrito muito antes de a ideia principal de *A origem das espécies* ganhar foco em seu cérebro, Darwin escreveu sobre as ilhas:

> A maior parte das produções orgânicas são criações aborígenes, não encontradas em nenhuma outra parte; existe inclusive dife-

---

* *A grande história da evolução*, agora em sua segunda edição em coautoria com Yan Wong, foi publicado pela primeira vez pouco antes de eu fazer uma viagem memorável às ilhas Galápagos, convidado por Victoria Getty, a quem sou muito grato. O motivo central do livro é uma "peregrinação" ao passado. A homenagem a Chaucer estende-se a "contos" relatados por animais específicos, cada um transmitindo uma mensagem biológica geral. O ímpeto de compor "contos" desse tipo persistiu durante minha visita às Galápagos, cuja fauna me inspirou, a bordo do navio, a escrever três contos adicionais. Eles foram publicados no *Guardian*, e este é o da edição de 19 de fevereiro de 2005.

rença entre os habitantes das diversas ilhas; no entanto, todas elas mostram acentuada relação com as da América [do Sul], apesar de separadas daquele continente por um trecho entre 500 e 600 milhas de extensão de mar aberto. O arquipélago é, em si, um pequeno mundo [...]. Considerando o tamanho diminuto das ilhas, impressionam-nos ainda mais os seus seres aborígenes e seu habitat confinado [...] parece que somos levados um pouco mais para perto do grande fato — o mistério dos mistérios —, o surgimento de novos seres nesta Terra pela primeira vez.

Fiel à sua educação pré-darwiniana, o jovem Darwin usou o termo "criação aborígene" para designar o que hoje chamaríamos de espécies endêmicas — que evoluíram nas ilhas e não são encontradas em nenhum outro lugar. No entanto, Darwin já tinha mais do que uma vaga suspeita sobre a grande verdade com a qual, em sua pujante maturidade, ele esclareceria o mundo. Ele escreveu sobre os passarinhos hoje conhecidos como "tentilhões de Darwin":

Ao ver essa gradação e diversidade de estrutura em um pequeno grupo de aves intimamente aparentadas, pode-se realmente imaginar que, de uma escassez original de aves neste arquipélago, uma espécie foi tomada e modificada para diversas finalidades.

Ele poderia ter dito a mesma coisa sobre as tartarugas-gigantes, pois o vice-governador Lawson contou-lhe que

as tartarugas diferiam nas diversas ilhas, e ele era capaz de distinguir de qual ilha qualquer uma delas era trazida. Não prestei atenção suficiente nessa afirmação durante algum tempo e já tinha misturado parcialmente as coleções de duas das ilhas. Nunca sonhei que ilhas, distantes 50 ou 60 milhas e a maioria delas à vista umas das outras, formadas exatamente das mesmas rochas, situadas em clima muito semelhante, quase todas com a mesma elevação, seriam habitadas por seres diferentes.

E ele disse o mesmo sobre as iguanas, marinhas e terrestres, e sobre as plantas.

Com os conhecimentos que temos hoje, conhecimentos *darwinianos*, nós, pós-darwinianos, podemos montar o quebra-cabeça de como tudo aconteceu. Em cada um desses casos — e isso é típico da origem das espécies por toda parte — são ilhas que constituem o ingrediente vital, embora acidental. Sem o isolamento proporcionado pelas ilhas, a mistura sexuada de reservatórios gênicos elimina logo de início a divergência entre espécies. Qualquer aspirante a nova espécie seria continuamente inundada por genes das espécies já estabelecidas. Ilhas são oficinas naturais de evolução. Uma barreira à mistura sexuada é o que é preciso para permitir a divergência inicial de reservatórios gênicos que constitui a origem das espécies, o "mistério dos mistérios" de Darwin.

Mas uma ilha não precisa ser terra cercada por água. O conto da tartaruga tem duas lições a nos ensinar, e essa é a primeira. Para uma tartaruga-gigante que se reproduz em terras altas, cada um dos cinco vulcões ao longo da grande ilha Isabela (chamada de Albemarle por Darwin, que usava os nomes ingleses tradicionais) é uma viçosa ilha de habitabilidade cercada por um deserto de lava inóspito. Nas Galápagos, a maioria das ilhas é constituída por um único vulcão, por isso os dois tipos de ilha coincidem. Mas a ilha grande, Isabela, é um colar de cinco vulcões, espaçados entre si aproximadamente pela mesma distância que os separa do vulcão único da ilha vizinha Fernandina (a qual, de certo ponto de vista, poderia ser considerada um sexto vulcão de Isabela). Para uma tartaruga, Isabela é um arquipélago dentro de um arquipélago.

Esses dois níveis de isolamento tiveram seu papel na evolução das tartarugas-gigantes. Todas as tartarugas-gigantes das Galápagos são aparentadas com uma determinada espécie de tartaruga terrestre do continente, a *Geochelone chilensis*, que ainda sobrevive e é menor do que qualquer uma delas. Em algum momento durante os poucos milhões de anos de existência das ilhas, uma ou algumas dessas tartarugas continentais caiu inadvertidamente no mar e, flutuando, foi parar do outro lado. Como teria sobrevivido à longa e sem dúvida árdua travessia sem alimento e sem água doce? No passado, baleeiros levaram milhares de tartarugas-gigantes das ilhas Galápagos para seus navios, como alimento. Elas só eram abatidas quando necessário, a fim de que a carne se mantivesse fresca. Enquanto aguardavam o abate, não lhes davam comida nem água. Simplesmente eram viradas para cima para não poderem andar. Não conto essa história para causar horror (embora isso me horrorize), e sim para corroborar meu argumento. Tartarugas podem sobreviver por semanas sem alimento nem água doce, por tempo suficiente para que sigam flutuando na corrente Humboldt da América do Sul até as ilhas Galápagos. E, de fato, tartarugas flutuam.

Chegando ao arquipélago, as tartarugas fizeram o que muitos animais fazem quando chegam a uma ilha. Elas evoluíram e se tornaram maiores: o fenômeno do gigantismo insular, conhecido há tempos.* Se a história da tartaruga houvesse seguido o padrão dos tentilhões, em cada ilha se teria desenvolvido uma espécie distinta. E depois disso, caso acontecessem derivas acidentais de espécimes de uma ilha para outra, teriam sido incapazes de intercruzamento (essa é a definição de espécies separadas) e teriam

---

* Curiosamente, o nanismo insular também é comum. Houve elefantes anões em várias ilhas mediterrâneas e homininos anões, *Homo floresiensis*, na pequena ilha de Flores, na Indonésia.

sido livres para adquirir pela evolução um modo de vida diferente do de suas colegas de outras espécies na nova ilha, e também do de suas colegas da mesma espécie em outras ilhas.* No caso dos tentilhões, poderíamos dizer que, agora, as preferências e os hábitos de acasalamento incompatíveis entre as diferentes espécies constituem um tipo de substituto genético para o isolamento geográfico de ilhas separadas. Embora geograficamente elas vivam em áreas coincidentes, estão isoladas em ilhas separadas de exclusividade reprodutiva. Assim, podem divergir ainda mais. A maioria das ilhas Galápagos contém os tentilhões grandes, médios e pequenos, cada grupo com sua dieta específica. Essas três espécies sem dúvida divergiram originalmente em diferentes ilhas e agora coexistem como espécies distintas nas mesmas ilhas, onde nunca se intercruzam e onde cada qual se alimenta de tipos específicos de sementes.

Com as tartarugas aconteceu coisa parecida,** e elas adquiriram pela evolução diferentes formatos de casco nas diversas ilhas. Nas tartarugas de ilhas maiores, o formato tende a ser o de um domo alto. Nas de ilhas menores, o casco tem formato de sela e possui um rebordo alto por onde a cabeça se move. A razão disso parece ser que as ilhas grandes geralmente possuem água suficiente para o crescimento de grama, que serve de alimento para as tartarugas locais. Nas ilhas menores não costuma haver água suficiente para que a grama cresça, por isso as tartarugas precisam

---

* Também existem tartarugas-gigantes na ilha de Aldabra, no oceano Índico. E houve outras antes de os marinheiros do século XIX as levarem à extinção junto com o dodó e seus parentes nas ilhas Maurício e em ilhas vizinhas. As tartarugas do oceano Índico apresentam o mesmo fenômeno evolucionário do gigantismo insular que as das Galápagos, porém evoluíram independentemente, neste caso a partir de ancestrais de menor porte que chegaram de Madagascar.

** Mas sem o segundo estágio de tornarem a se reunir e dividir a mesma ilha depois de terem divergido.

alimentar-se de cactos. A sela com rebordo alto permite que o pescoço se estique para cima, na direção dos cactos. E essas plantas, por sua vez, tornaram-se cada vez mais altas na corrida armamentista evolucionária contra as tartarugas que as comem.

A história da tartaruga adiciona ao modelo do tentilhão a complicação que já mencionamos: para esses quelônios, vulcões são ilhas dentro de ilhas. Constituem oásis altos, frescos, úmidos e verdes cercados por campos de lava de baixa altitude que, para uma tartaruga-gigante, são desertos hostis. A maioria das ilhas tem apenas um vulcão e sua única espécie (ou subespécie) de tartaruga-gigante (algumas não têm nenhuma). A grande ilha Isabela possui cinco vulcões principais, e cada um deles tem sua própria espécie (ou subespécie) de tartaruga. Isabela é realmente um arquipélago dentro de um arquipélago. E o princípio dos arquipélagos como viveiros de evolução divergente nunca foi demonstrado com mais elegância do que aqui, nestas ilhas da abençoada juventude de Darwin.

O conto da tartaruga marinha: lá e de volta outra vez (e outra vez?)*

Em "O conto da tartaruga-gigante", falei sobre tartarugas ancestrais que teriam inadvertidamente atravessado flutuando o mar que separa a América do Sul das Galápagos e colonizado essas ilhas por acidente, com a evolução de diferenças locais em cada ilha e o porte gigante em todas elas ocorrendo depois. Mas por que supor que a colonizadora foi uma tartaruga terrestre? Não seria mais simples supor que tartarugas marinhas, já à vontade no mar, subiram pelas praias da ilha, por exemplo, para pôr ovos, gostaram do que viram, permaneceram em terra firme e evoluíram até se tornarem tartarugas terrestres? Não. Nada parecido com isso ocorreu nas ilhas Galápagos, que existem há apenas alguns milhões de anos.

Entretanto, algo bem parecido com isso aconteceu muito tempo atrás, na linhagem de todas as tartarugas. Mas isso antecipa o clímax do conto da tartaruga. (A propósito, a palavra "tartaruga" é um maçante exemplo da observação de Bernard Shaw de

---

* Este foi o segundo de meus contos adicionais, escrito a bordo do barco nas Galápagos e publicado no *Guardian* em 26 de fevereiro de 2005.

que Inglaterra e Estados Unidos são dois países divididos por uma língua comum. No inglês britânico, *turtles* vivem na água e *tortoises* em terra. Para os americanos, *tortoises* são as tartarugas que vivem em terra.)

Há boas evidências de que uma tartaruga terrestre foi a ancestral comum mais recente de todas as tartarugas terrestres atuais, que incluem as dos continentes americano, australiano, africano e eurasiano e também as gigantes das Galápagos, Aldabra, Seychelles e outras ilhas oceânicas. Em sua linhagem menos antiga, citando Stephen Hawking em lugar errado, são tartarugas até lá embaixo. As várias tartarugas-gigantes das ilhas Galápagos certamente descendem de tartarugas terrestres sul-americanas.

Se voltarmos o suficiente no tempo, todos os seres viviam na água: a *alma mater* líquida de toda a vida. Em vários momentos da história evolucionária, indivíduos empreendedores de muitos grupos de animais mudaram-se para terra firme, às vezes para os desertos mais áridos, levando consigo, no sangue e em fluidos celulares, sua água salgada particular. Além dos répteis, aves, mamíferos e insetos que vemos à nossa volta, outros grupos que conseguiram sair da água incluem escorpiões, lesmas, crustáceos como os tatuzinhos e os caranguejos terrestres, milípedes e centípedes, aranhas e suas parentes e vários vermes. E não podemos nos esquecer das plantas, pois, se elas não tivessem invadido a terra firme previamente, nenhuma das outras migrações poderia ter acontecido.

Foi uma jornada imensa, não necessariamente em termos de distância geográfica, mas de uma convulsão em todos os aspectos da vida, da respiração à reprodução. Entre os vertebrados, um grupo específico de peixes lobados, parentes dos atuais celacantos e peixes pulmonados, passou a andar em terra firme e adquiriu pulmões para respirar ar. Seus descendentes, os répteis, adquiriram um ovo grande com um invólucro impermeável para reter a umidade que, desde os tempos ancestrais no mar, é necessária a todos os embriões de vertebrados. Entre os descendentes posteriores dos primeiros répteis estão os mamíferos e as aves, os quais ganharam pela evolução uma grande variedade de técnicas para explorar o ambiente terrestre, incluindo o hábito de viver em desertos; isso revolucionou seu modo de vida, que se tornou tão diferente da vida ancestral no oceano quanto se pode imaginar.

Entre a grande variedade de especializações encontradas em seres terrestres está uma que parece deliberadamente perversa: um bom número de animais 100% terrestres abandonou seu equipamento de viver em terra, adquirido a muito custo, e voltou para a água. Focas e leões-marinhos (como o espantosamente dócil leão-marinho-das-galápagos) voltaram apenas metade do caminho. Eles nos mostram como podem ter sido os intermediários, a caminho de casos extremos como as baleias e os dugongos. As baleias (inclusive as pequenas baleias que chamamos de golfinhos) e os dugongos, junto com seus parentes próximos, os peixes-boi, deixaram de ser criaturas terrestres e reverteram aos hábitos marinhos de seus ancestrais remotos. Não vão a terra firme nem para se reproduzir. Contudo, ainda respiram ar, pois nunca adquiriram nenhum equivalente das guelras de sua encarnação marinha anterior.

Outros animais que voltaram da terra para a água são os moluscos limneídeos, as aranhas-de-água, os besouros-de-água, os cormorões-das-galápagos, os pinguins (as Galápagos têm os únicos pinguins do hemisfério Norte),* as iguanas-marinhas (só encontradas nas Galápagos) e as tartarugas (abundantes nas águas próximas).

---

* Em minha visita mais recente às Galápagos, nosso veterano guia equatoriano contou uma história divertida. Um passageiro, em uma viagem anterior do navio, declarou-se absolutamente encantado com a experiência: o cenário, a história natural, a comida, o barco. Só tinha uma queixa: os pinguins das Galápagos eram pequenos demais.

As iguanas sobrevivem bem a travessias oceânicas acidentais em madeiras flutuantes (fato bem documentado nas Índias Ocidentais), e não pode haver dúvida de que as iguanas-marinhas das Galápagos se originaram justamente desse tipo de náufragos vindo da América do Sul. A mais antiga das ilhas Galápagos hoje existente não tem mais do que 4 milhões de anos. Como as iguanas-marinhas evoluíram somente aqui, você poderia pensar que isso determina um limite máximo para a data de seu retorno à água. Só que a história é mais complicada.

As ilhas Galápagos foram criadas, uma após outra, quando a placa tectônica de Nazca se moveu, à taxa de alguns centímetros por ano, por cima de um determinado *hotspot* vulcânico sob o oceano Pacífico. Conforme a placa se moveu para o leste, de quando em quando o *hotspot* puncionou o fundo, entregando mais uma ilha na linha de produção. É por isso que as ilhas mais recentes ficam a oeste no arquipélago, e as mais antigas a leste. Contudo, ao mesmo tempo que a placa de Nazca continua a se mover para leste, ela também é forçada para baixo da placa Sul-Americana. As ilhas mais a leste afundam no mar, a uma taxa aproximada de um centímetro por ano. Hoje sabemos que, embora a ilha mais antiga existente tenha apenas 4 milhões de anos, houve nessa área, por no mínimo 17 milhões de anos, um arquipélago que se moveu para o leste e foi afundando. Ilhas hoje submersas podem ter sido o abrigo inicial para as iguanas colonizarem e evoluírem em qualquer fase durante esse período. Os animais teriam tido tempo de sobra para trocar de ilha antes que seu pedaço de terra ancestral original afundasse nas ondas.

As tartarugas voltaram para o mar há muito mais tempo. Em um aspecto, elas retornaram menos completamente à água do que as baleias e os dugongos, pois ainda desovam na praia. Como todos os vertebrados que retornaram à água, elas respiram ar, porém nesse departamento fazem mais do que as baleias. Algumas tartarugas extraem oxigênio adicional por meio de um par de câmaras na extremidade posterior do corpo, ricamente dotadas de vasos sanguíneos. Uma tartaruga de água doce australiana até obtém a maior parte de seu oxigênio respirando pelo traseiro, como um australiano não hesitaria em dizer.

Há evidências de que todas as tartarugas modernas descendem de um ancestral terrestre que viveu antes da maioria dos dinossauros. Existem dois fósseis importantes, *Proganochelys quenstedti* e *Palaeochersis talampayensis*, datados dos primeiros tempos dos dinossauros, que parecem próximos dos ancestrais de todas as tartarugas terrestres e aquáticas atuais. Você talvez se pergunte como podemos saber se animais fósseis, especialmente quando são encontrados apenas fragmentos, viveram em terra ou na água. Às vezes é bem óbvio. Os ictiossauros foram contemporâneos reptilianos dos dinossauros, dotados de nadadeiras e corpo hidrodinâmico. Os fósseis são parecidos com golfinhos e com certeza viveram como golfinhos, na água. O caso das tartarugas é menos óbvio. Um modo elegante de distinguir é medir os ossos de seus membros anteriores.

Walter Joyce e Jacques Gauthier, da Universidade Yale, fizeram três medições principais nos ossos do braço e mão de 71 espécies de tartarugas terrestres e aquáticas vivas. Usaram papel gráfico isométrico, com grade de triângulos equiláteros, para marcar as três medidas em relação umas às outras. Bingo: todas as espécies de tartaruga terrestre incidiram em um denso aglomerado de pontos na parte superior do triângulo; todas as tartarugas aquáticas aglomeraram-se na base do gráfico triangular. Não houve sobreposição, exceto quando eles acrescentaram algumas espécies que viviam tanto na água como em terra. E essas espécies anfíbias apareceram, no gráfico triangular, a meio caminho entre o "aglomerado molhado" e o "aglomerado seco". E então veio o óbvio próximo passo: onde os fósseis incidem? As mãos da *P.*

quenstedti e da *P. talampayensis* não deixam dúvida. Seus pontos no gráfico incidem bem no denso aglomerado seco. Esses dois fósseis foram tartarugas terrestres. Vêm da era anterior ao retorno de nossas tartarugas para a água.

Você poderia pensar que, portanto, as tartarugas terrestres modernas provavelmente permaneceram em terra desde aqueles primeiros tempos de terra firme, como fez a maioria dos mamíferos depois que alguns deles retornaram para o mar. No entanto, isso não parece ter ocorrido. Quando desenhamos a árvore filogenética de todas as tartarugas aquáticas e terrestres modernas, quase todos os ramos são aquáticos. As tartarugas terrestres atuais constituem um único ramo, profundamente aninhado em meio a ramos compostos de tartarugas aquáticas. Isso sugere que as tartarugas terrestres modernas não permaneceram continuamente em terra desde o tempo da *P. quenstedti* e da *P. talampayensis.* Em vez disso, seus ancestrais estavam entre aquelas que voltaram para a água e, por fim, em tempos (relativamente) mais recentes, tornaram a voltar para terra.

Assim, as tartarugas terrestres representam um notável duplo retorno. Como todos os mamíferos, répteis e aves, seus ancestrais remotos foram peixes marinhos e, antes disso, vários animais um tanto parecidos com vermes que se originaram, voltando no passado e ainda no mar, das bactérias primitivas. Ancestrais posteriores viveram em terra e nela permaneceram por um número imenso de gerações. Ancestrais ainda mais recentes evoluíram de novo para seres aquáticos e se tornaram as tartarugas marinhas. E, finalmente, voltaram ainda outra vez para terra firme sob a forma de tartarugas terrestres, algumas das quais, embora não as gigantes das Galápagos, agora vivem no mais árido deserto.

Já me referi ao DNA como "o livro genético dos mortos" (ver também p. 106). Devido ao modo como a seleção natural atua, em um sentido o DNA de um animal é uma descrição literal dos mundos nos quais seus ancestrais passaram pela seleção natural. Para um peixe, o livro genético dos mortos descreve mares ancestrais. Para nós, humanos, e a maioria dos outros mamíferos, os primeiros capítulos do livro são todos escritos no mar, e todos os mais recentes, em terra. Para as baleias, dugongos, iguanas-marinhas, pinguins, focas, leões-marinhos, tartarugas e, notavelmente, as tartarugas terrestres, existe uma terceira seção do livro que relata seu épico retorno aos campos de prova de seu passado remoto, o mar. Mas para as tartarugas terrestres, talvez exclusivamente, existe uma quarta seção do livro, dedicada a uma última — será mesmo? — reemergência em terra firme. Poderia existir algum outro animal cujo livro genético dos mortos é um palimpsesto de tantas guinadas evolucionárias como o delas?

Adeus a um *digerati* sonhador

Minha última chance de ver* Douglas Adams em ação falando em público foi em setembro de 1998, na conferência Digital Biota em Cambridge. Por coincidência, sonhei ontem à noite com um evento semelhante: uma pequena conferência de pessoas de pensamento afim, tipos como o próprio Douglas, habitantes da fantástica "terra dos *digerati*"** situada nas fronteiras da zoologia com a tecnologia da computação, um dos habitats favoritos de Douglas. Ele estava presente, é claro, cercado por uma corte de admiradores (assim eu pensava, embora sua enorme e generosamente jocosa modéstia com certeza fosse zombar dessa expressão). Veio-me aquela típica sensação de sonho de saber que ele estava morto, mas não estranhar nem um pouco que mesmo as-

---

* Um trocadilho, pois este ensaio foi publicado pela primeira vez como prefácio para a edição do livro *Last Chance to See* [Última chance de ver, sem tradução para o português] de Douglas Adams e Mark Carwardine.

** *Digerati* é a contração de "digital" com "*literati*" e designa os aficionados da vanguarda da tecnologia digital. (N. T.)

sim ele estivesse ali entre nós, falando sobre ciência e nos fazendo rir com sua singular espirituosidade científica. Durante o almoço, ele nos contava, na maior animação, a respeito de uma notável adaptação em um peixe e nos informou que seria preciso apenas 27 mutações para que ela evoluísse de uma truta. Bem que eu gostaria de lembrar que adaptação notável era essa, pois era exatamente o tipo sobre o qual Douglas teria lido em algum lugar, e "27 mutações" é exatamente o tipo de detalhe que ele adoraria.

De Cambridge a Komodo (de *digerati* a dragões) não é um passo grande para um sonhador, por isso talvez aquele peixe de Douglas fosse o saltador-do-lodo que inspirou as suas reflexões sobre ancestrais no final do seu capítulo sobre o dragão-de-komodo. Seu uso dos saltadores-do-lodo e os precursores — deles e nossos — de 350 milhões de anos para amarrar o capítulo sobre o dragão e aplacar sua importuna sensação de culpa por não ter defendido a pobre cabra é um tour de force literário. Até a coitada da galinha volta como uma metáfora, para reprisar seu papel tragicômico como o aperitivo inquieto antes do prato principal, a cabra a berrar pateticamente.

> É uma experiência constrangedora compartilhar uma longa viagem num barquinho com quatro galinhas vivas que ficam me olhando com uma suspeita profunda, terrível, que você não tem como aplacar.

Ninguém escrevia assim desde P. G. Wodehouse. Nem assim:

> um homem pacato com jeito de vigário a se desculpar por alguma coisa.

Ou assim, sobre um rinoceronte pastando:

Era como contemplar uma escavadeira tranquilamente ocupada em limpar uns matinhos [...]. O animal tinha uns dois metros de altura até os ombros, com uma inclinação gradual até o traseiro e as pernas de trás, que eram roliças e musculosas. A incrível imensidão de cada parte dele exercia um magnetismo temível sobre a mente. Quando o rinoceronte movia uma perna, mesmo de leve, músculos enormes se moviam com facilidade sob a pele pesada, como Volkswagens estacionando [...]. O rinoceronte se sobressaltou, deu as costas para nós e desembestou pela planície como um tanque jovem e ágil.

Essa última frase é puro P. G. Wodehouse, mas Douglas tinha a vantagem de uma dimensão científica adicional em seu humor. Wodehouse nunca teria logrado isto:

Tínhamos a sensação de participar de um problema dos três corpos em física, oscilando em torno da atração gravitacional dos rinocerontes.

Ou isto, sobre a águia-pega-macaco das Filipinas:

uma máquina voadora delirantemente improvável, que antes esperaríamos ver trazida para terra firme em um porta-aviões do que em um ninho numa árvore.

O devaneio sobre a "tecnologia do graveto" no capítulo 1 é original o bastante para incitar um cientista a uma reflexão séria, e o mesmo vale para a meditação de Douglas sobre o rinoceronte como um animal cujo mundo é dominado pelo olfato, e não pela visão. Douglas não era apenas um conhecedor da ciência. E não só fazia piadas sobre ciência. Ele tinha mente de cientista, sondava a ciência profundamente e, à superfície, trazia... humor e um estilo espirituoso que era ao mesmo tempo literário e científico, e exclusivo dele.

Provavelmente não há uma só página nesse livro que não me arranque uma boa gargalhada toda vez que o releio — o que faço ainda com mais frequência do que ler sua ficção. Além da linguagem espirituosa, há esplêndidas sequências de humor, como a da épica busca por uma camisinha em Xangai (com o objetivo de cobrir um microfone a ser usado debaixo d'água para ouvir golfinhos no rio Yangtsé). Ou a do taxista sem pernas que a toda hora mergulhava embaixo do painel de instrumentos para acionar o pedal da embreagem com a mão. Ou a da sarcástica comédia dos burocratas do Zaire de Mobutu, cuja perversidade corrupta revela uma doce inocência de Douglas e seu companheiro Mark Carwardine e nos faz pensar no kakapo, quando eles se veem completamente perdidos em um mundo implacável e indiferente:

> O kakapo é uma ave fora do tempo. Se você olhar bem para um deles, para aquela larga cara redonda e marrom-esverdeada, verá um ar de incompreensão tão serenamente inocente que terá vontade de abraçá-lo e dizer que está tudo bem, mesmo você sabendo que provavelmente não está.
>
> É uma ave gordíssima. Um adulto de bom tamanho pesa em torno de três quilos, e suas asas mal servem para ele sacudir-se um pouquinho caso pense que está prestes a tropeçar em alguma coisa. Lamentavelmente, porém, parece que o kakapo não só esqueceu como é que se voa como também esqueceu que ele esqueceu como se voa. Ao que parece, um kakapo seriamente aflito pode subir correndo numa árvore, pular lá de cima, voar como um tijolo e se estatelar em um monte desengonçado no chão.

O kakapo é uma de várias espécies insulares de animais que, na interpretação apresentada aqui, são despreparadas para defender-se de predadores e competidores cujos reservatórios gênicos foram apurados no clima ecológico mais severo do continente:

> E aí você já pode imaginar o que acontece quando uma espécie do continente é introduzida numa ilha. Seria como introduzir Al Capone, Gêngis Khan e Rupert Murdoch na ilha de Wight: os nativos não teriam a menor chance.

Entre os animais ameaçados que Douglas Adams e Mark Carwardine foram ver, um deles parece ter desaparecido de vez durante as duas décadas decorridas desde então. Agora perdemos nossa última chance de ver o golfinho-do-yangtsé. Ou de ouvi-lo, mais a propósito, pois esse golfinho de água doce vivia em um mundo onde enxergar estava fora de questão: um rio turvo e lodoso no qual o sonar mostrou todo o seu valor — até a chegada da poluição sonora em massa produzida pelos motores de barco.

A perda do golfinho do rio é uma tragédia, e alguns dos outros personagens fascinantes desse livro talvez não estejam muito atrás. Mark Carwardine reflete sobre por que devemos nos preocupar quando espécies, ou grupos inteiros de animais e plantas, se extinguem. Ele expõe os argumentos de costume:

> Cada animal e planta são parte essencial de seu ambiente: até os dragões-de-komodo têm um papel importante na manutenção da estabilidade ecológica de seu delicado lar insular. Se eles desaparecerem, muitas outras espécies podem aguardar o mesmo destino. E a conservação é altamente sintonizada com a nossa própria sobrevivência. Animais e plantas nos proporcionam alimentos e medicamentos que salvam vidas, polinizam plantações e fornecem ingredientes importantes para muitos processos industriais.

Sim, sim, temos mesmo que dizer esse tipo de coisa, é esperado de nós. Mas é uma pena que *precisemos* justificar a conservação com argumentos tão utilitaristas, tão voltados para os humanos. Usando aqui uma analogia que mencionei em outro contexto, é mais ou menos como justificar a música dizendo que ela é um bom exercício para o braço direito do violinista. Sem dúvida a verdadeira justificativa para salvar essas criaturas magníficas é aquela com que Mark encerra o livro, a qual obviamente ele prefere:

Há mais uma razão para nos preocuparmos, e acredito que nenhuma outra seja necessária. É certamente a razão pela qual tantas pessoas dedicam a vida a proteger animais como os rinocerontes, os periquitos, os kakapos e os golfinhos. E é simplesmente esta: o mundo seria um lugar mais pobre, mais sombrio, mais solitário sem eles.

Sim!

O mundo é um lugar mais pobre, mais sombrio, mais solitário sem Douglas Adams. Ainda temos seus livros, sua voz gravada, memórias, casos engraçados, historietas simpáticas. Não consigo pensar em outra figura pública que já nos tenha deixado cuja memória seja capaz de despertar uma afeição tão universal entre os que o conheceram pessoalmente e entre os que não tiveram esse privilégio. Ele era especialmente amado por cientistas. Compreendia-os e tinha habilidade para expressar, muito melhor do que eles próprios, o que lhes fazia correr sangue nas veias. Usei exatamente essa expressão em um documentário para a televisão intitulado *Break the Science Barrier*, quando entrevistei Douglas e lhe perguntei: "O que a ciência tem que faz o seu sangue correr nas veias?". Sua resposta improvisada deveria ser emoldurada e pendurada na parede de toda sala de aula de ciência:

O mundo é de uma complexidade, riqueza e fascínio tão imensos, tão insólitos, que nos deixa assombrados. A ideia de que tamanha complexidade possa surgir não só de tanta simplicidade mas provavelmente do nada é fabulosa, extraordinária. E quando a gente tem algum vago vislumbre de como isso pode ter acontecido, é maravilhoso. E [...] a oportunidade de passar setenta ou oitenta anos da vida em um universo assim é um tempo muito bem gasto, na minha opinião.*

Setenta ou oitenta? Quem dera.

As páginas desse livro fervilham de ciência, de *verve* científica, ciência vista pelo prisma multicor de "uma imaginação de primeira classe". Não há sentimentalismo piegas no modo como Douglas vê o aie-aie, o kakapo, o rinoceronte-branco do norte, o periquito-de-maurício, o dragão-de-komodo. Douglas compreendia muito bem como é lento o moinho da seleção natural. Ele sabia quantos mega-anos é preciso para fazer um gorila-das-montanhas, uma pomba-rosada das ilhas Maurício ou um golfinho-do-yangtsé. Viu pessoalmente como esses meticulosos edifícios de artifício evolucionário podem ser demolidos e jogados no esquecimento. E tentou fazer alguma coisa para ajudar. Nós também devemos tentar, no mínimo para honrar a memória desse espécime ímpar de *Homo sapiens*. Pelo menos no caso dele, o nome da espécie é merecido.

* O documentário foi transmitido pelo Channel 4 em 1996. Durante a entrevista, Douglas tinha dito que, no século XIX, as pessoas procuravam os romances para "refletir a sério sobre a vida", mas hoje "os cientistas nos dizem muito mais sobre essas questões do que obteríamos dos romancistas". Perguntei-lhe então: "O que a ciência tem que faz o seu sangue correr nas veias?", e essa foi sua resposta.

PARTE VII
RIA DE DRAGÕES VIVOS

De certa forma, é uma falsa categorização dedicar uma seção específica deste livro ao humor. Se até aqui você o tiver lido consecutivamente, saberá por quê: até no mais sério dos temas, nos quais o tom é tão sombrio quanto o humor negro pode ter, e de modo irreprimível em contextos mais leves, o humor é uma costura cintilante em toda a obra de Dawkins. Então por que esta seção? Sempre me intriga, e até me irrita um pouco, ler uma ou outra entrevista ou perfil e ver que o autor disse alguma coisa nestas linhas: "Richard Dawkins é de fato um homem muito inteligente, mas não tem senso de humor", ou "o problema dos ateus é que lhes falta senso de humor". Isso é um erro tão gritante que parece justificável — e condizente com o método científico — apresentar algumas evidências.

Os textos desta seção, escolhidos para refletir os heróis de Richard na área da literatura cômica e também o seu próprio talento considerável nesse mister, variam desde o pastiche afinadíssimo e a inventividade pródiga até a mais contundente ironia. Têm em comum a espirituosidade e a agilidade linguística que permeiam todo o material deste livro; aqui essa costura dourada aflora.

Foi a busca pelo ouro, obviamente, que acordou o dragão na história do *Hobbit*, de Tolkien; e foi o corajoso "sujeito comum", Bilbo, que advertiu a si mesmo: "Nunca ria de dragões vivos". Richard não sabe o que é medo de monstros cuspidores de fogo, mas sua ânsia de cutucar os ferozes e os ridículos deixaria um mago meio ressabiado.

Pastiche e sátira requerem ouvido sensível à voz, além de mão prática em linguagem; o pastiche *como* sátira demanda um toque particularmente certeiro, e "Angariando fundos para a fé" lembra tanto a voz do empenhado acólito do New Labour que fica até difícil não sentir pena dos enrubescidos jovens brilhantes da assessoria do ex-primeiro-ministro pois, sem dúvida, reconhecem seu jargão voltado contra eles.

Engenhosamente compostas com o mesmo toque seguro, e trazendo leveza às suas mensagens pesadas — desmascarar a teologia da Expiação e delinear o mecanismo da evolução por seleção natural —, as duas paródias de Wodehouse, "O grande mistério do ônibus" e "Jarvis e a árvore genealógica", são encantadoras homenagens a um mestre da anglicidade, até em detalhes mínimos como o som dos passos da tia na escada.

É claro que a sátira pode ser mortalmente séria e provocar o riso nervoso, como se vê com toda a clareza no texto seguinte, "Girelião". Considerando a dedicação de Richard à tarefa tantas vezes ingrata de carregar a bandeira da razão em território hostil, sem dúvida é uma proeza e tanto conservar não só uma ironia jovial como também a delicadeza até nos assuntos mais penosos.

Também há muito companheirismo solidário no humor, de quem se ri junto com caçadores de dragão e até com aficionados por dragões. De P. G. Wodehouse a Robert Mash, o "sábio estadista veterano da febre dos dinossauros", temos aqui uma herança de verbosidade literata, uma irmandade de amantes da linguagem e do que ela é capaz de fazer, na qual Richard inegavelmente se sente em casa. Em seu prefácio a *How to Keep Dinosaurs* [Como manter os dinossauros], de Mash, ele declara suas lealdades no humor literário e em seguida, com deleite e prazer evidentes, entra no mundo paralelo, pega a batuta e adiciona sua própria coda entusiástica.

Por fim, depois da substanciosa dieta de dinossauros, vem a austera brevidade de duas sátiras incisivas: "Athorismo: esperemos que seja uma moda duradoura" volta a linguagem e a argumentação da teologia moderna contra ela mesma com evidente júbilo e habilidade consumada; e, para rematar esta seção, as "Leis de Dawkins" vestem a frustração irônica com o manto do discurso filosófico e cravam uma verdade importante com brilhantismo preciso.

Até Gandalf ficaria impressionado.

G. S.

Angariando fundos para a fé[*]

Cara pessoa de fé,

Escrevo na qualidade de angariador de fundos para a nova Fundação Tony Blair, uma entidade maravilhosa que se destina a "promover o respeito e a compreensão das principais religiões do planeta e a mostrar que a fé é uma força poderosa e benéfica no mundo mo-

---

[*] Tony Blair despencou da extrema popularidade para o inverso, puramente por obra de sua devoção a George W. Bush e sua desastrosa guerra no Iraque. A história será mais branda com esses dois, no mínimo em comparação com o que estamos prestes a vivenciar em 2017 e nos próximos quatro anos. Até já ouvi de amigos americanos uma exortação tenebrosa: "Volte, Bush, tudo está perdoado". E Tony Blair está ressurgindo como uma voz de sanidade na Inglaterra empestada pelo Brexit. Contudo, a atividade de Blair imediatamente depois de deixar o cargo foi fundar uma absurda entidade beneficente para a promoção da fé religiosa. Ao que parece, não importava qual fé se observava. A suposição era de que a fé em si era uma coisa boa, que devia ser incentivada. Publiquei esta sátira sobre sua fundação, inclusive no estilo que, em inglês, se tornou conhecido como *mediaspeak*, na *New Statesman* de 2 de abril de 2009. É uma resposta mordaz e minuciosa a um artigo que Blair escreveu para a mesma revista.

derno". Gostaria de trocar uma ideia rápida com você sobre seis aspectos principais do artigo recente de Tony (como ele gosta de ser chamado por todos, de todas as fés — e até pelos de fé nenhuma, de tão sintonizado que ele é!) publicado na *New Statesman*.

"Minha fé sempre foi parte importante da minha política."

Com certeza, embora Tony modestamente tenha calado o bico a respeito disso quando foi primeiro-ministro. Como ele disse, gritar sua fé aos quatro ventos poderia ter sido interpretado como uma afirmação de superioridade moral sobre os que não têm fé (e portanto não têm moral, obviamente). Além disso, alguns poderiam protestar que seu primeiro-ministro andava seguindo conselhos de vozes que só ele podia ouvir; mas, puxa, a realidade é tão ano passado quando comparada à revelação privada, não? O que mais, além da fé em comum, poderia ter juntado Tony com seu amigo e camarada George "Missão Cumprida" Bush em sua intervenção humanitária e salvadora de vidas no Iraque?

É verdade que restam um ou dois probleminhas a serem liquidados por lá, mas isso é ainda mais razão para que pessoas de fés diferentes — cristãos e muçulmanos, sunitas e xiitas — se reúnam em um diálogo significativo em busca do consenso, como tão comoventemente fizeram os católicos e protestantes ao longo de toda a história europeia. São esses os grandiosos benefícios da fé que a Fundação Tony Blair almeja promover.

"A princípio estamos trabalhando em cinco projetos principais, com parceiros das seis fés principais."

Eu sei, eu sei, é uma pena que precisemos nos limitar a seis. Mas é inegável que temos um imenso respeito por outras fés, todas as quais, em sua portentosa variedade, enriquecem vidas humanas.

Em um sentido bem real, temos muito que aprender com o zoroastrismo e o jainismo. E com o mormonismo também, embora Cherie diga que precisamos pegar leve na poligamia e na roupa íntima sagrada!! E não devemos esquecer as antigas e ricas tradições olímpica e nórdica — ainda que o nosso criativo pensamento fora da caixa atual ande forçando a barra com as táticas de chocar e intimidar e deixando no chinelo os raios de Zeus e o martelo de Thor!!! Esperamos, na Fase 2 do nosso Plano Quinquenal, englobar a Cientologia e o Culto Druídico do Visco, os quais, em um sentido bem real, têm algo a ensinar a nós todos. Na Fase 3, nosso firme compromisso com a Diversidade nos levará a garimpar novas oportunidades de parceria em networking com as muitas centenas de religiões tribais africanas. O sacrifício de cabras poderá representar alguns problemas com a Sociedade Real para a Prevenção da Crueldade aos Animais, mas esperamos persuadir essa associação a ajustar suas prioridades para levar em conta as sensibilidades religiosas.

"Estamos trabalhando para transpor divisões religiosas e atingir um objetivo comum: dar fim ao escândalo das mortes por malária."

Também não podemos esquecer, é claro, as incontáveis mortes por aids. Nisso podemos aprender com a inspirada visão do papa, relatada em sua visita recente à África. Com base em suas reservas de conhecimento científico e médico — alicerçadas e aprofundadas pelos *Valores* que só a fé pode trazer —, Sua Santidade explicou que o flagelo da aids é agravado, e não amenizado, pelos preservativos. Sua defesa da abstinência pode ter consternado alguns especialistas médicos (e o mesmo podemos dizer de sua profunda e sincera oposição às pesquisas com células-tronco). Mas sem dúvida temos de encontrar espaço para a diversidade de opinião. Afinal de contas, todas as opiniões são igualmente válidas e há muitos modos de pensar, tanto na esfera espiritual como na factual. E essa, ao fim e ao cabo, é a razão de ser da Fundação.

"Criamos a Face para a Fé, um programa de ensino interfés para combater a intolerância e o extremismo."

O mais importante é encorajar a diversidade, como disse o próprio Tony em 2002, quando foi interpelado por um (ultraintolerante!!!!) parlamentar sobre uma escola em Gateshead que estava ensinando às crianças que o mundo tem apenas 6 mil anos. Naturalmente você pode achar, como o próprio Tony, aliás, que a verdadeira idade do mundo é 4,6 bilhões de anos. Porém — com licença — neste mundo multicultural temos de encontrar espaço para tolerar — e até promover vigorosamente — todas as opiniões: quanto mais diversas, melhor. Estamos pensando em organizar diálogos por videoconferência para debater nossas diferenças. A propósito, a escola de Gateshead saiu-se muito bem em várias disciplinas nos resultados do exame do ensino médio, o que só prova a nossa tese.

"Crianças de uma fé e cultura terão a oportunidade de interagir com crianças de outra e terão uma verdadeira noção da experiência de vida umas das outras."

Beleza! E, graças à política de Tony de segregar o maior número possível de crianças em escolas religiosas, onde elas não podem fazer amizade com crianças de outras formações, a necessidade dessa interação e compreensão mútua nunca foi tão grande. Viu como tudo se encaixa? Simplesmente genial!

Nosso apoio ao princípio de que as crianças devem estudar em escolas que as identifiquem com as crenças de seus pais é tamanho que vemos aqui uma grande oportunidade para ampliar seu alcance. Na Fase 2, planejamos incentivar escolas separadas para crianças pós-modernistas, crianças leavisitas e crianças estruturalistas saussurianas. E na Fase 3 lançaremos ainda mais escolas separadas, para crianças keynesianas, crianças monetaristas e até crianças neomarxistas.

"Estamos trabalhando com a Coexist Foundation e com a Universidade Cambridge para desenvolver o conceito da Casa de Abraão."

Sempre achei importantíssimo coexistir — você concorda? — com os nossos irmãos e irmãs das outras fés abraâmicas. É claro que temos nossas diferenças — e quem não as tem, não é mesmo? Mas todos devemos aprender o respeito mútuo. Por exemplo, precisamos compreender e solidarizar-nos com o quanto um homem pode sentir-se profundamente ofendido e magoado se insultarmos sua crença tradicional caso tentemos impedi-lo de espancar sua mulher, pôr fogo em sua filha ou lhe extirpar o clitóris (e por favor não me venham com objeções racistas ou islamofóbicas a essas importantes expressões de fé). Apoiaremos a introdução de tribunais da Xaria, porém em bases estritamente voluntárias: só para aquelas cujos maridos e pais optarem livremente por eles.

"A Fundação Blair se empenhará em fomentar o respeito mútuo e a compreensão entre as tradições de fés aparentemente incompatíveis."

Afinal de contas, apesar de nossas diferenças, temos em comum uma coisa importante: todos nós, nas comunidades de fiéis, temos crenças inabaláveis na ausência total de evidências, o que nos deixa livres para crer no que bem entendermos. Portanto, no mínimo podemos ser unidos na reivindicação de um papel privilegiado para todas essas crenças privadas na formulação das políticas públicas.

Espero que esta carta tenha mostrado algumas das razões pelas quais você pode ter interesse em apoiar a fundação de Tony. Porque, amigo, sejamos realistas: um mundo sem religião não pode ir para a frente nem com reza braba. Com tantos problemas no mundo causados pela religião, que melhor solução poderia haver do que promovê-la ainda mais?

O grande mistério do ônibus*

Eu flanava pela Regent Street, apreciando as decorações de Natal, quando vi o ônibus. Um daqueles dobradinhos que os prefeitos vivem ameaçando com o ferro-velho. Quando ele passou, a mensagem bateu-me direto no monóculo. Quase caí de costas. Outro dobradinho por pouco não me derrubou na hora em que tomei o rumo do Clube Dregs, onde eu pretendia degus-

---

* Em 2009 a jornalista e comediante Ariane Sherine lançou uma campanha para promover o ateísmo em ônibus britânicos. Minha fundação (RDFRS UK) ajudou a financiá-la, juntamente com a British Humanist Association, e participamos do planejamento. Os dizeres do lema nos ônibus foram criados por Ariane, e eu os achei excelentes: "Deus provavelmente não existe. Então pare de se preocupar e aproveite a vida". A palavra "provavelmente" recebeu algumas críticas, mas na minha opinião funcionou muito bem: era intrigante o suficiente para despertar debates, mas também negava uma confiança injustificada. No final daquele ano, Ariane editou uma encantadora antologia de Natal intitulada *The Atheist's Guide to Christmas*. Na minha contribuição, prestei homenagem à campanha do ônibus em forma de uma paródia de meu autor cômico favorito. Em atenção aos direitos autorais, meu ilustrado amigo aconselhou-me a dissimular o nome dos personagens.

tar um aperitivo, e vi a mesma coisa na lateral. O Dregs é frequentado por vários entendidos em altas filosofias, como sabem os meus leitores assíduos, mas nenhum deles foi capaz de avançar um milímetro sequer na controversa questão dos ônibus quando passei a bola para eles. Nem mesmo Swotty Postlethwaite, o intelectual de estimação do clube. Por isso, decidi recorrer a um poder superior.

"Jarvis", já fui chamando ao fechar a porta do velho reduto, largando chapéu e bengala pelo corredor no caminho para consultar o oráculo. "Jarvis, meu caro, e os ônibus?"

"Como, meu senhor?"

"Você sabe, Jarvis, os ônibus, a brigada dos 'Que é isso que atroa os ares?',* os ônibus dobradinhos, os veículos de prega a meia carroceria. Que está havendo? A que vem a campanha do ônibus dobradinho?"

"Veja bem, meu senhor, creio que, embora a flexibilidade seja muitas vezes considerada uma virtude, não há consenso a respeito desses ônibus específicos. O prefeito Johnson..."

"Esqueça o prefeito Johnson, Jarvis. Bote o Boris no bolso e pense nos ônibus. Não estou falando das dobraduras per se, se é que essa é a expressão certa."

"Perfeitamente correta, senhor. A expressão em latim poderia ser construída literalmente..."

"Deixe para lá a expressão em latim. Esqueça a dobradura. Concentre a atenção no lema da lateral. Aquilo que lampeja em

---

* "What is this that roareth thus?", o primeiro verso de um famoso poema cômico de A. D. Godley, rico em gracejos rimados e expressões em latim, bem ao gosto dos ingleses da classe de Bertie, que estudaram latim na escola: <http://latindiscussion.com/forum/latin/a-d-godleys-motor-bus.10228/>. Dobradinhos, *bendy buses*, em inglês, foi o apelido dado aos ônibus articulados introduzidos em Londres no começo dos anos 2000 e mais tarde polemicamente retirados de circulação pelo prefeito Boris Johnson.

laranja e rosa quando passa e a gente não tem tempo de ler direito. Alguma coisa como 'Deus mente chiste, então é andar com leite na vida'. Enfim, a ideia geral é essa, embora eu tenha me atrapalhado nos detalhes."

"Ah, sim, meu senhor, conheço a recomendação: 'Deus provavelmente não existe. Então pare de se preocupar e aproveite a vida'."

"Acertou na mosca, Jarvis. Deus provavelmente não existe. Como assim? Não existe um Deus?"

"Veja bem, meu senhor, segundo dizem alguns, isso depende do que se quer dizer. Todas as coisas que decorrem da natureza absoluta de qualquer atributo de Deus têm de existir sempre e ser infinitas, ou, em outras palavras, são eternas e infinitas por meio do mencionado atributo. Espinosa."

"Grato, Jarvis, vou aceitar. Desse drinque nunca ouvi falar, mas tudo o que sai da sua coqueteleira acerta em cheio e chega a partes que outras misturas não alcançam. Que venha então um Espinosa grande, batido, não misturado."

"Não, meu senhor, minha alusão foi ao filósofo Espinosa, o pai do panteísmo, ainda que alguns prefiram dizer panenteísmo."

"Ah, *esse* Espinosa! Sim, eu me lembro de que ele era um amigo seu. Vocês têm se encontrado bastante ultimamente?"

"Não, meu senhor, eu não estava presente no século XVII. Espinosa foi um grande favorito de Einstein."

"Einstein? Aquele da cabeleira e sem meias?"

"Sim, meu senhor, talvez o maior físico de todos os tempos."

"Bem, então parabéns para ele. E esse Einstein acreditava em Deus?"

"Não no sentido convencional de um Deus pessoal, meu senhor, isso ele fez questão absoluta de frisar. Einstein acreditava no Deus de Espinosa, que se revela na harmonia ordenada daquilo que existe, e não em um Deus que se ocupe dos destinos e ações de seres humanos."

"Céus, Jarvis, que bola de efeito* aí, hein, mas acho que entendi a sua jogada. Deus é só mais uma palavra para designar o grande fora de campo, por isso é perda de tempo lançarmos preces e devoções na direção dele, certo?"

"Exatamente, meu senhor."

"Se é que ele tem uma direção geral", acrescentei, mal-humorado, pois sou capaz de perceber um paradoxo profundo tão bem quanto qualquer um, pergunte lá no Dregs. "Mas, Jarvis", voltei ao assunto, acometido por um pensamento perturbador. "Isso significa que eu também estava perdendo tempo quando ganhei aquele prêmio por Conhecimento das Escrituras na escola? A única vez na vida em que arranquei pelo menos um murmúrio de elogio daquele príncipe dos sacanas, o reverendo Aubrey Upcock? O ponto alto da minha carreira acadêmica, e agora descubro que foi um chabu, um fiasco, uma desclassificação no portão de largada?"

"Não de todo, meu senhor. Partes da sagrada escritura têm grande mérito poético, sobretudo na tradução inglesa conhecida como King James, a versão autorizada de 1611. As cadências do Livro do Eclesiastes e alguns dos profetas raramente foram suplantados."

"Falou e disse, Jarvis. Vaidade das vaidades, disse o Pregador. A propósito, quem foi o Pregador?"

"Não se sabe, meu senhor, mas fontes bem informadas concordam que ele era sábio. Alegra-te, jovem, com tua juventude, sê feliz nos dias de tua mocidade. Ele também deixou transparecer uma obsedante melancolia, meu senhor. Quando o gafanhoto se torna pesado, e a alcaparra desabrocha, é porque o homem já está

---

* No original, "*googly*", um lance do críquete no qual o lançador ("*bowler*") confunde o rebatedor ("*batsman*") com um giro da mão, fazendo-o pensar que vai mandar a bola para um lado, enquanto a manda para outro. *Bowlers* diabólicos às vezes alternam *googlies* com lançamentos mais convencionais.

a caminho de sua morada eterna, e os que choram sua morte começam a rondar pela rua. O Novo Testamento também tem seus admiradores, meu senhor. Pois Deus amou tanto o mundo, que entregou o seu Filho único..."

"Curioso você ter mencionado isso, Jarvis. Essa foi exatamente a passagem que eu citei ao reverendo Aubrey e provocou uns bons pigarros e arrastar de patas."

"É mesmo, senhor? E qual a natureza exata do constrangimento do finado diretor?"

"Aquela coisa toda de morrer pelos nossos pecados, redenção e expiação. Todo aquele estardalhaço de 'por suas feridas fomos curados'. Eu, que, modestamente, não desconhecia feridas advindas das ministrações do velho Upcock, perguntei sem rodeios: 'Quando eu cometi algum delito' — ou delinquência, Jarvis?"

"Qualquer das formas pode ser preferida, meu senhor, dependendo da gravidade da transgressão."

"Então, como ia dizendo, quando eu era pego perpetrando algum delito ou delinquência, esperava que a pronta retribuição recaísse justa e certeiramente nos fundilhos das calças de Woofter, e não no *derrière* de outro pobre basbaque, se é que me entende."

"Certamente, meu senhor. O princípio do bode expiatório sempre foi de uma validade ética e jurisprudencial dúbia. A teoria penal moderna põe em dúvida até mesmo a ideia da retribuição, inclusive quando o punido é o próprio malfeitor. É correspondentemente mais difícil justificar a punição vicária de um substituto inocente. Fico satisfeito em saber que recebia o seu merecido castigo, meu senhor."

"Pois é."

"Perdão, meu senhor, não pretendia..."

"Basta, Jarvis. Não houve melindre. Nós, Woofters, sabemos quando dar a volta por cima. Tem mais. Não concluí o meu raciocínio. Onde eu estava?"

"Sua dissertação acabava de abordar a injustiça da punição vicária, meu senhor."

"Isso, Jarvis, você definiu bem. Injustiça é correto. A injustiça atinge o coco com um estrompido que ressoa pelos condados. E fica pior. Agora, acompanhe-me aqui como um puma. Jesus era Deus, certo?"

"Segundo a doutrina trinitária promulgada pelos primeiros padres da Igreja, meu senhor, Jesus era a segunda pessoa do Deus Trino."

"Exatamente como eu pensava. Portanto, Deus — o mesmo Deus que fez o mundo e era equipado com intelecto suficiente para mergulhar e deixar Einstein resfolegando no raso, Deus, o todo-poderoso e onisciente criador de tudo que abre e fecha, esse modelo de perfeição acima do colarinho, esse manancial de sabedoria e poder — não conseguiu pensar em um modo melhor de perdoar os nossos pecados do que se entregar à gendarmaria e se fazer servir na bandeja. Jarvis, responda-me o seguinte. Se Deus queria nos perdoar, por que simplesmente não nos perdoou? Por que a tortura? Para que os açoites e os escorpiões, os pregos e a agonia? Por que não nos perdoar simplesmente? Que me diz a sua vitrola?"

"Realmente, meu senhor, superou a si mesmo. Foi de uma eloquência ímpar. E, se me permite a liberdade, poderia até ter ido mais longe. Segundo muitas passagens muito apreciadas do texto teológico tradicional, o pecado primário que Jesus estava expiando era o Pecado Original de Adão."

"Caramba, tem razão. Lembro-me de ter defendido esse argumento com certa força, com elã. Aliás, acho mesmo que isso pode ter feito a balança pender para o meu lado e me garantido a parada naquele certame de Conhecimento das Escrituras. Mas prossiga, Jarvis, você me deixou estranhamente interessado. Qual foi o pecado de Adão? Alguma coisa pejosa, já imagino. Algo calculado para abalar os alicerces do inferno?"

"Diz a tradição que ele foi apreendido comendo uma maçã, meu senhor."

"Pelar maçã?* Foi isso? Esse foi o pecado que Jesus teve de pagar — ou expiar, como se prefere? Já ouvi falar de olho por olho e dente por dente, mas uma crucificação por uma tunga de maçã? Jarvis, você passou lá na adega. Não fala sério, obviamente."

"O Gênesis não esclarece a espécie exata do comestível subtraído, meu senhor, mas é antiga a tradição de que se tratava de uma maçã. Contudo, a questão é acadêmica, pois a ciência moderna nos diz que Adão não existiu de fato, portanto se presume que não tinha condições de pecar."

"Jarvis, isso pede os digestivos de chocolate, sem falar no ostra mosqueada.** Já era ruim o suficiente Jesus ter sido torturado para expiar os pecados de muitos outros sujeitos. Piorou quando você me disse que o sujeito foi um só. Ficou ainda pior quando veio à tona que o pecado desse único sujeito não foi nada mais grave do que afanar uma Gala. E agora você vem me dizer que o fulano nem mesmo existiu. Não sou famoso pelo tamanho do meu chapéu, mas até eu posso ver que isso é um destrambelhamento completo."

"Eu mesmo não teria me arriscado a usar o epíteto, meu senhor, mas suas palavras são muito significativas. Talvez como lenitivo eu deva mencionar que os teólogos modernos consideram a história de Adão e seu pecado simbólica, e não literal."

"Simbólica, Jarvis? Simbólica? Mas os açoites não eram simbólicos. Os pregos na cruz não eram simbólicos. Se lá na sala do reverendo Aubrey, quando eu estava debruçado naquela cadeira, eu tivesse protestado que o meu delito, ou minha delin-

---

* No original, *scrumping*, um verbo altamente especializado que deve ser desconhecido no inglês americano; significa roubar maçã, furtar um pomar.
** Respectivamente, biscoitos e um pub favorito do personagem. (N. T.)

quência, se preferir, tinha sido meramente simbólico, o que você acha que ele diria?"

"Posso logo imaginar que um pedagogo com a experiência dele encararia tal contestação do réu com uma generosa medida de ceticismo, meu senhor."

"Com efeito. Você acertou. Upcock era um panaca fortão. Ainda sinto as pontadas quando o tempo está úmido. Mas talvez eu não tenha cravado o cerne, ou o xis, do simbolismo?"

"Bem, meu senhor, alguns poderiam considerá-lo um tanto precipitado em seu julgamento. Um teólogo provavelmente asseveraria que o pecado simbólico de Adão não era tão insignificante assim, uma vez que simbolizava todos os pecados da humanidade, inclusive os ainda não cometidos."

"Jarvis, isso é asneira das grossas. 'Ainda não cometidos'? Peço que mais uma vez leve o seu pensamento para aquela cena tão prenhe de juízo final na sala do corifeu. Suponha que eu dissesse, lá da minha posição privilegiada debruçado na cadeira: 'Senhor diretor, depois que tiver administrado as seis deliciosas regulamentares, permita-me, com todo o respeito, solicitar outras seis em consideração a todos os demais malfeitos, ou pecadilhos, que eu possa decidir cometer ou não em qualquer data no futuro indefinido. Ah, e ponha na conta também de todos os malfeitos futuros cometidos não só por mim mas também por qualquer um de meus camaradas'. Não bate. Não desce redondo, não acerta na mosca."

"Espero que não veja como ousadia de minha parte, meu senhor, se eu declarar que sou inclinado a concordar com o que diz. E agora, se me der licença, senhor, eu gostaria de retomar a decoração da sala com azevinho e visco em preparação para as festividades natalinas."

"Decore se faz questão, Jarvis, mas devo dizer que já não vejo o porquê. Estou prevendo que a próxima coisa que vai me dizer é que Jesus não nasceu realmente em Belém e nunca houve manjedoura nem pastores nem reis magos atrás de uma estrela guia."

"Ah, não, meu senhor, estudiosos esclarecidos do século xix em diante descartaram tudo isso como lendas, muitas inventadas para condizer com profecias do Antigo Testamento. Lendas graciosas, mas sem verossimilhança histórica."

"Era o que eu temia. Bem, vamos lá, desembuche. Você acredita em Deus?"

"Não, meu senhor. Ah, sim, eu devia ter mencionado antes: a sra. Gregstead telefonou."

Meu rosto ganhou o tom de branco número zero. "Tia Augusta? Ela não está vindo, está?"

"Com efeito, ela insinuou tal intenção, meu senhor. Inferi que tenciona persuadi-lo a acompanhá-la à igreja no dia de Natal. Decidiu-se pela ideia de que isso poderia torná-lo uma pessoa melhor, embora expressasse a dúvida de que alguma coisa fosse capaz disso. Tenho uma fortíssima impressão de que são os passos dela na escada agora. Se me permite a sugestão, meu senhor…"

"Qualquer coisa, Jarvis, e seja rápido."

"Destranquei a saída de incêndio para a eventualidade, meu senhor."

"Jarvis, você estava errado. Existe um Deus."

"Gratíssimo, meu senhor. Minha satisfação é poder ser útil."

Jarvis e a árvore genealógica*

"Jarvis, meu caro, chegue mais."

"Como, meu senhor?"

"Avance — se é que essa é a expressão certa."

"Um termo militar, meu senhor, empregado pelos oficiais quando mandam seus subordinados se aproximarem."

"Isso, Jarvis. Empreste-me os seus ouvidos."

"Igualmente apropriado, meu senhor. Marco Antônio..."

"Esqueça Marco Antônio. Isto é importante."

"Pois não, meu senhor."

"Como você sabe, Jarvis, quando se trata das regiões ao norte do botão do colarinho, B. Woofter não consta no alto da lista dos discentes. Ainda assim, tenho um extraordinário triunfo acadêmico em meu nome. E aposto que você não sabe do que se trata."

---

* Gostei tanto de escrever a paródia anterior que fiz outra para o Natal seguinte. Esta é publicada aqui pela primeira vez.

"Anuncia-o frequentemente, meu senhor. Recebeu o prêmio por Conhecimento das Escrituras no pré-universitário."

"Sim, recebi, para a mal disfarçada surpresa do reverendo Aubrey Upcock, proprietário e cacique daquela baiuca abominável. E desde então, embora não muito chegado a matinas ou vésperas, sempre tive certa queda pelas Sagradas Escrituras, como os especialistas as chamam. E agora chegamos ao miolo da questão. Ou xis?"

"Bastante apropriado, meu senhor, ou também 'busílis', como se diz muito ultimamente."

"Acontece, Jarvis, que eu, como aficionado, há tempos tenho um carinho especial pelo livro do Gênesis. Deus fez o mundo em seis dias, certo?"

"Veja bem, meu senhor…"

"Começou com a luz, pisou no acelerador e logo fez tudo o que é verdura e tudo o que rasteja, as coisas escamosas com nadadeiras, os nossos amigos emplumados que piam nas árvores, os irmãos e irmãs peludos do mataréu baixo e finalmente, para rematar, ele criou camaradas como nós, antes de refestelar-se na rede para uma merecida sesta no sétimo dia. Estou certo?"

"Sim, meu senhor, por assim dizer, um resumo pitorescamente variegado de um de nossos grandes mitos de origem."

"Mas você nem imagina o que aconteceu então, Jarvis. Um sujeito lá na festa de Natal do Clube Dregs me azucrinou com uma lenga-lenga enquanto a gente tomava umas e outras. Parece que um cara chamado Darwin anda dizendo que o Gênesis é uma bela bobajada. Deus andou sendo promovido demais no campus. Ele não fez tudo, no fim das contas. Tem um negócio chamado *avaliação*…"

"Evolução, meu senhor. A teoria que Charles Darwin expôs em 1859 no seu grande livro *A origem das espécies*."

"É esse o bicho. Evolução. Imagine você que aquele panaca do Darwin quer que eu acredite que o meu tataravô foi um tipo comedor de banana que se coçava com o dedão do pé repimpado na árvore. Agora me responda, Jarvis. Se nós somos descendentes de chimpanzés, como é que ainda existem chimpanzés na lista de chamada hoje? Mês passado mesmo vi um no zoológico. Por que todos eles não se transformaram em sócios do Clube Dregs (ou do Ateneu, conforme o gosto)? Que me diz a sua pianola?"

"Se me permite a liberdade, meu senhor, parece estar raciocinando com base em um mal-entendido. O sr. Darwin não diz que somos descendentes de chimpanzés. Os chimpanzés e nós descendemos de um ancestral comum. Os chimpanzés são grandes primatas modernos que, assim como nós, vêm evoluindo desde o tempo de nosso ancestral comum."

"Hummm, acho que manjei a sua jogada. Do mesmo modo que o delambido do meu primo Thomas e eu somos descendentes do mesmo avô. Mas nenhum de nós se parece mais que o outro com o velho patife, e nenhum de nós dois tem suíças como as dele."

"Precisamente, meu senhor."

"Mas calma lá, Jarvis. Nós, contendores do Conhecimento das Escrituras, não desistimos assim tão facilmente. O maioral do meu velho pode ter sido uma gárgula peluda, mas não era o que chamaríamos de chimpanzé. Eu me lembro distintamente. Longe de arrastar os nós dos dedos pelo chão, ele andava com porte ereto, militar (pelo menos até seus últimos anos, e depois duns cálices de Porto). E tem os retratos de família na velha casa ancestral, Jarvis. Nós, Woofters, fizemos nossa parte em Agincourt, e não tinha nenhum macaco nas fileiras durante aquela falação de 'Deus ajude Henrique, a Inglaterra e São Jorge'."

"Creio que o senhor subestimou a magnitude do tempo envolvido, meu senhor. Desde Agincourt decorreram apenas alguns séculos. O ancestral que temos em comum com os chimpanzés viveu há mais de 5 milhões de anos. Permite-me um voo da imaginação, meu senhor?"

"Certamente. Voe, voe, com a bênção do seu jovem senhor."

"Suponha, meu senhor, que voltou no tempo por uma milha e chegou à Batalha de Agincourt."

"Mais ou menos como andar daqui até o Dregs?"

"Sim, meu senhor. Nessa mesma escala, para voltar até o ancestral que temos em comum com os chimpanzés, seria preciso andar de Londres até a Austrália."

"Cruzes, Jarvis. Andar até a terra daqueles caras com rolha pendurada no chapéu! Não admira que não existam macacos nos retratos da família, nenhum sobrancelhudo batendo no peito na hora de mais uma vez adentrar pela muralha em Agincourt."

"De fato, meu senhor, e para voltar até o ancestral que temos em comum com os peixes…"

"Espere aí, pode parar. Vai me dizer agora que eu descendo de uma coisa que se sentiria em casa numa travessa?"

"Temos ancestrais em comum com os peixes modernos, meu senhor, os quais certamente seriam chamados de peixes se pudéssemos vê-los. Podemos afirmar com certeza que descendemos de peixes."

"Jarvis, às vezes você vai longe demais. Apesar de que, quando eu penso no Gussie Hake-Wortle…"

"Eu mesmo não teria arriscado a comparação, meu senhor. Mas, se me permite, prosseguindo na fictícia perambulação de volta no tempo, para chegar ao ancestral que temos em comum com os nossos primos pisciformes…"

"Vamos ver se adivinho: seria preciso dar uma volta inteira na bola do mundo, voltar ao ponto de partida e dar um susto em si mesmo pelas costas?"

"Uma subestimação considerável, meu senhor. Seria preciso andar até a Lua e voltar, e então partir de novo e fazer outra viagem inteira."

"Jarvis, é coisa demais para jogar em cima de um rapaz com a dor de cabeça matutina. Faça-me um daqueles seus cura-tudos antes de eu ouvir mais."

"Já tenho um pronto, meu senhor, preparado quando percebi a hora avançada do seu retorno do clube esta noite."

"Bravo, Jarvis. Mas espere, tem mais uma coisa. Esse cara do Darwin diz que tudo aconteceu por acaso. Como girar a roleta no Le Touquet. Ou como aquela vez em que o Bufty Snodgrass acertou o buraco com uma só tacada e pagou bebida para o clube inteiro por uma semana."

"Não, meu senhor, isso é incorreto. A seleção natural não é obra do acaso. A mutação é um processo aleatório. A seleção natural não."

"Jarvis, tome distância, dê uma corrida e lance essa bola para mim de novo, faça o favor. E veja se desta vez manda mais devagar, sem efeito. O que é mutação?"

"Peço perdão, meu senhor, eu presumi demais. Do latim *mutatio*, feminino 'mudança', a mutação é um erro na cópia de um gene."

"Como um erro tipográfico num livro?"

"Sim, meu senhor. E, como em um erro tipográfico, não é provável que uma mutação leve a uma melhora. Contudo, é apenas ocasionalmente que isso acontece, e nesse caso é mais provável que essa mutação sobreviva e em consequência seja transmitida. Isso seria seleção natural. A mutação, meu senhor, é aleatória porque não tem nenhuma tendência à melhora. A seleção, em contraste, automaticamente tende a favorecer a melhora, definindo-se melhora como habilidade para sobreviver. Quase poderíamos cunhar uma expressão assim: 'A mutação propõe, a seleção predispõe'."

"Bonitinha essa, Jarvis. Sua autoria?"

"Não, meu senhor, o gracejo é uma paródia anônima de Tomás de Kempis.

"Pois bem, Jarvis, vamos ver se eu pus os pingos nos is nesse problema. A gente vê alguma coisa que parece um projeto bacana, como um olho ou um coração, e se pergunta como é que ela surgiu."

"Sim, meu senhor."

"Não pode ter sido por puro acaso, pois isso seria como o buraco numa só tacada do Bufty, daquela vez em que ele pagou bebida para todo mundo por uma semana."

"Em certos aspectos teria sido ainda mais improvável do que o célebre feito do excelentíssimo senhor Snodgrass com o taco, meu senhor. Pois a junção de todas as partes do corpo humano por mero acaso seria tão improvável quanto o sr. Snodgrass acertar o buraco em uma só tacada depois de ter sido vendado e girado muitas vezes até não ter mais a menor ideia de onde está a bola e o tee ou da direção do campo. Se lhe fosse permitido um único lance do taco, sua probabilidade de acertar o buraco com uma só tacada seria tão grande quanto a probabilidade de um corpo humano montar-se espontaneamente se todas as suas partes fossem embaralhadas ao acaso."

"E se Bufty tivesse tomado uns drinques antes, hein, Jarvis? O que, aliás, é bem provável."

"A contingência de acertar o buraco em uma só tacada é suficientemente remota, meu senhor, e o cálculo é suficientemente aproximado, de modo que podemos desconsiderar os possíveis efeitos de estimulantes alcoólicos. O ângulo do buraco em relação ao tee..."

"Basta, Jarvis. Lembre-se da minha dor de cabeça. O que eu vejo com clareza através do nevoeiro é que o acaso aleatório é zero à esquerda, carta fora do baralho, cavalo fora do páreo. Mas então *como é* que temos coisas complexas que funcionam, tipo o corpo humano?"

"Dar a resposta a essa pergunta, meu senhor, foi a grande façanha do sr. Darwin. A evolução acontece aos poucos e no decorrer de um período de tempo muito longo. Cada geração é imperceptivelmente diferente da anterior, e o grau de improbabilidade requerido em qualquer dada geração não é proibitivo. Porém, depois de um número suficientemente grande de milhões de gerações, o produto final pode ser muito improvável e dar uma fortíssima impressão de ser um design criado por um engenheiro magistral."

"Mas só *parece* ter sido obra de algum campeão da régua de cálculo de prancheta e penca de lapiseiras no bolso da camisa?"

"Sim, meu senhor. A ilusão do design resulta da acumulação de grande número de pequenas melhoras na mesma direção, cada uma pequena o bastante para resultar de uma única mutação, mas sendo a sequência cumulativa inteira suficientemente prolongada para culminar em um resultado final que não poderia ter ocorrido em um único evento fortuito. Já se propôs a metáfora de uma lenta escalada pela encosta suave do que foi chamado, com exagerado efeito dramático, de 'monte Improvável', meu senhor."

"Jarvis, essa ideia é uma *doosra** e acho que estou começando a treinar meu olho para ela. Mas então eu não estava tão errado, estava, quando disse 'avaliação' em vez de evolução?"

"Não, meu senhor. O processo lembra um pouco a criação de cavalos de corrida. Os cavalos mais velozes são *avaliados* pelos criadores, e os melhores são escolhidos para ser os progenitores das gerações futuras. O sr. Darwin percebeu que esse mesmo princípio atua na natureza, sem a necessidade de que um criador faça as avaliações. Os indivíduos que correm mais rápido automaticamente têm menor probabilidade de ser pegos por leões."

"Ou tigres, Jarvis. Os tigres são muito velozes. Ainda na semana passada Inky Brahmapur me falou sobre isso no Dregs."

"Sim, meu senhor, os tigres também. Posso imaginar que Sua Alteza deve ter tido profusas oportunidades de observar a velocidade deles montado em seu elefante. O miolo ou xis da

---

* Críquete novamente: outro tipo de bola lançada com efeito para confundir o batedor, inventada pelo lançador paquistanês Saqlain Mushtaq. Esse é um assunto de entendidos, e confesso que para mim os detalhes de como o lance difere de um *googly* são nebulosos.

questão é que os cavalos mais velozes sobrevivem, conseguem acasalar-se e transmitir os genes que os tornaram velozes, porque a probabilidade de que sejam devorados por grandes predadores é menor."

"Caramba, isso faz muito sentido. E suponho que os tigres mais velozes também conseguem se reproduzir porque são os primeiros a pegar seu bife malpassado e com a guarnição completa, e sobrevivem e têm tigrinhos que também serão velozes quando crescerem."

"Sim, meu senhor."

"Mas isso é sensacional, Jarvis. Crava bem na mosca. E a mesma coisa acontece não só com os cavalos e tigres mas também com todo o resto?"

"Precisamente, meu senhor."

"Mas calma aí. Vejo que isso tira o Gênesis do jogo. E Deus, como fica? Pelo que aquele basbaque do Darwin diz, parece que não resta muito que fazer para Deus. Quero dizer, eu sei muito bem o que é ser desocupado, e desocupado, se você me entende, é o que Deus parece ser."

"Grande verdade, meu senhor."

"Então, ora, dane-se, quero dizer, nesse caso por que acreditar em Deus?"

"Com efeito, meu senhor, por quê?"

"Jarvis, isso é espantoso. Incrédulo."

"Incrível, meu senhor."

"Sim, incrível. Verei o mundo com novos olhos, não mais em espelho e de maneira confusa, como dizem os nossos doutos bíblicos. Esqueça aquele cura-tudo. Percebo que não preciso mais dele. Eu me sinto como que *libertado*. Em vez disso, traga-me o chapéu, a bengala e o binóculo que a tia Daphne me deu no último Goodwood. Vou ao parque admirar as árvores, as borboletas, os pássaros e os esquilos, deslumbrar-me com tudo o que você me disse. Tem algum problema se eu me deslumbrar um bocado com tudo o que você me disse, Jarvis?"

"De modo algum, meu senhor. Deslumbramento é o estado de espírito apropriado, e outros cavalheiros disseram-me que têm a mesma sensação de libertação ao compreender pela primeira vez essas questões. Permite-me dar mais uma sugestão, meu senhor?"

"Sugira, Jarvis, sugira, que nós aqui estamos sempre prontos para ouvir sugestões suas."

"Bem, meu senhor, se achar por bem aprofundar-se no assunto, tenho aqui um pequeno livro que talvez goste de folhear."

"Não me parece muito pequeno, mas, enfim, como se chama?"

"Chama-se *O maior espetáculo da Terra*, meu senhor, e foi escrito por..."

"Não importa quem escreveu, Jarvis, qualquer amigo seu é meu amigo. Mande cá, e darei uma olhada quando voltar. Agora, o binóculo, a bengala e o complemento superior da indumentária dos cavalheiros, por favor. Estou a caminho de um deslumbramento intensivo."

Girelião*

Girelião (ou gireliniol, na nomenclatura científica) é uma droga potente que age diretamente sobre o sistema nervoso central, produzindo uma série de sintomas, com frequência de natureza antissocial ou autodestrutiva. Pode modificar em caráter permanente o cérebro infantil de modo a produzir transtornos na vida adulta, entre os quais delírios perigosos e de difícil tratamento. Os quatro aviões condenados de 11 de setembro de 2001 foram viagens de girelião: todos os dezenove sequestradores estavam chapados com essa droga na ocasião. Historicamente, o girelionismo foi responsável por atrocidades como a caça às bruxas de Salém e os massacres de nativos sul-americanos pelos conquistadores. Girelião foi o combustível da maioria das guerras na

---

* Publicado pela primeira vez na *Free Inquiry*, em dezembro de 2003, e depois abreviado na *Prospect* de outubro de 2005, com o título "Ópio das massas". Creio que também foi traduzido para o sueco, mas não consegui encontrar a referência. Não sei como traduziram o título de modo a preservar o anagrama de "religião". Provavelmente decidiram manter o termo em inglês.

Europa medieval e, mais recentemente, da carnificina na esteira da partição do subcontinente indiano e da Irlanda.

A intoxicação por girelião pode impelir indivíduos antes mentalmente sadios a fugir de uma vida humana plena e se retirar em comunidades de viciados confirmados. Em geral, tais comunidades se limitam a um dos sexos e proíbem a atividade sexual com energia e até obsessão. De fato, a tendência à proibição sexual aflitiva emerge como um tema que se repete à exaustão em meio a todas as pitorescas variações da sintomatologia da girelião. Ao que parece, a girelião não reduz a libido intrinsecamente, mas com frequência leva à preocupação em reduzir o prazer sexual de terceiros. Um exemplo atual é a volúpia com que muitos girelioneiros condenam a homossexualidade.

Como ocorre com outras drogas, girelião refinada em baixas doses normalmente é inócua e pode servir de lubrificante em ocasiões sociais como casamentos, funerais e cerimônias oficiais. Não há consenso entre os especialistas quanto à classificação dessas viagens coletivas, ainda que inofensivas em si mesmas, como fatores de risco para a adoção posterior de formas mais viciantes da droga.

Doses médias de girelião, ainda que não perigosas, podem distorcer percepções da realidade. Crenças sem base em fatos são imunizadas, pelos efeitos diretos da droga sobre o sistema nervoso, contra evidências do mundo real. Podemos ouvir os viciados falarem para o vazio ou murmurarem para si mesmos, motivados, ao que parece, pela crença de que os desejos privados assim expressos se realizarão, mesmo se for em detrimento do bem-estar de terceiros e com módica violação das leis da física. Esse transtorno autolocutório costuma vir acompanhado por tiques e gestos de mão estrambóticos, estereotipias maníacas como abanar a cabeça ritmadamente defronte a um muro ou a Síndrome de Orientação Obsessiva-Compulsiva (Sooc: voltar-se na direção leste cinco vezes por dia).

Girelião em altas doses é alucinógena. Os ligadões inveterados podem ouvir vozes dentro da cabeça ou sofrer ilusões visuais, as quais lhes parecem tão reais que muitas vezes eles conseguem persuadir outras pessoas de sua realidade. Um indivíduo que relata convincentemente alucinações de grau superior pode ser venerado, ou até seguido como alguma espécie de líder, por outros que se consideram menos afortunados. Essa patologia do seguidor pode acometer pessoas muito tempo depois da morte do líder original, bem como expandir-se sob a forma de práticas bizarras, por exemplo, na fantasia canibalesca de "beber o sangue e comer a carne" do líder.

O uso crônico de girelião pode causar *"bad trips"* nas quais o usuário sofre delírios apavorantes, entre eles o medo de ser torturado, não no mundo real, mas em um mundo fantasioso pós-morte. Esse tipo de viagem desagradável está ligado a uma mórbida doutrina da punição que é tão característica dessa droga quanto o já mencionado medo obsessivo da sexualidade. A cultura da punição promovida por girelião contém manifestações as mais variadas, desde "palmadas" e "chibatadas", "apedrejamento" (especialmente de adúlteras e vítimas de estupro) e "desmanifestação" (amputação de uma mão), até a sinistra fantasia da alopunição ou "alteamento na cruz": a execução de um indivíduo pelos pecados de outros.

Seria de pensar que uma droga potencialmente perigosa e viciante como essa estaria no topo da lista de tóxicos proibidos, com sentenças exemplares aos traficantes. Mas não: ela é acessível em qualquer parte do mundo e até dispensa prescrição. Os traficantes profissionais são numerosos e organizados em cartéis hierárquicos e apregoam abertamente sua mercadoria em esquinas e em prédios dedicados a ela. Alguns desses cartéis são peritos em espoliar pessoas pobres desesperadas por alimentar seu hábito. Os líderes supremos ocupam posições influentes em altas instâncias e são acatados por reis, presidentes e primeiros-ministros. Os governos não só fazem vista grossa ao tráfico como, ainda por cima, lhe concedem isenção fiscal. E pior: subsidiam escolas fundadas com o intuito específico de viciar crianças.

Impeliu-me a escrever este artigo o semblante sorridente de um homem feliz em Bali. Ele recebeu extasiado sua sentença de morte pelo assassinato brutal de um grande número de inocentes em uma festividade, pessoas que ele não conhecia e contra quem não tinha nenhum ressentimento pessoal. Alguns no tribunal horrorizaram-se com sua falta de remorso. A reação dele foi, bem ao contrário, de óbvio contentamento. Ele deu socos no ar, delirante de alegria porque iria ser "martirizado", no jargão de seu grupo de viciados. Não tenham dúvida: aquele sorriso beatífico, a ânsia com genuíno prazer por um pelotão de fuzilamento, é o sorriso de um *junkie*. Ele é o arquétipo do noia, dopado com uma droga viciante, não refinada, não adulterada, de alta octanagem: a girelião.

O sábio estadista veterano da febre dos dinossauros*

Grandes humoristas não contam piadas. Eles plantam novas espécies de piadas e as ajudam a evoluir, ou apenas ficam assistindo enquanto elas se autopropagam, crescem e rebrotam. *Gamesmanship*, de Stephen Potter, é uma piada única, muito elaborada, nutrida e sustentada por meio de *Lifemanship* e *One-Upmanship*.** A piada mutou e evoluiu com tamanha fertilidade que, longe de se desgastar com a repetição, cresceu e se tornou ainda mais engraçada. O autor foi ajudando com o plantio de memes auxiliares: "ma-

---

* Robert Mash é um amigo dos tempos de pós-graduação em Oxford. Nós dois éramos membros do Maestro's Mob, o grupo de pesquisa de Tinbergen. Anos depois, ele escreveu um livro encantador, *How to Keep Dinosaurs*. Quando foi novamente publicado em segunda edição (2003), por incentivo meu, escrevi esta introdução.

** *Gamesmanship* é o primeiro livro de Stephen Potter de uma trilogia de autoajuda humorística que ensina "a arte de ganhar jogos sem literalmente trapacear", usando todos os métodos dúbios possíveis sem ser descoberto. *Lifemanship* e *One-Upmanship* vieram em seguida, para estender os ensinamentos dessa arte às mais diversas situações da vida e das relações interpessoais. (N. T.)

nobra" e "lance inicial", notas pseudoacadêmicas, os colaboradores fictícios Odoreida e Gatling-Fenn — que *talvez* não sejam fictícios. Agora, trinta anos depois da morte de Potter, se fôssemos cunhar, por exemplo, "Postmodernship" ou "GM-ship" [em tradução livre: "pós-modernaria" e "transgenicaria"], você estaria preparado para entender a piada e desdobrá-la. A maioria das histórias de Jeeves são mutantes de uma piada arquetípica, e também aqui estamos falando de uma espécie que evolui, amadurece e se torna mais — e não menos — engraçada conforme é recontada. O mesmo podemos dizer de *1066 and All That, The Memoirs of an Irish RM* e certamente de *Lady Addle Remembers*. É nessa esplêndida tradição que se encaixa *How to Keep Dinosaurs*.

Desde o nosso tempo de estudantes, Robert Mash é não só um humorista mas também um fecundo propagador de novas linhagens evolucionárias de humor. Se ele teve algum predecessor, foi Psmith: "Esse som grave e lamentoso que você ouve é o lobo acampado à minha porta" é como imagino que seria um modo mashiano de dizer "estou na pindaíba". Também psmithiana foi a resposta circunspecta a uma mulher que o encontrou em uma festa. Quando ela soube que Mash era diretor de uma escola famosa, perguntou, toda inocente: "E vocês têm meninas?". A resposta lacônica dele, "Ocasionalmente", dada com uma impassível seriedade à la Psmith, foi calculada para desconcertar.

As imaginativas variantes de "Stap m'vitals"* lançaram todo o seu círculo de amigos à faina de inventar outras, que se tornaram cada vez mais bizarras à medida que a espécie evoluiu através da microcultura memética. O mesmo se deu com nomes de pubs. O Rose and Crown [Rosa e Coroa], em Oxford, era o nosso *point*

---

* Expressão que denota grande surpresa, é um bordão cômico usado originalmente pelo personagem lorde Foppington, da peça *The Relapse*, de John Vanbrugh, de 1696. (N. T.)

(e, a propósito, o lugar onde aconteceu grande parte dessa evolução inicial), mas raramente nos referíamos a ele por esse nome. "A gente se vê lá no Catedral e Fígado" poderia surgir em algum ponto da linha evolucionária. Espécimes posteriores só pareceriam engraçados no contexto de sua história evolucionária. Outra espécie que Mash plantou foi a variante indefinidamente evolutiva da convolução "Nossa amiga...". Podia começar com "Rose and Crown" sendo "Nossa amiga real floral", mas muito adiante os descendentes dessa linhagem ganhavam pela evolução o hermetismo barroco de uma charada e requeriam educação clássica para ser decifrados. Em última análise, o filo ao qual pertenciam todas essas espécies de humor mashiano poderia ser chamado de circunlóquio impassível.

No entanto, o jovem Robert Mash humorista não corresponde ao acadêmico sério na maturidade. E onde o seu lado sério mais se evidencia é nesse livro em que ele reúne a experiência de toda uma vida sobre dinossauros, seus habitats e manutenção, na saúde e na doença. Seu nome há tempos é indissociável da febre dos dinossauros. Do recinto de exposições à sala de leilão, das pistas de corrida às charnecas de pterossauros, nenhum encontro de saurófilos está completo antes do murmúrio "Mash chegou". Até os carnossauros parecem sentir a presença do mestre e põem uma agilidade adicional em seu andar bípede, um esgar a mais em suas mandíbulas rendilhadas de bactérias. Ele está sempre a postos com um tapinha tranquilizador nas ancas de um *Compsognathus* ou um conselho oportuno ao proprietário.

Seu dinossauro de estimação está chegando àquela difícil idade em que o esporão precisa ser aparado? Mash orientará você sobre como desbastá-lo adequadamente, antes que tudo termine em lágrimas e inadvertida laparotomia (ah, mas a intenção era tão boa). Seu dinossauro de caça está ficando entusiasmado demais? Chame o Mash antes que ele "vá buscar" batedores em excesso (a boca do seu retriever pode ser tão branda quanto os abafados gritos de socorro dos rapazes, mas ambas as coisas têm limites). Para aqueles momentos embaraçosos, como quando um *Microraptor* se esquece de que está na sala de visita, o conselho de Mash é discreto e sucinto. Ou você está precisando de uma porção bem decomposta de esterco de *Iguanodon* para sua horta? Fale com o Mash.

Embora hoje seja mais conhecido como o sábio estadista veterano da febre dos dinossauros, Robert Mash já foi um craque em ação. Poucos que o viram montar se esquecerão de seu estilo descontraído ao conduzir carinhosamente o "Matador" em mais uma rodada de 24 saltos impecáveis desse predador ímpar no percurso de obstáculos. Quanto ao adestramento, sob a gamarra enérgica de "R. M." até um *Brachiosaurus* garanhão trotava com a delicadeza de um *Ornithomimus* puro-sangue. Seu grito ao açular aquela famosa equipe de vinte *Velociraptors* acelerava os batimentos de qualquer esportista e gelava o já frio sangue do desafortunado *Bambiraptor* abatido. E quando ele se enroupava com o seu couro veterano de tantas garras, não havia como não voltar para o seu braço — aliás, ele era lucrativamente procurado como consultor por casas reais árabes. Seu *Pterodactylus* fresquinho do adestramento, solto com perícia e vento nas asas, circulava como nenhum outro antes de dar o bote e agarrar seu *Archeopteryx*, finalizando com um bem-sucedido pouso na luva.

Foram anos de empenho por parte de amigos e admiradores do circuito dinossáurico para que Mash reunisse a sua longa experiência em um livro, como só ele saberia fazer. Dessa campanha resultou a primeira edição de *How to Keep Dinosaurs*, que, como era de prever, esgotou com maior velocidade do que o estalo de açoite da cauda de um *Apatosaurus*. Nos áridos anos sem nova reimpressão, cópias piratas muito folheadas foram se tornando bens cada vez mais valorizados, guardados ciumentamente na sacola de caça ou no porta-luvas do Range Rover. A necessidade de uma segunda edição tornou-se premente, e estou felicíssimo por ter sido, ainda que indiretamente, um instrumento para trazê-la à luz. ("Encontrar um editor é encontrar a felicidade" — Provérbios 18,22.) A segunda edição, é claro, beneficiou-se da incansável correspondência de Mash com donos de dinossauros do mundo todo. O livro pode ser apreciado em muitos níveis. Não é, de modo algum, um mero manual do proprietário, ainda que seja indispensável nessa categoria. Considerando todos os seus conselhos práticos bem fundamentados, só poderia ser obra de um zoólogo profissional, profundamente respaldado na teoria e no saber especializado. Muitos dos fatos aqui expostos são exatos. O mundo dos dinossauros sempre foi prenhe de fascínio e assombro, e o manual de Mash veio enriquecer essa combinação. Um aparte teológico: os criacionistas terão na obra um recurso inestimável em sua batalha contra a ridícula *balela* de que humanos e dinossauros estão separados por 65 milhões de anos do tempo geológico.

Como o próprio Robert Mash alertaria, um dinossauro é para a vida toda (vida longuíssima, no caso de alguns saurópodes), e não apenas para o Natal. O mesmo se pode dizer de seu livro. Ainda assim, ele pode ser um presente encantador para qualquer pessoa, de qualquer idade, e por muitos Natais vindouros.

Athorismo: esperemos que seja uma moda duradoura*

O athorismo está na moda estes dias. Pode haver uma conversa produtiva entre valhalhistas e athoristas? Literalistas ingênuos à parte, os thorólogos refinados há muito tempo deixaram de acreditar na substância material do poderoso martelo de Thor. Mas a essência espiritual da martelidade continua a ser uma revelação estrondosamente iluminada, e a fé martelológica conserva o seu lugar especial na escatologia do neovalhalismo, enquanto desfruta uma conversa produtiva com a teoria científica do trovão em seu magistério não coincidente. Os athoristas militantes são seus maiores inimigos. Ignorantes das questões mais sutis da thorologia, eles deviam desistir de sua estridente e intolerante falácia do espantalho e tratar a fé em Thor com o respeito singularmente protegido que ela sempre recebeu no passado. De qualquer

---

* O *Washington Post* publicava uma coluna intitulada "On Faith" [Sobre a fé], moderada por Sally Quinn, da qual fui colaborador frequente. Este é o parágrafo inicial de um texto publicado em 1º de janeiro de 2007 em resposta a uma questão sobre a moda atual do ateísmo.

modo, estão fadados ao fracasso. As pessoas precisam de Thor, e nada jamais o removerá da cultura. O que se poria em seu lugar?

EPÍLOGO

Esta piada poderia continuar indefinidamente. As thorólogas feministas preferem desconsiderar o patriarcalismo dos rígidos aspectos fálicos do martelo de Thor, os thorólogos da libertação solidarizam-se com os trabalhadores que marcham sob a bandeira do martelo e da foice, enquanto para os thorólogos pós-modernos o martelo é um pujante significador de desconstrução. Continue a gosto.

Leis de Dawkins*

LEI DE DAWKINS DA CONSERVAÇÃO DA DIFICULDADE

O obscurantismo em uma disciplina acadêmica expande-se para preencher o vácuo da sua simplicidade intrínseca.

LEI DE DAWKINS DA INVULNERABILIDADE DIVINA

Deus não pode perder. Lema 1: Quando a compreensão se expande, deuses se contraem — mas depois eles se redefinem para restaurar o status quo. Lema 2: Quando as coisas vão bem, dão-se graças a Deus. Quando as coisas vão mal, dão-se graças a Deus por não irem pior. Lema 3: A crença na vida após a morte só pode ser provada, nunca refutada.

---

* Esta foi minha resposta à pergunta "Qual é sua lei?" feita por John Brockman em 2004, na questão anual que ele envia aos membros de seu fórum on-line *The Edge*: <www.edge.org/annual-question/whats-your-law>.

Lema 4: A fúria com que crenças indefensáveis são defendidas é inversamente proporcional à defensibilidade delas.

LEI DE DAWKINS DO INFERNO E DANAÇÃO

$$H \propto 1/P$$

sendo H a temperatura do fogo do inferno ameaçada e P a probabilidade percebida de que ele existe.

Ou, em outras palavras: "A magnitude de uma punição ameaçada é inversamente proporcional à sua plausibilidade".

A lei a seguir, embora provavelmente mais antiga, é frequentemente atribuída a mim em várias versões, e tenho o prazer de formulá-la aqui:

LEI DO DEBATE ADVERSATIVO

Quando duas crenças incompatíveis são defendidas com igual intensidade, a verdade não necessariamente se situa a meio caminho entre elas. Um lado pode simplesmente estar errado.

PARTE VIII
NENHUM HOMEM É UMA ILHA

Desde que Newton subiu em ombros de gigantes e antes ainda, a ciência sempre foi um empreendimento colaborativo. Seria um panglossianismo nada dawkinsiano negar que alguns de seus praticantes reconheceram insuficientemente suas dívidas para com as contribuições de outros; no entanto, muitíssimos mais representam o coleguismo, o espírito cooperativo e o respeito mútuo que o primeiro ensaio desta antologia identificou como um dos principais "valores da ciência". Esses valores, enriquecidos pela afeição pessoal e sensibilidade moral, obviamente não são apenas de cientistas, mas de toda a humanidade civilizada. Eles são celebrados nesta breve seção final, que apresenta uma pequena seleção de reflexões pessoais em memória e homenagem a outros.

"Memórias de um mestre" foi primeiro apresentado como o discurso inaugural de uma conferência em memória ao biólogo laureado com o prêmio Nobel Niko Tinbergen. Fala não apenas de apreço profissional mas também da sensação de pertencimento gerada pela participação no esforço conjunto do aprendizado e exploração, do privilégio por ser membro de uma instituição de elite e de um grupo de indivíduos com talento tanto para ensinar quanto para trabalhar em ciência. E fala, também, do profundo sentimento de ser obrigado a dar continuidade a essa progressão do conhecimento através das futuras gerações: "Queríamos que as pessoas pegassem as tochas que Niko lhes havia passado e corressem com elas rumo ao futuro".

Os dois ensaios seguintes, "Ó meu pai querido" e "Mais do que meu tio", fulguram de orgulho e amor por parentes do passado e do presente. Um filho e sobrinho liberal de inclinações à esquerda que fosse menos escrupulosamente honesto poderia ser tentado a menosprezar, atenuar ou repudiar uma herança imperial, mas Richard não quer saber de deslealdades dessa laia, em nenhuma das direções: "Obviamente muita coisa da presença britânica na África foi ruim. Mas as coisas boas foram muito, muito boas, e Bill foi uma das melhores". Essas recordações afetuosas são iluminadas pelo humor, como quando ele conta sobre a veemência com que seu tio Bill lia o Riot Act ("Imagino o texto costurado no forro de seu capacete de palha") e sobre a inventividade à la Heath Robinson de seu pai na fazenda da família. E elas ressoam com o orgulho e o amor indisfarçado tanto pelo pai e pelo tio como por quaisquer das (consideráveis) realizações de seus antepassados: "Esqueçamos o ar de comando e a postura militar. Há qualidades mais admiráveis".

Os leitores desta antologia já terão, espero, conseguido avaliar o enorme escopo dos interesses, paixões e talentos de Richard Dawkins como cientista, professor, polemista, humorista e sobretudo escritor. Escolhi para fechar este livro "Homenagem a Hitch", um texto que enfoca sua impressionante versatilidade em um único ponto de brilho deslumbrante. Esse discurso, feito por Richard ao apresentar o prêmio com seu nome instituído pela Atheist Alliance of America e entregue a Christopher Hitchens, na época mortalmente doente, ressoa com "admiração, respeito e amor", como ele diz. É ao mesmo tempo irônico e apropriado que muitos dos tributos que ele presta a Hitchens poderiam ser destinados a ele próprio: "principal intelectual e acadêmico do nosso movimento ateísta/secular", "um amigo que incentiva com brandura os jovens, os tímidos", igualmente capaz de "lógica penetrante", "espirituosidade mordaz" e "iconoclastia corajosa". Não admira que fossem almas irmãs.

Richard Dawkins sempre terá críticos — alguns solidários com seus objetivos, outros profundamente hostis. Mas creio que um leitor honesto de qualquer tendência terá dificuldade em negar que "muita coisa que se escreve na Grã-Bretanha em nossa época é ruim. Mas as coisas boas são muito, muito boas, e os escritos de Richard Dawkins são dos melhores".

G. S.

Memórias de um mestre*

Bem-vindos a Oxford. Para muitos de vocês, bem-vindos de volta. Talvez até para alguns seria agradável pensar como seria boa

---

* Niko Tinbergen, que dividiu o prêmio Nobel de fisiologia com Konrad Lorenz e Karl von Frisch em 1973, trabalhava em 1949 na sua Holanda natal quando foi atraído para Oxford. Ele aceitou o convite em parte (mas somente em parte, segundo a muito perceptiva e honesta biografia escrita por Hans Kruuk) porque via em Oxford um trampolim para levar a etologia holandesa e alemã para o mundo anglófono. A mudança envolveu considerável sacrifício pessoal. Ele aceitou um corte substancial no salário e um rebaixamento na hierarquia, de professor titular em Leiden para *demonstrator*, o nível básico da hierarquia acadêmica em Oxford; seus filhos precisaram fazer um curso intensivo de inglês para poderem estudar em novas (e caras) escolas inglesas; e ele nunca se sentiu à vontade no sistema universitário de Oxford. A biologia acadêmica britânica teve sorte por atraí-lo. Entrei para o seu grupo de pesquisa em 1962, talvez um pouco tarde demais para me beneficiar plenamente do auge de sua carreira, mas ganhei o bastante dela em segunda mão, com o numeroso e florescente grupo que ele fundou e influenciou, sobretudo Mike Cullen, a quem homenageio em *Fome de saber*. Um ano depois da morte de Niko, Marian Stamp Dawkins, Tim Halliday e eu organizamos uma conferência em Oxford em memória a ele. O texto a seguir é o meu discurso de abertura, que serviu de introdução à ata da conferência que publicamos em forma de livro, com o título *The Tinbergen Legacy*.

a sensação de receber boas-vindas de volta à sua casa em Oxford. E é um grande prazer ter aqui tantos amigos vindos da Holanda.

Na semana passada, quando já estava tudo pronto exceto os preparativos de última hora, ficamos sabendo que Lies Tinbergen tinha falecido. Obviamente não teríamos escolhido um momento como este para realizar este encontro. Tenho certeza de que nós todos queremos expressar nossas condolências aos familiares, muitos dos quais, fico feliz por dizer, estão aqui presentes. Discutimos sobre o que fazer e decidimos que, dadas as circunstâncias, não havia alternativa a não ser dar continuidade. Os membros da família Tinbergen que conseguimos consultar concordaram plenamente. Creio que nós todos sabemos que Lies era um grande esteio para Niko, mas acho que bem poucos sabiam realmente a magnitude do apoio que ela lhe deu, em especial durante os difíceis períodos de depressão.

Devo dizer algumas palavras sobre esta conferência memorial e o que a ensejou. Cada um vivencia uma perda a seu modo. O modo de Lies foi seguir ao pé da letra a instrução caracteristicamente modesta de Niko de que ele não queria nenhum tipo de rito funeral ou memorial. Alguns de nós compreendemos totalmente o desejo da ausência de observância religiosa, mas ainda assim sentimos a necessidade de algum tipo de rito de passagem para um homem a quem amamos e respeitamos durante tantos anos. Sugerimos vários tipos de observância secular. Por exemplo, o fato de haver tanto talento musical na família Tinbergen levou alguns de nós a propor um concerto de câmara memorial, com leituras ou tributos nos intervalos. No entanto, Lies deixou claro que não queria nada nessas linhas e que Niko teria sido da mesma opinião.

Assim, por algum tempo, nada fizemos. E então, depois de um período, nos demos conta de que uma conferência memorial seria suficientemente diferente de um funeral para não se enquadrar nos critérios que ele havia estipulado. Lies aceitou e, enquanto estávamos planejando a conferência, ela mencionou que esperava comparecer, embora mais tarde mudasse de ideia, temendo, mais uma vez com sua modéstia característica, mas totalmente equivocada, vir a ser um estorvo.

É um imenso prazer receber tantos velhos amigos. É um tributo a Niko e à afeição que seus antigos pupilos sentiam por ele o fato de tantos de vocês estarem aqui hoje, terem convergido para Oxford, e alguns vindo de muito longe. A lista dos presentes é uma galáxia de velhos amigos, alguns dos quais talvez não se vissem havia trinta anos. A mera leitura da lista de convidados foi para mim uma experiência comovente.

Todos nós temos recordações de Niko e do seu grupo de contemporâneos nossos. As minhas começam quando eu era aluno de graduação e ele nos deu uma aula, de início não sobre comportamento animal, mas sobre moluscos — pois, na singular opinião de Alister Hardy, todos os palestrantes deviam participar do curso sobre "Reino Animal", que é uma das vacas sagradas da zoologia. Na época eu não sabia o quanto Niko era ilustre. Creio que, se soubesse, teria ficado consternado por ele ser obrigado a dar aula sobre moluscos. Como se não bastasse ele ter desistido de ser professor titular em Leiden para se tornar, pelo esnobe costume de Oxford, meramente o "sr. Tinbergen". Não lembro grande coisa daquelas primeiras aulas sobre moluscos, mas me recordo perfeitamente de reagir ao seu sorriso cativante: simpático, bondoso, avuncular, pensei na época, embora ele provavelmente não fosse muito mais velho do que sou agora.

Acho que foi nessa ocasião que Niko e seu sistema intelectual se gravaram em mim, pois fui pedir ao meu tutor na faculdade para passar à tutoria de Niko. Não sei como foi possível fazer a troca, pois creio que Niko não costumava aceitar alunos de graduação como orientandos. Desconfio que eu talvez seja o último bacharelando que foi orientado por ele. Essa tutoria influenciou-me imensamente. O estilo de tutoria de Niko era ímpar. Em vez de me dar uma lista de leituras com algum tipo de cobertura abrangente de um tema, ele me recomendava uma única obra bastante detalhada, por exemplo, uma tese de doutorado. Lembro-me de que a minha primeira foi uma monografia de A. C. Perdeck, que hoje, para minha alegria, está aqui conosco. Ele me pedia simplesmente que escrevesse um ensaio ou qualquer coisa que me ocorresse como resultado da leitura da tese ou monografia. De certo modo, essa era a maneira como Niko fazia o pupilo sentir-se um igual: um colega cujas opiniões sobre o estudo valia a pena ouvir, e não apenas um estudante penando para aprender um assunto. Nunca me acontecera nada parecido, e eu me deleitei. Escrevia ensaios enormes que demoravam tanto para ser lidos, ainda mais com as interrupções frequentes de Niko, que raramente a leitura era concluída ao fim de uma hora. Ele andava de um lado para outro da sala enquanto eu lia o meu ensaio, descansando apenas de quando em quando em qualquer caixote que lhe servisse de cadeira no momento, fumando um cigarro atrás do outro e, é claro, dando-me toda a sua atenção de um modo que, sinto dizer, eu mesmo não consigo dar à maioria de meus orientandos hoje.

Como resultado dessa tutoria prodigiosa, concluí que eu gostaria muito de ser orientado por Niko em meu doutorado. Assim, entrei para a "Maestro's Mob", a Turma do Mestre, e foi uma experiência inesquecível. Eu me recordo com especial afeição dos seminários das noites de sexta-feira. Além do próprio Niko, a figura dominante naquela época era Mike Cullen. Niko recusava-se obstinadamente a deixar passar um texto mal escrito, e o evento podia empacar por tempo indefinido se o palestrante não conseguisse definir seus termos com rigor suficiente. Nessas discussões, todos participavam, ávidos por dar sua contribuição. Se, em consequência, um seminário não fosse concluído ao cabo de duas horas, simplesmente era retomado na semana seguinte, não importava o que houvesse sido planejado.

Suponho que possa ter sido apenas pela ingenuidade da juventude, mas o fato é que eu passava a semana inteira esperando ansiosamente por esses seminários. Sentíamo-nos membros de uma elite privilegiada, uma Atenas da etologia. Membros de outros grupos, de fases diferentes, já falaram em termos tão semelhantes que acredito que esse sentimento era um aspecto generalizado daquilo que Niko fazia por seus jovens colegas.

De certa forma, o que Niko defendia naquelas noites de sexta-feira era uma espécie de bom senso lógico ultrarrigoroso. Dito assim, pode não parecer grande coisa; talvez pareça óbvio. Mas aprendi desde então que o bom senso rigoroso não tem nada de óbvio para boa parte do mundo. De fato, às vezes o bom senso requer uma vigilância incessante em sua defesa.

No mundo da etologia como um todo, Niko propunha a visão abrangente. Ele não só formulou a noção das "quatro questões" da biologia mas também defendia assiduamente qualquer uma das quatro que, em sua opinião, estivesse sendo negligenciada. Como agora Niko é associado, na mente das pessoas, a estudos de campo sobre a importância funcional do comportamento, vale a pena lembrar quanto de sua carreira foi dedicado, por exemplo, ao estudo da motivação. E, se é que tem alguma valia, minha lembrança dominante de suas aulas sobre comportamento animal durante meu curso de graduação é a de sua atitude implacavelmente mecanicista para com o comportamento animal e a máquina que o alicerça. Impressionavam-me particularmente duas expressões que ele usava: "máquina de comportamento" e "equipamento de sobrevivência". Ao escrever meu primeiro livro, combinei-as na breve expressão "máquina de sobrevivência".

Quando planejamos esta conferência, obviamente decidimos nos concentrar nas áreas em que Niko se destacou, porém não queríamos que as palestras fossem apenas retrospectivas. É claro que desejávamos usar algum tempo relembrando as realizações de Niko, mas também queríamos que as pessoas pegassem as tochas que Niko lhes havia passado e corressem com elas rumo ao futuro.

O comportamento de correr com a tocha em direções novas e empolgantes salienta-se a tal ponto nos etogramas dos alunos e colegas de Niko que planejar o programa foi uma dor de cabeça e tanto. "Mas como é que podemos deixar o fulano de fora?", nos perguntávamos. "Acontece que só temos espaço para seis palestras." Poderíamos ter nos limitado aos pupilos de Niko — os seus filhos científicos —, mas isso teria desvalorizado sua imensa influência sobre seus netos e outros. Poderíamos ter nos concentrado em pessoas e áreas principais não contempladas nos textos do *Festschrift* editado por Gerard Baerends, Colin Beer e Aubrey Manning, mas isso também teria sido uma pena. No final, pareceu que quase não importava qual meia dúzia de descendentes intelectuais de Niko viria ao microfone representar o resto de nós. E talvez essa seja a verdadeira medida de sua grandeza.

Ó meu pai querido:
John Dawkins, 1915-2010*

Meu pai, Clinton John Dawkins, que morreu tranquilamente de idade avançada, viveu 95 anos com plenitude, durante os quais muito conquistou.

Ele nasceu em Mandalay, em 1915. Era o mais velho de três irmãos talentosos, e todos seguiriam seu pai e avô no serviço colonial. O hobby de John na meninice, prensar flores, reforçado por um famoso professor de biologia (A. G. Lowndes, do Marlborough College), levou-o a estudar botânica em Oxford e depois agricultura tropical em Cambridge e ICTU (Trinidad), em preparação para exercer o cargo de oficial consultor júnior em agricultura na Niassalândia. Imediatamente antes de partir para a África, ele se casou com minha mãe, Jean Ladner. Ela o seguiu logo de-

---

* Espero que não seja visto como um deleite pessoal a inclusão de duas homenagens a parentes. Eles não são diretamente ligados à ciência, porém, no sentido em que se pode dizer que tenho uma alma, eles estão ligados à minha. Meu pai e seus dois irmãos influenciaram-me, cada um a seu modo. Este primeiro ensaio é o obituário que publiquei no *Independent* de 11 de dezembro de 2010.

pois, e os dois começaram uma idílica vida de casados em vários postos agrícolas remotos, até que ele foi convocado para o serviço militar durante a guerra no regimento King's African Rifles (KAR). John deu um jeito de obter autorização para viajar para o Quênia por conta própria em vez de ir com o comboio do regimento, e assim Jean pôde acompanhá-lo — ilegalmente, o que, talvez, penso eu, torne ilegítimo o meu nascimento em Nairóbi.*

No pós-guerra, o trabalho de John como oficial consultor em agricultura na Niassalândia foi interrompido quando ele recebeu uma herança inesperada de um primo muito distante. A fazenda Over Norton Park estava na família Dawkins desde os anos 1720, e Hereward Dawkins, depois de procurar em sua árvore genealógica, não encontrou ninguém como seu mais próximo herdeiro além do jovem oficial agrícola da Niassalândia, que ele nunca vira e que nem sabia de sua existência.

O lance de Hereward compensou muito além do esperado. O jovem casal decidiu partir da África e administrar a Over Norton Park como uma fazenda comercial, em vez de uma grande propriedade de aristocratas. Contrariando grandes probabilidades (e os conselhos desencorajadores de parentes e do advogado da família), eles foram bem-sucedidos, e é justo dizer que salvaram a herança dos Dawkins.

Eles transformaram a residência principal em apartamentos especializados para funcionários coloniais mandados "para casa" de licença. Naquela época, os tratores não tinham cabine, e podia-se ouvir John, com seu velho chapelão de abas largas do regimento, a bradar os salmos campo afora ("Moab é a bacia em que me lavo"), a bordo do seu minúsculo Ferguson (ainda bem

---

* O diário dela sobre essa viagem e sua vida seguindo o acampamento do Exército no Quênia e em Uganda traz leituras divertidas, e citei passagens dele em *Fome de saber*.

que era minúsculo, pois numa ocasião John conseguiu atropelar a si mesmo com ele).

Também diminutas eram as vacas Jersey que ornavam a propriedade. A nata do seu leite gordo (hoje fora de moda) era separada e fornecida à maioria dos *colleges* oxfordianos e a muitas lojas e restaurantes, enquanto, em um impecável exemplo do que John chamava de "música e movimento", o leite desnatado nutria a numerosa manada de porcos da Over Norton. A separação da nata envolvia uma exibição magistral da característica engenhosidade de John, que inventou uma parafernália à base de barbantes digna de um Heath Robinson* — a inspiração para um encantador versinho composto pelo nosso veterano porqueiro: "*With clouds of steam and lights that flash,/ the scheme is most giganto,/ When churns take wings on nylon slings/ Like fairies at the panto*".**

John não limitou seu engenho filamentoso à lide agrícola. Por toda a vida ele se dedicou a um hobby criativo após outro, todos eles beneficiados por sua habilidade com cordões vermelhos e pedaços velhos e sujos de metal descartado. Todo Natal havia uma nova safra de presentes feitos em casa, inaugurada com os brinquedos que ele fez para minha irmã e para mim na África, e passando por mimos igualmente divertidos para netos e bisnetos.

Ele foi eleito membro da Royal Photographic Society, e sua forma de arte especial consistia em usar dois projetores para "dissolver" fotos em imagens meticulosamente correspondentes em sequência. Cada sequência tinha um tema, e seus variadíssimos temas incluíam folhas de outono, sua amada Irlanda e arte abstra-

---

* Para o equivalente americano, pense em Rube Goldberg [Heath Robinson e Rube Goldberg foram dois cartunistas famosos por desenhar máquinas complicadíssimas para realizar tarefas simples (N. T.)].

** "Nuvens de vapor, luzes de toda maneira./ É um colosso a obra-prima,/ Em fio de náilon ganha asas a desnatadeira/ Como as fadas na pantomima". (N. T.)

ta feita com fotografia de padrões espectrais que espreitavam nas profundezas da tampa de garrafa de cristal lapidado. Ele automatizou o processo de dissolução fabricando seus próprios "diafragmas de íris" para os projetores alternados, presos um ao outro por elásticos. Barato e muito eficaz.*

Nonagenário, John desacelerou, e sua memória esvaiu-se. Mas ele aceitou o peso da velhice com a mesma generosa dignidade que acompanhou seus anos ativos. Ele e Jean, que continua conosco, celebraram seu septuagésimo aniversário de casamento no ano passado com uma festa maravilhosa. Ele aprendeu a rir de suas fragilidades físicas com um bom humor afável que inspirava um amor imenso em sua numerosa família, incluindo nove bisnetos, todos vivendo em quatro casas próximas dentro dos muros de pedra de Cotswold em Over Norton Park — o lar ancestral que ele e Jean** salvaram.

---

* Hoje, naturalmente, isso seria feito no computador.
** Ela comemorou seu centésimo aniversário alguns dias depois de eu ter escrito esta nota.

Mais do que meu tio:
A. F. "Bill" Dawkins, 1916-2009*

Em 1972, o governo britânico estava à procura de uma solução para o que era então a Rodésia. O secretário das Relações Exteriores, Sir Alec Douglas-Home, nomeou uma comissão real, chefiada por lorde Pearce, para percorrer os vilarejos e estradas secundárias do território rodesiano e sondar a opinião pública. Os comissários eram velhos tipos coloniais, dotados, como se supunha corretamente, da experiência necessária. Bill Dawkins, sendo uma escolha óbvia para a comissão, foi convocado a interromper sua aposentadoria e participar.

Na época, havia na minha faculdade em Oxford um professor residente de língua e literatura clássica idoso e loquaz que tinha passado boa parte da vida em estreita associação com o servi-

---

* Bill era o irmão do meio de meu pai e morreu um ano antes dele. Fiz este tributo ao meu tio (e padrinho) querido em seu funeral na Igreja de São Miguel e Todos os Anjos, em Stockland, Devon, na quarta-feira, 11 de novembro de 2009. Como foi um funeral de família, obviamente eu me referi aos seus parentes pelo primeiro nome, sem explicações.

ço colonial. Sir Christopher tornou-se obcecado pela Comissão Pearce, e sobretudo com Bill, provavelmente porque a BBC dera de usar suas belas feições como ícone para o assunto no noticiário da noite. Como diria Lalla, Bill foi uma excelente escolha para o papel. Sir Christopher, embora não houvesse encontrado Bill pessoalmente, sentia que o conhecia, como se ele fosse uma espécie de quintessência da virtude e força de caráter imperial. Isso transparecia em comentários do tipo "O tio do Dawkins logo vai dar um basta *nisso*". Ou "Quero ver alguém tentar passar a perna no tio do Dawkins — rá!".

Os comissários foram enviados aos pares para percorrer o país junto com uma comitiva, e o parceiro de Bill foi outro veterano colonial chamado Burkinshaw. Dado o status icônico de Bill, as câmeras de reportagem da BBC escolheram acompanhar Dawkins e Burkinshaw em uma dessas missões de levantamento, e Sir Christopher não desgrudou os olhos da televisão. Eu me recordo vividamente do resumo que ele fez no dia seguinte na sua característica voz de bom contador de anedotas: "Sobre o Burkinshaw não vou dizer nada. Agora, *o Dawkins* obviamente é acostumado a *comandar homens*".

David Attenborough me disse que tinha essa mesma impressão de Bill, e para ilustrar seu comentário ele se aprumou todo e armou no rosto uma expressão realisticamente imperialista. Fora hospedado por Bill e Diana quando filmava em Serra Leoa em 1954, e os dois continuaram amigos para sempre.

Não consigo imaginar ninguém chamando Bill de Arthur ou Francis, embora A. F. combinasse muito bem com ele. A vida toda ele foi chamado apenas de Bill, desde bebê, quando, segundo diziam, ele se parecia com o lagarto Bill de *Alice no País das Maravilhas*. Eu o admirei desde o primeiro dia em que o vi. Foi em 1946, eu tinha cinco anos e estava na banheira de nossa casa em Mullion. Bill devia ter acabado de chegar da África, e meu pai

483

trouxe seu irmão mais novo para me conhecer. Fiquei impressionado com aquela figura alta e elegante, de cabelo e bigode pretos, olhos azuis e marcante porte militar. A vida toda eu o admirei como um exemplo brilhante de tudo o que os britânicos fizeram de bom na África. Obviamente muita coisa da presença britânica na África foi ruim. Mas as coisas boas foram muito, muito boas, e Bill foi uma das melhores.

Ele foi um atleta notável. Na escola preparatória onde estudei, uns 25 anos depois dele, lembro-me de sentir um orgulho familiar quando via seu nome na lista de honra como o recordista dos cem metros rasos. Essa velocidade obviamente lhe trouxe destaque quando, nas primeiras fases da guerra, ele jogou rúgbi pelo Exército. Consegui encontrar uma notícia de 22 de abril de 1940, do correspondente de rúgbi do *Times*, falando sobre uma partida que deve ter sido empolgante entre o time do Exército e a seleção da Grã-Bretanha, vencida pelo primeiro. Mais para o fim do jogo percebeu-se que:

> Os passes do Exército continuavam ruins, mas Dawkins e Wooller, com uma velocidade tremenda e habilidade para pegá-los na corrida, logo lembraram à Grã-Bretanha que esses dois jogadores, sozinhos, iam dar muito que fazer à defesa. Primeiro, Dawkins, com uma rapidez espantosa, mandou Wooller voando para a linha, com um estupendo mergulho na finalização. Depois foi a vez de Wooller mandar Dawkins.

Evidentemente, a agilidade que dera o recorde da escola a Bill nos cem metros rasos não o abandonara, e "velocidade" ainda era a expressão exata. "Rapidez espantosa", "velocidade tremenda" e "obviamente acostumado a comandar homens"… Mas essas expressões, por mais marcantes que sejam, talvez representem as qualidades menos importantes entre as que hoje lembramos. Eis uma carta de um pai delicado e carinhoso para Penny, então com seis anos:

> Lembra aquela ipomeia no quintal de casa e que às vezes contávamos as flores no meu caminho para o trabalho e o máximo a que chegamos foi 54? Pois hoje eram 91 só de um lado. Você leu tudo isto sem ajuda porque não usei palavras compridas como DESOFICIALIZAÇÃO, USEI? [...]. Com muito amor e beijos do Papai

Conheço gente que daria tudo para ter um pai assim, que dirá um padrinho. Bill nasceu na Birmânia em 1916. Enquanto seus pais ainda estavam lá, ele e seu irmão mais velho, John, foram estudar em um internato na Inglaterra e passavam as férias com os avós aqui em Devon. Deve ter sido nesse período que ele se encheu de amor por esta bela região.

Por coincidência, anos depois ele acabou voltando à Birmânia durante todo o tempo da guerra; combateu os japoneses como oficial do Regimento de Serra Leoa, pois era prática britânica usar soldados tropicais em teatros de operações tropicais. Ele ascendeu ao posto de major e teve menções de bravura por seus feitos.*

Ele passou a amar o povo de Serra Leoa quando o comandou durante a guerra; e, findo o conflito, quando ele seguiu a tradição bermuda cáqui da família e entrou para o serviço colonial, candidatou-se para trabalhar em Serra Leoa, onde foi promovido a comissário distrital em 1950.

---

* Minha mãe, que era afeiçoada ao seu cunhado (por dois lados, já que os dois irmãos se casaram com duas irmãs), pouco tempo atrás me contou que Bill nunca falava sobre o que vivenciara durante a guerra. Não é de admirar, considerando onde e como ele passou aqueles anos.

Era um ofício árduo, e às vezes ele precisava subjugar arruaças e rebeliões armado com nada além de seu ar inato de estar "acostumado a comandar homens". As rebeliões não eram contra o governo colonial, e sim ligadas a lutas entre tribos rivais. Bill, o comissário distrital, chegava pisando duro e lia o Riot Act.* Não *metaforicamente*. Ele *lia mesmo* o Riot Act, palavra por palavra. (Imagino o texto costurado no forro de seu capacete de palha.) Durante um levante, Bill pegou um homem ferido e o carregou para um lugar seguro. Os revoltosos tentaram persuadi-lo a pôr o sujeito no chão, para poder continuar a espancá-lo. Bill recusou, sabendo que, enquanto ele o carregasse, não ousariam ferir o homem. Essa tática curiosamente surreal de lidar com rebeliões teve seu clímax quando, no meio de um tumulto, de repente se fez silêncio absoluto depois que alguém gritou "O comissário tá cansado", e então uma mesa e uma cadeira desceram por uma corda de uma janela alta. Segundo Penny, que me contou essa história, uma garrafa de cerveja foi solenemente posta à mesa, e Bill foi convidado a sentar-se para beber. Ele aceitou. Isso feito, a mesa e a cadeira foram novamente içadas pela janela, e o tumulto prosseguiu como se nada tivesse acontecido.

Durante outro levante, um dos africanos gritou as seguintes palavras para tranquilizar todos os que o ouvissem naquela balbúrdia: "Tudo bem, pessoal, tudo vai se ajeitar logo, o major Donkins chegou". Presumivelmente isso foi dito por um dos soldados que ele comandara na Birmânia durante a guerra, pois Bill nunca usaria sua patente militar em tempo de paz. Muitos em

---

* Lei decretada pelo Parlamento britânico em 1714, permitia que autoridades locais declarassem ilegal a reunião de doze ou mais pessoas, as quais ficavam obrigadas a se dispersar ou sofreriam punição legal. Em inglês, a expressão "*read the riot act*" (literalmente ler o Riot Act) passou a ser usada para denotar uma repriminda grave. (N. T.)

Serra Leoa pronunciavam errado seu nome, dizendo Donkins. Em uma ocasião posterior, uma carta endereçada "Ao colonial Donkey, Freetown" foi entregue corretamente.

Eis outra carta daquele período para Bill, com data de 22 de novembro de 1954. O assunto não tinha nenhuma relação com rebeliões; era uma carta de despedida de um africano grato (e com segundas intenções). Dizia o seguinte:

22 de novembro de 1954
Caro senhor,
Adeus, meu fiel amigo, tenho de me despedir agora das alegrias e prazeres que desfrutei em sua companhia. Trabalhamos juntos unidos no coração, mas agora devemos encerrar e logo precisaremos partir. Meu coração murchou dentro de mim ao lhe dizer adeus. Embora ausente em pessoa, estou com o senhor quando oro para que o encontre e trabalhe sob as suas ordens algum dia em algum lugar.

Assim como o mais querido amigo da Humanidade que é Jesus deu o seu corpo e o seu sangue como símbolo e recordação para que seus discípulos se lembrassem dele, eu também gostaria que me deixasse uma lembrança, que é uma Autorização para comprar uma espingarda...

É sempre difícil fazer um novo contato. Por isso se eu não agir agora isso vai demorar anos. Mas esse assunto é apropriado para esta ocasião, pois será uma lembrança. Eu me lembrarei do senhor através da Espingarda.

Com todo o meu respeito e reverência ao senhor, despeço-me,
Seu obediente servidor

Por mais interesseira que seja a carta, a afeição e o respeito transparecem, e podemos ter certeza de que pelo menos essa parte foi sincera.

O sucesso de Bill como comissário distrital foi reconhecido em 1956, quando ele recebeu uma promoção inesperada e muito glamorosa: foi nomeado administrador da ilha de Montserrat. A família inteira mudou-se para a Government House da minúscula ilha, onde Bill foi, não totalmente ao pé da letra, o monarca de tudo o que estava sob sua jurisdição. O lugar era paradisíaco naquela época, antes das catástrofes do furacão Hugo e da terrível erupção vulcânica que devastou a ilha onde Thomas e Judith continuam a servir com lealdade. Bill era o representante oficial da rainha, por isso o carro deles tinha a Coroa em vez de uma placa de licença comum, além de uma bandeira no capô, que só era desenrolada quando "Sua Excelência" estava a bordo. Diana fazia o papel de consorte, e podemos ter certeza de que ela o desempenhava à risca: era a patronnesse das escoteiras e guias, inaugurava festejos e bazares e atuava em muitas outras frentes. Deve ter sido bem diferente da vida nas selvas de Serra Leoa, e Diana deve ter atuado com brilhantismo, como fez em todos os outros aspectos de sua vida ao lado dele. Bill jogava críquete por Montserrat contra outras ilhas das Índias Ocidentais e sofreu uma lesão grave na posição de rebatedor.

Depois do interlúdio em Montserrat, quando a nomeação de Bill expirou, ofereceram-lhe outra ilha das Índias Ocidentais, Granada, mas ele caracteristicamente optou por voltar para a África, onde o desafio e a necessidade eram maiores. Retornou a Serra Leoa, agora na categoria de comissário provincial. No fim de sua gestão, quando Serra Leoa obteve a independência, tornaram a lhe oferecer o governo de uma ilha nas Índias Ocidentais: São Vicente. Para tornar-se governador, ele receberia o título de cavaleiro. Porém, sabendo que seu pai, o meu avô, era idoso e que Penny, em Cambridge, e Thomas, em Marlborough, talvez precisassem de um lar na Inglaterra, ele e Diana decidiram que seria melhor ele se aposentar do serviço colonial e ir trabalhar como professor.

Ele era formado em matemática por Balliol, por isso podia lecionar essa disciplina. E foi o que fez, com muito sucesso, na Brentwood School. Àquela altura, suas belas feições trigueiras possivelmente estariam mais maduras e formidáveis, pois seu apelido em Brentwood era Drácula. Ou talvez se tratasse apenas de uma referência à sua habilidade de manter a ordem na sala de aula, uma qualidade que não é universal entre os professores. Mas, pensando bem, ele era "acostumado a comandar homens". Esqueçamos o ar de comando e a postura militar. Há qualidades mais admiráveis. Bill foi marido, irmão, pai, avô e... tio amoroso. Tio Bill era mais do que meu tio, era meu padrinho. Já mais idoso, ele dizia, rindo, que era um padrinho *relapso*, mas hoje analiso e creio que ele teve mais do que o interesse de um tio pelo meu bem-estar. Ou isso, ou ele era imensamente bondoso com todo mundo. O que, pensando bem, ele foi.

Mais para o fim da vida, ele me deu um conselho de padrinho. Provavelmente disse a mesma coisa a outros, mas para mim foi com um olhar penetrante daqueles olhos azuis, ricos em sabedoria e experiência, a indicar que se tratava de um aviso muito sério para um afilhado: "Fique você sabendo: a velhice é uma *bosta*".

Bem, agora ele está livre disso e em paz. Pode ter sido acostumado a comandar homens, mas também foi amado por eles. Foi amado por todos que o conheceram. Ele deixou o mundo melhor do que o encontrou — várias partes do mundo. Choramos por ele. Mas, ao mesmo tempo, nos alegramos por ele e pelo que legou.

EPÍLOGO

O irmão mais novo de meu pai, Colyear, foi, academicamente, o mais brilhante dos três. Não tive a oportunidade de escrever seu obituário, mas dediquei *O rio que saía do Éden* à memória de

"Henry Colyear Dawkins (1921-92), *fellow* do St. John's College, Oxford: um mestre da arte de tornar as coisas claras". Vale a pena mencionar duas historietas para ilustrar seu caráter. Uma foi extraída do obituário por seu colega silvicultor Robert Plumptre. Durante a guerra, a bordo de um navio militar em alguma parte da Índia, Colyear construiu um sextante caseiro para descobrir onde eles estavam (uma informação que era vetada aos soldados por questão de segurança). O instrumento foi confiscado, e por um breve tempo ele foi suspeito de espionagem.

A segunda, que também faz lembrar a mentalidade "*dundridge*" dos funcionários públicos contra a qual já deblaterei,* foi extraída da minha autobiografia *Brief Candle in the Dark*:

> Na estação de trem de Oxford, o estacionamento de carros era fechado por uma cancela mecânica, que se erguia para permitir a passagem de cada veículo depois que o motorista inserisse uma ficha de liberação em uma abertura. Uma noite, Colyear tinha voltado para Oxford no último trem vindo de Londres. O mecanismo da cancela estava enguiçado, e ela estava emperrada na posição de bloqueio. Todos os funcionários da estação já tinham ido embora, e os donos dos carros ali presos estavam nervosos para sair do estacionamento. Para Colyear, que tinha sua bicicleta à espera, não havia problema; mesmo assim, com um altruísmo exemplar, ele agarrou a cancela, quebrou-a, carregou-a até a sala do chefe da estação e a deixou do lado de fora da porta, com um bilhete contendo seu nome, endereço e a explicação para o que ele tinha feito. Devia ter recebido uma medalha. Em vez disso, foi processado judicialmente e multado. Que incentivo terrível à cidadania. Que coisa mais típica dos *dundridges* da Grã-Bretanha atual, uma gente tacanha, legalista e obcecada por regras.

---

* "Se eu governasse o mundo...", p. 385.

E uma breve continuação desse caso. Muitos anos mais tarde, Colyear já falecido, encontrei por acaso o renomado cientista húngaro Nicolas Kurti (um físico que, aliás, foi pioneiro da culinária científica, usando seringa hipodérmica para injetar carne e coisas do gênero). Seus olhos se iluminaram quando me apresentei.

"Dawkins? Você disse Dawkins? Por acaso é parente do Dawkins que quebrou a cancela no estacionamento da estação em Oxford?"

"Hã... sim, sou sobrinho dele."

"Ah, eu faço questão de cumprimentá-lo. O seu tio foi um herói."

Se os magistrados que multaram Colyear estiverem lendo isso, espero que se sintam muitíssimo envergonhados. Só estavam cumprindo seu dever e fazendo respeitar a lei? Sei.

Homenagem a Hitch*

Cabe a mim homenagear hoje um homem cujo nome será adicionado, na história de nosso movimento, aos de Bertrand Russell, Robert Ingersoll, Thomas Paine, David Hume.

* Christopher Hitchens morreu de câncer em dezembro de 2011. Dois meses antes, fui a Houston, Texas, e fiz uma longa entrevista com ele para a *New Statesman*. Creio que foi a última entrevista grande que ele deu. Eu tinha sido convidado para organizar a edição de Natal da revista, e essa entrevista foi uma das matérias principais da "minha" edição (outra foi "The Tyranny of the Discontinuous Mind"; ver p. 346). No dia seguinte à entrevista, ele foi à Convenção de Livre-Pensamento em Houston. Em 2003, a Atheist Alliance of America instituíra um prêmio anual, o Richard Dawkins Award, para homenagear pessoas que contribuíssem para a conscientização do público sobre o ateísmo. Não participo da escolha anual do laureado, mas em geral sou convidado para estar presente na conferência, pessoalmente ou por vídeo. E me sinto imensamente honrado diante de cada um dos nomes ilustres da lista, agora com catorze premiados. Em 2011, o prêmio foi para Christopher Hitchens, entregue a ele na Convenção de Livre-Pensamento. Ele estava fraco demais para assistir à maior parte do evento, mas entrou quase no fim, sob aplausos estrondosos e emocionados. Fiz então o discurso reproduzido aqui. No final ele subiu ao palco, nos abraçamos e ele também discursou. Sua voz

Ele é um escritor e um orador de estilo incomparável, domina um vocabulário e uma vastidão de alusões literárias e históricas superior à de qualquer pessoa que conheço. E olhem que eu vivo em Oxford, a alma mater dele e minha.

Ele é um leitor cujo escopo de leituras é ao mesmo tempo tão aprofundado e abrangente que merece o adjetivo um tanto pomposo de "douto" — ainda que Christopher seja o douto menos pomposo que já conheci.

Ele é um debatedor que acaba com a raça da pobre vítima, mas faz isso com tanta gentileza que desarma o oponente ao mesmo tempo que o eviscera. Ele está longe de pertencer à (tão comum) escola na qual o vencedor de um debate é aquele que grita mais. Seus oponentes podem berrar e se esganiçar. E é isso que fazem. Mas Hitch não precisa alterar a voz. Suas palavras, seu estoque polimático de fatos e alusões, seu comando generalício do campo do discurso, o relâmpago ramificado da sua inteligência... tentei sintetizar isso na minha resenha de *Deus não é grande* para o *Times* londrino:

> Está voando muita pena nos pombais dos iludidos, e Christopher Hitchens é um dos responsáveis. Outro é o filósofo A. C. Grayling. Recentemente compartilhei uma tribuna com os dois. O plano era debatermos com um trio que, como se viu, eram três apologistas bem anêmicos da religião ("Obviamente eu não acredito em um Deus de barba branca, mas..."). Eu nunca me encontrara com Hitchens antes, mas tive uma ideia do que esperar quando Grayling me mandou um e-mail discutindo as táticas. Depois de propor algumas falas para si mesmo e para mim, ele concluiu: "[...] e então

---

saiu fraca e interrompida por acessos de tosse, mas foi um tour de force de um guerreiro valente, o melhor orador que já ouvi. Ele até encontrou energia para fazer várias perguntas na parte final. Conhecê-lo foi um privilégio. Gostaria de tê-lo conhecido melhor.

Hitch descarrega a munição de sua metralhadora contra o inimigo em seu estilo característico".

A cativante caricatura de Grayling desconsidera a capacidade de Hitchens para temperar sua belicosidade com uma cortesia das antigas. E "descarregar" sugere tiros para todo lado, o que subestima a precisão letal de sua pontaria. Se você for um apologista religioso e o convidarem para debater com Christopher Hitchens, não aceite. As réplicas espirituosas dele, seu pronto acesso a um estoque de citações históricas, sua eloquência literata, seu fluxo correntio de palavras bem formadas e bem pronunciadas ameaçariam os argumentos que você apresentasse, mesmo que contasse com argumentos bons. Uma enfiada de reverendos e "teólogos" descobriu isso dolorosamente durante as viagens de Hitchens pelos Estados Unidos para promover o livro dele.

Com sua típica ousadia, ele fez o seu circuito pelos estados do Cinturão da Bíblia — o cérebro reptiliano do sul e centro dos Estados Unidos —, em vez de optar pelas alternativas mais fáceis do córtex cerebral do país, o norte e as zonas costeiras. A aclamação que ele recebeu foi ainda mais gratificante por isso. Algo está em efervescência neste grande país.

Christopher Hitchens é conhecido como um homem de esquerda. No entanto, ele é um pensador complexo demais para ser classificado em uma única dimensão direita-esquerda. Aliás, há muito tempo me surpreende a própria ideia de que haja um único espectro político esquerda-direita. Se os psicólogos precisam de mais dimensões matemáticas para situar a personalidade humana, por que a opinião política seria diferente? Para a maioria das pessoas, é espantoso o quanto da variação é explicada pela dimensão singular que chamamos de esquerda-direita. Por exemplo, se você conhece a opinião de uma pessoa sobre a pena de morte, geralmente pode adivinhar sua opinião sobre tributação ou saúde pública.

Mas Christopher é um caso à parte. Ele é inclassificável. Poderia ser descrito como contestatário, porém, com acerto, rejeitou esse título. Ele se classifica unicamente em seu próprio espaço multidimensional. Não se sabe o que ele vai dizer a respeito de alguma coisa até que ele o diga, mas, quando o faz, fala tão bem e fundamenta tão completamente o que diz que, se você quiser discutir, é melhor se pôr em guarda.

Ele é conhecido no mundo todo como um dos principais intelectuais públicos. Escreveu numerosos livros e incontáveis artigos. É um viajante intrépido e um correspondente de guerra de bravura ímpar.

Mas naturalmente ele tem aqui um lugar especial em nossa estima como o principal intelectual e acadêmico de nosso movimento ateísta/secular. Adversário formidável dos pretensiosos, dos confusos e dos intelectuais desonestos, ele é um amigo que incentiva com brandura os jovens, os tímidos, os que tateiam indecisos pelo caminho da vida de livre-pensador sem terem certeza de que o seguirão.

Nós apreciamos imensamente seus *bons mots* e citarei alguns de meus favoritos.

Desde a lógica penetrante...

O que pode ser afirmado sem evidências pode ser desconsiderado sem evidências.

À espirituosidade mordaz:

Cada um tem um livro dentro de si, mas na maioria dos casos é lá que ele deve permanecer.

E à iconoclastia corajosa:

[Madre Teresa] não era amiga dos pobres. Ela era amiga da pobreza. Dizia que o sofrimento era uma dádiva de Deus. Passou a vida fazendo oposição à única cura conhecida para a pobreza, que consiste em empoderar as mulheres e emancipá-las da reprodução compulsória nos moldes da criação de gado.

A seguinte é um Hitch clássico:

> Suponho que uma das razões de eu sempre ter detestado a religião é sua tendência ardilosa de insinuar a ideia de que o universo é estruturado tendo "você" em mente, ou, pior ainda, de que existe um plano divino no qual você se encaixa, saiba disso ou não. Esse tipo de modéstia é arrogante demais para o meu gosto.

E que tal isto:

> A religião organizada é violenta, irracional, intolerante, aliada do racismo, tribalismo e fanatismo, comprometida com a ignorância e hostil à liberdade de investigação, desdenhosa com as mulheres e coerciva com as crianças.

E isto:

> Todo o cristianismo está contido na patética imagem do "rebanho".

Seu respeito pelas mulheres e seus direitos é fulgurante:

> Quem são as suas heroínas favoritas da vida real? As mulheres do Afeganistão, Iraque e Irã que arriscam sua vida e sua beleza para desafiar a abominável teocracia.

Embora não seja cientista e não tenha pretensões nessa direção, ele compreende a importância da ciência para o avanço da nossa espécie e o aniquilamento da religião e superstição:

É preciso dizer com todas as letras. A religião vem do período da pré-história humana, quando ninguém — nem mesmo o poderoso Demócrito, que concluiu que toda matéria é feita de átomos — tinha a menor ideia do que estava acontecendo. Vem da infância chorona e medrosa da nossa espécie e é uma tentativa pueril de suprir a nossa inescapável demanda por conhecimento (e por consolo, tranquilização e outras necessidades infantis). Hoje o menos instruído de meus filhos conhece muito mais sobre a ordem natural do que qualquer um dos fundadores da religião.

Ele nos inspirou, nos deu energia e nos encorajou. Ele nos levou a aplaudi-lo quase diariamente. E até gerou uma palavra nova: o *hitchslap*.* Não admiramos apenas seu intelecto mas também sua combatividade, seu ardor, sua recusa a apoiar qualquer concessão ignóbil, seu estilo direto, seu espírito indômito, sua honestidade brutal.

E até no modo como olha sua doença nos olhos ele encarna parte do argumento contra a religião. Os religiosos que fiquem a choramingar e se lamuriar aos pés de uma deidade imaginária em seu medo da morte; eles que passem a vida negando a realidade do fim da vida. Hitch está olhando a morte diretamente nos olhos: não a nega, não se deixa abater por ela e a enfrenta sem rodeios, com honestidade e uma coragem que inspira a todos nós.

Antes da doença, era como um autor e ensaísta erudito, um orador brilhante e devastador que esse valente cavaleiro investia

---

* Literalmente "bofetada de Hitch", designa a demolição fulminante do arrazoado de um adversário. (N. T.)

contra as tolices e mentiras da religião. Desde a doença, ele adicionou outra arma ao arsenal dele e nosso — talvez a mais formidável e poderosa de todas as armas: o seu próprio caráter tornou-se um símbolo notável e inequívoco da honestidade e dignidade do ateísmo, e também do valor e da dignidade do ser humano quando não é aviltado pelo balbucio acriançado da religião.

Todo dia ele prova a falsidade da mais repulsiva de todas as mentiras cristãs: a de que, em momentos de crise, não existem ateus. Hitch está em um momento de crise e o enfrenta com a coragem, a honestidade e a dignidade que qualquer um de nós se orgulharia de mostrar — e que deve mostrar. E, nesse processo, ele se revela ainda mais merecedor da nossa admiração, respeito e amor.

Coube a mim homenagear Christopher Hitchens hoje. Nem preciso dizer que é ele quem me traz uma honra imensamente maior por aceitar este prêmio com meu nome. Senhoras e senhores, companheiros, vamos receber Christopher Hitchens.

ÚLTIMA PALAVRA

Esse intrépido guerreiro da verdade, esse cidadão do mundo, culto e cortês, esse devastador, coruscante inimigo da mentira e da hipocrisia talvez não tenha uma alma imortal — nenhum de nós tem. Porém, na única acepção dessas palavras que faz sentido, a alma de Christopher Hitchens está entre os imortais.

Fontes e créditos

O autor, a organizadora e os editores agradecem a permissão dos detentores dos direitos autorais para reproduzir os textos deste volume.

I. O(S) VALOR(ES) DA CIÊNCIA [pp. 29-128]

"Os valores da ciência e a ciência dos valores": versão editada da Amnesty Lecture realizada no Sheldonian Theatre, Oxford, em 30 de janeiro de 1997, e posteriormente publicada como o capítulo 2 de Wes Williams (Org.), *The Values of Science: Oxford Amnesty Lectures 1997*, Boulder, Colo., Westview Press, 1998. Reproduzido com permissão de Westview Press.

"Em defesa da ciência: carta aberta ao príncipe Charles": publicado pela primeira vez no fórum on-line de John Brockman *The Edge*, <www.edge.org>, e em *The Observer*, 21 de maio de 2000.

"Ciência e sensibilidade": apresentado pela primeira vez como uma palestra no Queen Elizabeth Hall, Londres, 24 de março de 1998, e transmitido pela BBC Radio 3 como parte da série "Sounding the Century: What Will the Twentieth Century Leave to its Heirs?".

"Dolittle e Darwin": versão resumida do texto publicado pela primeira vez em John Brockman (Org.), *When We Were Kids: How a Child Becomes a Scientist*, Londres, Cape, 2004.

II. TODA A SUA GLÓRIA IMPIEDOSA [pp. 129-220]

"'Mais darwiniano do que Darwin': os papers Darwin-Wallace": versão ligeiramente resumida do discurso feito em 26 de novembro de 2001 na Royal Academy of Arts, Londres, e publicado em *The Linnean*, v. 18, pp. 17-24, 2002.

"Darwinismo universal": versão ligeiramente resumida do discurso feito na Conferência do Centenário de Darwin, realizada em Cambridge em 1982, e depois publicado como um capítulo com o mesmo título em D. S. Bendall (Org.), *Evolution from Molecules to Men*, Cambridge, Cambridge University Press, 1986. Reproduzido com permissão.

"Uma ecologia de replicadores": texto ligeiramente resumido de um ensaio publicado pela primeira vez em uma edição especial de *Ludus Vitalis* celebrando o centenário de Ernst Mayr: Francisco J. Ayala (Org.), *Ludus Vitalis: Journal of Philosophy of Life Sciences*, v. 12, n. 21, pp. 43-52, 2004.

"Doze equívocos sobre a seleção de parentesco": versão resumida do paper publicado pela primeira vez em *Zeitschrift für Tierpsychologie: Journal of Comparative Ethology*, Berlim/ Hamburgo, Verlag Paul Parey, 1979, v. 51, pp. 184-200.

III. FUTURO DO SUBJUNTIVO [pp. 221-60]

"Ganho líquido": publicado pela primeira vez em John Brockman (Org.), *Is the Internet Changing the Way You Think? The Net's Impact on Our Minds and Future*, série Edge Question, Nova York, Harper Perennial, 2011.

"Extraterrestres inteligentes": publicado pela primeira vez em John Brockman (Org.), *Intelligent Thought: Science versus the Intelligent Design Movement*, Nova York, Vintage, 2006, pp. 92-106.

"Procurando embaixo do poste de luz": publicado pela primeira vez no site da Richard Dawkins Foundation for Reason and Science, 26 dez. 2011.

"Daqui a cinquenta anos: a morte da alma?": publicado pela primeira vez como "The Future of the Soul" em Mike Wallace (Org.), *The Way We Will Be 50 Years from Today*, Nashville, Tenn., Thomas Nelson, pp. 206-10, 2008. Copyright © 2008 by Mike Wallace e Bill Adler. Usado com permissão de Thomas Nelson, <www.thomasnelson.com>.

IV. CONTROLE DA MENTE, MALÍCIA E DESNORTEIO [pp. 261-339]

"O 'Adendo do Alabama'": publicado pela primeira vez em *Journal of the Alabama Academy of Science*, v. 68, n. 1, pp. 1-19, 1997. Uma versão revista foi

500

publicada como "The 'Alabama Insert' by Richard Dawkins", excerto de *Charles Darwin: A Celebration of His Life and Legacy*, James Bradley e Jay Lamar (Orgs.), Montgomery, Ala., NewSouth Books, 2013.

"Os mísseis guiados do Onze de Setembro": publicado pela primeira vez no *Guardian*, 15 set. 2001.

"A teologia do tsunami": publicado pela primeira vez em *Free Inquiry*, abr./ maio 2005.

"Feliz Natal, primeiro-ministro!": publicado pela primeira vez como "Do You Get it Now, Prime Minister?", em *New Statesman*, 19 dez. 2011-1 jan. 2012.

"A ciência da religião": texto resumido da primeira de duas palestras feitas na Universidade Harvard em 2003 na série "Tanner Lectures on Human Values" e publicado em G. B. Peterson (Org.), *The Tanner Lectures on Human Values*, Salt Lake City, University of Utah Press, 2005.

"A ciência é uma religião?": texto editado de um discurso feito à American Humanist Association em Atlanta, Georgia, em 1996, na aceitação de seu prêmio Humanista do Ano, e publicado em *The Humanist*, 1 jan. 1997.

"Ateus em prol de Jesus": publicado pela primeira vez em *Free Inquiry*, dez. 2004-jan. 2005.

v. VIVER NO MUNDO REAL [pp. 341-87]

"A mão morta de Platão": grande parte deste artigo foi extraída de "The Tyranny of the Discontinuous Mind", em *New Statesman*, edição dupla de Natal, 2011, combinado com partes de "Essentialism", em John Brockman (Org.), *This Idea Must Die: Scientific Theories that Are Blocking Progress*, série Edge Question, Nova York, HarperCollins, 2015.

"'Sem possibilidade de dúvida razoável'?": publicado pela primeira vez como "O. J. Simpson Wouldn't Be So Lucky Again", em *New Statesman*, 23 jan. 2012.

"Mas eles podem sofrer?": publicado pela primeira vez em <boingboing. net>, 30 jun. 2011.

"Amo fogos de artifício, mas...": uma versão desse artigo foi publicada no *Daily Mail*, 4 nov. 2014.

"Quem militaria contra a razão?": publicado pela primeira vez em *Washington Post*, 21 mar. 2012; reproduzido com mínimas mudanças no site da Richard Dawkins Foundation for Reason and Science em 31 de maio de 2016 (<https://richarddawkins.net/2016/05/who-would-rally-against-reason/>).

"Em louvor das legendas; ou uma bordoada na dublagem": uma versão ligeiramente resumida foi publicada pela primeira vez em *Prospect*, ago. 2016.

"Se eu governasse o mundo...": publicado pela primeira vez em *Prospect*, mar. 2011.

501

VI. A VERDADE SAGRADA DA NATUREZA [pp. 389-424]

"Sobre o tempo": texto do discurso feito na inauguração da exposição com o mesmo título organizada pelo Ashmolean Museum em Oxford em 2011 e publicada na *Oxford Magazine*, 2001.

"O conto da tartaruga-gigante: ilhas dentro de ilhas": publicado pela primeira vez no *Guardian*, 19 fev. 2005.

"O conto da tartaruga marinha: lá e de volta outra vez (e outra vez?)": publicado pela primeira vez no *Guardian*, 26 fev. 2005.

"Adeus a um *digerati* sonhador": publicado pela primeira vez como prefácio em Douglas Adams e Mark Carwardine, *Last Chance to See*, nova ed., Londres, Arrow, 2009.

VII. RIA DE DRAGÕES VIVOS [pp. 425-66]

"Angariando fundos para a fé": publicado pela primeira vez em *New Statesman*, 2 abr. 2009.

"O grande mistério do ônibus": publicado pela primeira vez em Ariane Sherine (Org.), *The Atheist's Guide to Christmas*, Londres, HarperCollins, 2009. Reproduzido com permissão de HarperCollins Publishers Ltd. © do autor 2009.

"Jarvis e a árvore genealógica": escrito em 2010; não publicado anteriormente.

"Girelião": publicado pela primeira vez em *Free Inquiry*, dez. 2003, e depois resumido como "Opiate of the Masses" em *Prospect*, out. 2005.

"O sábio estadista veterano da febre dos dinossauros": publicado pela primeira vez como prefácio em Robert Mash, *How to Keep Dinosaurs*, 2. ed., Londres, Weidenfeld & Nicolson, 2003. Reproduzido com permissão de The Orion Publishing Group, Londres. Prefácio © Richard Dawkins, 2003.

"Athorismo: esperemos que seja uma moda duradoura": publicado pela primeira vez em *Washington Post*, 1 jan. 2007.

"Leis de Dawkins": resposta à questão anual do Edge, "Qual é a sua lei?", <www.edge.org/annual-question/whats-your-law>.

VIII. NENHUM HOMEM É UMA ILHA [pp. 467-98]

"Memórias de um mestre": texto do discurso de abertura de uma conferência em homenagem a Niko Tinbergen, 20 mar. 1990, publicado depois como introdução em M. S. Dawkins, T. R. Halliday e R. Dawkins (Orgs.), *The Tinbergen Legacy*, Londres, Chapman & Hall, 1991.

"Ó meu pai querido: John Dawkins, 1915-2010": publicado pela primeira vez como "Lives Remembered: John Dawkins", *Independent*, 11 dez. 2010. © *The Independent,* <www.independent.co.uk>.

"Mais do que meu tio: A. F. 'Bill' Dawkins, 1916-2009": tributo proferido na Igreja de São Miguel e Todos os Anjos, Stockland, Devon, 11 nov. 2009.

"Homenagem a Hitch": discurso feito na cerimônia de entrega do prêmio Richard Dawkins concedido a Christopher Hitchens pela Alliance of America na Texas Freethought Convention, 8 out. 2011.

Referências bibliográficas

Lista dos detalhes de publicação de obras mencionadas no texto e notas.

ADAMS, Douglas. *The Restaurant at the End of the Universe*. Londres: Pan, 1980. [Ed. bras.: *O restaurante no fim do universo*. São Paulo: Arqueiro, 2009.]

ADAMS, Douglas; CARWARDINE, Mark. *Last Chance to See*. Londres: Arrow, 2009.

AXELROD, Robert. *The Evolution of Cooperation*. Londres: Penguin, 2006.

BARKER, Dan. *God: The Most Unpleasant Character in All Fiction*. Nova York: Sterling, 2016.

BARKOW, Jerome H.; COSMIDES, Leda; TOOBY, John (Orgs.). *The Adapted Mind*. Oxford: Oxford University Press, 1992.

CARTMILL, Matt. "Oppressed by Evolution". *Discover*, mar. 1998.

CRONIN, Helena. *The Ant and the Peacock: Altruism and Sexual Selection from Darwin to Today*. Cambridge: Cambridge University Press, 1991.

DAWKINS, Marian Stamp. *Animal Suffering*. Londres: Chapman & Hall, 1980.

_____. *Why Animals Matter: Animal Consciousness, Animal Welfare, and Human Well-Being*. Oxford: Oxford University Press, 2012.

DAWKINS, Richard. *The Selfish Gene*. Oxford: Oxford University Press, 1976. [Ed. bras.: *O gene egoísta*. São Paulo: Companhia das Letras, 2007.]

_____. *The Extended Phenotype*. Londres: Oxford University Press, 1982.

DAWKINS, Richard. *The Blind Watchmaker*. Londres: Longman, 1986. [Ed. bras.: *O relojoeiro cego*. São Paulo: Companhia das Letras, 2001.]

_____. *River Out of Eden*. Londres: Weidenfeld & Nicolson, 1994. [Ed. bras.: *O rio que saía do Éden*. Rio de Janeiro: Rocco, 1996.]

_____. *Climbing Mount Improbable*. Londres: Viking, 1996. [Ed. bras.: *A escalada do monte Improvável*. São Paulo: Companhia das Letras, 1998.]

_____. *Unweaving the Rainbow*. Londres: Allen Lane, 1998; broch. Penguin, 1999. [Ed. bras.: *Desvendando o arco-íris*. São Paulo: Companhia das Letras, 2000.]

_____. *A Devil's Chaplain*. Londres: Weidenfeld & Nicolson, 2003. [Ed. bras.: *O capelão do Diabo*. São Paulo: Companhia das Letras, 2005.]

_____. *The Ancestor's Tale: A Pilgrimage to the Dawn of Life*. Londres: Weidenfeld & Nicolson, 2004; 2. ed. com Yan Wong, 2016. [Ed. bras.: *A grande história da evolução*. São Paulo: Companhia das Letras, 2009.]

_____. *The God Delusion*. Londres: Bantam, 2006; ed. 10º aniversário, Londres: Black Swan, 2016. [Ed. bras.: *Deus, um delírio*. São Paulo: Companhia das Letras, 2007.]

_____. *The Greatest Show on Earth: The Evidence for Evolution*. Londres: Bantam, 2009. [Ed. bras.: *O maior espetáculo da Terra*. São Paulo: Companhia das Letras, 2009.]

_____. *An Appetite for Wonder: The Making of a Scientist*. Londres: Bantam, 2013. [Ed. bras.: *Fome de saber*. São Paulo: Companhia das Letras, 2015.]

_____. *Brief Candle in the Dark: My Life in Science*. Londres: Bantam, 2015.

DENNETT, Daniel C. *Elbow Room: The Varieties of Free Will Worth Wanting*. Oxford: Oxford University Press, 1984.

_____. *Freedom Evolves*. Nova York: Viking, 2003.

_____. *From Bacteria to Bach and Back*. Londres: Allen Lane, 2017.

EDWARDS, Anthony W. F. "Human Genetic Diversity: Lewontin's Fallacy". *BioEssays*, v. 25, n. 8, pp. 798-801, 2003.

GLOVER, Jonathan. *Causing Death and Saving Lives*. Londres: Penguin, 1977.

_____. *Humanity: A Moral History of the Twentieth Century*. Londres: Cape, 1999.

_____. *Choosing Children: Genes, Disability and Design*. Oxford: Oxford University Press, 2006.

GOULD, Stephen J. *Hen's Teeth and Horse's Toes*. Nova York: Norton, 1994.

_____. *Full House*. Nova York: Harmony, 1996.

GROSS, Paul R.; LEVITT, Norman. *Higher Superstition: The Academic Left and Its Quarrels with Science*. Baltimore: Johns Hopkins University Press, 1994.

HALDANE, John B. S. "A Defence of Beanbag Genetics". *Perspectives in Biology and Medicine*, v. 7, n. 3, pp. 343-60, primavera de 1964.

HARRIS, Sam. *The Moral Landscape: How Science Can Determine Human Values.* Londres: Bantam, 2010.

HITCHENS, Christopher. *The Missionary Position: Mother Teresa in Theory and Practice.* Londres: Verso, 1995.

HOYLE, Fred. *The Black Cloud.* Londres: Penguin, 2010. 1ª publ. Heinemann, 1957.

HUGUES, David P.; BRODEUR, Jacques; THOMAS, Frédéric. *Host Manipulation by Parasites.* Oxford: Oxford University Press, 2012.

HUXLEY, Julian. *Essays of a Biologist.* Londres: Chatto & Windus, 1926.

HUXLEY, Thomas Henry; HUXLEY, Julian Sorell. *Touchstone for Ethics.* Nova York: Harper, 1947.

KIMURA, Motoo. *The Neutral Theory of Molecular Evolution.* Cambridge: Cambridge University Press, 1983.

LANGTON, Christopher (Org.). *Artificial Life.* Reading, Mass.: Addison-Wesley, 1989.

MAYR, Ernst. *Animal Species and Evolution.* Cambridge, Mass.: Harvard University Press, 1963.

_____. *The Growth of Biological Thought: Diversity, Evolution and Inheritance.* Cambridge, Mass.: Harvard University Press, 1982. [Ed. bras.: *O desenvolvimento do pensamento biológico.* Brasília: Editora da UnB, 1998.]

ORIANS, G.; HEERWAGEN, J. H. "Evolved responses to landscapes". In: BARKOW et al. (Orgs.). *The Adapted Mind,* cap. 15.

PINKER, Steven. *The Language Instinct.* Londres: Viking, 1994. [Ed. bras.: *O instinto da linguagem.* São Paulo: Martins Fontes, 2002.]

_____. *How the Mind Works.* Londres: Allen Lane, 1998. [Ed. bras.: *Como a mente funciona.* São Paulo: Companhia das Letras, 1998.]

_____. *The Better Angels of Our Nature: Why Violence Has Declined.* Londres: Viking, 2009; broch., subtítulo *A History of Violence and Humanity.* Londres: Penguin, 2012. [Ed. bras.: *Os anjos bons da nossa natureza.* São Paulo: Companhia das Letras, 2017.]

REES, Martin. *Before the Beginning.* Londres: Simon & Schuster, 1997.

RIDLEY, Mark. *Mendel's Demon: Gene Justice and the Complexity of Life.* Londres: Weidenfeld & Nicolson, 2000; publicado nos Estados Unidos como *The Cooperative Gene.* Nova York: Free Press, 2001.

RIDLEY, Matt. *The Origins of Virtue: Human Instincts and the Evolution of Cooperation.* Londres: Penguin, 1996. [Ed. bras.: *As origens da virtude: Um estudo biológico da solidariedade.* Rio de Janeiro: Record, 2000.]

ROSE, Steven; KAMIN, Leon J.; LEWONTIN, Richard C. *Not in Our Genes.* Londres: Penguin, 1984.

SAGAN, Carl. *The Demon-Haunted World.* Londres: Headline, 1996. [Ed. bras.: *O mundo assombrado pelos demônios.* São Paulo: Companhia das Letras, 1996.]

SAGAN, Carl. *Pale Blue Dot*. Nova York: Ballantine, 1996. [Ed. bras.: *Pálido ponto azul*. São Paulo: Companhia das Letras, 1996.]

SAHLINS, Marshall. *The Use and Abuse of Biology: An Anthropological Critique of Sociobiology*. Ann Arbor, Mich.: University of Michigan Press, 1977.

SHERMER, Michael. *The Moral Arc: How Science and Reason Lead Humanity toward Truth, Justice and Freedom*. Nova York: Holt, 2015.

SINGER, Charles. *A Short History of Biology*. Oxford: Oxford University Press, 1931.

WALLACE, Alfred Russel. *The Wonderful Century: Its Successes and Failures*. Nova Jersey: Dodd, Mead & Co., 1898.

WASHBURN, Sherwood L. "Human Behavior and the Behavior of Other Animals". *American Psychologist*, v. 33, pp. 405-18, 1978.

WEINBERG, Steven. *Dreams of a Final Theory: The Search for the Fundamental Laws of Nature*. Londres: Hutchinson, 1993.

WEINER, Jonathan. *The Beak of the Finch: A Story of Evolution in Our Time*. Nova York: Vintage, 2000. [Ed. bras.: *O bico do tentilhão*. Rio de Janeiro: Rocco, 1995.]

WELLS, H. G. *Anticipations of the Reaction of Mechanical and Scientific Progress upon Human Life and Thought*. Londres: Chapman & Hall, 1902.

WILLIAMS, George C. *Adaptation and Natural Selection: A Critique of Some Current Evolutionary Thought*. Princeton: Princeton University Press, 1966.

_____. *Natural Selection: Domains, Levels and Challenges*. Oxford: Oxford University Press, 1992.

WILSON, Edward O. *Sociobiology*. Cambridge, Mass.: Harvard University Press, 1975.

_____. *On Human Nature*. Cambridge, Mass.: Harvard University Press, 1978.

_____. *The Social Conquest of Earth*. Nova York: Liveright, 2012. [Ed. bras.: *A conquista social da Terra*. São Paulo: Companhia das Letras, 2013.]

WINSTON, Robert. *The Story of God: A Personal Journey into the World of Science and Religion*. Londres: Bantam, 2005.

Índice remissivo

abelhas, 68n, 313n, 396-8
aborto, 46, 126, 349-50
Abraão, 82-3, 233, 332
Adams, Douglas, 67n, 133, 392, 418-24
"adaptacionista", termo, 152
"Adendo do Alabama", 168n, 184, 263, 267-82
afídeos, 196, 216-7
Agência Espacial Europeia, 22, 113n, 116n
agricultura, 89-90
águia-pega-macaco das Filipinas, 420
Alchian, Armen, 73
aleatoriedade, 275
Alexander, Richard, 194
alienígena de pele listrada, 159, 161n
alma: chegada da, 350-1; em animais não humanos, 364; evolução da, 12-3; imortal, 256, 498; matar a, 225, 256-8, 260; significados de, 13, 224, 256-7
Altmann, S., 219
altruísmo: clones, 214-5; do autor, 385n; do tio do autor, 490; em afídeos, 216-7; geneticamente não aleatório, 204;

geral, 76; parentesco, 69, 75, 78, 202n, 207-8, 213, 312
ambiente da adaptação evolucionária (AAE), 70, 72, 75-6, 78
analógico e digital, 104-7, 181
animais não humanos, sofrimento de, 363-5, 368-71
antibiótico, resistência a, 19
antílopes, 49, 170, 188, 281
Aoki, S., 216
aprendizado por reforço, 65, 158
Aquino, Tomás de, 250
aranhas, construção de teias, 206-9
Argyll, duque de, 173
Armada, fogueiras sinalizadoras da, 104-6, 182n
Ashmole, Elias, 404
Ashmolean, museu, 393n, 403-4
asteroides, risco de colisão com, 20-2, 41
astrologia, 40, 99, 326
Atheist Alliance of America, 470, 492n
athorismo, 429, 463-4
ativistas contra o aborto, 46, 126, 328
Atkins, Peter, 291

509

Attenborough, David, 186, 483
autossacrifício individual, 312
Axelrod, Robert, 77-8
Ayala, Francisco, 185*n*

baleias, 413-4, 417
banhar-se em formigueiro, 305
Barker, Dan, 83*n*, 289*n*
Bateson, W., 175-6
Beagle, navio, 405
Bell Burnell, Jocelyn, 239-40
Belloc, Hilaire, 398
Bentham, Jeremy, 363
Bergson, Henri, 15, 258
Berners-Lee, Tim, 227-8, 232
Bíblia: idade do universo calculada pela, 267; influência, 126, 494; linguagem, 298, 329, 439; moralidade da, 82-4, 302; trechos perversos, 82-4
Bin Laden, Osama, 386
Blair, Tony, 301n, 430-5
Blyth, Edward, 142
Bragg, Melvyn, 110
Brenner, Sydney, 80n
Brief Candle in the Dark, 37*n*, 123*n*, 490
British Social Attitudes, levantamento sobre religião, 302
Brockman, John: coletâneas de ensaios, 123*n*, 224, 233*n*, 346*n*; "Questão Brockman" anual, 223, 226, 465*n*; sobre a Wikipedia, 229
Bronowski, Jacob, 15, 348
Burgess Shale, 276
Bush, George W., 355, 374, 430*n*, 431

cães, 363, 368
Cairns-Smith, Graham, 109, 181*n*
Cameron, David, 94-5, 264, 297-303
Campbell, Alastair, 301*n*
canibalismo, 38, 81
Capelão do Diabo, O, 14, 26
características adquiridas, 154-63, 196, 378n
carnívoros, 49, 188-91

Carter, Brandon, 236
Cartmill, Matt, 114
Carwardine, Mark, 392, 421-2
castores, 295-6
cauda do pavão, 143-6
célula eucariótica, 237
cérebro: antevisão imaginativa, 80, 91, 337; atividade e identidade pessoal, 13; "centro de deus", 311; consciência subjetiva, 121; de castores, 295; digital, 105; efeitos da seleção natural, 71, 81, 91, 111, 243-4, 247; ética e moral, 327; evolução do, 244, 336; genes egoístas, 79, 81; infantil, 315-6, 320, 454; linguagem, 69, 80-1; modelos construídos no, 13; parte sensorial, 66; planejamento de longo prazo, 91, 337; radiotransmissão de cérebro a cérebro, 230; superbondade, 337; tamanho do, 53, 56, 80-1, 91, 266
Chandrasekhar, Subrahmanyan, 16, 32, 42, 257
Charles, príncipe, 87-97, 87-8n
Christmas Lectures, Royal Institution, 102
Churchill, Winston, 36n, 377
ciência: como religião?, 321-30; crença na, 265; "da criação", 233; de valores, 57-81; fraude na, 38-9; honestidade, 323; magia da, 19; promoção da, 100-1; sensibilidade e, 32, 98-122; valores da (no sentido frágil), 35-47; valores da (no sentido sólido), 47-57
cigarras, 241
Clarke, Arthur C., 17, 118, 254*n*
classificação descontínua, 346, 348
clima, 112
clones, 214-8, 259
códigos digitais, 105-9, 181, 259
Comissão Pearce, 483
complexidade adaptativa: como característica diagnosticadora da vida, 151-4; definição, 164; explicação

darwiniana, 164, 174, 178, 180; invenção de nova, 173; movimento evolucionário rumo à, 48n, 132, 150; problema da evolução da, 176 comportamento aprendido, 157-8 computadores, 56, 108-9, 227, 243 comunidades de espécies, 188, 190 confiança: cérebros infantis, 315; "desconfiada", 78; mútua, 77; políticos, 374; predição de fidedignidade, 80; professores, 374

Connery, Sean, 381

consciência, 121-2, 225, 258, 260

contracepção, 55, 80, 336

Copérnico, Nicolau, 235

"corrente de cartas", 318, 320

criacionismo, demolição do, 263

criacionistas: ação judicial contra, 40n; concepção da saltação, 172; concepção do olho, 68n, 164, 243, 248; concepção do registro fóssil, 274, 278-80, 352; concepção sobre dinossauros, 462; concepção sobre microevolução e macroevolução, 167n, 272-3; crenças dos, 267; "design inteligente", 248, 462; nos EUA, 267

Crick, Francis: concepção da consciência subjetiva, 121; concepção de "pessoas comuns", 101n; concepção do lamarckismo, 155; descoberta da estrutura do DNA, 258-60; Dogma Central, 196; revolução digital, 107; teoria da panspermia dirigida, 247, 249

Cronin, Helena, 143-4, 146

Crow, James, 150n

cubo de Necker, 12

Cullen, Mike, 472n, 475

Darwin, Charles: apresentação à Linnean Society (1858), 131, 134n, 137; argumentos de Kelvin contra, 117, 119; críticas de Huxley, 166, 168; demolição do argumento do

"design", 260, 275; dr. Dolittle e, 33, 126-8; filhos de, 118n; genética analógica, 107; gradualismo e saltação, 172-5; legado, 116-7; mecanismo da evolução, 49; passagem da "ribanceira luxuriante", 44; relacionamento com Wallace, 59-60, 134n, 135-7, 142-3, 146-7; sobre evolução do olho, 68n, 152, 163, 249; sobre formas de vida extraterrestres, 253; sobre ilhas Galápagos, 405, 407; sobre "obras cruéis da natureza", 92, 333; solução da proveniência da vida, 122, 132, 148

Darwin, Sir George, 118n

darwinismo: alternativas criacionistas, 326; ancestrais e descendentes, 59; clássico, 107; concepções de Hitler e, 56; conotações políticas, 51; darwinistas sociais, 57; equívocos do, 168, 246; evolução de filos, 277; genética de populações, 177n; interpretações do, 292; não é força aleatória, 275; natureza com "dentes e garras vermelhos de sangue", 49, 91-2; neodarwinismo, 107, 195; objeções ao, 209; oposição ao, 234; princípios do, 148; religião e, 307; teorias da evolução alternativas, 132, 149, 178, 378; termo, 60, 136; trabalho criativo, 247; triunfo do, 149; universal, 180-2

Davies, Paul, 251-5, 269n

Dawkins, Henry Colyear (tio), 489-91

Dawkins, A. F. "Bill" (tio), 470, 482n, 482-91

Dawkins, Clinton John (pai), 470, 478-9, 481, 483

Dawkins, Diana (tia), 483, 488

Dawkins, Hereward, 479

Dawkins, Jean Ladner (mãe), 478, 481, 485n

Dawkins, Marian Stamp (ex-mulher), 66n, 364, 472n

De Gaulle, general, 380, 383

De Vries, Hugo, 175
Dennett, Daniel, 55n, 121, 135, 243n, 300
"deriva genética aleatória", 177-8
Descartes, René, 363-4
desempenho em exames, 347-8
desenvolvimento embriônico, 160-2, 170, 350
design: ilusão do, 150n, 180, 186-9, 242, 272, 275; inteligente, 233-4, 242-8, 462
Desvendando o arco-íris, 98n, 106n, 257
determinismo, 55; genético, 179
deus criador, 150, 249, 441
Deus, caráter de, 289
Deus, um delírio, 28, 83n, 265, 301n
dilema do prisioneiro, 77
Dilúvio de Noé, 278
dinossauros: extinção dos, 20, 165n, 399; *How to Keep Dinosaurs*, 459-62
direitos humanos, 46-7
diversidade da vida, 150, 193, 392
DNA: acurácia digital do, 106, 108; células eucarióticas, 237n; código genético, 120, 252-3; conjunto de instruções, 161n, 281; "crença" no, 115; dimensionalidade, 181; divergência e convergência, 182; evidência em casos criminais, 270, 358; "livro genético dos mortos", 106, 194, 416; molécula, 80, 120, 181; origem, 236; papel replicador, 180-1, 196-7
"doença da vaca louca", 41n, 270, 321
Dolittle, doutor, 33, 123-8
dor, 344, 363-5
Douglas-Hamilton, Oria, 45
dragão-de-komodo, 419, 422, 424
Dryden, John, 124n
dublagem, 380-3
dugongos, 413-4, 417
"dúvida razoável", 344, 358-62

efeito barba verde, 204, 205n
efeito placebo, 309-10

Ehrenreich, Barbara, 115
Eibl-Eibesfeldt, Irenäus, 74
Einstein, Albert: posição religiosa, 16, 257, 438; resposta à bomba atômica, 41; teoria geral, 37, 42
Eiseley, Loren, 15, 142
Eldredge, Niles, 165n, 279
elitismo, 26, 97, 101, 374
Elton, Charles, 400
embriologia, 161-2, 197-8
emoção, 18, 61, 74, 257
endogamia, 75-6, 78, 218-9
epigênese, 160-2
"equilíbrio pontuado", 165-8, 172, 274, 279
Escalada do monte Improvável, A, 68n, 164n, 244
"especismo", 31, 126, 128
Espinosa, Baruch, 438
"espiritual", 16-7, 256-7, 321, 433, 463
"essencialismo", 343, 348-9, 354
Estados Unidos da América: afro-americanos, 354-5; colégio eleitoral, 355-6; eleição presidencial (2016), 94, 232; sistema de votação, 95; sistema educacional, 185
"estratégia evolucionariamente estável" (EEE), 212n, 213
"Estudos das Mulheres", 36n, 115
"eu", modelo interno construído do, 13
eugenia, 51-4
eutanásia, 349
Evans, Christopher, 109
evolução: aleatória, 175-6, 178; aos trancos, 165, 171-2, 175; como base de valores, 47-8; direção imposta à variação aleatória pela seleção natural, 178-80; gradual, 68n, 164, 167, 243, 249, 273, 353, 450; impulso em direção à perfeição, 154; indução direta do ambiente, 158-63; macroevolução, 167, 272-3; microevolução, 167-8, 271-3; por seleção natural, *ver* se-

leção natural; progressividade, 48-9, 159, 180, 403; saltacionismo, 163-75; seis teorias da, 132, 154; sobrevivência dos mais aptos, 49; teoria lamarckiana, 154-6; teoria neutra da, 150n, 176
"exobiologia evolucionária", 132
"exobiólogos", 149
explicações definitivas, 246, 249, 310
"explosão cambriana", 275, 279
expressões faciais, 74
Extended Phenotype, The, 25, 39n, 178, 195
extinção: de espécies, 92; em massa, 165n, 166n, 183, 191, 399; grupo diferencial, 203-4; intermediários evolucionários, 352, 354; taxas de, 399

Fawkes, Guy, 366n, 367
fé: escolas religiosas, 297n, 298, 300-1, 331n, 433; perigos da, 322
feminismo, 115
Fermi, Enrico, 239
fés abraâmicas, 11, 288, 434
Feynman, Richard, 113
filha de Jefté, 82
"filogêneses aleatórias", 177
Fisher, Kenneth, 14
Fisher, R. A., 107, 145, 177n
focas, 413, 417
fogos de artifício, 344, 366- 71
Fome de saber, 123n, 472n, 479n
Ford, Henry, 62n
Frank, Robert, 79

Gaia, hipótese, 187n
gaivotas, espécies, 353
Galeno, 364
Galileu, 401
galinhas, 308, 312
Gandhi, Mahatma, 337
Gauthier, Jacques, 415
gêmeos, estudos de, 53
Gene egoísta, O, 25-6, 145n, 195, 199n, 212n

genes: alelos e, 206; clones, 214-8; comunidade ecológica de, 190-4, 198; egoístas, *ver* genes egoístas; endogamia, 218-9; estudos de gêmeos, 53; ideias religiosas, 319-20; membros de espécie com mais de 99% em comum, 209-12; mutação de, 179; papel na embriologia, 197-8; papel na evolução, 197-8; para altruísmo, 76, 202n, 207-8, 219-20; raros, 212-3; sobrevivência de, 59, 106, 207, 281; teoria da seleção de parentesco, 199-205, 219-20
genes egoístas: ambientes ancestrais, 70, 75, 79; cérebros e, 56, 81, 336-7; egoísmo e altruísmo, 75, 78, 80, 334; favorecidos pela seleção natural, 49, 56; interesses de, 56; thatcherismo, 50; tirania dos, 81; valores, 60
genética digital, 106-7
genomas: clones, 215; do autor, 71n; mudanças na constituição molecular, 150; projeto genoma humano, 108, 121; transcrições de, 194, 259
gibões, 62, 64
Gillespie, Neal, 173
girelião, 428, 454-7
Glover, Jonathan, 45n
Godley, A. D., 437n
golfinho-do-yangtsé, 422, 424
Gore, Al, 355
gorilas, ascendência, 46-7
Gould, Stephen Jay: metáfora da "contabilidade", 178; retórica, 165n, 166n, 183, 277n; sobre criacionistas, 274; sobre "equilíbrio pontuado", 165n, 274, 279; sobre "fato" em ciência, 36n; sobre "progresso", 48n; sobre saltacionismo, 166n, 173
"gradualismo", 165-7, 170, 172-3, 175, 273; rápido, 165-7n, 183n
Grafen, Alan, 76-7n, 145n, 200
Grand Canyon, 11, 17

513

Grande história da evolução, A, 58*n*, 71*n*, 392, 405*n*
Grant, Peter e Rosemary, 273
gratidão no vácuo, 294-6, 316*n*
Grayling, A. C., 493
Gregory, Richard, 102, 401
Gross, Paul R., 36*n*, 114
guepardos, 49, 188, 282

Haldane, J. B. S., 94, 177*n*, 197*n*, 278
Hale-Bopp, cometa, 99-100
Halley, cometa, 99, 113, 326
Halliday, Tim, 472*n*
Hamilton, W. D.: argumento matemático do altruísmo, 210, 214; ideias wallaceanas, 144; "regra" de, 202*n*; sobre endogamia, 76-8; teoria da seleção de parentesco, 199*n*, 200, 203-4, 210-1, 216
haplodiploidia, 216, 217*n*
Harding, Sandra, 36*n*
Hardy, Alister, 474
Harris, Sam, 34*n*, 55*n*
Harrison, John, 396
Harvey, William, 364
Hass, Hans, 74
herbívoros, 189, 191-2
hereditariedade não genética, 317
hierarquia de dominância, 308-9
hindus, 326, 371
Hitchens, Christopher, 55*n*, 337*n*, 470, 492*n*, 493-4, 498
Hitler, Adolf, 56, 89
Holloway, Richard, 336
Holocausto, 291
Homem de Piltdown, 270
Homo erectus, 46, 70, 280, 401
Homo sapiens: classificação, 280; ascendência, 352-3; dieta, 89; direitos, 47, 327-8; êxodo da África, 71; genes em comum, 210; raciocínio, 373; superbondade, 336; tempo na Terra, 401
Hooker, Joseph, 134*n*, 137
Hoyle, Sir Fred, 168, 230, 245

Hubble, Edwin, 235
Hull, David, 196
humanos: descendência, 46-7; direitos, 46-7; êxodo da África, 71; modelos, 335-6; projeto genoma, 108; seleção artificial, 67-8; superbondade, 266, 334-9; valor da vida, 61; valores, 68
Hume, David, 57, 242, 492
humor, 427-8
Humphrey, Nicholas, 62
Huxley, Sir Julian, 15, 47, 49, 57, 166*n*, 258
Huxley, Thomas Henry.: concepção de seleção natural, 244; concepções sobre evolução e ética, 47, 49, 57, 91; concepções sobre saltação, 166, 168, 173; "Grande Debate", 404

ictiossauros, 415
identidade pessoal, 12-3
Igreja da Unificação (moonistas), 234
iguanas-marinhas, 407, 413-4, 417
ilhas: gigantismo, 408; isolamento, 406-7; nanismo, 408*n*
Ilhas Galápagos, 273, 391, 405*n*, 408-9, 411-2, 414
ilusões visuais, 12
improbabilidade, 152, 163, 245-6, 249, 290, 450
"impulso para fora", 17, 19
impulsos nervosos, 105, 230
individualidade, 13, 350
Ingersoll, Robert, 492
instrução, 158, 160-1
inteligência, 52; extraterrestre, 234-5
internet, 226-32
intuição, 18, 88
"inverno nuclear", 20
Isabela, ilha, 407, 410

Jenkin, Fleeming, 107*n*
Jeová, 82
Jesus: "Ateus em prol de", 266, 331-9; ensinamentos, 332; existência de,

338-9; expiação do pecado, 441-2; reis magos guiados por estrela, 327, 444; rotulagem de crianças pela fé, 300; teísta, 332

Johnson, Boris, 437n

Johnson, Phillip, 234

Joyce, Walter, 415

judeus, 88n, 326, 331n, 332

justiça natural, 58, 69, 74, 78, 355

justiça, senso de, 74, 294, 296

kakapo, 391, 421-4

Kamin, Leon, 54

Kant, Immanuel, 290

Kauffman, Stuart, 277n

Kay, Alan, 228

Keats, John, 42

Kelvin, William Thomson, lorde, 117, 119

Kerr, Roy, 42

Keynes, John Maynard, 300, 434

Kimura, Motoo, 150n

Kipling, Rudyard, 378n

Koertge, Noretta, 115

Lamarck, teoria de: concepção de evolução, 137; falhas na, 149; herança de características adquiridas, 156-7, 378n; mudanças fenotípicas, 179; "necessidade" como motor da evolução, 378; objeções teóricas gerais, 155-7; sobre outros planetas, 162; uso e desuso, 155-6, 176

lebres-americanas, 400

legendagem, 381-3

lei de Moore, 85, 231

Leibniz, Gottfried Wilhelm, 290

"Leis de Dawkins", 429, 465-6

leões-marinhos, 413, 417

Levitt, Norman, 36n, 114

Lewontin, Richard, 41n, 54, 55n, 152

LGM ("Little Green Men", homenzinhos verdes), 240

linguagem, 68-9, 81, 377-83

linha de pobreza, 346

Linnean Society, 131, 134n, 137

livre-arbítrio, 13, 55

Lofting, Hugh, 124, 127-8

longitude, 396

Lorenz, Konrad, 65-6, 157-8

Lovelock, James, 187n

Lowndes, A. G., 478

Lua, 21, 254, 313, 315, 394

Lyell, Charles, 134n, 136, 140

macroevolução, 167n, 272-3

macromutações, 165n, 166, 168, 170, 175, 183

Madre Teresa, 337

Magee, Patrick, 366

Maior espetáculo da Terra, O, 365, 453

Malthus, Robert, 141

Margulis, Lynn, 238n

mariposas, 312-3

Marte, 113n, 252, 373

marxismo, 48-9, 51

Mash, Robert, 428, 459-60, 462

Matthew, Patrick, 142

Maynard Smith, John: estratégia evolucionariamente estável (EEE), 212n; "seleção de parentesco", 204; sobre hipótese Gaia, 187-8n; sobre seleção darwiniana, 62; sobre teoria da evolução, 150; sobre thatcherismo, 51

Mayr, Ernst: *Animal Species and Evolution,* 197-8; carreira, 185n, 187, 192, 194; "exobiologia evolucionária", 132; *O desenvolvimento do pensamento biológico,* 154; seis teorias da evolução, 154, 159, 164, 176-8; sobre essencialismo, 349; sobre teoria lamarckiana, 149

McIntosh, Janet, 115

Medawar, Peter, 15, 48n, 107, 110

medos, 73-4

memes, 197, 229, 317, 335, 337, 381, 458

Mendel, Gregor, 107, 354

mente descontínua, 348-57

meteoritos, 20, 188n, 252
Minsky, Marvin, 227
mísseis guiados, 283-8
mitos da criação, 326
modificação genética, 89; *ver também*
transgênicos
Morgan, T. H., 175
moscas, 306
mudança climática, 19, 88n, 94
mundo, idade do, 119
mutação: aleatória, 246, 449; artificial,
89; clonal, 215; gênica, 179n, 196;
macro, *ver* macromutações; nova,
150n, 215; pescoço da girafa, 169;
única, 171, 451
"mutacionismo", 176

Natal, 264, 297-8, 331n, 436, 480
Nature (revista), 258
Nawaz, Maajid, 303n
New Scientist (revista), 50, 54n
New Statesman (revista), 297n, 346n,
358n, 431, 492n
Newton, Isaac, 37, 135, 187n, 242n, 402,
469
Noise Abatement Society, 370
números primos, 240, 242

Obama, Barack, 354
olhos: adaptação, 152-3, 163-5; composto, 313n; de insetos, 313; de lesmas, 206; de predadores, 306; dos
vermes *Palolo*, 394; evolução de,
68, 155-6, 164-5, 170, 246, 249,
275, 449; ilusão de design, 243,
245; teoria criacionista, 248
"optimon", 178, 194
"ordem de bicadas", 308, 312
Orgel, Leslie, 180, 247
Orians, Gordon, 72
Overton, juiz William, 233
Oxford Amnesty Lectures, 34n

Paine, Thomas, 492
paisagens, 72-3

Paley, William, 68n, 150, 152, 163
Palin, Michael, 351n
Palin, Sarah, 370, 374
Palolo, vermes, 391, 394
peixes lobados, 412
Penrose, Sir Roger, 121
Perdeck, A. C., 475
Persinger, Michael, 311
pescoço da girafa, 169-70, 378
pinguins, 413, 417
Pinker, Steven: *Como a mente funciona*,
69n, 260; *O instinto da linguagem*,
68n, 380n; *Os anjos bons da nossa
natureza*, 85, 302; sobre a estrutura
do cérebro, 111; sobre consciência
subjetiva, 121, 260; sobre divulgação
científica, 103n; sobre "modos femininos de conhecer", 36n
plantas, temporadas de florescimento, 395
Platão, 348, 357
pombos, 284-5
Popper, Karl, 278
Potter, Stephen, 458
Powell, Colin, 354
predição, 112-3, 117, 147
pré-formacionismo, 160-3
prêmio Nobel de literatura, 15
princípio antrópico, 236-9
princípio da precaução, 93-7
Projeto MAC, 226, 228
propriedades emergentes, 13, 56, 81
psicologia evolucionária, 69-70
pulsares, 240
punição: ameaça de, 318, 466; cultura
da, 456; por pecados, 294, 317;
póstuma, 317; reforçador, 65; vicária, 441, 456

QI, mensurações de, 54
questões e explicações próximas, 310,
317
Quinn, Sally, 463n

Randi, James, 323

razão, 18, 343-4, 372-6, 428
Reason Rally, 344, 372-6
referendo sobre participação da Grã-Bretanha na União Europeia (2016), 94-5, 374n
registro fóssil: AAE, 70; aparecimento de grandes grupos, 275-6; "explosão cambriana", 275; intermediários (formas de transição), 244, 273, 278-80, 351-3; interpretações pontuacionistas, 165n, 172, 274, 279; lacunas no, 276n, 278-80, 352; rotulagem de espécies, 351; tamanho do cérebro, 53, 244; taxas de extinção, 399
regulamentos escritos, 384-7
Reith, Conferências, 87n
relativismo cultural, 37, 111, 113
religião: abraâmica, 11, 434; compreensão do comportamento religioso, 307-8; de nativos americanos, 11; ensino religioso, 325-6; Onze de Setembro, 283-8, 454; perigos da fé, 322; pesquisa sobre crença cristã no Reino Unido, 301-2; propagação epidêmica de crenças, 334, 336; rotulagem de crianças segundo a fé, 265, 300; teoria da seleção de grupo, 311-2; valor de sobrevivência, 319
relógios: de água egípcios, 401; internos, 395-7; no céu, 394, 399
Relojoeiro cego, O, 181n, 245
replicadores: alavancas de poder fenotípicas, 182; argumento em favor do gene, 133; "ativos na linha germinal" ou "optimons", 178, 180-2, 194-7; comportamento egoísta, 27; divergência e convergência de linhagens, 182; ecologia de, 132-3, 185-98; termo, 195; veículos para, 194-5
reservatório gênico: alelos no, 206n, 207, 317; comunidade ecológica de genes, 190-4, 198; espécies insula-

res, 407, 422; gene para altruísmo, 202n; microevolução, 272-3
Rickman, Dan, 291
Ridley, Mark, 237
Ridley, Matt, 79
rinocerontes, 420, 423
Rio que saía do Éden, O, 489
Rose, Steven, 50, 54-5
Rosetta, missão, 113n
Rosindell, James, 58n
rotular crianças com base na fé, 265, 300
Russell, Bertrand, 331, 348, 492

Saddam Hussein, 88
Sagan, Carl: concepções sobre vida extraterrestre inteligente, 41; lado poético da ciência, 15-6, 257; morte, 37; *O mundo assombrado pelos demônios*, 36n, 37, 93; *Pálido ponto azul*, 43; sobre concepções religiosas da ciência, 103
Sahlins, Marshall, 205-6, 217n
saltacionismo, 163-75; concepção de Darwin, 173-4; "equilíbrio pontuado" e, 165-8; saltação 747, 168-75; saltação DC-8, 168-74; verdadeiro, 165, 166n, 168
saltadores-do-lodo, 419
Sanderson, F. W., 14
São Tomé, 322
Schweickart, Rusty, 21
Scientific American (revista), 226
Século Digital, 104, 119
segurança, 61, 93, 356
seleção artificial, 60, 66-7, 89
seleção de grupo, teorias de, 133, 139, 189n, 202-3, 311
seleção de parentesco: altruísmo esperado entre clones, 214-7; altruísmo proporcional ao grau de parentesco, 219-20; como forma de seleção de grupo, 203-4; como tipo de seleção natural, 200-2; doze equívocos sobre, 77n, 133, 199-220; en-

517

dogamia para trazer mais parentes próximos ao mundo, 218-9; exigindo proezas de raciocínio cognitivo, 205-7; imaginando um gene "para" comportamento altruísta, 207-9; seleção favorecendo altruísmo universal, 209, 211-2; só funciona para genes raros, 212-3; teoria, 76n, 199n; termo, 204
seleção natural: cérebros, 56, 72, 80-1, 91, 111, 243; codescoberta com Wallace, 131, 134n, 135-42, 147; comportamento religioso, 308, 315, 334; concepções de Wallace, 143-6; descoberta de Darwin, 131, 135, 140, 239; DNA, 236, 373, 416; ganho de curto prazo, 91; gatilho para origem, 237; genes egoístas, 49, 56, 78; genética digital, 106-7; ilusão do design, 186, 242-6, 272; linguagem, 69; mecanismos de recompensa, 66, 157; mudanças evolucionárias, 150n; não aleatória, 246, 275, 449; ossos, 60-3; outros teóricos, 142; poder como ferramenta explicativa, 265; processo perverso, 49, 333; replicadores, 133; seleção de parentesco, 199n, 200-2; sobrevivência diferencial de alelos em reservatórios gênicos, 206-7; superbondade humana, 334-7; teoria de Darwin, 132, 135-6, 148-9, 178-80, 244-5; unidade de seleção, 193-8; valores, 67, 72
seleção sexual, 143-5
seleção, de evento único e cumulativa, 179-80; ver também seleção artificial; seleção de grupo; seleção de parentesco; seleção natural; seleção sexual
"selecton", 194
sensibilidade, 98-9
sequestradores, 285, 287, 454
Seti (Busca por Inteligência Extraterrestre), 235, 239-40, 255
sexo, 56, 69, 72, 336

Shaw, Bernard, 411
Sherine, Ariane, 436n
Shermer, Michael, 23, 85
Simpson, George Gaylord, 273
Simpson, O. J., 360
Singer, Charles, 258
sistema legal, 344, 358-61
Skinner, B. F., 158n, 284
Slobodkin, Lawrence, 189n
Smolin, Lee, 328
Snow, C. P., 99, 117
sobrenatural: alma, 257; crenças, 16, 122, 336-7, 373; explicações, 116, 163, 244, 248-9, 375; gradualismo ou, 164, 243; intervenção, 173-4
sobrevivência de genes, 59, 80, 106, 201, 317
sociobiologia, 51, 55, 205-6, 209
Sócrates, 93, 195
"sombra do futuro", 77
"Sondagem do século" (conferências da BBC), 98n
Stebbins, Ledyard, 167
Steiner, George, 99
Stenger, Victor, 112
suicídio, recompensa do mártir pelo, 287, 321

Tanner, Conferências sobre Valores Humanos, 304n
tartarugas, 392, 411, 414-7; gigantes, 166n, 392, 405-12; guinadas evolucionárias, 416-7; linhagem, 411-2, 415-7
tatus-galinhas, 215
Taylor, Matt, 116n
tempo, 393, 404
Tennyson, lorde Alfred, 91
tentilhões de Darwin, 273, 406, 409
teoria da grande unificação (GUT), 121
teoria de tudo, 121
teoria do caos, 111-2
teoria quântica, 109-3
termodinâmica, leis da, 117, 328, 403

Terra, colisão com um objeto extraterrestre grande, 20-2, 41
terremoto de Lisboa (1755), 290-1
testemunha ocular, 271
thatcherismo, 50-1
Thomas, Ioan, 14
Thomas, Lewis, 15
Thompson, D'Arcy, 15
Thomsen, Todd, 333n
Thor, 463-4
Tiger, Lionel, 354
Tinbergen, Lies, 473
Tinbergen, Niko: carreira, 472n; influência, 305, 458n, 469, 472n; "Memórias de um mestre", 469, 472-7; sobre valor de sobrevivência, 186
Tolkien, J. R. R., 428
Tomás de Kempis, 449
Tony Blair, Fundação, 430-5
Tradescant, John, 404
transgênicos, 32, 90
triângulo de Penrose, 12
Trivers, R. L., 216
Trump, Donald, 374
tsunami (2004), 264, 289-96
turbelários, 276n
Turner, John, 165
Twain, Mark, 235

universo, idade do, 119, 325-6, 373
uso e desuso, 155-6

valor de sobrevivência, 186, 306-9, 316-9
valores morais, 45
verdade objetiva, 19
veredictos de júris, 358-60, 362
Vesálio, 364
vida extraterrestre, 251-5
Voltaire, 290
Von Frisch, Karl, 396, 398, 472n
votar: idade para, 349-50; sistemas, 95

Wagner, Robert, 254
Wallace, Alfred Russel: apresentação à Linnean Society, 131, 134n, 137; descoberta da evolução por seleção natural, 135-42, 146-7, 242n; paper sobre evolução (1855), 137; paper sobre evolução por seleção natural (1858), 134n, 137, 140; processo "automático", 60; relacionamento com Darwin, 60, 134n, 135-7, 142-3, 146-7; sobre concepções de seleção natural, 59; The Wonderful Century, 117; versão de seleção natural, 138, 140, 143-4, 146
Wallace, Mike, 256n
Warsi, baronesa Sayeeda, 301
Washburn, Sherwood, 210, 217n
Watson, James, 107, 258, 260
Wegener, Alfred, 119
Weinberg, Steven, 121
Weiner, Jonathan, 273
Wells, H. G., 57
Wells, Jonathan, 234
Wells, W. C., 142
Wheeler, John Archibald, 16
Wikipedia, 227-8
Wilberforce, Sam, 404
Williams, George, 194-6, 198, 317
Wilson, Edward O., 55, 202
Winston, Robert, 223
Wodehouse, P. G., 419, 428
World Wide Web, 227, 229
Wozniak, Steve, 228
Wright, Sewall, 177
Wyndham, John, 17

Yan Wong, 58n, 71n, 405n
Yucatán, península de, 20

Zahavi, Amotz, 145n

519

ESTA OBRA FOI COMPOSTA POR OSMANE GARCIA FILHO EM MINION
E IMPRESSA PELA RR DONNELLEY EM OFSETE SOBRE PAPEL PÓLEN SOFT DA
SUZANO PAPEL E CELULOSE PARA A EDITORA SCHWARCZ EM JULHO DE 2018

A marca FSC® é a garantia de que a madeira utilizada na fabricação do papel deste livro provém de florestas que foram gerenciadas de maneira ambientalmente correta, socialmente justa e economicamente viável, além de outras fontes de origem controlada.